Mikroskopischer Farbatlas
pflanzlicher Drogen

Bettina Rahfeld

Mikroskopischer Farbatlas pflanzlicher Drogen

3. Auflage

Springer Spektrum

Bettina Rahfeld
Martin-Luther-Universität Halle-Wittenberg
Halle (Saale), Deutschland

ISBN 978-3-662-52706-1   ISBN 978-3-662-52707-8 (eBook)
DOI 10.1007/978-3-662-52707-8

Die Deutsche Nationalbibliothek verzeichnet diese Publikation in der Deutschen Nationalbibliografie; detaillierte
bibliografische Daten sind im Internet über http://dnb.d-nb.de abrufbar.

Springer Spektrum
© Springer-Verlag GmbH Deutschland 2009, 2011, 2017

Planung: Dr. Sarah Koch
Einbandabbildung: Ruhrkrautblüten – freie Filamente der an den Theken verwachsenen Staubblätter in den
Röhrenblüten; charakteristische Struktur für Asteraceae. Foto: Dr. Bettina Rahfeld.
Fotos: Dr. Bettina Rahfeld; Kerstin Madsen: Cayennepfeffer A, B, G; Sägepalmenfrüchte C, G; Weidenrinde G.

Gedruckt auf säurefreiem und chlorfrei gebleichtem Papier

Springer Spektrum ist Teil von Springer Nature
Die eingetragene Gesellschaft ist Springer-Verlag GmbH Deutschland
Die Anschrift der Gesellschaft ist: Heidelberger Platz 3, 14197 Berlin, Germany

Einleitung

Getrocknete Arzneipflanzen (pharmazeutisch: „Drogen") lassen sich anhand typischer mikroskopischer Strukturen identifizieren. Bisher wurde das Wissen um diese eindeutigen Bestimmungsmerkmale anhand von detaillierten Strichzeichnungen und Beschreibungen vermittelt. Strukturen der eigenen mikroskopischen Präparate in diesen Beschreibungen wiederzufinden, setzt jedoch trotz der großen Genauigkeit und Qualität der grafischen Darstellung häufig ein hohes Maß an Vorstellungskraft voraus. Die digitale Fotografie bietet heutzutage außerordentliche Möglichkeiten zur Darstellung mikroskopischer Strukturen, wobei besonders hohe Anforderungen an die Qualität der Präparate und den Umgang mit der Aufnahmetechnik zu stellen sind. So entstand ein neues Buchkonzept, das die Studierenden über die Drogen informieren und ihnen gleichzeitig die makroskopischen und mikroskopischen Strukturen anhand von Fotos näher bringen soll.

Das Ergebnis ist der vorliegende „Mikroskopische Farbatlas pflanzlicher Drogen". Der Atlas enthält 144 Monographien pflanzlicher Drogen des Europäischen Arzneibuches (Stand 31.10.2008) und des Deutschen Arzneibuches (2008) sowie weitere pharmazeutisch gebräuchliche Drogen (Deutscher Arzneimittel-Codex). Jede Monographie stellt die Droge mit einer Beschreibung der makroskopischen Merkmale anhand von Fotos und einer prägnanten, botanisch exakten Beschreibung vor. Ergänzt werden diese Informationen durch Aufnahmen mikroskopischer Details, die ebenfalls beschrieben werden, und durch Angaben zu Inhaltsstoffen und Anwendung der Droge. Unterstützung erhält der Leser außerdem durch das umfangreiche Glossar der botanischen und pharmazeutischen Fachbegriffe.

Die Resonanz unserer Studierenden und meiner Kollegen am Institut für Pharmazie der Martin-Luther-Universität Halle-Wittenberg auf erste, zur Probe verfasste Monographien hat mich bewogen, dieses Buch zu veröffentlichen. Die begleitenden Diskussionen und Anregungen von vielen verschiedenen Seiten waren bei der Ausarbeitung des Farbatlas außerordentlich hilfreich – vielen Dank dafür. Außerdem gehen einige Fotos im Buch auf Präparate zurück, die in Praktika hergestellt wurden. Hier möchte ich insbesondere die Arbeit der Teilnehmer am Wahlpflichtfach mit Dank erwähnen. Stellvertretend seien Nicole Kramer, Kerstin Madsen und Ina Schramm genannt.

Die Hilfe, die mir während der Arbeit an diesem Buch zuteil wurde, war vielfältig. Allen Unterstützern dieses Projektes sei ein herzlicher Dank ausgesprochen.

Frau Prof. Dr. Birgit Dräger hat die Entstehung dieses Buches von Anfang an begleitet. Ihre aufmerksam hinterfragenden und konstruktiven Anmerkungen zu den Monographien waren sehr hilfreich, wofür ich mich herzlich bedanke. Ihr und Frau Dr. Yvonne Sichhart danke ich auch sehr für das aufwändige Korrekturlesen. Auch ist es mir sehr wichtig, die technische Unterstützung durch Frau Beate Schöne zu würdigen und ihr für die wunderbare Zusammenarbeit zu danken.

Mein Dank gilt auch dem Botanischen Garten der Martin-Luther-Universität Halle-Wittenberg und seinem Kustos Herrn Dr. Matthias Hofmann, der es mir ständig ermöglichte, frisches Pflanzenmaterial zu ernten.

Ich danke Herrn Dr. Ulrich G. Moltmann für sein Engagement bei der Aufnahme dieses Buchtitels in das Programm des Spektrum Akademischer Verlag in Heidelberg. Ein Dankeschön geht auch an die sympathischen, sachkundigen und engagierten Lektorinnen Frau Barbara Lühker und Frau Dr. Birgit Jarosch.

Und nicht zuletzt freue ich mich auf Kommentare, Anmerkungen und kritische Hinweise der Leser, die dazu beitragen werden, dieses Buch weiterzuentwickeln.

Eine Bemerkung zum Schluss sei noch gestattet: Ich möchte alle Leser, die selbst mikroskopieren oder sich mit dem Gedanken tragen, damit zu beginnen, anregen, zumindest gelegentlich einen Augenblick (im wahrsten Sinne des Wortes) inne zu halten und sich von den wunderbaren, von der Natur geschaffenen Strukturen faszinieren zu lassen.

Dr. Bettina Rahfeld
Institutsbereich Pharmazeutische Biologie und Pharmakologie
Martin-Luther-Universität Halle-Wittenberg
Mail: bettina.rahfeld@pharmazie.uni-halle.de

Zur 3. Auflage

In der Vorbereitung der 3. Auflage musste entschieden werden, um welche Monographien das Buch erweitert wird. Die Entscheidung fiel zugunsten der noch aus dem DAC ausstehenden Monographien aus. Die in das Europäische Arzneibuch neu aufgenommenen Drogen der traditionellen chinesischen Medizin wurden zunächst nicht ergänzt. Somit umfasst diese Auflage traditionell in Europa angewendete pflanzliche Drogen des Europäischen Arzneibuchs 9.0, des DAB 2015 und Drogen des DAC 2016. Im Anhang wurde ergänzend zum Glossar dem Präparieren und den histologischen Färbungen ein größerer Platz eingeräumt.

Es ist mir sehr wichtig, diese Zeilen für einen großen Dank zu nutzen. Einige Studenten haben im Wahlpflichtfach an mikroskopischen Präparaten gearbeitet. Gemeinsam haben wir uns mit den neuen Monographien auseinandergesetzt und ich danke allen für die engagierte Zusammenarbeit. Gabriele Danders hat diese Arbeiten freundlicherweise technisch unterstützt. Dr. Yvonne Sichhart und Susanne Junghanns übernahmen das hilfreiche Korrekturlesen. Vielen Dank. Frisches Pflanzenmaterial war auch für diese Präparationen wichtig. Ein ganz spezieller Dank geht dabei an: Annegret Klaas, Wolf Beck und Graciela Barreiro für frische Mateblätter aus Buenos Aires, den Botanischen Garten unserer Universität und den der Universität Leipzig, das Rosarium Sangerhausen, die Firma Pharmaplant Artern und die Firma Müggenburg Pflanzliche Rohstoffe für unzerkleinertes, getrocknetes Drogenmaterial.

Sehr gefreut haben mich die vielen positiven Reaktionen auf die vorherigen Auflagen. Besonders möchte ich mich aber auch für Korrekturhinweise bedanken und erhoffe mir diese auch für die aktuelle Auflage. Verlagsseitig danke ich für die bewährte und wunderbar sympathische Zusammenarbeit mit Barbara Lühker und Sarah Koch. Daniela Schmidt fand als Lektorin dankenswerterweise die übersehenen Fehler und gab konstruktive Hinweise. Liebe Familie im Hintergrund: einfach nur Danke!

Die Erarbeitung hat mich wieder begeistert mikroskopieren lassen. Ich hoffe, dass ich dem Leser mit den Bildern diese Freude übermitteln kann.

Bettina Rahfeld
Halle/Saale, Januar 2017

Zum Arbeiten mit dem Buch

Makroskopische Merkmale Die makroskopischen Fotos zeigen ausgewählte charakteristische Drogenbestandteile. Der Größenbalken entspricht, wenn nicht anders angegeben, 1 cm. Die Beschreibung der makroskopischen Merkmale beginnt mit der Definition der Droge nach dem Arzneibuch; es handelt sich in allen Monographien um getrocknete Drogen. Reinheitsangaben werden aufgeführt, wenn sie für das Verständnis der Drogenstruktur hilfreich sind (z. B. Stängelanteile in Blattdrogen). Geruch und Geschmack werden nur erwähnt, wenn sie charakteristisch sind.

Inhaltsstoffe Es werden Mindestanforderungen für Inhaltsstoffe angegeben, die in den Arzneibüchern aufgeführt sind. Man beachte, dass diese häufig nicht die wirksamen oder wirksamkeitsmitbestimmenden Inhaltsstoffe darstellen, sondern auch analytische Leitsubstanzen sein können. Eine kritische Auseinandersetzung mit der Anwendungsrelevanz und der Wirkung einzelner Inhaltsstoffe ist wichtig. Anschließend werden weitere charakteristische Drogeninhaltsstoffe aufgezählt.

Anwendung Bei den Angaben zur Anwendung sind neue wissenschaftliche Erkenntnisse berücksichtigt. Hierbei ergab sich folgende Reihung der Priorität: HMPC-Monographie, WHO-Monographie und ESCOP-Monographie, Monographie Kommission E, unter Berücksichtigung des amtlichen Stellenwertes und des Zeitpunktes der Veröffentlichung. Nebenwirkungen, Kontraindikationen und Wechselwirkungen wurden nur in einzelnen, besonders wichtigen Fällen erwähnt. Einige Drogen, die in das Europäische Arzneibuch aufgenommen wurden, stehen in der Reihe der Drogen der traditionellen chinesischen Medizin (TCM). Die Art der Anwendung richtet sich nach den Grundsätzen der chinesischen Medizin und wird hier nicht spezifiziert.

Mikroskopische Merkmale und Farbtafeln Die Anordnung der Fotos spiegelt nicht die Wichtigkeit der Merkmale wider, sondern trägt vielmehr einem sinnvollen räumlichen Bezug zu ihrem Auffinden innerhalb der Droge Rechnung. Grundlage für die Präparation war daher nicht die Pulver- sondern die Schnitt- oder Ganzdroge. Diesem Gedanken folgen auch Übersichtsfotos von Quer- und Längsschnitten. Außerdem bieten Übersichtsabbildungen die Möglichkeit, sich mit dem grundlegenden morphologischen Aufbau pflanzlicher Organe auseinanderzusetzen. Nicht dargestellte mikroskopische Merkmale, die zur Charakterisierung der Droge beitragen, sind in Klammern aufgeführt. Einige mikroskopische Merkmale von geringerer Bedeutung werden am Ende der Abbildungsbeschreibungen erwähnt.
Die Drogen wurden nur durch Handschnitte präpariert. Als Ausgangsmaterial dienten, wenn verfügbar, frische Pflanzen, um die Merkmale optimal darstellen zu können. Alle Präparate wurden, wenn nicht anders angegeben, in Chloralhydratlösung eingebettet.
Kamera: MRc5 Carl Zeiss, Jena; Mikroskop: Axioskop Carl Zeiss, Jena.

Glossar Das Glossar umfasst eine Auswahl wichtiger pharmazeutischer und botanischer Begriffe. Drogenbeispiele in Klammern verweisen auf Monographien, in denen der erklärte Begriff typischerweise vorkommt.

Quellenangaben Die Erstellung der makroskopischen und mikroskopischen Merkmale erfolgte auf der Basis der Arzneibücher (Ph. Eur., DAB und DAC) durch eigene Untersuchungen unter Einbeziehung von praktikumsrelevanten Standardwerken. Hier sollen besonders hervorgehoben werden: Blaschek et al. (2008), Breitkreuz et al. (2015), Eschrich (2009), Hohmann et al. (2001), Karsten et al. (1962), Wichtl (2016). Die angegebenen Pflanzenfamilien entsprechen der Aktualisierung durch die Angiosperm Phylogeny Group IV (APG IV, 2016). Die Artnamen wurden anhand *The plant list* (2013; *accepted name*) überprüft.

Inhaltsverzeichnis

Blatt-Drogen

© Springer-Verlag GmbH Deutschland 2017
B. Rahfeld, *Mikroskopischer Farbatlas pflanzlicher Drogen*, DOI 10.1007/978-3-662-52707-8_1

Artischockenblätter – Cynarae folium

Cynara scolymus L.[1], Asteraceae, Ph. Eur.

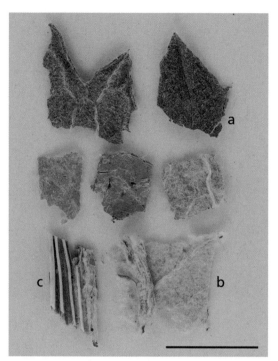

Makroskopische Merkmale

Ganze oder geschnittene Blätter; Spreite im oberen Teil des Blattes gelappt und im unteren gefiedert; Blatt bis zu 70 cm lang und 30 cm breit; Blattoberseite (a) grün mit weißlichen Haaren, Unterseite (b) blassgrün mit weißem Haarfilz; Nervatur auf Unterseite deutlich hervortretend; Blattstiel und größere Blattnerven längs gerillt (c) und behaart; Geschmack: erst salzig, dann bitter.

Inhaltsstoffe

Mindestens 0,7 % Chlorogensäure (nach Ph. Eur.); Monocaffeoylchinasäuren (hauptsächlich Chlorogensäure) und Dicaffeoylchinasäuren; Flavonoide; bittere Sesquiterpenlactone.

Anwendung

Bei dyspeptischen Beschwerden (*traditional use* nach HMPC-Monographie).

Mikroskopische Merkmale

A   Zweireihiges Palisadengewebe; stärkere Behaarung auf der Blattunterseite (Blattquerschnitt).

B   Obere Epidermis mit großen, fünf- bis siebeneckigen, geradwandigen Zellen; anomocytische Spaltöffnungen; Drüsenhaar (Aufsicht).

C   Blattunterseite mit zahlreichen wolligen, verfilzten Haaren mit einem mehrzelligen Stiel; rechts Drüsenhaar (Blattquerschnitt).

D   Untere Epidermis mit vielen Deck- und Drüsenhaaren (anomocytische Spaltöffnungen und wellig-buchtige Epidermiszellwände, unter der Behaarung kaum zu erkennen).

E   Drüsenschuppe vom Asteraceen-Typ (quer) mit zweireihigem, vielzelligem Stiel.

F   Wollige Haare mit kurzem, ein- und mehrzelligem Stiel und einer langen, schmalen, gewundenen Endzelle.

Deckhaare aus 4 bis 6 zylindrischen Zellen.

---

1   Syn.: *Cynara cardunculus* L.

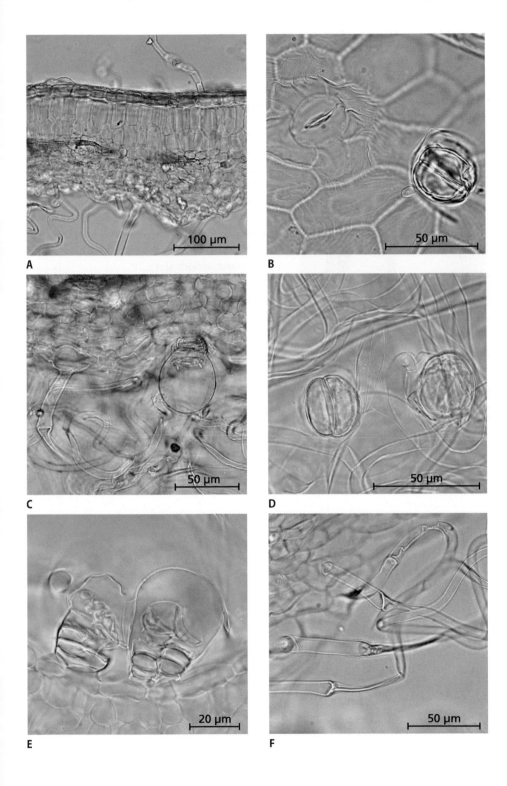

A

B

C

D

E

F

Bärentraubenblätter – Uvae ursi folium

Arctostaphylos uva-ursi (L.) Spreng., Ericaceae, Ph. Eur.

Makroskopische Merkmale

Ganze oder geschnittene Blätter; Blätter dick und ledrig, 7 bis 30 mm lang und 5 bis 12 mm breit, verkehrt eiförmig, am Blattgrund keilförmig in einen kurzen Blattstiel übergehend; Blattrand glatt und leicht zurückgebogen; Nervatur feinnetzig; Blattunterseite (a) matt, Oberseite (b) glänzend, dunkelgrün mit körniger Struktur; junge Blätter am Rand bewimpert; höchstens 5 % Stängelanteile (c); Geruch: leicht aromatisch; Geschmack: zusammenziehend, leicht bitter.

Inhaltsstoffe

Arbutin (mindestens 7,0 % wasserfreies Arbutin nach Ph. Eur.); Methylarbutin; Gerbstoffe (überwiegend Gallotannine).

Anwendung

Innerlich als Harndesinfiziens bei leichten entzündlichen Erkrankungen der ableitenden Harnwege und der Blase (*traditional use* nach HMPC-Monographie).[2]

Mikroskopische Merkmale

A Obere Epidermis; keine Spaltöffnungen, Zellwände gerade, Palisadenzellen durchscheinend.

B Untere Epidermis; anomocytische Spaltöffnungen (5 bis 11 Nebenzellen); Zellwände gerade.

C Bifacialer Blattquerschnitt im Bereich des Mittelnervs; Kollenchym ober- und unterhalb des Leitbündels; dicke Cuticula orange angefärbt (Präparat in Sudanrot).

D Bifacialer Blattquerschnitt mit mehrschichtigem Palisadengewebe.

E Dreireihiges (auch mehrreihiges) Palisadengewebe; Lipidtropfen im Mesophyll; dicke, glatte Cuticula.

F Calciumoxalatkristalle (und auch -drusen) zahlreich besonders in der Nähe der Blattnervatur.

G Blattrand kaum abwärts gebogen; keine Sklerenchymelemente (▶ Preiselbeerblätter); Haare am Blattrand (meist jüngere Blätter).

H Haare am Blattrand dickwandig, meist mit kürzerer Basal- und längerer gebogener Endzelle (auch auf der unteren Epidermis im Bereich der Blattnervatur).

---

2 Empfohlene Anwendungsbeschränkung: höchstens 1 Woche lang und maximal fünfmal pro Jahr; Kaltmazerat enthält Arbutin, ist aber bekömmlicher, da weniger Gerbstoffe enthalten sind.

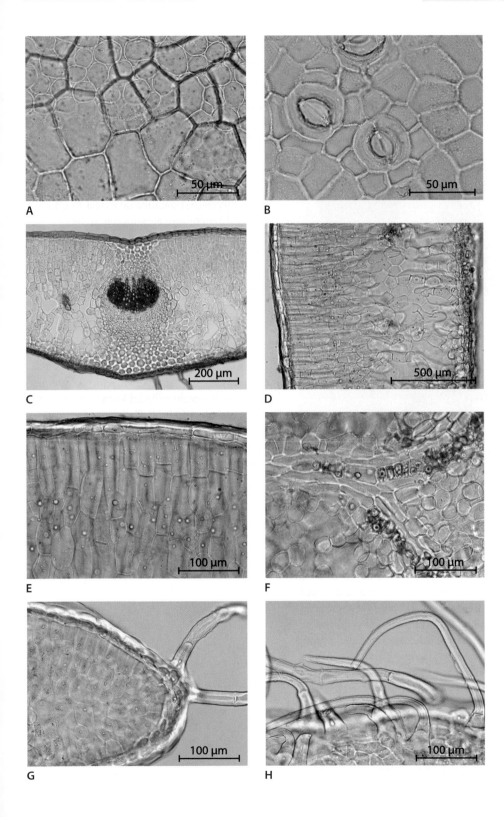

A

B

C

D

E

F

G

H

Belladonnablätter – Belladonnae folium

Atropa belladonna L., Solanaceae, Ph. Eur.

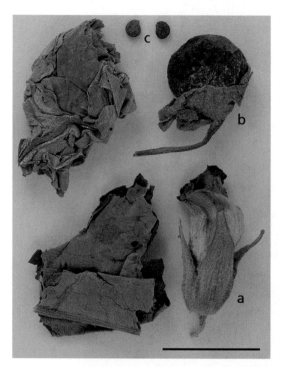

Makroskopische Merkmale

Blätter, auch mit blühenden und gelegentlich fruchttragenden Zweigspitzen; Blätter grün bis braungrün, eingerollt und oft verknäult; Blatt 5 bis 25 cm lang, 2,5 bis 12 cm breit, gestielt, ganzrandig, mit sich verjüngender Basis; Blüte (a) mit verwachsenen Kelchblättern und purpurfarbener bis gelbbrauner, glockenförmiger Krone mit 5 kurzen Zipfeln (etwa 2,5 cm lang); Früchte (b) grün- bis violettschwarz, kugelige Beeren mit ausdauerndem Kelch mit weit gespreizten Zipfeln; im reifen Zustand mit braunen Samen (c); Geschmack: schwach bitter.

Inhaltsstoffe

Mindestens 0,30 % Gesamtalkaloide, berechnet als Hyoscyamin; unter den Alkaloiden herrscht S-Hyoscyamin vor, das von geringen Mengen S-Sco-polamin begleitet wird (nach Ph. Eur.); Flavonoide; Cumarine (Scopoletin).

Anwendung

Bei Spasmen im Bereich des Gastrointestinaltraktes, der Gallen- und Harnwege (nach Kommentar Ph. Eur.); Anwendung nicht gebräuchlich.

Mikroskopische Merkmale

A   Bifacialer Blattquerschnitt mit einreihigem Palisadengewebe; Calciumoxalatsand in Idioblasten, Palisaden- und Schwammgewebe.
B   Blattleitbündel mit Schraubentracheen und Calciumoxalatsandzellen im Mesophyll.
C   Untere Epidermis mit welligen Zellwänden und anisocytischen (auch anomocytischen) Spaltöffnungen; meist 3 Nebenzellen; deutliche Cuticularstreifung.
D   Idioblast mit Calciumoxalatsand.
E   Zellwände der oberen Epidermis wellig; wenige Spaltöffnungen.
F   Drüsenhaar mit kurzem, einzelligem Stiel und eiförmigem, mehrzelligem Köpfchen.
G   Samenschale (Aufsicht); Zellen der Samenschale mit stark welligen, dicken Wänden (im Querschnitt stark u-förmig verdickt).
H   Drüsenhaar mit langem, einreihigem, mehrzelligem Stiel und rundem, einzelligem Köpfchen auf dem Blatt.

Krone mit papillöser Epidermis; einreihige, mehrzellige Deckhaare; Pollenkörner tricolporat, mit feinfaltiger Exine, Ø etwa 50 bis 100 μm.

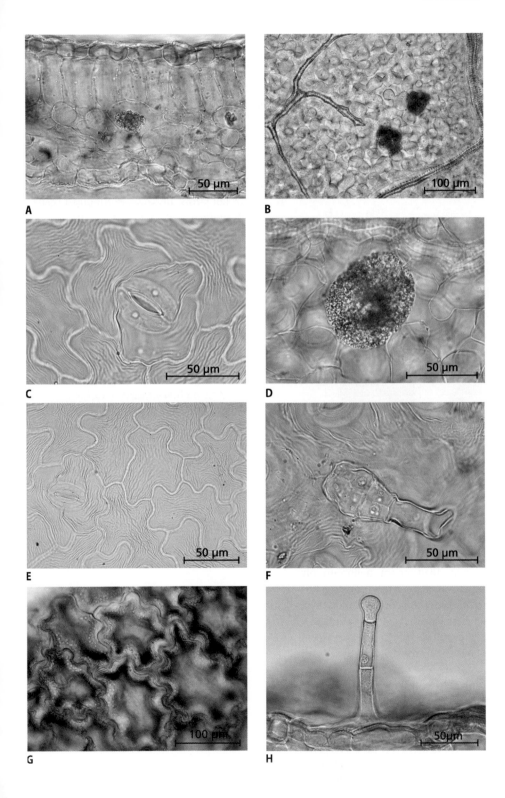

Birkenblätter – Betulae folium

Betula pendula Roth, Betula pubescens Ehrh., beide Arten oder auch Hybriden, Betulaceae, Ph. Eur.

Makroskopische Merkmale

Ganze oder geschnittene Blätter; Blattoberseite dunkelgrün, Unterseite hellgrün; Netznervatur charakteristisch hell; Blattnerven hellbraun bis weiß; Fruchtschuppen dreilappig (a); Früchte geflügelt (b); *B. pendula*: Blätter unbehaart, Rand scharf doppelt gesägt, beiderseits dicht drüsig punktiert; *B. pubescens*: Blätter schwach behaart, Rand grob gesägt, wenige Drüsen; Haarbüschel unterseits an Leitbündeln; maximal 3 % Zweigstücke (c) und weibliche Kätzchen; Geruch: schwach aromatisch; Geschmack: etwas bitter.

Inhaltsstoffe

Mindestens 1,5 % Flavonoide, berechnet als Hyperosid (nach Ph. Eur.); geringe Mengen ätherisches Öl.

Anwendung

Traditionell verwendet zur Erhöhung der Harnmenge bei einer Durchspülungstherapie der ableitenden Harnwege (*traditional use* nach HMPC-Monographie).

Mikroskopische Merkmale

A   Untere Epidermis mit anomocytischen Spaltöffnungen; Wände der Epidermiszellen gerade bis leicht gewellt.

B   Obere Epidermis ohne Spaltöffnungen, Zellen geradwandig.

C   Mesophyll mit charakteristischer Anordnung der Leitbündel (Calciumoxalatkristalle bzw. -drusen an den Leitbündeln; Aufsicht).

D   Bifacialer Blattquerschnitt mit zweireihigem Palisadengewebe (Zellen der inneren Schicht kürzer) und lockerem Schwammgewebe.

E   Mehrzellige Drüsenschuppe, zentral verkorkt (auf beiden Blattseiten; Aufsicht).

F   Mehrzellige Drüsenschuppe mit mehrzelligem Stiel (Querschnitt).

G   Epidermis mit Drüsenhaaren (Aufsicht).

H   Einzelliges, dickwandiges Deckhaar am Blattrand (teilweise mit spiralig strukturierter Cuticula).

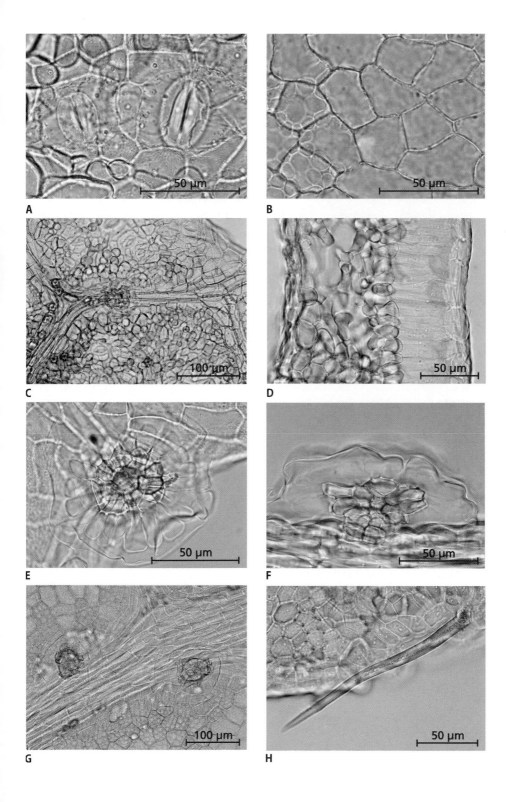

A

B

C

D

E

F

G

H

Bitterkleeblätter – Menyanthidis trifoliatae folium[3]

Menyanthes trifoliata L., Menyanthaceae, Ph. Eur.

Makroskopische Merkmale

Ganze oder zerkleinerte Blätter; Blatt dreizählig; Blattstiel am Grund scheidenartig verbreitert; Blättchen verkehrt eiförmig, bis 10 cm lang und bis 5 cm breit; Blattrand glatt, gelegentlich Kerbung durch braunrote Hydathoden (Wasserspalten); Hauptnerv (Pfeil) weißlich und fein gestreift; Blattstiel (a) bis 10 cm lang, Ø 5 mm, nach Trocknung runzelig-rinnig; rotbraune Samen (b) kein offizineller Drogenbestandteil; Geschmack: bitter anhaltend.

Inhaltsstoffe

Etwa 1 % bittere Secoiridoide; Bitterwert mindestens 3000 (nach Ph. Eur.); Flavonoide.

Anwendung

Bei Appetitlosigkeit, dyspeptischen Beschwerden (nach ESCOP-Monographie und Monographie Kommission E).[4]

Mikroskopische Merkmale

A   Zellwände der unteren Epidermis stark wellig; anomocytische Spaltöffnungen; Nebenzellen mit strahlenförmiger Cuticularstreifung.

B   Ein- bis vierreihiges Palisadengewebe (bifacialer Blattquerschnitt).

C   Zellwände der oberen Epidermis leicht wellig; anomocytische Spaltöffnungen; Nebenzellen mit strahlenförmiger Cuticularstreifung.

D   Lockeres Schwammgewebe (Aerenchym) mit großen Interzellularen (Blattquerschnitt).

E   Hauptnerv mit Aerenchym; Leitbündel mit Parenchymscheide (Blattquerschnitt).

F   Aerenchym im Blatt (Aufsicht).

---

3   Syn. Drogenbezeichnung: Fieberkleeblätter – Trifolii fibrini folium.

4   Anwendung als Antipyretikum obsolet.

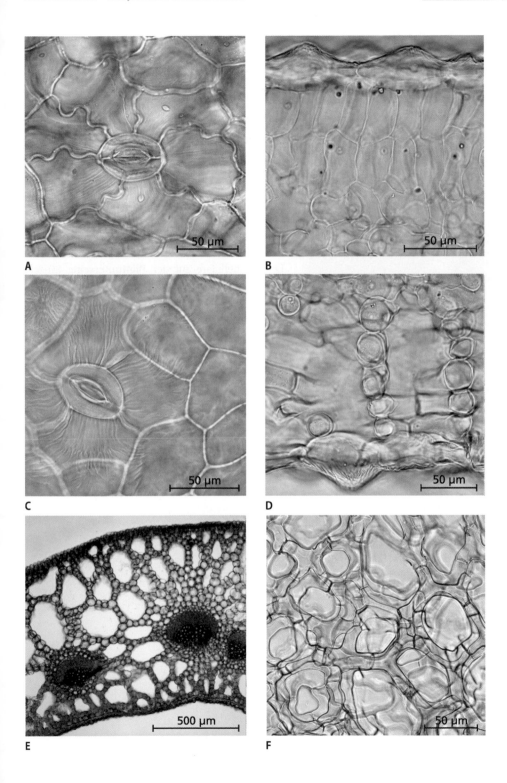

Boldoblätter – Boldi folium

Peumus boldus Molina, Monimiaceae, Ph. Eur.

Makroskopische Merkmale

Ganze oder zerkleinerte Blätter; Blätter eiförmig bis elliptisch, bis 5 cm lang; Blattstiel kurz; Blatt ganzrandig; Blattrand leicht eingerollt; Spreite graugrün, dick und ledrig; Blattoberseite rau mit Höckern, Unterseite deutlich fiedernervig; höchstens 4 % Zweiganteile; Geruch: beim Zerreiben aromatisch, charakteristisch; Geschmack: aromatisch.

Inhaltsstoffe

Mindestens 0,1 % Gesamtalkaloide, berechnet als Boldin, und höchstens 40 ml kg^{-1} ätherisches Öl[5] (nach Ph. Eur.).

Anwendung

Bei leichten, krampfartigen Magen-Darm-Störungen; bei dyspeptischen Beschwerden (*traditional use* nach HMPC-Monographie).

Mikroskopische Merkmale

A   Obere Epidermis: Zellwände leicht wellig und knotig verdickt.

B   Gabelförmig zu zweit auftretende dickwandige Haare (auch einstrahlige Haare oder Haare in Büscheln) an der Blattoberseite auf Höckern.

C   Untere Epidermis mit zahlreichen (leicht eingesenkten) anomocytischen Spaltöffnungen (4 bis 7 Nebenzellen).

D   Büschelhaare auf der Blattunterseite; Einzelhaare dickwandig und teilweise mit spiralig strukturierter Cuticula (Aufsicht).

E   Epidermis (darunter Hypodermis) und zweireihiges Palisadengewebe; Zellen der inneren Reihe meist kürzer und lockerer; Ölzellen im Mesophyll (Blattquerschnitt).

F   Büschelhaare auf der Blattunterseite nicht auf Höckern (Blattquerschnitt).

G   Feine, nadelförmige Calciumoxalatkristalle im Palisadengewebe.

H   Ölzellen und Fasern im Mesophyll.

---

5   Obere Begrenzung aufgrund der Toxizität der Hauptkomponente Ascaridol.

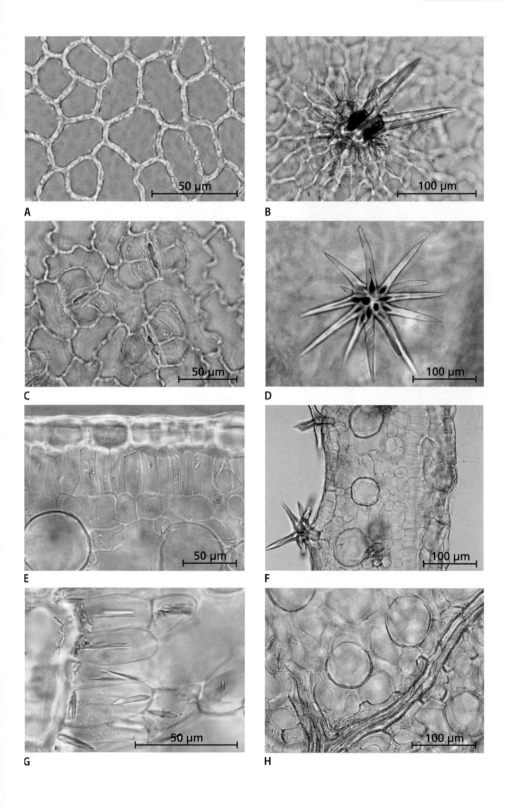

A

B

C

D

E

F

G

H

Brennnesselblätter – Urticae folium[6]

Urtica dioica L., *Urtica urens* L. oder eine Mischung beider Arten, Urticaceae, Ph. Eur.

Makroskopische Merkmale

Ganze oder geschnittene Blätter; Blätter dunkelgrün bis bräunlich grün; Blattunterseite blasser als Oberseite; Brennhaare (Pfeil) und Spießhaare auf beiden Blattseiten; Spreite eiförmig bis länglich, bis 100 mm lang und bis 50 mm breit, häufig geschrumpft (knäuelig); Blattrand grob gesägt; Nervatur netzförmig und unterseits gut erkennbar (a); Blattstiel in Längsrichtung gefurcht und gedreht; Stängel (b) stumpf vierkantig; höchstens 5 % Stängelanteile.

Inhaltsstoffe

Mindestens 0,3 % für die Summe von Caffeoyläpfelsäure und Chlorogensäure, berechnet als Chlorogensäure (nach Ph. Eur.); 1 bis 2 % Flavonoide; Silikate.

Anwendung

Traditionell zur Erhöhung der Harnmenge bei einer Durchspülungstherapie der ableitenden Harnwege und zur Linderung geringfügiger Gelenkschmerzen (*traditional use* nach HMPC-Monographie).

Mikroskopische Merkmale

A   Mesophyll; Cystolithen in der Epidermis (Aufsicht; sehr charakteristisch).

B   Obere Epidermis ohne Spaltöffnungen; Cystolithen in der Epidermis aus Calciumcarbonat.

C   Brennhaar (Trichom) mit Sockel (Emergenz); schwarze Lufteinschlüsse; sehr viel kleinere, häufig auftretende Spießhaare; Ausschnitt: Köpfchen eines Brennhaares (häufig abgebrochen).

D   Bifacialer Blattquerschnitt mit Cystolith.

E   Sockel des Brennhaares im Größenvergleich zum Spießhaar.

F   Spießhaar (einzelliges Deckhaar).

G   Anomocytische und anisocytische Spaltöffnungen (nur auf Blattunterseite); wellig-buchtige Epidermiszellwände.

H   Drüsenhaar mit zweizelligem Köpfchen und einzelligem Stiel (auch: ein- oder zweizelliger Stiel und zwei- oder vierzelliges Köpfchen).

Viele kleine Calciumoxalatdrusen entlang der Hauptadern.

---

6   DAC: Brennnesselkraut – Urticae herba.

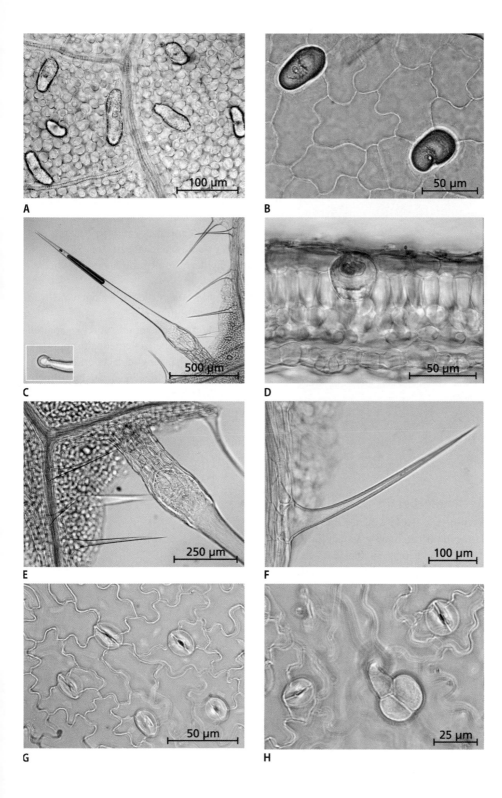

A

B

C

D

E

F

G

H

Brombeerblätter – Rubi fruticosi folium

Rubus fruticosus L.[7], Rosaceae, DAC

Makroskopische Merkmale

Ganze oder geschnittene Blätter; Blätter drei- bis fünfzählig; Blattrand unregelmäßig gesägt oder scharf gezähnt; Nervatur fiedrig, in den Blattzähnen endend; Blattoberseite grün und wenig behaart, Unterseite filzig weiß oder schwach behaart; Mittelrippen, Blattstiele und Stängelstücke mit leicht gekrümmten Stacheln (Pfeil); höchstens 7 % Stängelanteile mit Ø größer 2 mm; Geschmack: zusammenziehend.

Inhaltsstoffe

Mindestens 4 % fällbare Gerbstoffe (nach DAC); überwiegend Gallotannine.

Anwendung

Bei unspezifischen, akuten Durchfallerkrankungen; bei leichten Entzündungen im Bereich der Mund- und Rachenschleimhaut (nach Monographie Kommission E); fermentierte Blätter auch als „Haustee" gebräuchlich.

Mikroskopische Merkmale

A   Dickwandige Borstenhaare auf der Blattoberseite (deutlich größer als Büschelhaare).

B   Schraubige Textur der Cuticula eines Borstenhaares (typisch für Rosaceen).

C   Blattunterseite mit dickwandigen Haaren (einzeln oder als Büschelhaare zu 2 bis 9).

D   Untere Epidermis mit zahlreichen Büschelhaaren (Aufsicht).

E   Obere Epidermis mit leicht welligen Zellwänden; ohne Spaltöffnungen.

F   Untere Epidermis mit anomocytischen Spaltöffnungen (2 bis 6 Nebenzellen); Spaltöffnungstyp durch starke Behaarung schlecht erkennbar.

G   Drüsenhaar mit mehrzelligem Stiel und mehrzelligem Köpfchen.

H   Zahlreiche große Calciumoxalatdrusen.

Hydrathoden mit Gefäßanbindung am gesägten Blattrand.

---

7   DAC: *Rubus fruticosus* s. l.; *Rubus fruticosus* agg. – Echte Brombeere (Rothmaler 2011).

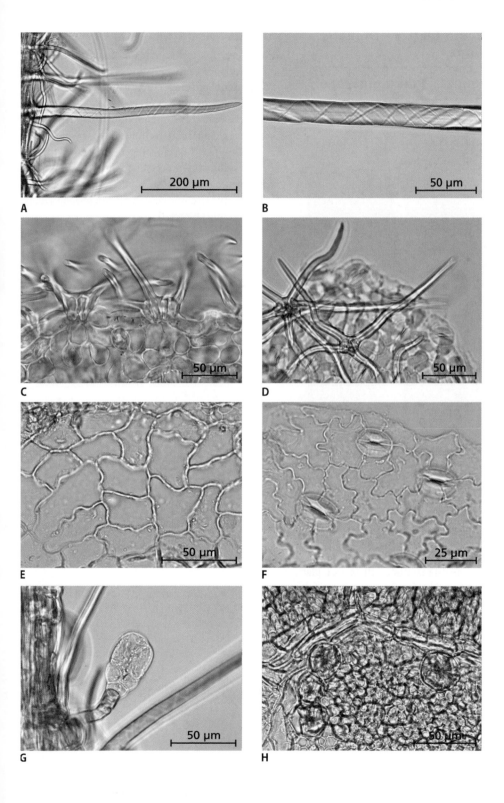

A

B

C

D

E

F

G

H

Digitalis-lanata-Blätter – Digitalis lanatae folium

Digitalis lanata L., Plantaginaceae[8], DAB 10

Makroskopische Merkmale

Blätter; Blätter dunkelgrün, nur am Blattrand behaart, 10 bis 20 cm lang und 1 bis 2,5 cm breit, lanzettlich bis lineal-lanzettlich; Blattrand glatt; Hauptnerv und 2 bogenläufige Seitennerven auf der Blattunterseite deutlich sichtbar; Geschmack: bitter.

Inhaltsstoffe

Ca. 0,5 bis 1,5 % Cardenolidglykoside (nach Kommentar DAB).

Anwendung

Industriell zur Gewinnung reiner Cardenolidglykoside genutzt.

Mikroskopische Merkmale

A   Untere Epidermis mit anomocytischen Spaltöffnungen; knotige Wandverdickung der Epidermiszellen „perlschnurartig", kantig-buchtige Zellform.

B   Obere Epidermis mit anomocytischen Spaltöffnungen; Cuticularstreifung.

C   Drüsenhaar mit einzelligem Stiel und ein- bis zweizelligem Köpfchen (Aufsicht).

D   Drüsenhaar (quer).

E   Zwei- bis dreireihiges Palisadengewebe (Blattquerschnitt bifacial).

F   Gliederhaare am Blattrand.

---

8   Früher: Scrophulariaceae.

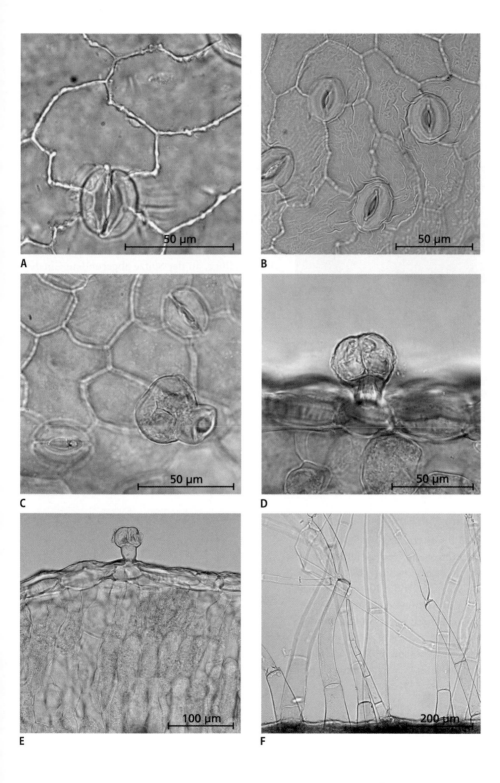

Digitalis-purpurea-Blätter – Digitalis purpureae folium

Digitalis purpurea L., Plantaginaceae[9], Ph. Eur.

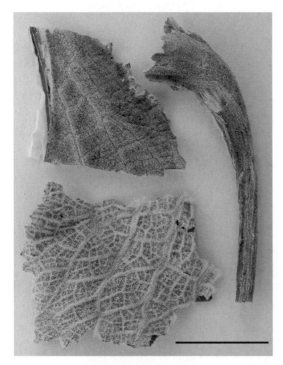

Makroskopische Merkmale

Blätter; Spreite 10 bis 40 cm lang und 4 bis 15 cm breit, eiförmig; Blattoberseite grün, Unterseite graugrün und filzig; Nervatur netznervig, unterseits ein Netz kleiner, vorspringender Nerven sichtbar; Hauptnerven auf der Blattunterseite deutlich hervortretend; Blattstiel durch herablaufende Spreite geflügelt, Länge des Blattstiels ein Viertel bis ganze Länge der Spreite; Geruch: schwach, aber charakteristisch; Geschmack: bitter.

Inhaltsstoffe

Mindestens 0,3 % Cardenolidglykoside, berechnet als Digitoxin (nach Ph. Eur.).

Anwendung

Therapeutischer Einsatz aufgrund der geringen therapeutischen Sicherheit obsolet (besser: Verwendung von Reinglykosiden, nach Kommentar Ph. Eur.); herzkraftsteigernd.

Mikroskopische Merkmale

A   Anomocytische Spaltöffnungen auf der unteren Epidermis; Cuticularstreifung an den Spaltöffnungen; Zellwände der Epidermis wellig.

B   Obere Epidermis mit geraden bis leicht welligen Zellwänden; ohne Spaltöffnungen.

C   Gliederhaar mit einer kollabierten Zelle (Kollaps einer oder mehrerer Zellen häufig).

D   Einreihige, an der Spitze abgerundete Gliederhaare, meist drei- bis fünfzellig; Drüsenhaar mit zweizelligem Köpfchen.

E   Drüsenhaar mit einzelligem Stiel und zweizelligem Köpfchen (häufig).

F   Drüsenhaar mit zweizelligem Stiel und einzelligem Köpfchen (seltener).

Blattquerschnitt bifacial mit ein- bis dreireihigem Palisadengewebe.

---

9   Früher: Scrophulariaceae.

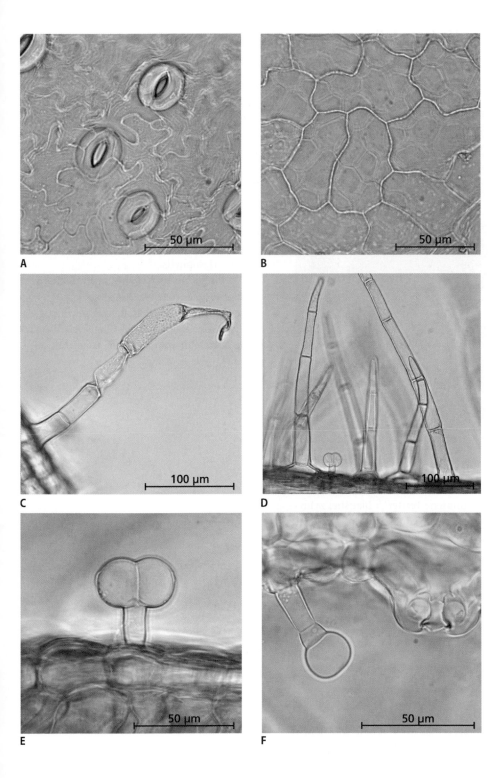

Efeublätter – Hederae folium

Hedera helix L., Araliaceae, Ph. Eur.

Makroskopische Merkmale

Ganze oder geschnittene Blätter[10]; Blattstiel zylindrisch, Ø etwa 2 mm, in Längsrichtung gefurcht; Blattgrund herzförmig, Blätter ledrig, 4 bis 10 cm lang; Spreite handförmig drei- bis fünffach gelappt; Blattoberseite dunkel-grün mit heller, in Strahlen verlaufender Blattnervatur, Unterseite graugrün und erhabener Nervatur; junge Blätter behaart; höchstens 10 % Stängelanteile; Geschmack: etwas bitter.

Inhaltsstoffe

Triterpensaponine: mindestens 3,0 % Hederacosid C (nach Ph. Eur.); Flavonoide.

Anwendung

Innerlich: als Expektorans bei produktivem Husten (*well-established-use* nach HMPC-Monographie);

bei Husten mit übermäßig starker Sekretion von zähflüssigem Schleim (nach ESCOP-Monographie).

Mikroskopische Merkmale

A   Verdickte, wellige Zellwände der unteren Epidermis mit zahlreichen anomocytischen Spaltöffnungen.

B   Verdickte, wellige und strukturierte Zellwände der oberen Epidermis; keine Spaltöffnungen.

C   Bifacialer Blattquerschnitt mit meist zwei-, aber auch dreireihigem Palisadengewebe; lockeres Schwammgewebe.

D   Zellen des Palisadengewebes sehr kompakt, insbesondere die innere Reihe; Calciumoxalatdrusen des Mesophylls.

E   Sternförmige Deckhaare auf jungen Blättern.

F   Calciumoxalatdrusen im Mesophyll.

G   Exkretgang im Rindenparenchym des Blattstiels.

H   Dickwandige Epidermis des Blattstiels (Rotfärbung durch Pflanzenfarbstoffe; Aufsicht).

---

10 Nur im Frühjahr geerntete Blätter (keine blühenden Zweige).

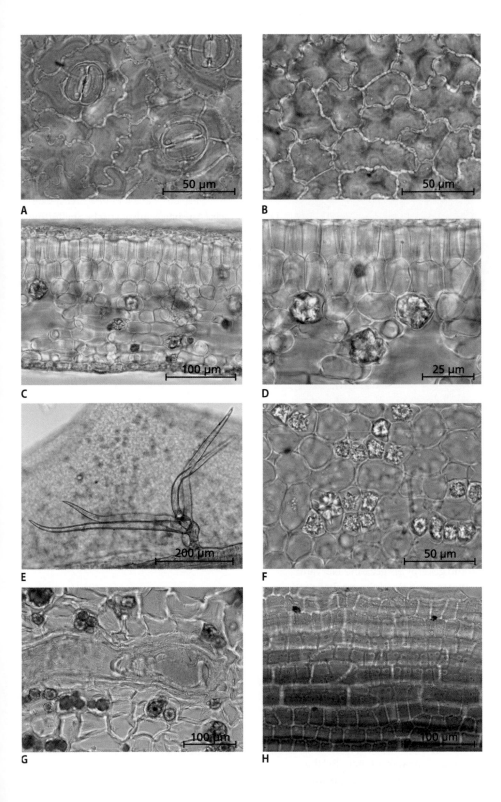

A

B

C

D

E

F

G

H

Eibischblätter – Althaeae folium

Althaea officinalis L., Malvaceae, Ph. Eur.

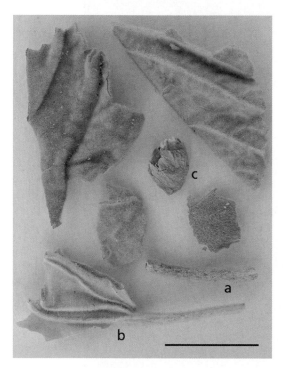

Makroskopische Merkmale

Ganze oder geschnittene Blätter; Blätter beiderseits graufilzig behaart; Blattstiel (a) etwa 7 bis 10 cm lang; Spreite herz- bis eiförmig aus 3 bis 5 Lappen bestehend; Blattrand gekerbt bis gezähnt; Nervatur (b) handförmig; Blüten- und Fruchtbestandteile (c) selten; maximal 4 % der Blätter mit *Puccinia malvacearum* (Malvenrost; Pilzinfektion) infiziert (braunrote Punkte auf dem Blatt); Geschmack: schleimig.

Inhaltsstoffe

6 bis 10 % Schleimstoffe; Quellungszahl mindestens 12 (nach Ph. Eur.); Flavonoide.

Anwendung

Bei Schleimhautreizungen im Mund- und Rachenraum und damit verbundenem trockenem Reizhusten (nach Monographie Kommission E); Antitussivum.

Mikroskopische Merkmale

A Blattquerschnitt beiderseits mit vielen Sternhaaren; Palisadengewebe ein- manchmal auch zweireihig; viele Calciumoxalatdrusen im Mesophyll.

B Einzelliges, gestieltes Drüsenhaar mit kugeligem, vielzelligem Köpfchen.

C Sternhaar bestehend aus bis zu 8 spitzen, einzelligen, dickwandigen Haaren (quer); häufig große Calciumoxalatdrusen unter der Haarbasis.

D Sternhaar (Aufsicht); anisocytische Spaltöffnungen.

E Zellen der unteren Epidermis mit stärker welligen Wänden als die der oberen Epidermis; anomocytische Spaltöffnungen (meist anisocytisch) auf beiden Blattseiten; Schleimzellen rot angefärbt (Präparat in Rutheniumrot).

F Gelegentlich paracytische Spaltöffnungen.

G Rotes Pollenkorn mit stacheliger Exine (natürliche Färbung); Ø etwa 150 µm, pantoporat.

H Sporenlager von *Puccinia malvacearum*.

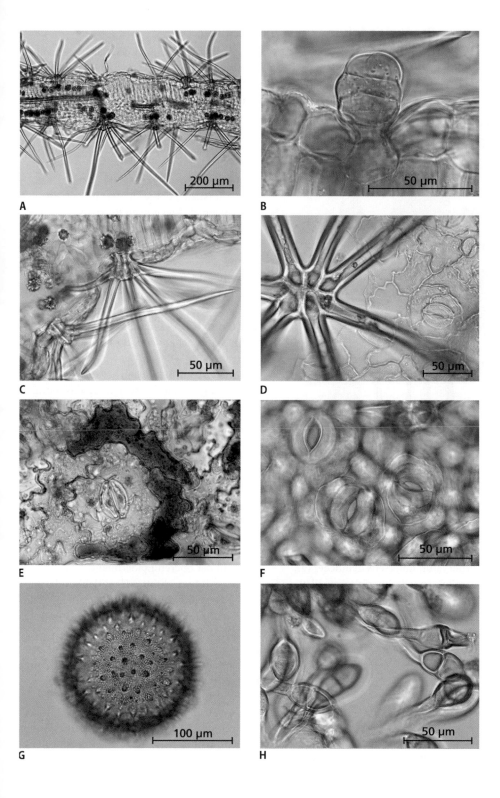

A

B

C

D

E

F

G

H

Erdbeerblätter – Fragariae folium

Fragaria vesca L.[11], Rosaceae, DAC

Makroskopische Merkmale

Ganze oder geschnittene Laubblätter; Blätter drei-zählig mit langem Blattstiel; grün bis graugrün; Blättchen ungestielt, mittleres Blättchen eiförmig; beidseitig behaart, unterseits dichter; grob gesägter Blattrand; Fiedernervatur, unterseits deutlicher (a), Seitennerven parallel, jeweils im rötlichen Blatt-zahn endend (Pfeil); Blattstielfragmente, bräunlich bis dunkelbraun, unterschiedlich stark behaart (b); schmale, spitze Nebenblätter an der Basis der Blatt-stiele, mit diesen verwachsen; Geschmack: zusam-menziehend, leicht bitter.

Inhaltsstoffe

5–10 % Gerbstoffe, Flavonoide.

---

11 Wald-Erdbeere; außerdem *Fragaria moschata, Fragaria viri-dis, Fragaria × ananassa* (Garten-Erdbeere); auch Hybriden, Hybriden mit anderen *Fragaria*-Arten oder Mischungen.

Anwendung

Volksmedizinisch adstringierend zur Wundheilung und innerlich bei Durchfall; als harntreibendes Mit-tel, zur „Blutreinigung" und zahlreichen anderen Indikationen; Wirksamkeit bei den beanspruchten Anwendungsgebieten nicht belegt (nach Monogra-phie der Kommission E); Bestandteil von Kräuter-tees.

Mikroskopische Merkmale

A   Blatt (Aufsicht); obere Epidermis mit einzelli-gen, langen, dickwandigen Borstenhaaren; viele Calciumoxalatdrusen entlang der Blattnervatur durchscheinend (untere Epidermis dichter be-haart).

B   Borstenhaare dickwandig, basal getüpfelt, ligni-fiziert, schraubig eingerissene Textur der Cuti-cula („Rosaceen-Haare"; Präparat in Phgl-HCl).

C   Blattrandzahn mit bräunlicher Hydathode; Sei-tennervatur hier endend; Borstenhaare auch am Blattrand.

D   Blattquerschnitt bifacial; Palisadengewebe mehrreihig (meist dreireihig); Spaltöffnungen in der unteren Epidermis (Pfeil), leicht einge-senkt; Calciumoxalatdrusen; obere Epidermis mit Schleimzellen (Stern).

E   Obere Epidermis ohne Spaltöffnungen; Zellen polygonal bis länglich; Zellwände leicht knotig verdickt.

F   Untere Epidermis mit anomocytischen Spaltöff-nungen; Schließzellen eingesenkt; Epidermis-zellen leicht gewellt; Drüsenhaar mit einzelligem Köpfchen und ein- bis dreizelligem Stiel (Pfeil); auch auf der oberen Epidermis.

G   Blattstiel (Querschnitt); Hauptleitbündel und zwei Nebenleitbündel; kollateral offen mit Skle-renchymhaube auf der Seite des Phloems; Bors-tenhaare (Präparat in Phgl-HCl).

H   Epidermis des Blattstiels mit Borsten- und Drü-senhaaren; Epidermiszellen geradwandig und langgestreckt.

Histologischer Gerbstoff-Nachweis mit $FeCl_3$ (bläu-liche Färbung); Längsschnitt des Blattstiels zeigt Schraubentracheen.

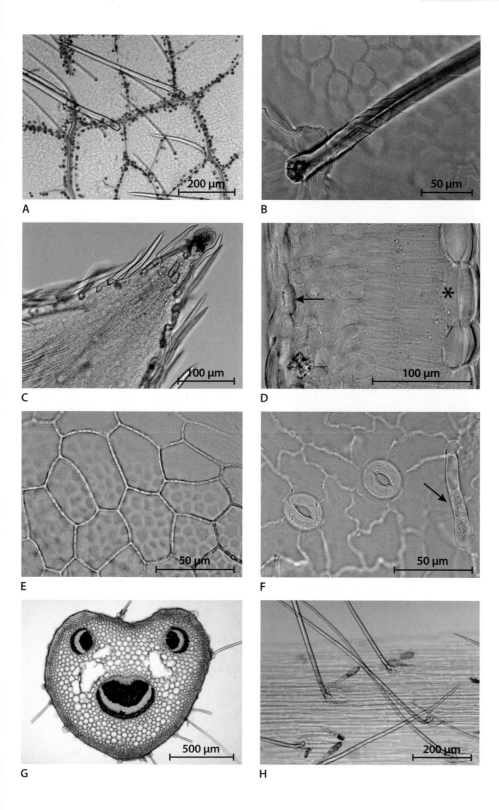

Eschenblätter – Fraxini folium

Fraxinus excelsior **L. oder** *Fraxinus angustifolia* **Vahl oder Hybriden oder eine Mischung, Oleaceae, Ph. Eur.**

a

Makroskopische Merkmale

Geschnittene Blätter; Blätter gefiedert; Blättchen nahezu sitzend, meist von der kräftigen, hellbraunen Blattspindel (a, Rhachis) losgelöst; Blättchen länglich, lanzettlich und am Rand scharf fein gesägt, am Grund etwas ungleichförmig; Blattoberseite dunkelgrün, Unterseite graugrün; Nervatur weißlich, behaart und an der Unterseite hervortretend; Geschmack: bei längerem Kauen zusammenziehend, leicht bitter.

Inhaltsstoffe

Mindestens 2,5 % Hydroxyzimtsäurederivate, berechnet als Chlorogensäure (nach Ph. Eur.); Flavonoide (hauptsächlich Rutosid); Gerbstoffe; bittere Secoiridoide.

Anwendung

Zur Linderung leichter Gliederschmerzen und zur Durchspülung der ableitenden Harnwege (*traditional use* nach HMPC-Monographie).

Mikroskopische Merkmale

A Zellwände der unteren Epidermis wellig-buchtig; zahlreiche anomocytische Spaltöffnungen; Cuticularstreifung.
B Schildförmiges Drüsenhaar mit vielen strahlig angeordneten sezernierenden Zellen (Aufsicht).
C Obere Epidermis ohne Spaltöffnungen.
D Drüsenhaar (quer) mit einzelligem Stiel, stark in die Epidermis eingesenkt.
E Ein- bis mehrzellige Deckhaare gerade oder gekrümmt, vorwiegend über den Leitbündeln auf der Blattunterseite; dickwandig; Cuticularstreifung.
F Blattquerschnitt mit zweireihigem Palisadengewebe.

Fasern und Gefäßbruchstücke der Blattleitbündel in der zerkleinerten Droge.

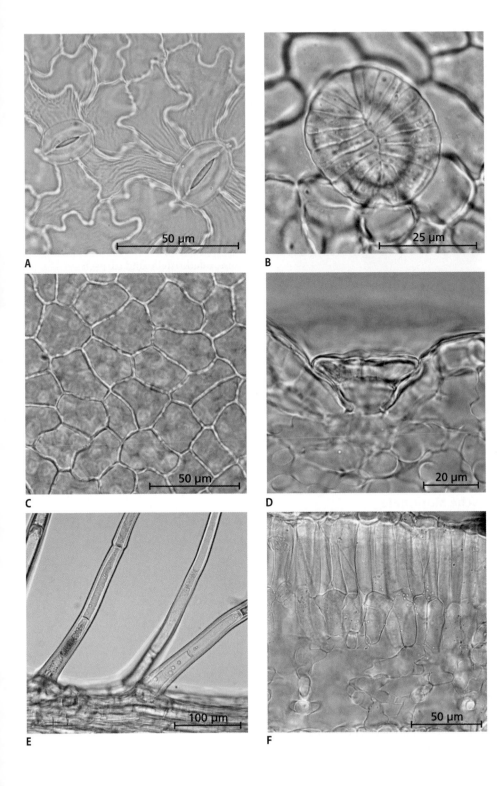

A

B

C

D

E

F

Eucalyptusblätter – Eucalypti folium

Eucalyptus globulus Labill., Myrtaceae, Ph. Eur.

a

Makroskopische Merkmale

Ganze oder geschnittene Blätter älterer Zweige; Blätter bis 25 cm lang, bis 5 cm breit, ledrig, steif, kahl, sichelförmig, ganzrandig, graugrün, durch Korkwarzen (Pfeil) dunkelbraun punktiert; Blattstiel 2 bis 3 cm lang, gedreht und runzelig (a); Mittelnerv gelblich grün; Exkreträume hell und punktförmig im durchscheinenden Licht; höchstens 5 % Stängelanteile; Geruch: aromatisch nach Cineol (nach Zerreiben); Geschmack: bitter, zusammenziehend.

Inhaltsstoffe

Ganzdroge 20 ml kg^{-1} ätherisches Öl, geschnittene Droge mindestens 15 ml kg^{-1} ätherisches Öl (nach Ph. Eur.), davon 60 bis 85 % 1,8-Cineol; Flavonoide; Gerbstoffe.

Anwendung

Gebräuchlich zur Gewinnung des ätherischen Öls; ätherisches Öl und auch die Blattdroge: zur Linderung von Husten bei Erkältungskrankheiten; ätherisches Öl auch äußerlich bei lokalen Muskelschmerzen (*traditional use* nach HMPC-Monographie).

Mikroskopische Merkmale

A Blattquerschnitt äquifacial mit zwei- bis dreireihigem Palisadengewebe auf beiden Blattseiten; Schwammgewebe mit palisadenähnlichen Zellen.

B Blattquerschnitt; schizolysigener, kugeliger Ölbehälter (in jungen Blättern deutlich schizogen); Calciumoxalatkristalle und -drusen.

C Dunkelbraune Korkwarze (Ø bis über 300 µm; Aufsicht).

D Blattquerschnitt mit Spaltöffnung und sehr dicker, glänzender Cuticula.

E Epidermis mit dickwandigen Zellen und zahlreichen Spaltöffnungen auf beiden Blattseiten.

F Anomocytische Spaltöffnung (Schließzellen bis 80 µm lang).

G Durchscheinender Ölbehälter (Aufsicht).

H Calciumoxalatdrusen und Calciumoxalatkristalle im Mesophyll.

Bikollaterale Leitbündel.

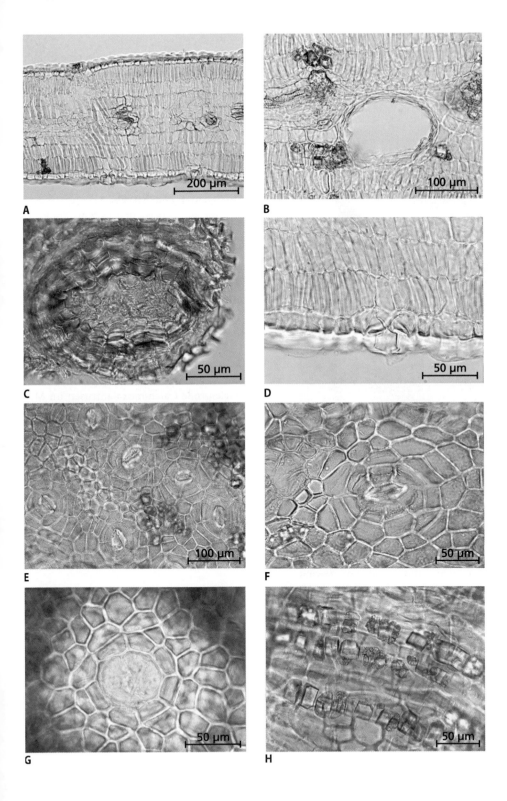

A

B

C

D

E

F

G

H

Ginkgoblätter – Ginkgo folium

Ginkgo biloba L., Ginkgoaceae, Ph. Eur.

Makroskopische Merkmale

Ganze oder geschnittene Blätter; Blatt hellgrau, gelblich grün oder gelblich braun; Blattoberseite dunkler; Spreite 4 bis 10 cm breit, fächerartig, gewöhnlich zweilappig; Nervatur dichotom verzweigt; Blattrand distal unregelmäßig gelappt oder ausgerandet, seitlich ganzrandig; Blattstiel schmal, 4 bis 9 cm lang.

Inhaltsstoffe

Mindestens 0,5 % Flavonoide, berechnet als Flavonglykoside (nach Ph. Eur.); Terpenlactone (Ginkgolide), Alkyl- und Alkenylphenole (Ginkgolsäuren)[12].

Anwendung

Spezialextrakte zur Verbesserung altersbedingter kognitiver Einschränkungen und der Lebensqualität bei einer leichten Demenz (*well-established use* nach HMPC-Monographie) und Einsatz der pulverisierten Droge bei leichten Durchblutungsstörungen nach ärztlichem Ausschluss einer ernsthaften Erkrankung (*traditional use* nach HMPC-Monographie).

Mikroskopische Merkmale

A   Obere Epidermis aus länglichen Zellen mit unregelmäßig buchtigen Wänden.

B   Untere Epidermis mit anomocytischen Spaltöffnungen (fein gestreifte Cuticula).

C   Schließzellen der Spaltöffnung eingesenkt; Epidermiszellen papillenartig vorgewölbt, mit feiner Cuticularstreifung (Blattquerschnitt).

D   Detail untere Epidermis: Epidermiszellen papillenartig vorgewölbt; Schließzellen (etwa 60 µm lang) eingesenkt; Nebenzellen 6 bis 8.

E   Leitbündel mit Tracheiden im Xylem; benachbart viele große Calciumoxalatdrusen im Mesophyll.

F   Bifacialer Blattquerschnitt mit Exkretbehälter (röhrenförmig in der Aufsicht); einreihiges Palisadengewebe (schwach ausgeprägt).

G   Palisadengewebe mit gelben Lipidtropfen (Aufsicht).

H   Idioblasten mit Gerbstoffen im Schwammgewebe (Aufsicht).

---

12 Ginkgolsäuren besitzen toxische und allergene Eigenschaften und werden bei der Extraktherstellung entfernt.

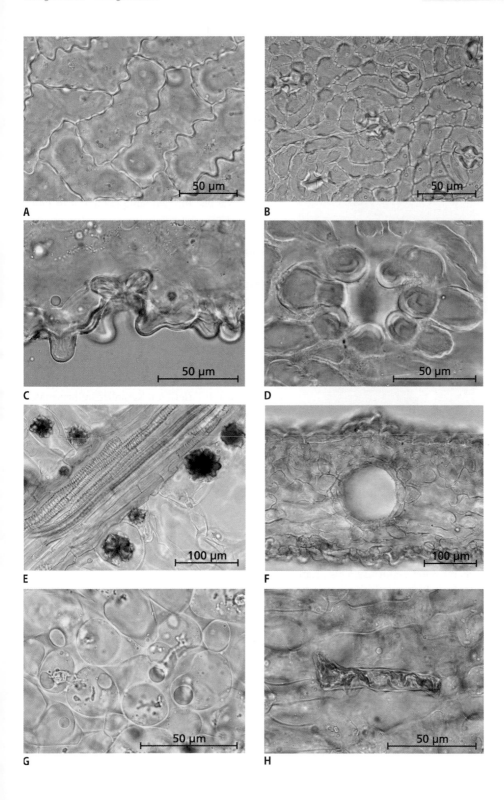

Hamamelisblätter – Hamamelidis folium

Hamamelis virginiana L., Hamamelidaceae, Ph. Eur.

Makroskopische Merkmale

Ganze oder geschnittene Blätter; Blattoberseite dunkelgrün, Unterseite graugrün bis grünlich braun; Blattrand grob gekerbt; Spreite eiförmig, 5 bis 12 cm lang und 3 bis 8 cm breit; Blattgrund asymmetrisch; Nervatur netznervig, an der Blattunterseite deutlich; höchstens 7 % Stängelanteile; Geschmack: schwach zusammenziehend.

Inhaltsstoffe

Mindestens 3 % Gerbstoffe (vorwiegend oligomere Proanthocyanidine), berechnet als Pyrogallol (nach Ph. Eur.); Flavonoide; ätherisches Öl.

Anwendung

Traditionell äußerlich bei leichten Hautentzündungen und Trockenheit der Haut; Behandlung von Symptomen bei Hämorrhoiden; als Gurgelmittel bei leichten Entzündungen der Mundschleimhaut (*traditional use* nach HMPC-Monographie).

Mikroskopische Merkmale

A   Untere Epidermis; meist paracytische Spaltöffnungen (nach Ph. Eur.), auch anisocytisch bis anomocytisch.

B   Obere Epidermis mit wellig-buchtigen Zellwänden; ohne Spaltöffnungen.

C   Lignifizierte Sklereiden in der Aufsicht kreisförmig-oval bis unregelmäßig (Präparat in Phlg-HCl).

D   Lignifizierte Sklereiden von unregelmäßiger, lang gestreckter Form im Blattquerschnitt; 150 bis 180 µm lang; Palisadengewebe einschichtig (Präparat in Phlg-HCl).

E   Büschelhaare (Querschnitt) mit etwa 4 bis 12 einzelligen Haaren bis 250 µm lang, oft braun gefärbter Inhalt, verdickte, lignifizierte Zellwände; Haarzellen wellig.

F   Büschelhaare sternförmig; meist an den Leitbündeln auf der Blattunterseite (Aufsicht).

G   Lignifizierte Fasern mit Kristallzellreihen an den Leitbündeln; Schwammparenchym charakteristisch (Aufsicht; Präparat in Phlg-HCl).

H   Leitbündel des Blattes; Fasern von Kristallzellreihen begleitet (Calciumoxalatkristalle).

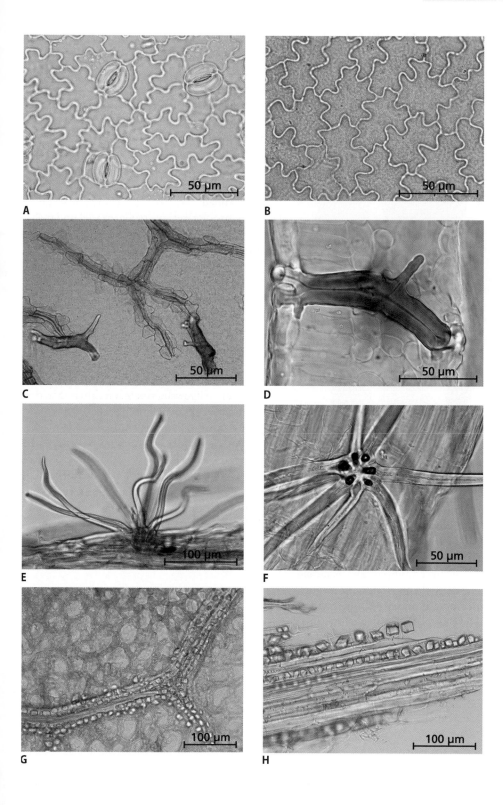

A

B

C

D

E

F

G

H

Heidelbeerblätter – Myrtilli folium

Vaccinium myrtillus L., Ericaceae, DAC

Makroskopische Merkmale

Ganze oder geschnittene Laubblätter; Blätter bis 2 cm lang und 1,5 cm breit; junge Blätter dünn und leicht zerbrechlich, ältere mit derber Struktur; Blattspreite eiförmig; matt, graugrün bis graubraun; Blattspitze stumpf, Blattgrund abgerundet, Blattrand (Pfeil a) durch kleine Kerben gesägt (Drüsenzotten siehe C); Netznervatur, unterseits Mittelnerv hervortretend; Blattstiele kurz (Pfeil b); höchstens 5 % Stängelstücke; jüngere Achsen mit unregelmäßigen Rippen; Geschmack: schwach zusammenziehend.

Inhaltsstoffe

Mindestens 3,0 % Gerbstoffe, berechnet als Pyrogallol (nach DAC); Flavonoide.

Anwendung

Zahlreiche volksmedizinische Anwendungen, u. a. bei Diabetes; Wirksamkeit bei den beanspruchten Anwendungsgebieten nicht ausreichend belegt; vor dauerhafter Anwendung wird gewarnt (nach Monographie der Kommission E).

Mikroskopische Merkmale

A Blattquerschnitt bifacial; Palisadengewebe einschichtig; mehr Spaltöffnungen (Pfeil) auf der Blattunterseite.

B Blattnervatur mit Sklerenchymfasern (lignifiziert), die von Kristallzellen begleitet werden.

C Blattrand mit braunen Drüsenzotten an den Blattzähnen.

D Drüsenzotten mit zweireihigem Stiel und mehrzelligem, oval gestrecktem Kopf, am Blattrand und auf der Blattnervatur.

E Untere Epidermis (Aufsicht); Zellen stark wellig-buchtig; Spaltöffnungen paracytisch (Nebenzellen schließen mit den Schließzellen ab); feine Cuticularstreifung.

F Haare einzellig, bis 60 µm lang, leicht gebogen, dickwandig, mit warziger Cuticula, im Bereich der Blattnervatur (und am Blattrand).

G Junge Sprossachse (quer) unregelmäßig buchtig geformt; Leitgewebe von Sklerenchymfaserring umgegeben (Präparat in Phgl-HCl).

H Epidermis des Stängels (Aufsicht), kleinzellig, Zellwände gerade; Spaltöffnungen paracytisch.

Zellen der oberen Epidermis der Blätter wellig-buchtig, zarte Cuticularstreifung, wenige Spaltöffnungen; Blattrand nicht nach unten gewölbt und ohne sklerenchymatische Elemente (▶ Preiselbeerblätter).

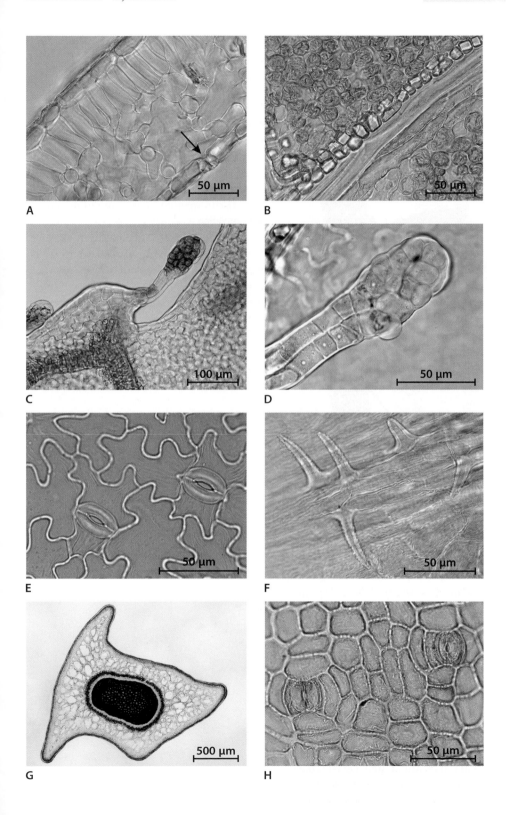

Himbeerblätter – Rubi idaei folium

Rubus idaeus L., Rosaceae, DAC

Makroskopische Merkmale

Ganze oder geschnittene Blätter; Blätter drei- oder fünfzählig gefiedert; Blättchen eiförmig bis lanzettlich, einfach oder doppelt gesägt (Pfeil, Hydrathoden); Nervatur fiedrig, unterseits hervortretend (a); Blattoberseite schwach behaart und dunkelgrün, Unterseite silbergrau, dicht behaart; Blattstiele grün oder rötlich und oberseits rinnig (b); Stacheln auf Nervatur und Blattstielen; Blattstücke verklumpen durch Behaarung; höchstens 7 % Stängelanteile; Geschmack: leicht zusammenziehend, etwas bitter.

Inhaltsstoffe

Hydrolysierbare Gerbstoffe; Flavonoide.

Anwendung

Traditionell bei leichten Durchfallerkrankungen, leichten Entzündungen im Mund- und Rachenraum sowie bei leichten menstruationsbedingten Krämpfen (*traditional use* nach HMPC-Monographie);

verhindert als Hilfsdroge das Entmischen von Teebestandteilen; fermentierte Blätter auch als „Haustee" gebräuchlich.

Mikroskopische Merkmale

A   Obere Epidermis; einzelliges, spitz abgewinkeltes, dickwandiges Deckhaar, teilweise spiralige Textur der Cuticula sichtbar (keine Spaltöffnungen; kleine, polygonale, dickwandige Zellen).
B   Untere Epidermis (Haarfilz abgeschabt); anomocytische Spaltöffnungen mit dünnwandigen Schließzellen.
C   Blattunterseite (quer) mit einzelligen, verflochtenen Wollhaaren (Peitschenhaare); (Spaltöffnungen in der Aufsicht nur schwer zu erkennen).
D   Bifacialer Blattquerschnitt mit ein- bis zweireihigem Palisadengewebe.
E   Calciumoxalatdrusen im Mesophyll.
F   Drüsenhaar mit zweireihigem Stiel und mehrzelligem, großem Köpfchen (auf der oberen und unteren Epidermis).

Hydathoden mit Gefäßanbindung am gesägten Blattrand.

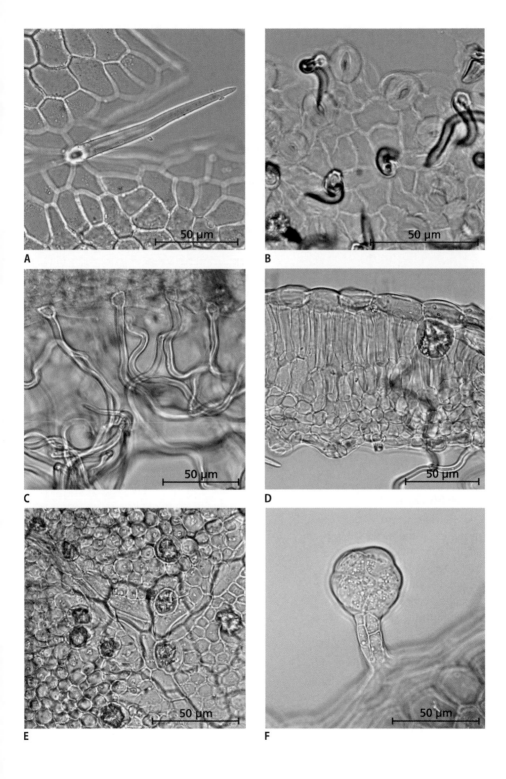

Huflattichblätter – Farfarae folium

Tussilago farfara L., Asteraceae, DAB 10

Makroskopische Merkmale

Blätter; Blätter lang gestielt; Spreite herzförmig-rundlich, mit stumpfer Grundbucht, Ø bis 20 cm; Blattoberseite kahl (nur junge Blätter oberseits behaart) und dunkelgrün, Unterseite weiß filzig behaart; Blätter haften aneinander; Blattrand ausgeschweift, in den Buchten schwärzlich gezähnt (Pfeil); Nervatur handförmig; Geschmack: schleimig.

Inhaltsstoffe

6 bis 10 % saure Schleimpolysaccharide (Quellungszahl mindestens 9) und Inulin; Spuren von Pyrrolizidinalkaloiden.

Anwendung

Bei akuten Katarrhen der Luftwege mit Husten und Heiserkeit; bei akuten, leichten Entzündungen der Mund- und Rachenschleimhaut[13] (nach Monographie Kommission E).

Mikroskopische Merkmale

A   Mehrreihiges Palisadengewebe (1); große Luftkammern (2) im Schwammgewebe; starke Behaarung der Blattunterseite (Blattquerschnitt).

B   Strahlige Inulinaggregate oder -klumpen im drei- bis vierreihigen Palisadengewebe im Blattquerschnitt.

C   Große Luftkammern im Schwammgewebe (Blattquerschnitt); Schließzellen der Spaltöffnung (Pfeil).

D   Inulinstrukturen im Palisadengewebe (Aufsicht).

E   Luftkammern des Schwammgewebes (Aufsicht).

F   Untere Epidermis mit anomocytischen Spaltöffnungen (auf der Unterseite zahlreicher); Wände der unteren Epidermiszellen stark wellig (Epidermis oft zerstört; viele Haare).

G   Cuticularstreifung auf oberer Epidermis; Wände der oberen Epidermiszellen polygonal bis schwach wellig; wenige anomocytische Spaltöffnungen.

H   Wollhaar der Unterseite, bestehend aus bis zu 6 kurzen, dünnwandigen, oft kollabierten Fußzellen und einer langen, unregelmäßig verschlungenen Endzelle (100 bis 250 µm lang).

---

13   Tagesdosis bei Extrakten maximal 1 µg Pyrrolizidinalkaloide (PA); Empfehlung: Drogen nur mit geprüftem PA-Wert bzw. PA-freie Ware verwenden; nicht aus Wildsammlungen; maximal 4 bis 6 Wochen pro Jahr anwenden.

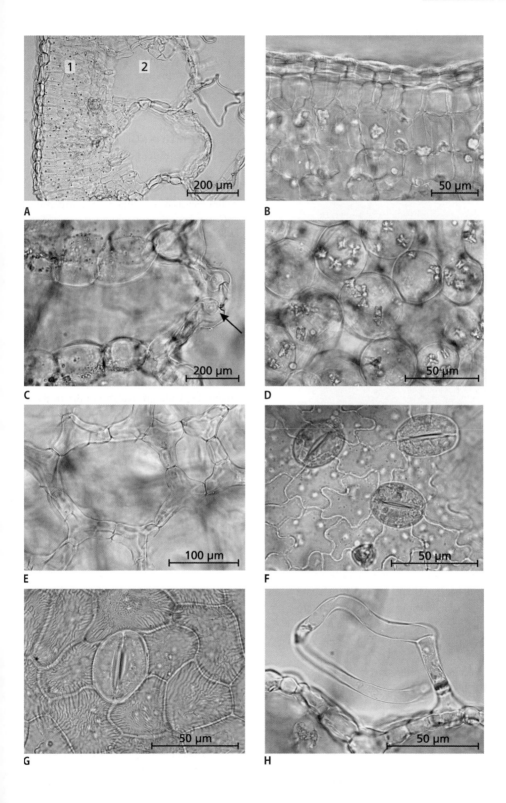

Hyoscyamusblätter[14] – Hyoscyami folium

Hyoscyamus niger L., Solanaceae, DAB 10

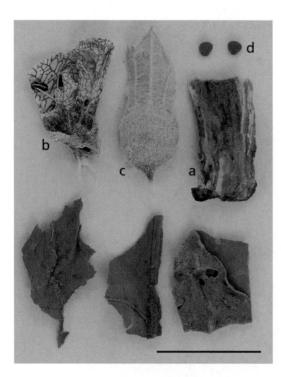

Makroskopische Merkmale

Blätter oder Blätter mit blühenden und gelegentlich fruchttragenden Zweigspitzen; Spreite länglich-eiförmig, ungleichmäßig spitz gelappt, stark behaart, gelblich grün, mürbe; Mittelnerv breit, deutlich entwickelt; obere Blätter halb stängelumfassend, untere mit derben Blattstielen (a); Blüte (b) frisch gelblich, violett geadert; Kronblätter fünfzipflig; Kelch (c) glockenförmig mit 5 dreieckigen Zipfeln; Frucht: im Dauerkelch eingeschlossene Deckelkapsel; Samen (d) bräunlich grau; Stängel hohl; Geschmack: bitter; etwas scharf.

Inhaltsstoffe

Mindestens 0,05 % Tropanalkaloide (nach DAB 10), vor allem *S*-Hyoscyamin und *S*-Scopolamin (2:1 bis 1,2:1); Flavonoide.

Anwendung

Bei Spasmen im Bereich des Gastrointestinaltraktes; Anwendung nicht gebräuchlich.

Mikroskopische Merkmale

A   Untere Epidermis mit welligen Zellwänden und glatter Cuticula; anisocytische und anomocytische Spaltöffnungen (zahlreicher auf der Blattunterseite).

B   Drüsenhaar mit verlängertem, ein- oder mehrzelligem Stiel und zwei- oder mehrzelligem keulenförmigem Köpfchen.

C   Calciumoxalatkristalle im Mesophyll; Intercostalfeld durch Schraubentracheen begrenzt.

D   Mehrzellige, einreihige Gliederhaare mit leicht abgerundeter Spitze.

E   Bifacialer Blattquerschnitt mit einreihigem Palisadengewebe; Calciumoxalatkristalle in Sammelzellen zwischen Palisaden- und Schwammgewebe.

F   Zellen der Samenschale mit stark welligen, verdickten, gelblichen Wänden (im Querschnitt u-förmig verdickt).

G   Pollenkörner tricolporat, mit fein strukturierter Exine (2 Fokussierungsebenen).

H   Drüsenhaare mit mehrzelligem Stiel und mehrzelligem Köpfchen auf den Kronblättern.

---

14   Syn.: Bilsenkrautblätter.

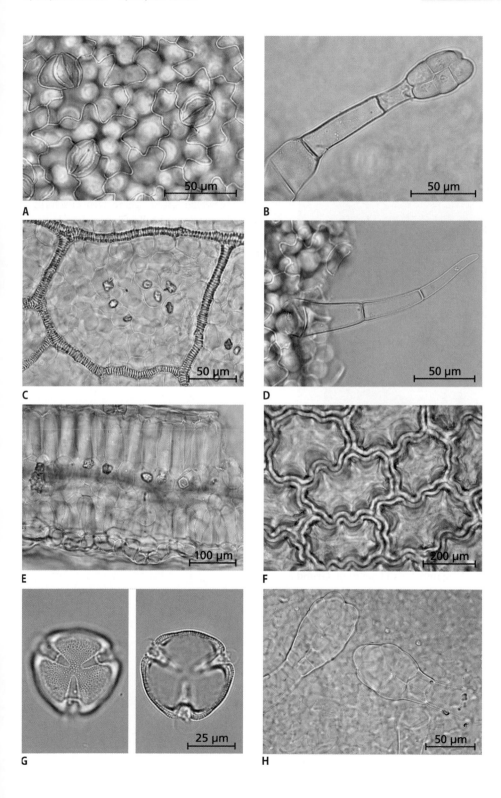

Schwarze-Johannisbeere-Blätter – Ribis nigri folium

Ribes nigrum L., Grossulariaceae[15], Ph. Eur.

Makroskopische Merkmale

Ganze oder geschnittene Blätter; Blätter einfach, finger- oder fiedernervig, oft handförmig gelappt; Spreite 3 bis 9 cm lang und 4 bis 11 cm breit; Grund herzförmig; Blattrand doppelt gesägt; Blattunterseite hellgrün mit hervortretender Nervatur, durch Drüsenhaare gelbbraun punktiert (Pfeil); Blattstiele gelbgrün, oberseits rinnenförmig.

Inhaltsstoffe

Mindestens 1,0 % Flavonoide, berechnet als Isoquercitrosid (nach Ph. Eur.); ätherisches Öl in Spuren; ca. 0,4 % Proanthocyanidine.

Anwendung

Traditionell zur Durchspülung der ableitenden Harnwege und bei leichten Gliederschmerzen (*traditional use* nach HMPC-Monographie); Geschmackskorrigens.

Mikroskopische Merkmale

A Vielzellige, gelbe Drüsenschuppe (groß, Ø bis 250 μm).
B Bifacialer Blattquerschnitt mit einreihigem Palisadengewebe; große, gelbe Drüsenschuppe, kurze Stielzelle und tellerförmig ausgebreitete Zellschicht, deren Cuticula sich emporwölbt, meist auf der Blattunterseite.
C Untere Epidermis mit wellig-buchtigen (auch geraden) Zellwänden; mit anomocytischen Spaltöffnungen.
D Obere Epidermis mit welligen Zellwänden.
E Einzelliges, spitzes, gerades (auch gebogenes) Deckhaar an der Blattnervatur mit feinwarziger Cuticula.
F Calciumoxalatdrusen im Mesophyll.

---

15 Früher: Saxifragaceae.

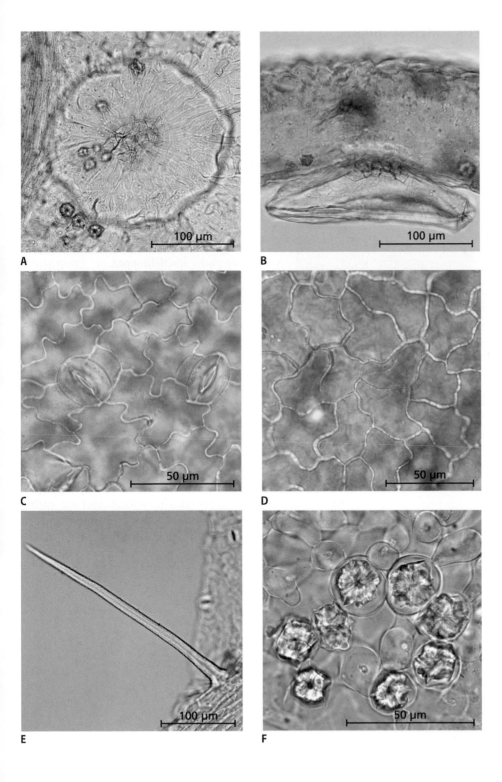

Malvenblätter – Malvae folium

Malva sylvestris L., *Malva neglecta* Wallr. oder eine Mischung beider Arten, Malvaceae, Ph. Eur.

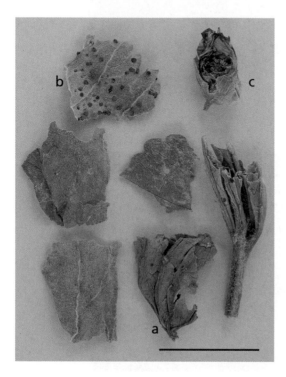

Makroskopische Merkmale

Blätter; Blätter lang gestielt, grün; *M. sylvestris*: Blätter rundlich bis 12 cm lang und 15 cm breit, drei- bis siebenlappig; *M. neglecta*: Blätter bis 9 cm breit und 9 cm lang, kreis- bis nierenförmig, fünf- bis siebenteilig gelappt; Blattrand ungleich kerbig-gezähnt; Nervatur auf der Unterseite deutlicher als auf der Oberseite; Hauptnerven vom Blattstiel handförmig verlaufend (a); schwach behaart; höchstens 5 % der Blätter durch Sporenlager (braune Flecken) von *Puccinia malvacearum* verunreinigt (b); höchstens 5 % fremde Pflanzenteile (c, z. B. Blüten); Geschmack: schleimig.

Inhaltsstoffe

5 bis 12 % Schleimstoffe; Quellungszahl mindestens 7 (nach Ph. Eur.); Flavonoide.

Anwendung

Bei Schleimhautreizungen im Mund- und Rachenraum und damit verbundenem trockenem Reizhusten (nach Monographie Kommission E; HMPC-Monographie in Vorbereitung).

Mikroskopische Merkmale

A Untere Epidermis mit anisocytischen Spaltöffnungen (auf beiden Seiten); Zellwände der unteren Epidermis stärker gewellt als die der oberen; Schleimzellen rot angefärbt (Präparat in Rutheniumrot).

B Epidermis (Aufsicht); mehrzelliges Drüsenhaar, in der Aufsicht meist vierzellig und rundlich; anisocytische Spaltöffnungen.

C Einzelliges Spießhaar (keine starke Behaarung), leicht gekrümmt, häufig einem „Polster" aufsitzend.

D Etagiertes, mehrzelliges Drüsenhaar; im Querschnitt keulenförmig.

E Calciumoxalatdrusen im Mesophyll entlang der Leitbündel.

F Zwei- bis achtstrahlige Sternhaare (vorwiegend bei *M. sylvestris*).

G Bifacialer Blattquerschnitt mit einschichtigem Palisadengewebe.

H Zweizellige, spitzovale Sporen von *Puccina malvacearum*.

Vereinzelt große, kugelige Pollenkörner mit stacheliger Exine (▶ Malvenblüten); Schleimzellen auch im Parenchym um den Mittelnerv und im Blattstiel.

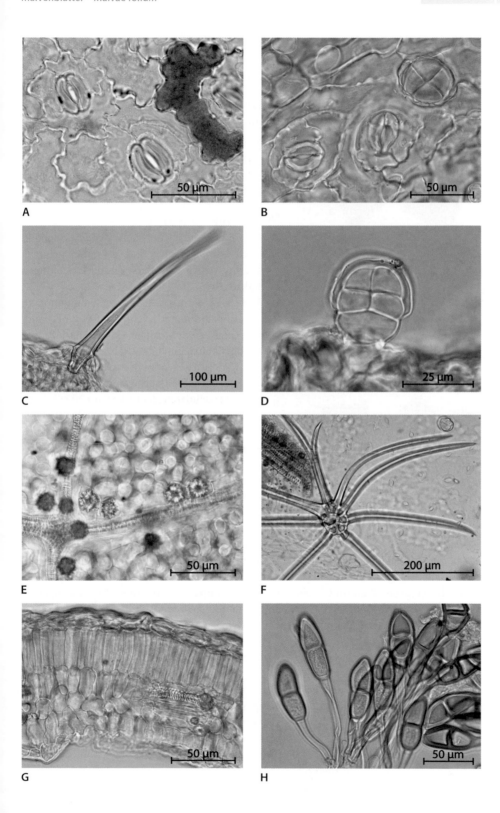

Grüne Mateblätter – Mate folium viride[16]

Ilex paraguariensis A.St.-Hil., Aquifoliaceae, DAC

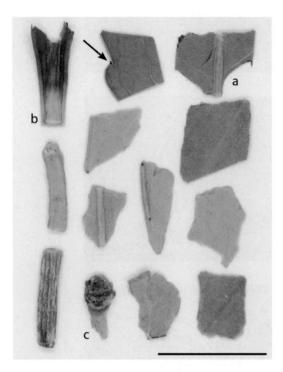

Makroskopische Merkmale

Vorgeröstete, getrocknete, ganze oder geschnittene Blätter; verkehrt eiförmig bis länglich lanzettlich, 6 bis 12 cm lang, 5 bis 6 cm breit; Blattoberseite dunkelgrün, Unterseite heller grün; Blattrand leicht umgerollt und teilweise gekerbt (Pfeil); Nervatur unterseits hervortretend, Mittelnerv deutlich (a), Seitennerven bogig; Blattfragmente glatt und steif; Blattgrund keilförmig (b); Blattstiele kantig; Stängelstücke vereinzelt, braungelb bis bräunlich; Blüten gelegentlich (c); Geruch: schwach aromatisch; Geschmack: leicht zusammenziehend, nach „Tee" schmeckend.

Inhaltsstoffe

Mindestens 0,6 % Coffein (nach DAC), Caffeoylchinasäuren, Flavonoide.

Anwendung

Traditionell bei Erschöpfungszuständen und Schwächegefühl; zur Erhöhung der Harnmenge zur Durchspülungstherapie bei leichten Harnwegsbeschwerden (*traditional use* nach HMPC-Monographie).

Mikroskopische Merkmale

A   Obere Epidermis (Aufsicht); Zellen isodiametrisch, Wände verdickt und undeutlich getüpfelt (derbe, wellige Cuticularstreifung; Calciumoxalatkristalle).

B   Untere Epidermis mit zahlreichen anomocytischen Spaltöffnungen, Schließzellen groß, rundlich (lignifiziert; deutliche Cuticularstreifung).

C   Blatt (Querschnitt) bifacial; Palisadenparenchym meist zwei- oder dreischichtig; Calciumoxalatdrusen (Pfeil); Schwammgewebe mit großen Interzellularen; deutliche Cuticula über der Epidermis; Leitbündel mit Sklerenchymhauben auf beiden Seiten.

D   Mittelnerv (Querschnitt); Leitbündel offen kollateral, deutliche Haube aus Sklerenchymfasern (Pfeil); kleine Nebenleitbündel; Calciumoxalatdrusen (Präparat in Phgl-HCl).

E   Mesophyll (Aufsicht), bogige Blattnervatur am Ende oval erweitert; zahlreiche, große Calciumoxalatdrusen.

F   Kerbung des Blattrandes mit Hydathode; Anschluss der Blattnervatur (Pfeil).

G   Schwammparenchym (Aufsicht); „Sternparenchym" mit charakteristischen Interzellularen.

H   Mittelnerv (längs); Leitbündel von Sklerenchymfasern begleitet; zahlreiche Calciumoxalatdrusen längs in Reihen angeordnet.

Epidermiszellen im Bereich der Blattnervatur kleinzellig, rechteckig und in Reihen angeordnet; obere Epidermis mit Schleimzellen; Blattstiel mit Fasern und Gefäßen, Calciumoxalatdrusen; Zellen des Marks im Stängel lignifiziert und getüpfelt.

---

16   Entwurf für Ph. Eur. liegt vor; außerdem im DAC: Geröstete Mateblätter – Mate folium tostum.

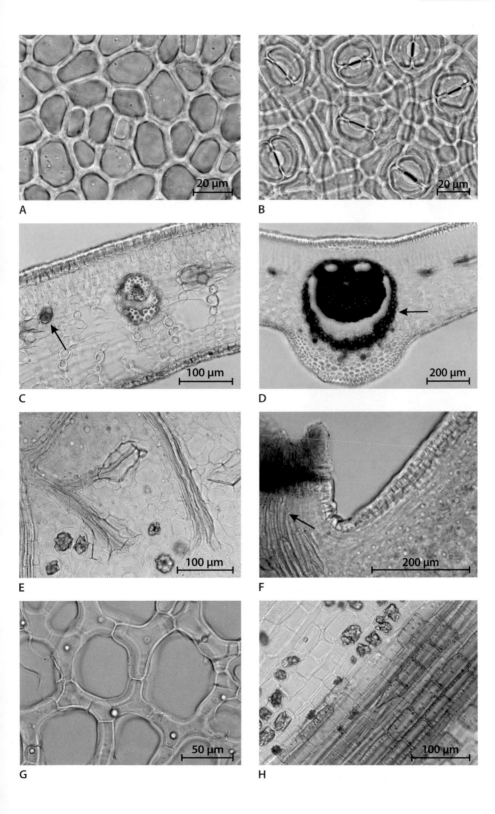

Melissenblätter – Melissae folium

Melissa officinalis L., Lamiaceae, Ph. Eur.

Makroskopische Merkmale

Blätter; Blätter kräftig grün, eiförmig, leicht zerknittert, bis 8 cm lang und 5 cm breit, unterseits heller gefärbt; Nervatur deutlich, netzartig; Blattrand gesägt oder gekerbt; Blattoberseite behaart, Unterseite nur auf der Nervatur behaart; Kelche (a) fünfzähnig; Stängel (b) vierkantig mit gegenständiger Blattstellung (b); höchstens 10 % Stängelanteile mit Ø größer 1 mm; Geruch: zitronenartig (kaum wahrnehmbar bei getrockneter Droge).

Inhaltsstoffe

Mindestens 4,0 % Hydroxyzimtsäurederivate, berechnet als Rosmarinsäure (nach Ph. Eur.); 0,05 bis 0,15 % ätherisches Öl.

Anwendung

Bei leichten Symptomen von seelischem Stress und zur unterstützenden Behandlung von Einschlafstö-

rungen; symptomatische Behandlung von leichten gastrointestinalen Beschwerden einschließlich Blähungen (*traditional use* nach HMPC-Monographie); wässriger Extrakt zeigt antivirale Wirkung bei Herpes labialis (nach WHO-Monographie).

Mikroskopische Merkmale

A   Drüsenschuppe vom Lamiaceen-Typ mit 8 kreisförmig angeordneten Zellen (Aufsicht).

B   Diacytische Spaltöffnungen nur auf der unteren Epidermis; Zellwände der Epidermis stark wellig.

C   Drüsenschuppe vom Lamiaceen-Typ (Querschnitt); Eckzahnhaare.

D   Drüsenhaar mit ein- bis dreizelligem Stiel und meist zweizelligem Köpfchen (schräge Aufsicht).

E   Kurze, gerade, einzellige Eckzahnhaare; Zellwände der oberen Epidermis stark wellig.

F   Einreihige zwei- bis fünfzellige Gliederhaare mit spitzem Ende und dicker, gekörnter Cuticula.

G   Drüsenhaar mit ein- bis dreizelligem Stiel und einzelligem Köpfchen.

H   Bifacialer Blattquerschnitt mit einschichtigem Palisadengewebe.

Ein- oder zweizellige Kegelhaare am Blattrand (nicht mit den Eckzahnhaaren [siehe E] der Blattspreite verwechseln; Abbildung Kegelhaare ▶ Pfefferminzblätter).

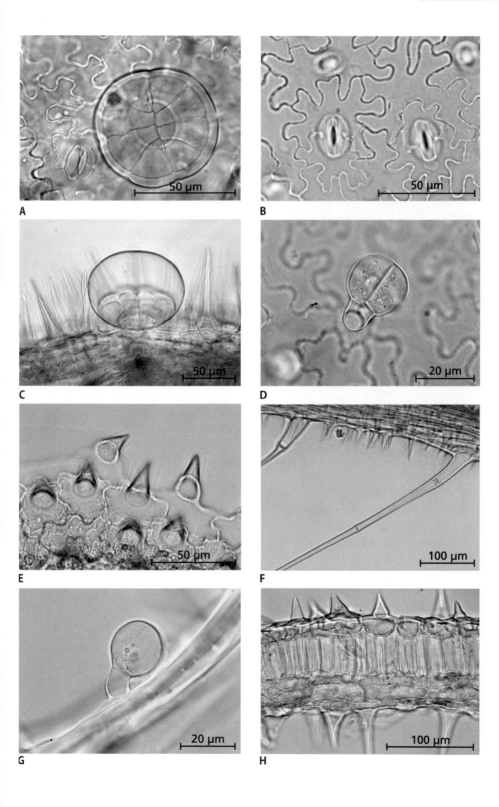

A

B

C

D

E

F

G

H

Ölbaumblätter – Oleae folium

Olea europaea L., Oleaceae, Ph. Eur.

Makroskopische Merkmale

Blätter; Blätter dick und ledrig; Spreite ungeteilt, schmal elliptisch, 3 bis 5 cm lang und 1 bis 1,5 cm breit, mit einem Stachel an der apikalen Spitze; Blattstiel kurz; Blattrand ganzrandig, zur Unterseite hin leicht eingerollt; Blattunterseite silbrig, leicht behaart (besonders auf der Nervatur), Oberseite hellgrün und schwach glänzend; Geschmack: bitter.

Inhaltsstoffe

Phenolisch veresterte Secoiridoide mit mindestens 5,0 % Oleuropein (nach Ph. Eur.); Flavonoide; Triterpensäuren.

Anwendung

Zur Förderung der renalen Wasserausscheidung nach ärztlichem Ausschluss einer ernsthaften Erkrankung (*traditional use* nach HMPC-Monographie).

Mikroskopische Merkmale

A   Schildhaar mit etwa 10 bis 30 strahlenförmig angeordneten, dünnwandigen Zellen in der Aufsicht (am Rand unregelmäßig zerfranst aussehend).

B   Epidermiszellen und Spaltöffnungen der unteren Epidermis unter dicht stehenden Schuppenhaaren verborgen (Aufsicht; siehe auch D).

C   Einzelliger Stiel eines Schildhaares, tief in die Epidermis eingesenkt; Pfeile: auf der Epidermis liegende Haarfläche (quer).

D   Untere Epidermis mit kleinen dickwandigen, polygonalen Zellen und anomocytischen Spaltöffnungen (Haare am Präparat abgeschabt; Pfeil: abgebrochene Haarbasis).

E   Blattquerschnitt mit zwei- bis dreireihigem Palisadengewebe, Schwammgewebe kleinzellig (Schwammgewebe zur unteren Epidermis palisadenartig gestreckt); Schildhaare auf der Blattunterseite; Fasern durchziehen unregelmäßig das Mesophyll (Präparat in Phlg-HCl).

F   Obere Epidermis (quer) mit sehr dicker Cuticula; dickwandige Fasern quer angeschnitten.

G   Dickwandige Fasern durchziehen einzeln oder im Verbund das Mesophyll; Epidermiszellen unscharf sichtbar (Aufsicht).

H   Kristallnadeln im Palisadengewebe.

Obere Epidermis mit kleinen dickwandigen, polygonalen Zellen und ohne Spaltöffnungen (bei G durchscheinend).

Ölbaumblätter – Oleae folium

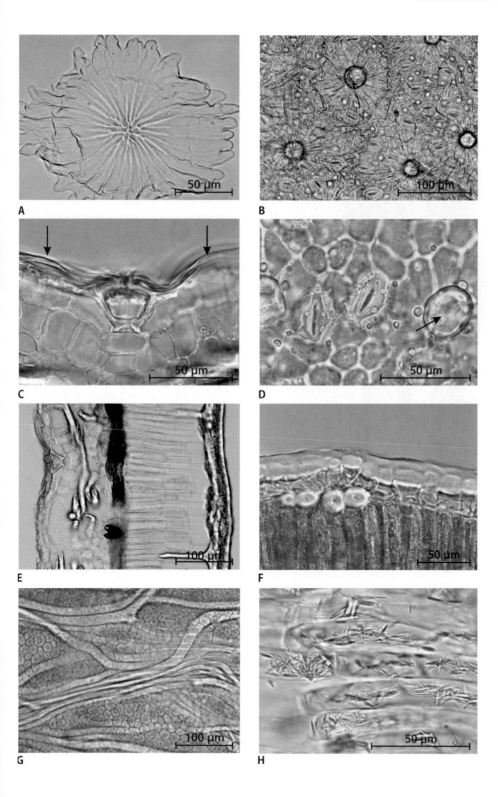

Orthosiphonblätter – Orthosiphonis folium

Orthosiphon aristatus (Blume) Miq.[17], Lamiaceae, Ph. Eur.

Makroskopische Merkmale

Blätter und Stängelspitzen; Blätter bis 8 cm lang und 2,5 cm breit; Blattstiel kurz, violett gefärbt; Spreite eiförmig bis lanzettlich, lang zugespitzt, dunkelgrün bis bräunlich grün; Blattunterseite heller, durch Drüsenschuppen punktiert (Lupe); Netznervatur mit wenigen Seitennerven; Blattrand unregelmäßig grob gezähnt bis gekerbt; Blüten violett, selten; Stängel (a) vierkantig mit gegenständigem Blattansatz; höchstens 5 % Stängelanteile mit Ø größer als 1 mm; Geschmack: etwas salzig, schwach bitter.

Inhaltsstoffe

Mindestens 0,3 % Rosmarinsäure (nach Ph. Eur.); höher methoxylierte Flavone; bis 0,06 % ätherisches Öl; Diterpene.

Anwendung

Unterstützend zur Durchspülungstherapie bei leichten Erkrankungen der ableitenden Harnwege (*traditional use* nach HMPC- und ESCOP-Monographie).

Mikroskopische Merkmale

A Drüsenschuppe vom Lamiaceen-Typ mit 4 sezernierenden Zellen, kreisförmig angeordnet („Kleeblattstruktur"; Aufsicht).

B Drüsenschuppe vom Lamiaceen-Typ mit einzelligem Stiel; stark eingesenkt (Querschnitt).

C Untere Epidermis mit diacytischen Spaltöffnungen; Wände der Epidermiszellen wellig-buchtig (obere Epidermis mit wenigen Spaltöffnungen).

D Bifacialer Blattquerschnitt; einreihiges Palisadengewebe.

E Drüsenhaar mit zweizelligem Köpfchen und Spaltöffnung.

F Drüsenhaar mit einzelligem Köpfchen und einzelligem Stiel (Querschnitt).

G Einreihiges drei- bis achtzelliges, spitzes Gliederhaar (bis 450 µm lang); dicke (getüpfelte) Wände; Cuticularstreifung; häufig rötlich.

H Ein- bis zweizelliges Kegelhaar.

---

17 Syn.: *Orthosiphon stamineus* Benth.

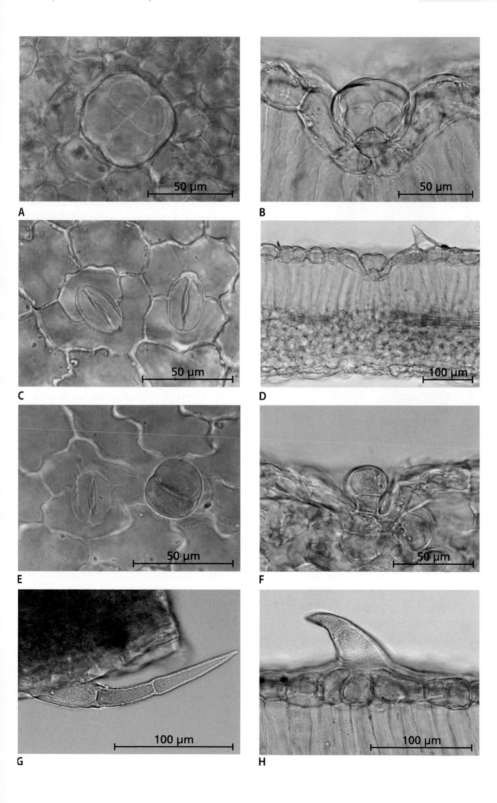

Pfefferminzblätter – Menthae piperitae folium

Mentha x piperita[18] L., Lamiaceae, Ph. Eur.

Makroskopische Merkmale

Ganze oder geschnittene Blätter; Blätter 3 bis 9 cm lang und 1 bis 3 cm breit; Spreite eiförmig oder lanzettlich, oben zugespitzt, grün bis bräunlich grün; Netznervatur bräunlich violett, auf der Unterseite hervortretend; Blattrand scharf gesägt; Drüsenhaare als Punkte sichtbar (Lupe); Stängel (a) vierkantig; Blattansätze gegenständig; höchstens 8 % braun gefleckte Blätter durch Minzenrost (*Puccinia menthae*); höchstens 5 % Stängelanteile; Geruch: charakteristisch nach Menthol; Geschmack: charakteristisch, aromatisch, kühlend.

Inhaltsstoffe

Ganzdroge mindestens 12 ml kg^{-1} ätherisches Öl; geschnittene Droge mindestens 9 ml kg^{-1} ätherisches Öl (nach Ph. Eur.); Hauptkomponenten des ätherischen Öls: Menthol, Menthon, Menthylacetat; Lamiaceen-Gerbstoffe; Flavonoide.

Anwendung

Traditional use: Pfefferminzblätter zur symptomatischen Linderung von Verdauungsbeschwerden wie Blähungen und Dyspepsie; Pfefferminzöl äußerlich bei Husten und Erkältungen; *well-established use* Pfefferminzöl: Beschwerden im Magen-Darm-Trakt beim Reizdarmsyndrom und äußerlich bei Spannungskopfschmerzen (nach HMPC-Monographie).

Mikroskopische Merkmale

A   Drüsenschuppe vom Lamiaceen-Typ mit einer Stielzelle und 8 kreisförmig angeordneten, sezernierenden Zellen (Aufsicht).

B   Drüsenschuppe vom Lamiaceen-Typ (quer).

C   Diacytische Spaltöffnungen (meist auf der unteren Epidermis); Schließzellen leicht empor gehoben; Wände der Epidermiszellen wellig-buchtig.

D   Obere Epidermis; Wände der Epidermiszellen wellig-buchtig (Cuticularstreifung über den Leitbündeln); Spaltöffnungen selten.

E   Kurzes, kegelförmiges, ein- oder zweizelliges Deckhaar („Kegelhaar"), am Blattrand oder auf der Blattnervatur.

F   Drüsenhaar mit einzelligem Köpfchen und einzelligem Stiel (Querschnitt).

G   Einreihiges, aus 3 bis 8 Zellen bestehendes Gliederhaar mit gestreifter Cuticula.

H   Bifacialer Blattquerschnitt mit einreihigem Palisadengewebe.

---

18   Tripelbastard aus *Mentha aquatica* x *Mentha spicata* (Letztere Bastard aus *Mentha longifolia* x *Mentha suaveolens*).

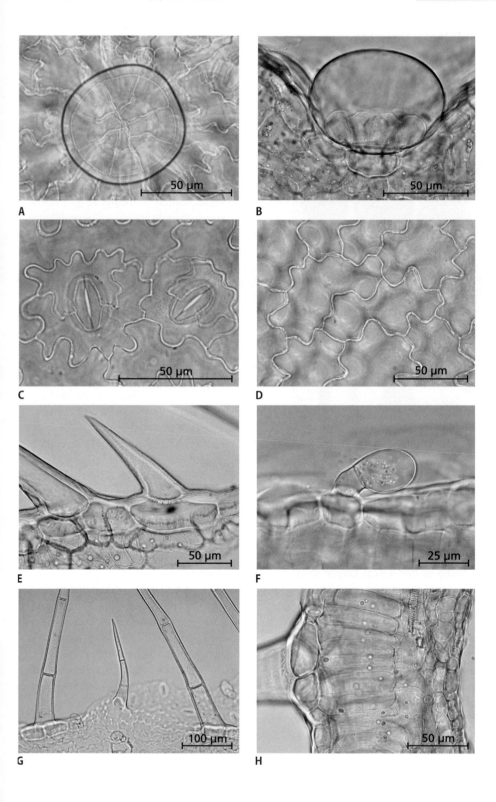

Preiselbeerblätter – Vitis-idaeae folium

Vaccinium vitis-idaea L., Ericaceae, DAC

Makroskopische Merkmale

Ganze oder geschnittene Laubblätter; bis 3 cm lang und bis 1,5 cm breit; Blattspreite oval oder verkehrt eiförmig, nicht keilig in den 0,5 cm langen Blattstiel übergehend (vgl. Bärentraubenblätter), an der Spitze leicht eingekerbt, olivgrün oder braun, ledrig; Oberseite (a) ledrig glänzend, Nervatur eingesenkt, runzelig; Unterseite (b) heller, matt, durch Drüsenzotten punktiert (Pfeil c), hervortretende Mittelrippe; Blattrand undeutlich gekerbt und nach unten umgebogen; höchstens 3 % Sprossachse (d), bräunlich bis graubraun mit zahlreichen Blattnarben; Blüten (e); Geschmack: zusammenziehend, leicht bitter.

Inhaltsstoffe

Mindestens 3 % Hydrochinonderivate, berechnet als Arbutin (nach DAC); Gerbstoffe.

Anwendung

Volkstümlich bei Entzündungen der Harnwege, Austauschdroge für Bärentraubenblätter.

Mikroskopische Merkmale

A   Blattquerschnitt bifacial; Blattrand nach unten umgebogen, durch unregelmäßige Sklerenchymfasern verstärkt (Faserbündel im Blattrand verlaufen parallel zu diesem; ▶ Bärentraubenblätter); Drüsenzotten auf der Blattunterseite (Pfeil).

B   Blattquerschnitt mit zwei- bis dreireihigem Palisadengewebe; Epidermis mit dicker Cuticula überzogen; Calciumoxalatdrusen im Mesophyll.

C   Obere Epidermis; keine Spaltöffnungen, Zellwände gerade bis schwach gewellt, verdickt und getüpfelt.

D   Untere Epidermis; meist paracytische (auch anomocytische) Spaltöffnungen; Zellen kleiner und stärker wellig als die der oberen Epidermis, Zellwände knotig verdickt.

E   Drüsenzotte auf der unteren Epidermis mit zweireihigem Stiel und mehrzelligem, keulenförmigem Köpfchen, 100 bis 200 μm groß, braun gefärbt (auch an den undeutlichen Kerben des Blattrandes lokalisiert).

F   Einzellige, gekrümmte Haare mit warziger Cuticula über dem Mittelnerv auf der Blattoberseite; Epidermiszellen über der Nervatur rechteckig und in Reihen.

G   Mesophyll (Aufsicht); Sklerenchymfasern unregelmäßig (begleiten die Blattnervatur); Schwammgewebe mit großen Interzellularen (Präparat in Phgl-HCl).

H   Blattquerschnitt am Mittelnerv; Leitbündel kollateral offen mit Sklerenchymhauben; einzellige Haare; starke Cuticula orange gefärbt (Präparat in Sudanrot; ▶ Basisfärbungen ◘ Abb. A.4).

Calciumoxalatkristalle und -drusen entlang der Blattnervatur, junge Blätter zeigen am basalen Blattrand Haare.

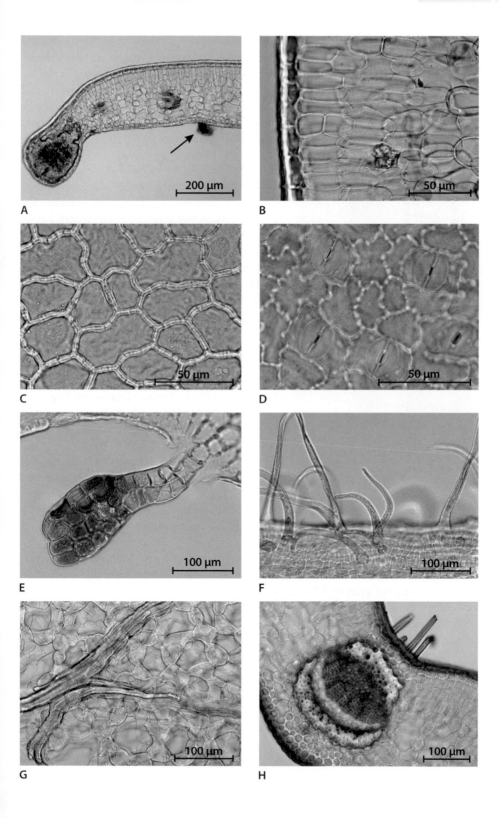

Rosmarinblätter – Rosmarini folium

Rosmarinus officinalis L., Lamiaceae, Ph. Eur.

Makroskopische Merkmale

Ganze oder geschnittene Blätter; Blätter ledrig; Spreite 1,5 bis 4 cm lang und 1,2 bis 3,5 mm breit; Blattrand eingerollt (nadelförmige Struktur des Blattes; Blattunterseite kaum sichtbar); Blattunterseite mit starker Mittelrippe grau-grün und filzig weiß behaart, Oberseite dunkel-grün, kahl und leicht runzelig; Geruch: aromatisch, würzig; Geschmack: aromatisch, bitter.

Inhaltsstoffe

Mindestens 12 ml kg^{-1} ätherisches Öl (Hauptkomponenten: 1,8-Cineol, Campher, α-Pinen) und mindestens 3 % an Hydroxyzimtsäurederivaten, berechnet als Rosmarinsäure (nach Ph. Eur.); bitter schmeckende, phenolische Diterpene.

Anwendung

Innerlich: bei dyspeptischen und leichten krampfartigen Beschwerden im Magen-Darm-Trakt; äußerlich als Badezusatz bei leichten Muskel- und Gelenksschmerzen, auch bei Kreislaufbeschwerden (*traditional use* nach HMPC-Monographie; auch für das Rosmarinöl).

Mikroskopische Merkmale

A   Hypodermis trichterförmig in Richtung Blattnerven ausgebildet, dadurch Palisadengewebe in sichelförmige Bereiche untergliedert; Palisadengewebe ein- bis dreireihig.

B   Blattrand umgerollt (links); starke Mittelrippe (rechts) (halber Blattquerschnitt).

C   Hypodermis mit perlschnurartig verdickten Zellwänden (Aufsicht).

D   Dicke Cuticula, darunter obere Epidermis (kleines Zelllumen); Hypodermis (Pfeil) kollenchymatisch (Querschnitt).

E   Vielzellige, meist verzweigte Etagenhaare auf der unteren Epidermis (bis 300 µm lang).

F   Drüsenschuppe vom Lamiaceen-Typ mit 8 kreisförmig auf einer Stielzelle angeordneten, sezernierenden Zellen (Querschnitt, daher nur 4 Zellen sichtbar).

G   Wellig-buchtige Epidermiszellwände und diacytische Spaltöffnungen nur in der unteren Epidermis.

H   Drüsenhaare mit kugelförmigem, ein- bis zweizelligem Köpfchen (Querschnitt).

Obere Epidermis mit geradwandigen, leicht verdickten, getüpfelten Zellen, selten mit kegelförmigen Haaren.

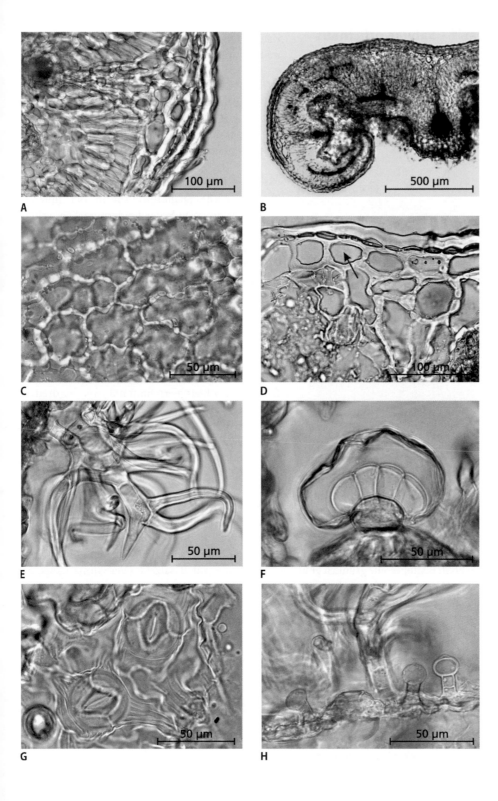

Salbeiblätter[19] – Salviae officinalis folium

Salvia officinalis L., Lamiaceae, Ph. Eur.

Makroskopische Merkmale

Ganze oder geschnittene Blätter; junge Blätter filzig weiß, ältere Blätter graugrün; Blätter bis 10 cm lang und bis 3 cm breit; Blattoberseite grünlich grau, körnig und behaart, Unterseite weiß und filzig dicht behaart; Nervatur tritt unterseits hervor; Blattrand fein gekerbt bis glatt, am Grund in den Blattstiel verschmälert; höchstens 3 % Stängelanteile (a); Geruch: würzig; Geschmack: würzig, schwach bitter.

Inhaltsstoffe

Ganzdroge mindestens 12 ml kg^{-1} ätherisches Öl, geschnittene Droge mindestens 10 ml kg^{-1} äthe-risches Öl; reich an Thujon (nach Ph. Eur.); Rosmarinsäure; diterpenoide Bitterstoffe.

Anwendung

Bei dyspeptischen Beschwerden; bei übermäßiger Schweißbildung; äußerlich bei Entzündungen im Mund- und Rachenraum (*traditional use* nach HMPC-Monographie).

Mikroskopische Merkmale

A Diacytische Spaltöffnungen in der unteren Epidermis; Wände der Epidermiszellen wellig-buchtig.

B Drüsenschuppe vom Lamiaceen-Typ mit 8 kreisförmig auf der Stielzelle angeordneten, sezernierenden Zellen (Aufsicht).

C Zellen der oberen Epidermis mit geraden oder schwach welligen Wänden; Spaltöffnungen selten.

D Drüsenschuppe vom Lamiaceen-Typ mit einer Stielzelle; selten ein- und zweizellige Eckzahnhaare (Pfeil; Querschnitt).

E Bifacialer Blattquerschnitt mit zwei- bis dreireihigem Palisadengewebe; wollige Behaarung auf beiden Blattseiten; Blattquerschnitt wellig.

F Drüsenhaar mit ein- oder zweizelligem Köpfchen auf einem ein- bis vierzelligen Stiel (selten).

G Sehr zahlreiche einreihige Gliederhaare; auf beiden Blattseiten gekrümmt; lange, gewundene Zellen mit stark verdickter Basalzelle (Verhältnis Länge zu Breite 2:1 bis 3:1).

H *Salvia triloba*: sehr zahlreiche einreihige Gliederhaare mit Basalzelle (Verhältnis Länge zu Breite 8,5:1); Gliederhaare auf der oberen Epidermis gerade; auf der unteren Epidermis länger und gewunden.

---

19 Außerdem in Ph. Eur.: Dreilappiger Salbei – Salviae trilobae folium – *Salvia fruticosa* Mill. (syn.: *S. triloba* L. f.), Lamiaceae; Unterscheidung: ausgeprägtere filzige Behaarung als bei *S. officinalis*; siehe auch G und H.

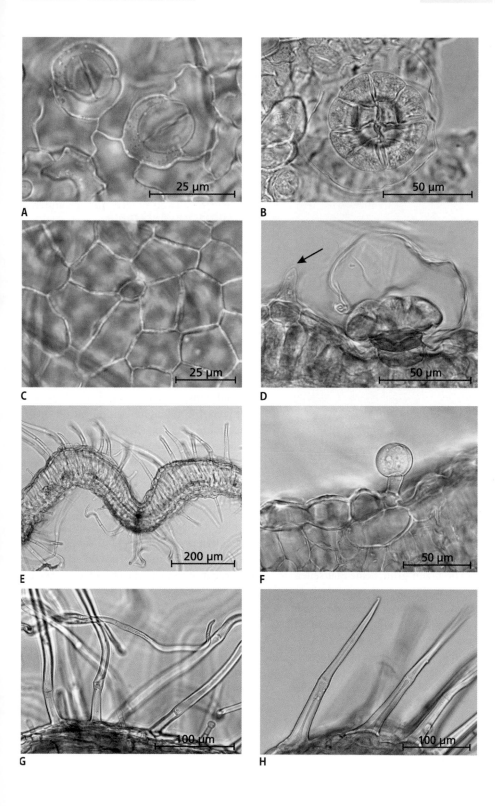

Sennesblätter – Sennae folium

Cassia senna[20] L. und/oder[21] *Cassia angustifolia* Vahl, Fabaceae[22], Ph. Eur.

a

Makroskopische Merkmale

Fiederblätter; Rachis selten (a); *C. senna*: Alexandriner-Senna; Blättchen 1 bis 4 cm lang und 0,5 bis 1,5 cm breit, dünn, zerbrechlich, ganzrandig, lanzettlich, graugrün bis braun-grün, beide Blattseiten fein behaart (Lupe), am Blattgrund asymmetrisch; *C. angustifolia* (Abbildung): Tinnevelly-Senna; Blättchen 1 bis 5 cm lang und bis 1,2 cm breit, gelbgrün bis braungrün, kaum Haare, am Blattgrund asymmetrisch; Nervatur fiedrig, unterseits hervortretend, Seitennerven am Blattrand zusammenlaufend; Geruch: schwach, charakteristisch; Geschmack: schwach süßlich, dann bitter.

Inhaltsstoffe

Mindestens 2,5 % Hydroxyanthracenglykoside, berechnet als Sennosid B (nach Ph. Eur.); 2 bis 3 % Schleim.

Anwendung

Wissenschaftlich belegte kurzzeitige Anwendung bei gelegentlicher Verstopfung (*well-established use* nach HMPC-Monographie; ▶ Glossar unter Laxans).

Mikroskopische Merkmale

A Kollateral offenes Leitbündel am Mittelnerv; Xylem (1), Kambium (Pfeil), Phloem (2), Sklerenchymfaserhauben ober- und unterhalb (3, von Calciumoxalatkristallen begleitet).

B Äquifacialer (isolateraler) Blattquerschnitt; oberseits Palisadengewebe mit längeren, geradwandigen Zellen, dazwischen Schwammgewebe; unterseits einreihiges Palisadengewebe mit welligen Zellwänden und Interzellularen; Calciumoxalatdrusen im Mesophyll (Schleimzellen in der Epidermis).

C Blattquerschnitt: Untere Epidermis mit Spaltöffnung und Schleimzellen (Stern); einreihiges Palisadengewebe mit welligen Zellwänden.

D Paracytische Spaltöffnungen; eine Nebenzelle meist etwas kleiner; Wände der vieleckigen Epidermiszellen gerade (obere und untere Epidermis gleich strukturiert).

E Einzelliges, dickwandiges Kniehaar (oberhalb der Epidermis abgewinkelt) mit warziger Cuticula; Epidermiszellen radial um den Haaransatz angeordnet; Abbruchstelle eines Haares (Pfeil); Schleimzelle (Stern).

F Epidermis mit Spaltöffnungen und Kniehaaren.

G Epidermis mit paracytischen Spaltöffnungen; Palisadenzellen durchscheinend.

H Leitbündel im Blatt (Aufsicht); lignifizierte Sklerenchymfasern von Kristallzellreihen begleitet; Oxalatdrusen im Mesophyll.

---

20 Syn.: *C. acutifolia* Delile.
21 Eng verwandte Arten; in der botanischen Literatur vielfach zu *Senna alexandrina* Mill. zusammengefasst.
22 Früher: Caesalpiniaceae.

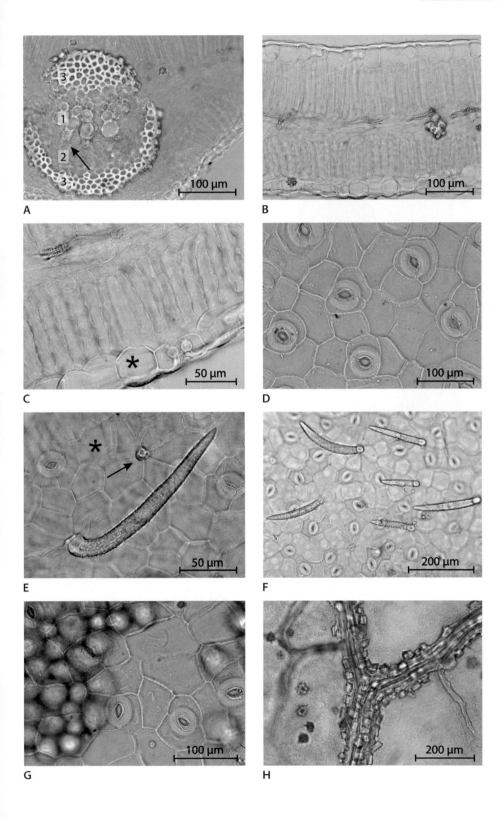

Spitzwegerichblätter – Plantaginis lanceolatae folium[23]

Plantago lanceolata L. s. l., Plantaginaceae, Ph. Eur.

Makroskopische Merkmale

Ganze oder zerkleinerte Blätter und Blütenschäfte; Blätter lineal-lanzettlich, bis 30 cm lang und bis 2 cm breit, gelblich grün bis bräunlich grün; Nervatur streifennervig (3 bis 7 parallele Hauptnerven); Blattrand fast ganzrandig; Blattstiel rinnenförmig; Blütenschaft mit Längsrinnen; Blüten sehr klein in walzenförmigen Ähren (a), Staubblätter aus den Blüten heraushängend; Geruch: heuartig; Geschmack: etwas bitter, leicht salzig.

Inhaltsstoffe

Mindestens 1,5 % Gesamt-*ortho*-Dihydroxyzimtsäurederivate, berechnet als Acteosid (nach Ph. Eur); 2 bis 3 % Iridoidglykoside (Aucubin); Schleimstoffe.

Anwendung

Bei Schleimhautreizungen im Mund- und Rachenraum und damit verbundenem trockenem Reizhusten (*traditional use* nach HMPC-Monographie).

Mikroskopische Merkmale

A   Meist diacytische (und auch anomocytische) Spaltöffnungen; Epidermiszellen mit unregelmäßig welligen Wänden.

B   Drüsenhaar mit einer Stielzelle und vielzelligem spitz-kegeligem Köpfchen.

C   Einreihige, mehrzellige Gelenkhaare mit kleiner Basalzelle in der Epidermis (häufig an den Kelchblättern; auch an den Blattnerven und am Blattrand).

D   Gelenk des Haares; obere Zelle über die untere Zelle gestülpt.

E   Paralleler Verlauf der Leitbündel im Blatt.

F   Wände der Epidermiszellen des Kelchblattes lang gestreckt und stark wellig.

G   Cilienhaar am Kelch (sehr selten).

H   Pollenkörner porat, mit warziger Exine.

Äquifacialer Blattquerschnitt; oberseits zwei- bis dreireihiges, unterseits ein- bis zweireihiges Palisadengewebe.

---

23   Alte Drogenbezeichnung: Spitzwegerichkraut – Plantaginis lanceolatae herba.

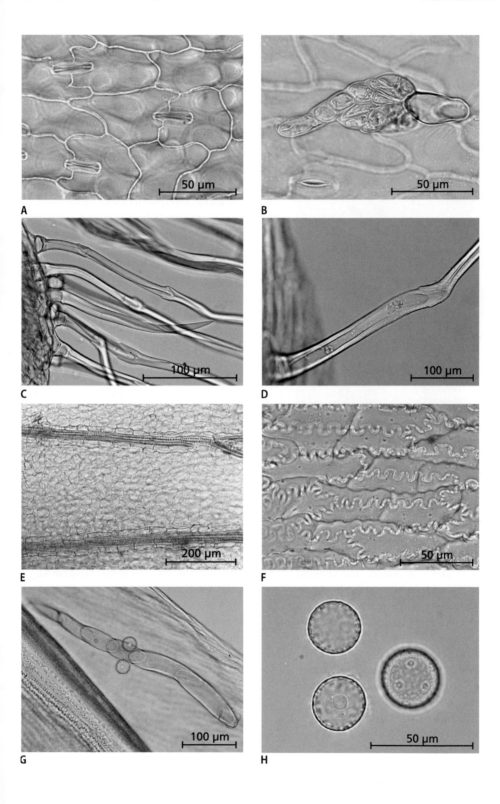

Stramoniumblätter[24] – Stramonii folium

Datura stramonium L. und Varietäten, Solanaceae, Ph. Eur.

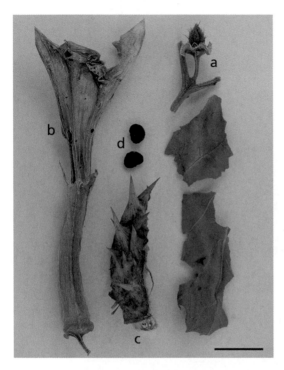

Makroskopische Merkmale

Blätter oder Blätter mit blühenden und gelegentlich fruchttragenden Zweigspitzen; Blätter dunkelbraun- bis dunkelgraugrün, durch Trocknung stark verdreht und geschrumpft; Spreite eiförmig und am Ende zugespitzt, tief ausgebuchtet, bis 15 cm breit und 20 cm lang; Nervatur deutlich hervortretend; ältere Blätter kahl; Blüten oder Früchte (a) in den Achseln der Blätter; Kelchblätter fünfzipfelig; Kronblätter (b) braunweiß bis purpurfarben und trichterförmig; Kapselfrucht (c) stachelig; Samen (d) braun bis schwarz und netzartig punktiert; Geruch: frische Blätter unangenehm; Geschmack: bitter, etwas salzig.

Inhaltsstoffe

Mindestens 0,25 % Gesamtalkaloide, berechnet als Hyoscyamin; hauptsächlich 5-Hyoscyamin mit unterschiedlichen Anteilen von 5-Scopol-amin (nach Ph. Eur.); Flavonoide.

Anwendung

Volksmedizinisch bei Asthma, Krampfhusten, Pertussis und als Expektorans sowie inneren Erkrankungen mit vegetativen Dysregulationen; Wirksamkeit gilt als nicht ausreichend belegt; therapeutische Anwendung wegen toxikologischer Risiken nicht zu vertreten (nach Monographie Kommission E).

Mikroskopische Merkmale

A   Untere Epidermis mit anisocytischen und anomocytischen Spaltöffnungen.

B   Weniger Spaltöffnungen in der oberen Epidermis; Wände der Epidermiszellen schwach wellig.

C   Zahlreiche Calciumoxalatdrusen im Mesophyll (vereinzelt Oxalatsand und -kristalle).

D   Kurzgestieltes, keulenförmiges Drüsenhaar mit zwei- bis siebenzelligem Köpfchen (und gebogenem Stiel).

E   Bifacialer Blattaufbau mit einreihigem Palisadengewebe; zwischen Palisaden- und Schwammgewebe Sammelzellen mit Calciumoxalatdrusen.

F   Einreihiges, drei- bis fünfzelliges Gliederhaar mit körnig rauer Cuticula.

G   Samenschale mit welligen, (im Querschnitt netzartig) verdickten Zellen (Präparat in Phgl-HCl).

H   Drüsenhaare mit zwei- bis siebenzelligem Köpfchen auf den Kronblättern.

Kronblätter mit Calciumoxalatprismen; Pollenkörner tricolporat, mit fein strukturierter Exine, Ø 50 bis 100 μm.

---

24   Syn.: Stechapfelblätter.

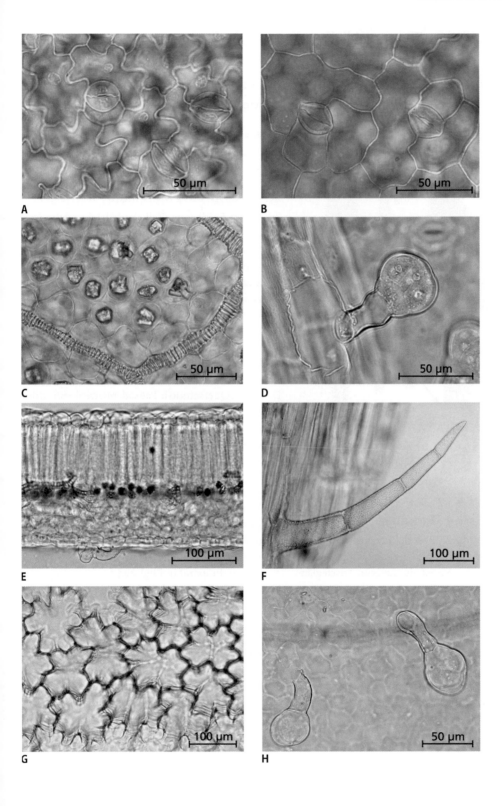

Grüne Teeblätter – Theae viridis folium[25]

Camellia sinensis (L.) Kuntze, Theaceae

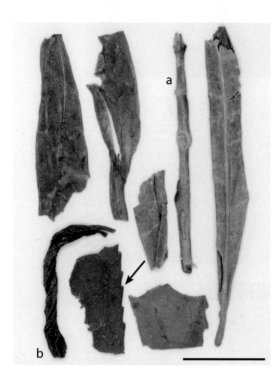

Makroskopische Merkmale

Unfermentierte, durch Rösten kurz erhitzte Blätter; Blätter ledrig, rundlich bis länglich elliptisch, 5 bis 12 cm lang, 2 bis 7 cm breit; dunkelgrün, frisch glänzend, Mittelrippe deutlich auf der Blattunterseite; sieben bis neun Blattnerven 1. Ordnung zweigen im 45°-Winkel ab; Blattfelder (Anastomosen) am Rand des Blattes; Blattrand schwach gezähnt (Pfeil; besonders an jungen Blättern sichtbar, Lupe); Blattadern führen zu den Blattzähnen; Blätter vielfach eingerollt; junge Blätter mit Haaren auf der Blattunterseite (Lupe); Stängelanteile (a) nur gering; fermentierter „Schwarzer Tee" (b; gerollt); Geruch: charakteristisch (abhängig von der Sorte); Geschmack: leicht zusammenziehend und bitter.

Inhaltsstoffe

Coffein (Purinalkaloid) bis 4 %; Gerbstoffe.

Anwendung

Bei Müdigkeit und Schwächegefühl (nach HMPC-Monographie); Lebensmittel.

Mikroskopische Merkmale

A   Obere Epidermis, Zellwände leicht wellig und schwach verdickt; keine Spaltöffnungen.

B   Untere Epidermis; Zellwände wellig und knotig verdickt; Spaltöffnungen von drei kreisförmig angeordneten Nebenzellen umgeben (Schließzellen teilweise lignifiziert; Cuticularstreifung).

C   Untere Epidermis mit einzelligen Borstenhaaren, bis 500 µm lang; Haare oberhalb der Epidermis abgewinkelt (Basis abgebrochener Haare teilweise lignifiziert; ältere Blätter zeigen weniger Haare).

D   Blatt (Querschnitt); Palisadengewebe ein- oder zweischichtig; charakteristische Sklereiden („Astrosklereiden"), unregelmäßig geformt, dickwandig; deutliche Cuticula.

E   Mittelnerv (quer); offen kollaterales Leitbündel halbmondförmig; Tracheen in deutlichen Reihen; viele Calciumoxalatdrusen (am Blattstiel Leitbündelscheide sklerenchymatisch).

F   Mittelnerv (quer, Ausschnitt); Astrosklereiden unregelmäßig geformt, dickwandig und lignifiziert (ältere Blätter zeigen sehr viele Astrosklereiden; Präparat in Phgl-HCl).

G   Mesophyll (Aufsicht); Astrosklereiden (Pfeil); Calciumoxalatdrusen; deutliche Felder der Blattnervatur (Präparat in Phgl-HCl).

H   Blattrand gezähnt; Hydathoden mit Xylem-Anbindung.

Mittelnerv und Stängel mit lignifizierten Sklerenchymfasern und lignifiziertem, deutlich getüpfeltem Mark; Epidermis im Bereich der Blattnervatur mit kleinen, rechteckigen Zellen.

---

25 Entwurf für Ph. Eur. liegt vor: Camelliae sinensis non fermentata folia; außerdem Theae nigrae folium – Schwarzer Tee; fermentiert; Lebensmittel.

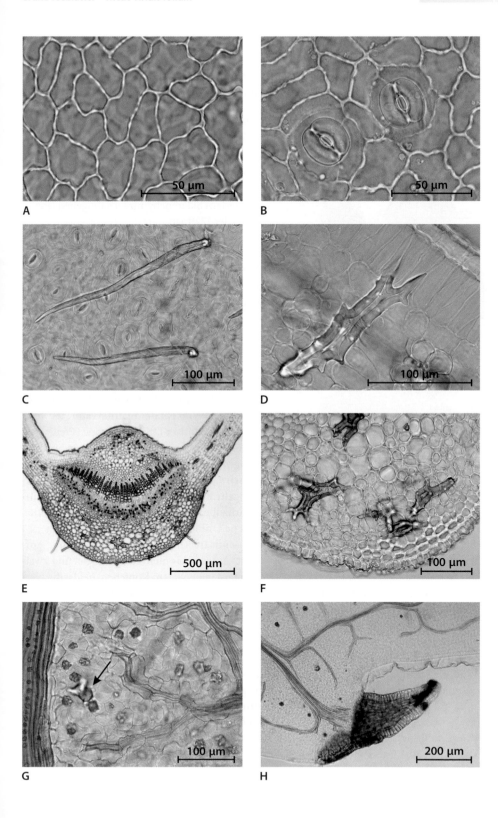

A

B

C

D

E

F

G

H

Walnussblätter – Juglandis folium

Juglans regia L., Juglandaceae, DAC

Makroskopische Merkmale

Ganze oder geschnittene Laubblätter unpaarig gefiedert; meist 3 Fiederpaare; Rachis bis 30 cm lang; Blättchen grün bis braungrün, ganzrandig, eiförmig, leicht zugespitzt, brüchig; Mittelnerv der Blättchen (a) zur Unterseite stark ausgeprägt, 10 bis 12 Nerven 1. Ordnung, Seitennerven 2. Ordnung davon rechtwinklig abzweigend (Pfeil); sich dadurch ergebende Felder zeigen dunkle Netznervatur (Lupe); Nervatur auf der Unterseite mit Haarbüscheln (Lupe), ältere Blätter kaum behaart; Blattstielfragmente (b), gekerbt, dunkelbraun bis schwarz; Geruch: schwach aromatisch; Geschmack: etwas bitter.

Inhaltsstoffe

Mindestens 2 % Gerbstoffe, berechnet als Pyrogallol (nach DAC); Flavonoide; ätherisches Öl.

Anwendung

Äußerliche Anwendung bei leichten Hautentzündungen und übermäßiger Schweißabsonderung (nach HMPC-Monographie).

Mikroskopische Merkmale

A   Blättchen (Querschnitt); Mittelnerv nach unten deutlich herausgewölbt und durch Kollenchym verstärkt; Leitbündel bilden einen achsenähnlichen Ring; Leitbündel offen kollateral, von (lignifizierten) Sklerenchymfasern umgeben (Pfeil); bifacialer Blattbau.

B   Palisadengewebe zwei- bis dreischichtig; große Calciumoxalatdrusen; Zellen teilweise bräunlich (Gerbstoffe).

C   Zahlreiche Calciumoxalatdrusen in sehr unterschiedlicher Größe; selten auch Kristalle; Intercostalfelder rechteckig (siehe auch D).

D   Obere Epidermis im Bereich der Nervatur; Zellwände gerade bis leicht wellig; keine Spaltöffnungen; Calciumoxalatdrusen durchscheinend.

E   Büschel großer, einzelliger, dickwandiger (lignifizierter) Haare mit rissiger Cuticula (vor allem in den Winkeln der Blattnervatur; teilweise bräunlich gefärbt); Drüsenschuppe (Pfeil).

F   Untere Epidermis mit anomocytischen Spaltöffnungen; Zellwände der Epidermiszellen gerade bis schwach wellig; Drüsenschuppen mit mehrzelligem Köpfchen und großer blasiger Cuticularhaube, nur kurz gestielt (▶ Birkenblätter, gleiche Ordnung: Fagales).

G   Drüsenhaare (links Querschnitt; rechts Aufsicht) mit ein- bis mehrzelligem Stiel und zwei- bis meist vierzelligem Köpfchen, beidseitig, vermehrt in der Nähe der Blattnervatur.

H   Drüsenhaar mit mehrzelligem Stiel und mehrzelligem Köpfchen.

Rachis: Epidermis mit Drüsenhaaren und Drüsenschuppen; Schraubentracheen; Querschnitt zeigt einen großen von Sklerenchymfasern umgebenen Leitbündelring; zusätzlich 2 bis 8 separate kleine Nebenleitbündel (▶ Erfolgreiches Mikroskopieren – Präparation ◻ Abb. A.14).

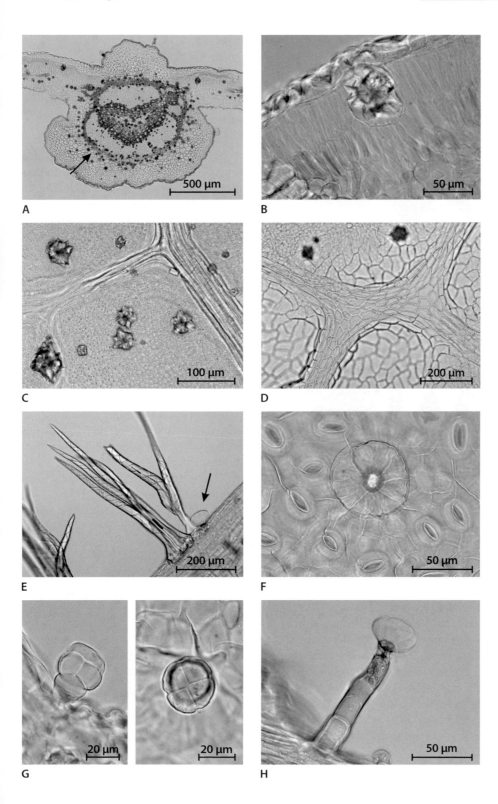

A

B

C

D

E

F

G

H

Weißdornblätter mit Blüten – Crataegi folium cum flore

Crataegus monogyna Jacq. (Lindm.), *Crataegus laevigata* (Poiret) D.C. oder ihre Hybriden[26], Rosaceae, Ph. Eur.

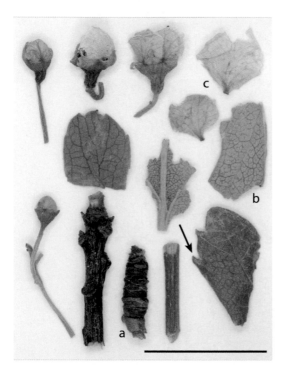

Makroskopische Merkmale

Blütentragende Zweige; Zweige holzig, Kurztriebe (a), Ø 1 bis 2,5 mm; Trugdolden; Blätter gestielt und gelappt, oft abfallende Nebenblätter; Blattrand leicht bis kaum gesägt (Pfeil; Hydrathoden); Blattoberseite dunkel-grün, Unterseite heller graugrün mit dichter Netznervatur (b); Kelchblätter 5, frei; Kronblätter 5, frei (c), gelblich weiß, breit eiförmig, kurz genagelt; Fruchtknoten mit Achsenbecher verwachsen; Fruchtblätter und Griffel 1 bis 5, Samenanlage 1; Antheren der Staubblätter rot; *C. azarolus* und *C. nigra*: Blätter dicht behaart; Geruch: schwach aromatisch; Geschmack: leicht bitter und zusammenziehend.

Inhaltsstoffe

Mindestens 1,5 % Flavonoide, berechnet als Hyperosid (nach Ph. Eur.); 1 bis 4 % oligomere Procyanidine.

Anwendung

Bei zeitweise auftretenden nervösen Herzbeschwerden nach ärztlichem Ausschluss einer ernsthaften Erkrankung, bei leichten Stresssymptomen und zur Schlafunterstützung (*traditional use* nach HMPC-Monographie). Standardisierte wässrig-alkoholische Extrakte bei nachlassender Leistungsfähigkeit des Herzens entsprechend Stadium II nach NYHA (nach ESCOP-Monographie).

Mikroskopische Merkmale

A   Untere Epidermis mit anomocytischen Spaltöffnungen und großen Schließzellen (4 bis 7 Nebenzellen; Wände der Epidermiszellen gerade bis wellig); Cuticularstreifung.

B   Zellen der oberen Epidermis mit geraden Wänden; Cuticularstreifung.

C   Gruppen von einzelnen Calciumoxalatkristallen (in Gefäßnähe) und Calciumoxalatdrusen.

D   Einzellige, dickwandige Deckhaare; gerade bis schwach gebogen (manchmal mit schraubiger Textur der Cuticula).

E   Obere Kronblattepidermis mit papillösen Zellen und deutlicher Cuticularstreifung.

F   Untere Kronblattepidermis mit Zellwandsepten.

G   Endothecium mit bügelförmigen Wandleisten, rötlich (in kaltem Chloralhydrat bleibt die rote Farbe der Antheren erhalten; ▶ Schlehdornblüten).

H   Pollenkörner kugelig bis dreieckig, tricolporat, mit feinkörniger Exine.

Stängelbruchstücke mit Gefäßen und Sklerenchymfasern; bifacialer Blattquerschnitt mit zweireihigem Palisadengewebe.

---

26   Seltener: *C. nigra* Waldst. et Kit., *C. azarolus* L., *C. pentagyna* Waldst. et Kit. ex Willd.

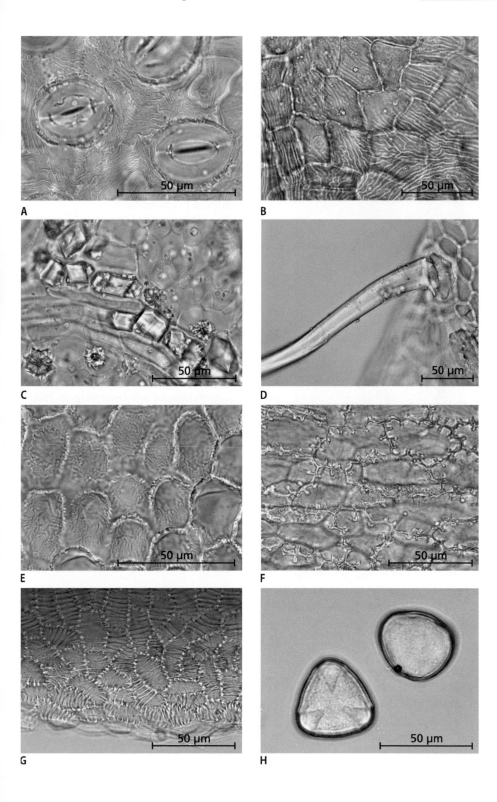

A

B

C

D

E

F

G

H

Zitronenverbenenblätter – Verbenae citriodoratae folium

Aloysia citriodora Palau[27], Verbenaceae, Ph. Eur.

Makroskopische Merkmale

Ganze oder zerkleinerte Blätter; Blätter schmal-lanzettlich, ungeteilt, viermal so lang wie breit, dunkelgrün; Blattstiele kurz; Blattrand ganzrandig bis wellig, zur Oberseite eingerollt; Blattoberseite rau, Unterseite mit deutlicher Mittelrippe; Geruch: nach Zitrone.

Inhaltsstoffe

Mindestens 2,5 % Acteosid (Phenylethanolglykosid) berechnet als Ferulasäure; ätherisches Öl (Hauptkomponenten Geranial und Neral) mindestens 3,0 ml kg^{-1} für die ganze und mindestens 2,0 ml kg^{-1} für die zerkleinerte Droge (nach Ph. Eur.).

Anwendung

Geschmackskorrigens; volksmedizinisch (Frankreich) bei Nervosität und Einschlafstörungen, bei Magenbeschwerden und Blähungen.

Mikroskopische Merkmale

A Untere Epidermis mit anomocytischen Spaltöffnungen; Wände der Epidermiszellen wellig; Cuticularstreifung.
B Obere Epidermis mit polygonalen Zellen, keine Spaltöffnungen, Drüsenhaare.
C Einzellige, dickwandige Haare mit Cystolithen auf der oberen Epidermis (rosettenförmig angeordnete Zellen an der Basis, siehe F).
D Drüsenhaar mit kugeligem Köpfchen auf der oberen Epidermis (auf der unteren Epidermis eingesenkt).
E Haar mit Cystolith (Querschnitt).
F Rosettenförmig angeordnete Zellen an der Haarbasis.

Bruchstücke der Leitbündel mit Schraubentracheen; Blattquerschnitt bifacial mit zweireihigem Palisadengewebe.

---

27   Syn.: *Aloysia triphylla* (L'Hér.) Kuntze, *Verbena triphylla* L'Her., *Lippia citriodora* Kunth., Echte Verbene.

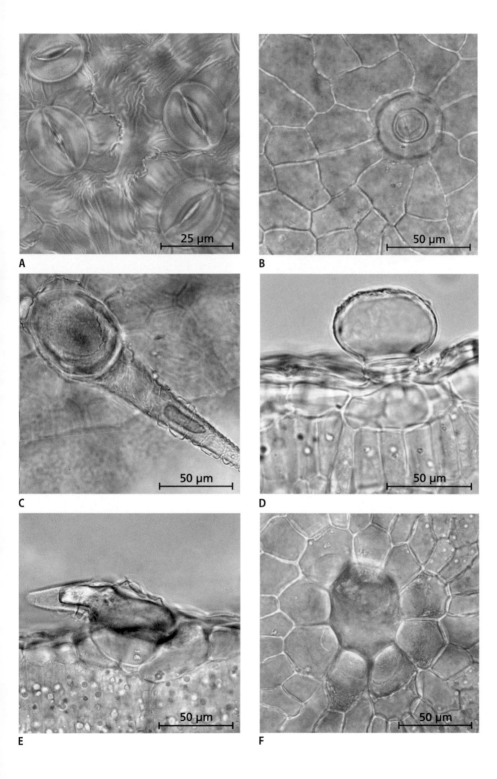

Kraut-Drogen

© Springer-Verlag GmbH Deutschland 2017

B. Rahfeld, *Mikroskopischer Farbatlas pflanzlicher Drogen*, DOI 10.1007/978-3-662-52707-8_2

Adoniskraut – Adonidis herba

Adonis vernalis L., Ranunculaceae, DAB 2012

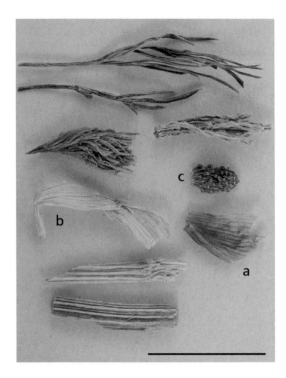

Makroskopische Merkmale

Zur Blütezeit gesammelte, ganze oder geschnittene, oberirdische Teile; Stängel grün, bis 3 mm dick, deutlich längsgestreift; Blätter fein, zwei- bis dreifach fiederteilig, Zipfel fädig-linealisch; Kronblätter (a, Honigblätter) 10 bis 12, gelb, bis 2 cm lang; Kelchblätter 5 (b, Perigonblätter) grünlich violett, halb so lang wie Kronblätter, außen behaart; Staubblätter zahlreich; Fruchtknoten (c) zahlreich; Geschmack: bitter.

Inhaltsstoffe

0,2 bis 0,8 % Cardenolidglykoside (Adonitoxin, Cymarin); Flavonoide.

Anwendung

Kaum noch medizinischer Gebrauch bei leichter Herzinsuffizienz; bei dieser Indikation besser Verwendung reiner Herzglykoside aus *Digitalis*.

Mikroskopische Merkmale

A   Untere Epidermis mit großen, anomocytischen Spaltöffnungen (in Reihen angeordnet); Cuticularstreifung auffällig (Außenwand der Schließzellen kantig; siehe auch E).

B   Zellwände der oberen Epidermis wellig-buchtig; Epidermis ohne Spaltöffnungen.

C   Kelchblattunterseite mit Spaltöffnungen; Haare einzellig, lang, mit abgerundeter Spitze und fein gestreifter Cuticula.

D   Kelchblattoberseite ohne Spaltöffnungen; Haare einzellig, keulenförmig, mit abgerundeter Spitze (und fein gestreifter Cuticula) oder schlauchförmig.

E   Zellen der Stängelepidermis gestreckt; Haare einzellig, keulenförmig oder lang; Spaltöffnungen; Cuticularstreifung.

F   Zellen der Kronblätter lang gestreckt, mit dichter, zarter Cuticularstreifung.

G   Endothecium mit punktförmigen Wandverdickungen.

H   Pollenkörner kugelig, tricolpat, mit fein strukturierter Exine.

Blattquerschnitt bifacial mit einreihigem Palisadengewebe.

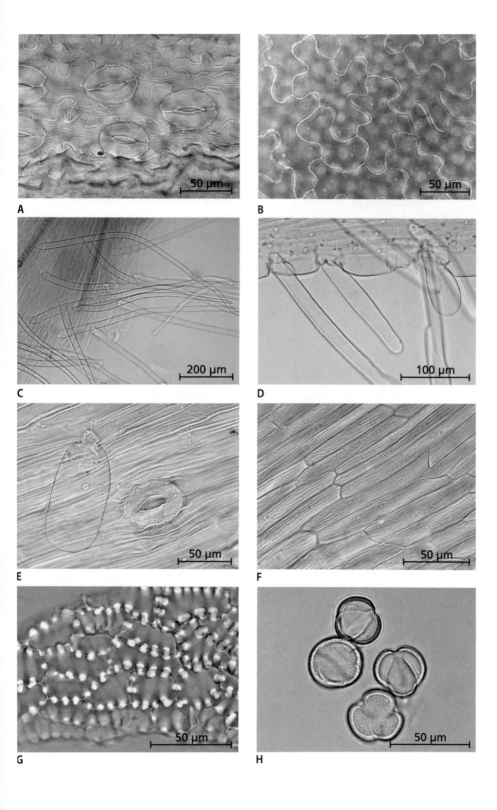

Andornkraut – Marrubii herba

Marrubium vulgare L., Lamiaceae, Ph. Eur.

Makroskopische Merkmale

Oberirdische Pflanzenteile; Stängel vierkantig, bis 50 cm lang und 7 mm breit; junge Stängel (a) weißlich filzig behaart, ältere grünlich grau; Blattstellung kreuzgegenständig; Blätter gestielt, rundlicheiförmig; Blattrand gekerbt bis gezähnt; Spreite bis 4 cm lang; Blattunterseite (b) weiß filzig behaart, Oberseite älterer Blätter dunkelgraugrün, die jüngerer Blätter behaart; Blattstücke knäuelig zusammenhängend; Blüten (c) weiß, zweilippig; Kelch röhrenförmig mit langen, zurückgebogenen Stacheln; Staubblätter 4; Klausenfrüchte dunkelbraun, eiförmig, dreikantig; Geruch: schwach aromatisch; Geschmack: bitter, etwas scharf.

Inhaltsstoffe

Diterpenbitterstoffe: mindestens 0,7 % Marrubiin (nach Ph. Eur.); Acteosid (Kaffeesäureglykosid); Gerbstoffe; Spuren von ätherischem Öl; Flavonoide.

Anwendung

Als Expektorans bei Husten; bei leichten dyspeptischen Beschwerden wie Blähungen und bei Appetitlosigkeit (*traditional use* nach HMPC-Monographie).

Mikroskopische Merkmale

A   Starke Behaarung des Blattes (gleiche Haartypen an Stängel, Kelch- und Kronblättern) mit Stern- und einreihigen Deckhaaren[1] (Stern); Haare auf sockelartig vorgewölbter Epidermis.

B   Sternhaare aus ein- bis mehrzelligen, spitzen, sternförmig angeordneten Haaren (bis 15 Strahlen); sitzend; eine Haarzelle meist deutlich länger als die anderen und mehrzellig.

C   Sternförmig verzweigte Haare von einem kurzen, einzelligen Stiel ausgehend.

D   Diacytische Spaltöffnungen (zahlreicher auf Blattunterseite).

E   Drüsenhaar mit ein- oder zweizelligem Stiel und ein- bis vierzelligem Köpfchen.

F   Drüsenschuppe vom Lamiaceen-Typ mit 8 kreisförmig angeordneten, sezernierenden Zellen.

G   Mesophyll (auch im Stängel) mit Calciumoxalatnadeln und -kristallen.

H   Endothecium sternförmig verdickt; Pollenkörner tricolpat, mit fein strukturierter Exine.

Fragmente des Leitgewebes aus Stängeln und Blattnervatur.

---

1   Deckhaare ein- oder zwei- bis sechszellig, spitz, gekrümmt; Verdickungen an den Verbindungsstellen; oberste Zelle am Kelch stark verlängert.

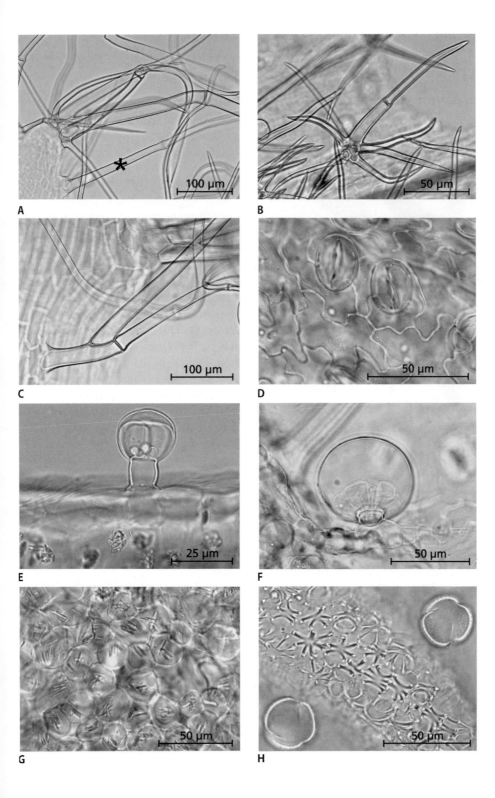

A
B
C
D
E
F
G
H

Augentrostkraut – Euphrasiae herba

Euphrasia stricta D. Wolff, *Euphrasia rostkoviana*[2] Hayne, Bastarde oder Mischungen davon, Orobanchaceae[3], DAC

Makroskopische Merkmale

Zur Blütezeit gesammelte, ganze oder geschnittene oberirdische Teile; Stängel bräunlich bis violett, fast rund, weich behaart; Blätter wellig und in Knäulen, 8 bis 12 mm rundlich-oval, mit Blattzähnen, kahl oder fein behaart, mit Grannen; Blütenstände vielblütig und in den Blattachseln stehend, Rachenblüten (a); Krone 6 bis 15 mm, weiß-bräunlich bis blassblau-violett; Kelch spitz und vierzähnig, 4 Staubblätter teilweise verwachsen, Griffel ragt aus Blütenröhre heraus; Fruchtkapsel (b) bis 5 mm lang, zweifächrig; Samen (c) zahlreich, beige bis braun; Geschmack: etwas bitter.

Inhaltsstoffe

Iridoide (wie z. B. Aucubin); Flavonoide, Gallotannine, Polyphenole.

Anwendung

Eine Anwendung am Auge wird wegen fehlendem Wirkungsnachweis und aus hygienischen Gründen nicht empfohlen (nach Einschätzung HMPC).

Mikroskopische Merkmale

A Blattrand; Kegelhaare (auch gegliedert) mit warziger Cuticula; Drüsenhaare langstielig; Bereiche mit dichten kurzstieligen Drüsenhaaren (Pfeil, siehe auch B) auf der Blattunterseite.

B Bifacialer Blattquerschnitt mit ein- bis zweischichtigem Palisadengewebe; Drüsenhaar langstielig; Drüsenhaare kurzstielig, in Gruppen auf der unteren Epidermis in den welligen Einbuchtungen des Blattquerschnitts (Pfeil; auch auf der Blattoberseite in Gruppen).

C Trichom-Hydathode sitzend („mützenförmig"); Drüsenhaare mit einzelligem Stiel und ein- bis zweizelligem Köpfchen (links und rechts).

D Kelchblätter; Drüsenhaare langstielig, Stiel zwei- bis fünfzellig, Köpfchen ein- bis zweizellig; Kegelhaare ein- oder zweizellig, dickwandig.

E Antheren deutlich rot; Buckelhaare an der Spitze; Pollenkörner tricolporat (Pfeil).

F Kronblatt innen im Bereich des gelben Schlundes (Chromoplasten); Keulenhaare ein- oder zweizellig (rechts oben) und ein- und zweizellige Spießhaare (links unten; auch Wollhaare und Buckelhaare auf dem Kronblatt; Epidermis papillös).

G Fruchtwand mit parkettartiger Faserschicht (dichte einzellige Spießhaare).

H Epidermis des Stängels mit langgestreckten, geradwandigen Zellen; mehrzellige Gliederhaare; Drüsenhaare kurz- und langstielig.

Epidermiszellen der Blätter mit wellig-buchtigen Zellwänden; Spaltöffnungen anomocytisch; obere Epidermis zeigt nur wenige Spaltöffnungen; Calciumoxalatstrukturen im Mesophyll unregelmäßig; Griffel mit zarten Kegelhaaren; Narbe mit Papillen.

2   Syn.: *Euphrasia officinalis* L.; Artnamen laut *The plant list* unbestätigt.
3   Früher: Scrophulariaceae.

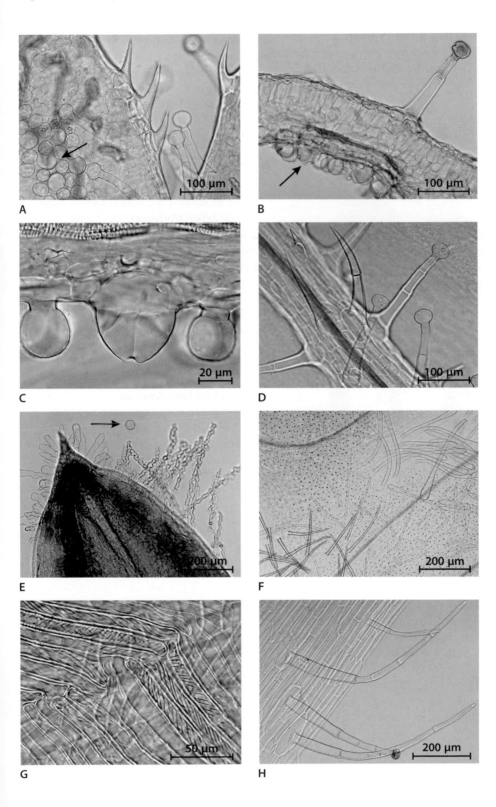

Basilikumkraut – Basilici herba

Ocimum basilicum L., Lamiaceae, DAC

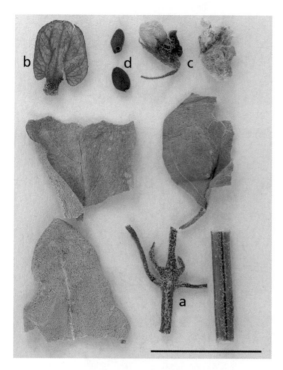

Makroskopische Merkmale

Zur Blütezeit gesammelte, ganze oder geschnittene, oberirdische Teile; Stängel vierkantig (a); Blätter etwa 4 cm breit und 2 cm lang, gegenständig, gestielt, eiförmig; Blattrand gezähnt oder ganzrandig; Hauptnerv mit bogig verlaufenden Seitennerven; Drüsenhaare (Lupe); Tragblätter der Blüten grünviolett (b); Kelch zweilippig; Kronblätter weiß, purpurfarben oder mehrfarbig, zweilippig (c); Frucht: 4 braunschwarze, glatte Klausen (d); Geruch: aromatisch; Geschmack: würzig, leicht salzig.

Inhaltsstoffe

Mindestens 4 ml kg^{-1} ätherisches Öl (nach DAC); Hauptbestandteile Linalool und Methylchavicol (Estragol).

Anwendung

Bei Völlegefühl und Blähungen sowie als appetitanregendes, verdauungsförderndes und harntreibendes Mittel; Wirksamkeit bei den beanspruchten Anwendungsgebieten nicht belegt; durch Estragol besteht karzinogenes Risiko; therapeutische Anwendung kann nicht vertreten werden; als Geruchs- und Geschmackskorrigens bis 5 % in Zubereitungen keine Bedenken (nach Monographie Kommission E).

Mikroskopische Merkmale

A   Drüsenschuppe vom Lamiaceen-Typ mit 4 (auch 8) kreisförmig angeordneten, sezernierenden Zellen (Aufsicht).

B   Diacytische Spaltöffnungen (auf beiden Blattseiten); Zellwände der Epidermis wellig-buchtig.

C   Drüsenhaar mit zweizelligem Köpfchen und einzelligem Stiel.

D   Drüsenhaar mit einzelligem Köpfchen und einzelligem Stiel (quer).

E   Einzelliges Eckzahnhaar mit strukturierter Cuticula.

F   Zwei- bis vierzelliges, dickwandiges, warziges Gliederhaar mit Calciumoxalatnadeln (auf den Stängeln stärker gekrümmt).

G   Pollenkörner hexacolpat, mit netziger Exine (Unterfamilie: Nepetoideae).

H   Mehrzellige, lange Gliederhaare (hier auf den Kronblättern).

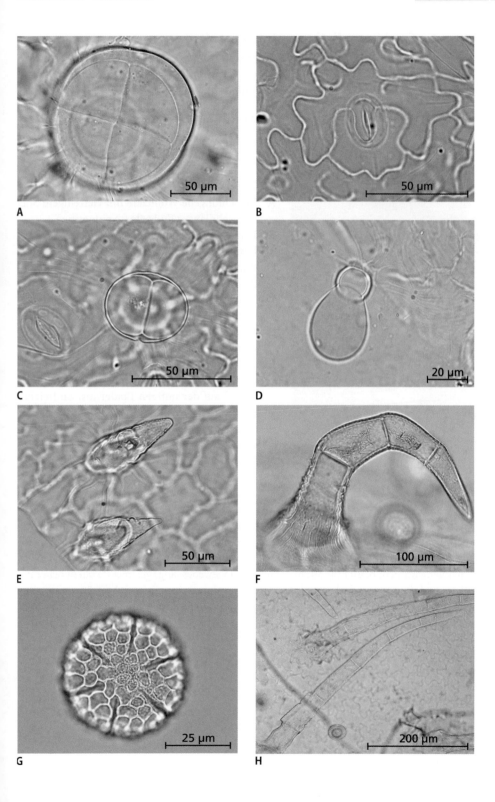

A

B

C

D

E

F

G

H

Benediktenkraut – Cnici benedicti herba

Cnicus benedictus[4] L., Asteraceae, DAC

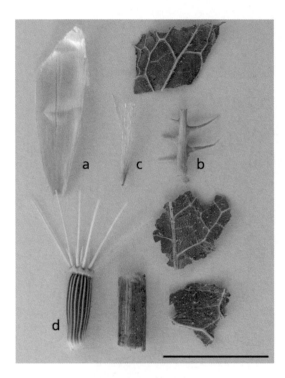

Makroskopische Merkmale

Zur Blütezeit gesammelte, ganze oder geschnittene oberirdische Teile; Stängel bis 1 cm dick und 60 cm lang, 5 bis 8 braunviolette Rippen; Blätter bis 30 cm, länglich-lanzettlich, fiederteilig bis fiederlappig, stachelspitzig und spinnwebartig behaart; Blattunterseite mit deutlicher hellgelber Netznervatur; Hüllkelchblätter (a) strohig, außen mattgelb und innen weißlich glänzend, innere Hüllkelchblätter mit gefiedertem Stachel (b); Blütenboden mit Spreublättern; Röhrenblüten gelb mit Pappus (c); Früchte gelbbraun, etwa 1 cm lang, rundlich-walzig, mit 20 Längsrippen und zweireihigem Stachelkranz (aus dem Pappus entstehend) (d); Geschmack: bitter.

Inhaltsstoffe

Bitterstoffe vom Sesquiterpenlacton-Typ (Cnicin); Bitterwert nach DAC mindestens 800; etwa 3 ml kg^{-1} ätherisches Öl.

Anwendung

Bei Appetitlosigkeit und dyspeptischen Beschwerden (nach Monographie Kommission E).

Mikroskopische Merkmale

A   Verschlungene Wollhaare mit vielzelligem Stiel und sehr langer Endzelle („Spinnweben").

B   Langes, häufig kollabiertes Gliederhaar aus 10 bis 30 quadratisch erscheinenden Zellen.

C   Zarte, einreihige Drüsenhaare mit mehrzelligem Stiel.

D   Drüsenhaare vom Asteraceen-Typ zweireihig, etagiert (Aufsicht).

E   Lignifizierte Sklerenchymfasern der Hüllkelchblätter (Präparat in Phlg-HCl).

F   Anisocytische Spaltöffnungen (oft ohne deutliche Nebenzellen, da Schließzellen hervorgewölbt) auf der unteren Epidermis; zahlreicher als auf der oberen Epidermis.

G   Bandförmig nebeneinanderliegende, dünnwandige Zellen eines Spreublattes.

H   Pappusborsten mit relativ dickwandigen Zellen, als zugespitzte Haare endend; mehrzellige, zarte Drüsenhaare an der Basis.

Farbloses Stängelgewebe mit Leitbündeln, begleitet von Exkretgängen; Blattquerschnitt bifacial mit zwei- bis dreireihigem Palisadengewebe, Zellen des Schwammgewebes längs gestreckt; Pollenkörner tricolporat, mit warziger Exine, Ø bis 30 µm; Fruchtknoten mit Calciumoxalatkristallen.

---

4   *Accepted name* nach *The plant list*: *Centaurea benedicta* (L.) L.

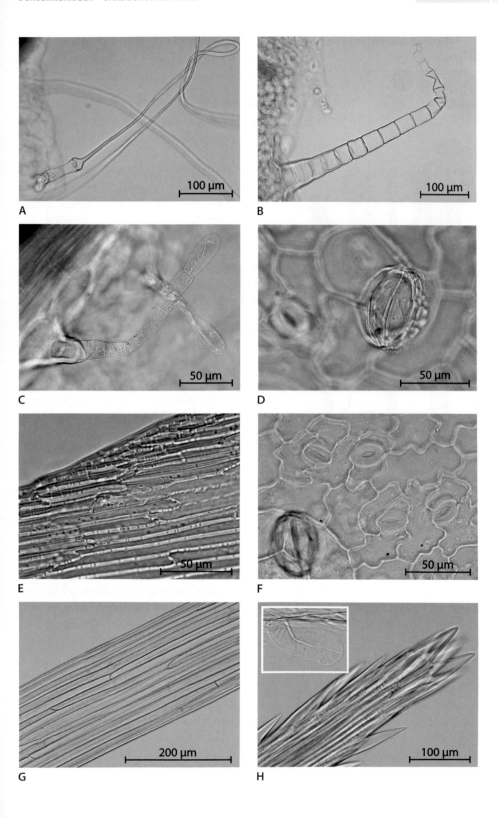

Besenginsterkraut – Sarothamni scoparii herba

Cytisus scoparius (L.) Link. [5], Fabaceae, DAC

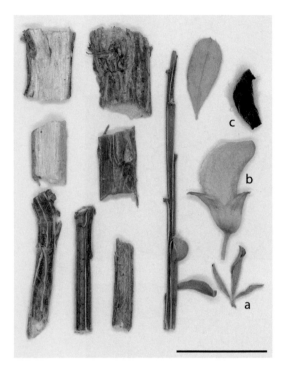

Makroskopische Merkmale

Ganze oder geschnittene oberirdische Teile, im Frühjahr oder Spätherbst gesammelt; Zweige rutenförmig, deutlich fünfkantig bis geflügelt; fast kahl, zunächst dunkelgrün, später schwarzbraun bis grünbraun; Ø 2 bis 3 mm; ältere Sprossachsen rundlich, stark verholzt, innen gelblich; Blätter ein- bis dreizählig (a), 1 bis 2 cm lang, fast sitzend, verkehrt eiförmig bis lanzettlich, behaart, nur geringer Anteil in der Droge; Schmetterlingsblüten (b), höchstens 5 % Blütenanteile; Kronblätter gelb, mit braungelber Nervatur; Blütenknospen gelbbraun; Kelch zweilippig; Hülsen (c) dunkel, am Rand behaart; Geschmack: bitter.

---

5   Syn.: *Sarothamnus scoparius* (L.) W. D. J. Koch.

Inhaltsstoffe

Chinolizidinalkaloide: mindestens 0,7 % Alkaloide, berechnet als Spartein (nach DAC).

Anwendung

Bei funktionellen Herz- und Kreislaufbeschwerden (nach Kommission E).

Mikroskopische Merkmale

A   Junge Sprossachse (quer); Stängelkanten mit äußerem (Pfeil) und innerem Sklerenchymfaserbündel; Palisadenschicht unter der Epidermis (Präparat in Phlg-HCl).

B   Abschlussgewebe (quer); rechts Epidermis mit Spaltöffnungen (Pfeil) und dicker gelblicher Cuticula; links unter der Epidermis bereits entwickeltes Periderm (Präparat in Phlg-HCl).

C   Ältere Sprossachse (quer; rund); Steinzellen (Pfeil) in der primären Rinde (1, und auch im Phelloderm), Bastfasern und Steinzellen in der sekundären Rinde (2, Präparat in Phlg-HCl).

D   Sekundäres Xylem (Sprossachse längs); Tracheen mit dichten spiraligen Verdickungsleisten, kreuzend erscheinend; viele Holzfasern (Präparat in Phlg-HCl).

E   Untere Epidermis des Blattes; viele lange, dickwandige Haare (siehe F), oberhalb der Epidermis teilweise gekrümmt (Haare auch auf der oberen Epidermis).

F   Charakteristische einzellige, lange, dickwandige Trichome mit zwei dickbauchigen runden Basiszellen („Papillionatenhaare"; ▶ Steinkleekraut).

G   Links: Epidermis der Sprossachse; Spaltöffnungen anomocytisch mit vier oder fünf Nebenzellen; rechts: kurze, einzellige, stachelförmige Haare mit warziger Cuticula an den Stängelkanten.

H   Kronblatt (Flügel) mit gelben Lipidtröpfchen, Cuticularstreifung (Zellwände mit kurzen Wandsepten).

Beide Blattseiten zeigen anomocytische Spaltöffnungen, Schließzellen etwas herausgehoben, Epidermiszellen geradwandig, Blattquerschnitt äquifacial, Palisadenparenchym oben zwei- bis dreischichtig, Palisaden unten nur schwach ausgeprägt; Schiffchen der Kronblätter mit starker Behaarung am Kiel, Griffel und Fruchtknoten stark behaart; Pollen tricolporat; 10 Staubblätter mit bügelförmigem Endothecium.

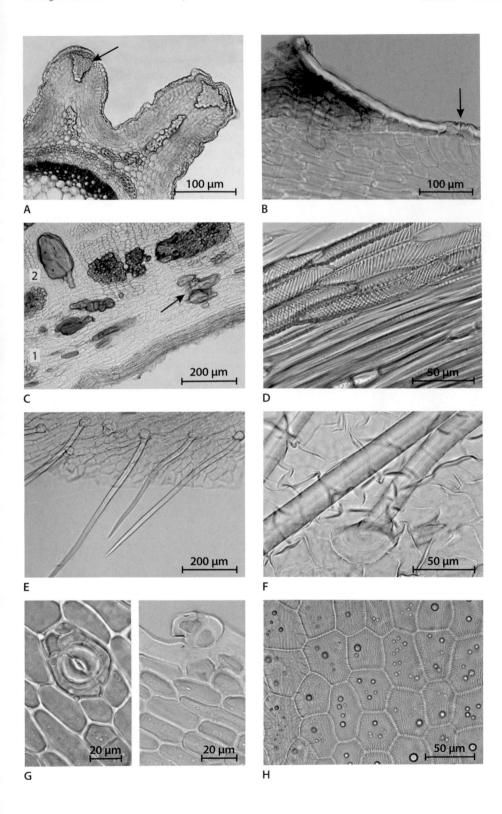

Blutweiderichkraut – Lythri herba

Lythrum salicaria L., Lythraceae, Ph. Eur.

Makroskopische Merkmale

Ganze oder geschnittene, blühende Zweigspitzen; Stängel vierkantig, gefurcht, behaart; Blätter meist gegenständig oder auch quirlig, mehr oder weniger stängelumfassend, linealisch-lanzettlich, 5 bis 15 cm lang und 1 bis 2,5 cm breit, unterseits behaart; Nervatur deutlich, Seitennerven bogenförmig und am Blattrand anastomisierend; Blütenstand: endständige Ähre; Kronblätter 6, purpurrot, getrenntblättrig; Kelchblätter 6, miteinander verwachsen, innere Kelchzähne halb so lang wie äußere; Staubblätter 12; Frucht: Kapsel; Geschmack: zusammenziehend.

Inhaltsstoffe

Mindestens 5,0 % Gerbstoffe, berechnet als Pyrogallol (nach Ph. Eur.).

Anwendung

Volksmedizinisch (besonders in Frankreich) als Antidiarrhoikum und Adstringens.

Mikroskopische Merkmale

A Ein- oder zweizellige, einreihige, dickwandige Deckhaare der Blätter.

B Viele große Calciumoxalatdrusen im Mesophyll der Blätter.

C Ein- oder zweizellige, einreihige Haare der Kelchzipfel.

D Viele kleine Calciumoxalatdrusen im Kelch.

E Obere Epidermis mit großen, wellig bis geradwandigen Zellen.

F Untere Epidermis mit kleineren Zellen; Zellwände stärker wellig-buchtig als die der oberen Epidermis; anomocytische Spaltöffnungen.

G Fragmente der Kronblätter violettrosa, mit welligen Epidermiszellen und stark welliger Cuticularstreifung.

H Pollenkörner tricolporat, mit drei weiteren alternierenden Falten und fein strukturierter Exine.

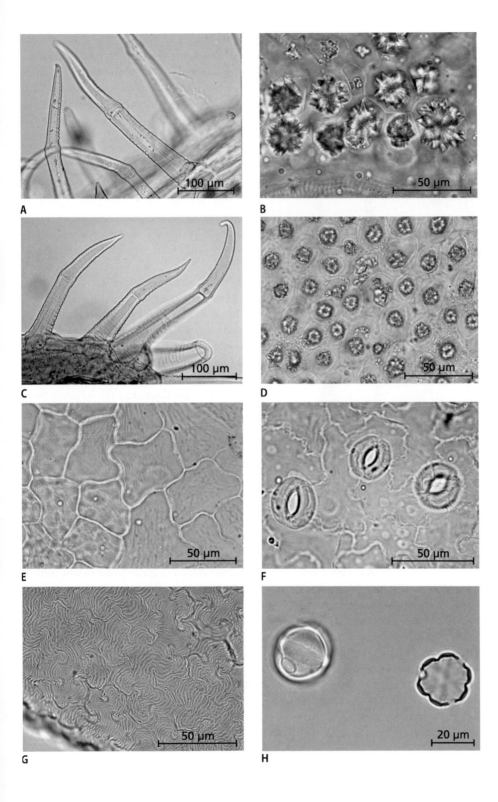

Bruchkraut – Herniariae herba

Herniaria glabra L., *Herniaria hirsuta* L., Caryophyllaceae, DAC

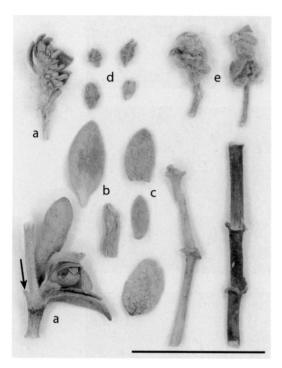

Makroskopische Merkmale

Zur Blütezeit gesammelte, ganze oder geschnittene oberirdische Teile; *H. glabra* (frisches Pflanzenmaterial; jeweils a) grün bis gelbgrün, *H. hirsuta* graugrün durch dichte Behaarung; Stängel Ø bis 2 mm, stark verzweigt; kahl oder behaart; Blattstellung gegenständig; Blätter lanzettlich bis eiförmig, ungestielt, 3 bis 8 mm lang, bis 2 mm breit; *H. glabra* (b) kahl bis spärlich kurzhaarig, *H. hirsuta* (c; Lupe) stark behaart; Nebenblätter silbrig bis bräunlich (Pfeil); Tragblätter ebenso trockenhäutig; Blüten (d) winzig, unscheinbar, bis 2 mm groß, teilweise an den Stängeln geknäult (e); Kelchblätter 5, ca. 0,5 mm lang, grünlich; Staubblätter 5, Staminodien bis zu 5; Geschmack: bitter, kratzend.

Inhaltsstoffe

Triterpensaponine; Flavonoide, Cumarine.

Anwendung

Volksmedizinisch zur Vorbeugung und Behandlung von Erkrankungen der Niere und der ableitenden Harnwege; bei Gicht, Rheumatismus und zur Blutreinigung; Wirksamkeit nicht belegt, therapeutische Anwendung wird nicht befürwortet (nach Monographie Kommission E).

Mikroskopische Merkmale

A   Blattquerschnitt; Blattbau bifacial; Palisadengewebe ein- bis dreireihig; sehr große Calciumoxalatdrusen im Mesophyll.

B   Mesophyll (Aufsicht); charakteristische Netznervatur; zahlreiche, sehr große Calciumoxalatdrusen.

C   Borstenhaar einzellig, zugespitzt, derbwandig, gekörnte Cuticula; starke Behaarung bei *H. hirsuta*; bei *H. glabra* nur am Blattrand.

D   Obere Epidermis mit anomocytischen Spaltöffnungen (auch anisocytisch); Epidermiszellen wellig-buchtig (Spaltöffnungen auf der Blattunterseite dichter).

E   Kelchblatt untere Epidermis *(H. hirsuta)*; Borstenhaare dicht, einzellig, dickwandig und gerade (Spaltöffnungen; obere Epidermis papillös, mit starker Cuticularstreifung, gebogenen Haaren am Blattrand und Spaltöffnungen).

F   Blüte *(H. glabra)*; Kelchblätter mit Calciumoxalatdrusen, kaum behaart; Antheren der Staubblätter gelblich braun, Staminodien (Pfeil; Ausschnitt).

G   Nebenblätter häutig, Haare am Blattrand einzellig, Cuticula eher glatt, langgestreckte wellige Epidermiszellen (Tragblätter der Blüten ähnlich strukturiert).

H   Sprossachse (längs); Calciumoxalatdrusen; Borstenhaare; Schrauben- und Tüpfelgefäße, Sklerenchymfasern lignifiziert (Pfeil; als Ring im Querschnitt erkennbar).

Fruchtknoten mit papillöser Epidermis; Griffel sehr kurz; Narbe kompakt, zweischenkelig; Endothecium bügelförmig; Pollenkörner tri- oder quadrangular, 4 bis 6 Aperturen.

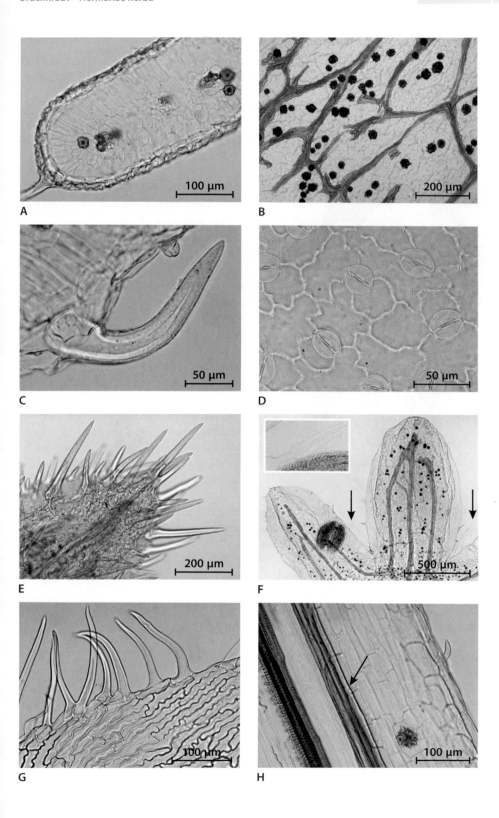

Buchweizenkraut – Fagopyri herba

Fagopyrum esculentum Moench, Polygonaceae, Ph. Eur.

Makroskopische Merkmale

Ganze oder geschnittene, während der frühen Blütezeit vor der Fruchtbildung geerntete Teile, sofort getrocknet; Stängel hohl, in Längsrichtung fein gefurcht, bräunlich grün bis rötlich; Nebenblätter bilden Ochrea (Pfeil), können behaart sein; Blattoberseite dunkelgrün, Unterseite (a) heller; Blätter bis zu 7 cm breit und 11 cm lang, drei- bis fünfeckig mit pfeil- bis herzförmigem Grund; untere Blätter gestielt, obere sitzend bis stängelumfassend; Spreite kahl; Blattrand schwach ausgebuchtet, Saum von rötlich braunen Auswüchsen, diese auch auf oberer Blattnervatur; Rispe; Blüten (b) 1 bis 2 mm lang, Ø 6 mm; Perigonblätter 5, frei, weiß bis rötlich; Früchte (c) graubraun, scharf dreikantig; Geruch: leicht süßlich; Geschmack: leicht bitter.

Inhaltsstoffe

Mindestens 3 % Rutosid (nach Ph. Eur.); höchster Gehalt in den Blättern.

Anwendung

Zur symptomatischen Behandlung von Kapillar- und Venenschwäche z. B. bei Krampfadern; Gewinnung von Rutin.

Mikroskopische Merkmale

A   Mesophyll mit zahlreichen Calciumoxalatdrusen (und einigen Einzelkristallen).

B   Papillenförmiges Haar am Blattrand (auch auf der Nervatur); oft rötlich.

C   Untere Epidermis mit anomocytischen Spaltöffnungen; Wände der Epidermiszellen wellig-buchtig.

D   Obere Epidermis mit anomocytischen Spaltöffnungen; Wände der Epidermiszellen gerade bis leicht wellig; deutliche Cuticularstreifung.

E   Drüsenhaar mit meist 8 kreisförmig angeordneten, sezernierenden Zellen (Aufsicht auf Stängel).

F   Drüsenhaar auf der unteren Blattepidermis (Seitenansicht).

G   Leitgewebe im Stängel (Präparat in Phlg-HCl).

H   Pollenkörner tricolporat, mit warziger Exine (2 Fokussierungsebenen).

Kronblätter mit papillöser Epidermis; Ochrea mit unregelmäßig geformten, mehrzelligen Drüsenhaaren.

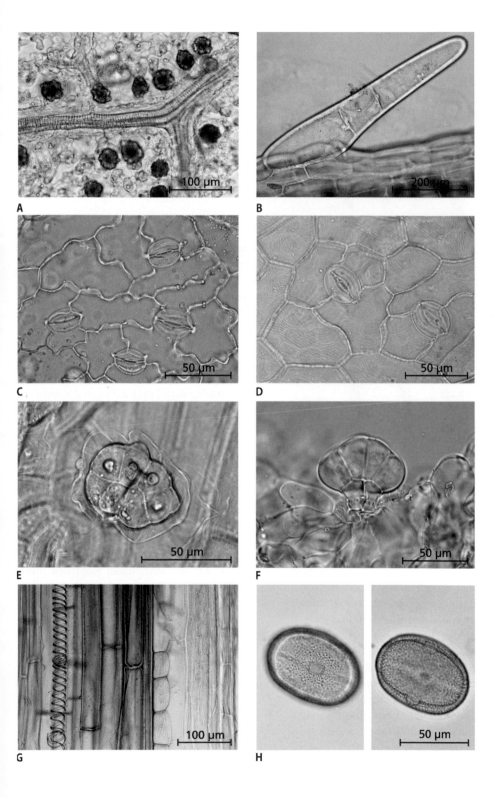

Dostenkraut – Origani herba

Origanum onites L., *Origanum vulgare* ssp. *hirtum* (Link) Ietsw. oder eine Mischung beider Arten, Lamiaceae, Ph. Eur.

Makroskopische Merkmale

Von den Stängeln getrennte Blätter und Blüten; Blätter eiförmig, elliptisch bis länglich, bis 4 cm lang, sitzend oder gestielt, drüsig punktiert; Blattrand ganzrandig oder gesägt; Blattspitze stumpf oder spitz; Blattunterseite behaart; Blüten einzeln oder als Trugdolden (*O. onites* hopfenartige Teilblütenstände); Deckblätter (a) 4 bis 5 mm lang, grün, grünlich gelb oder purpur; Kronblätter weiß oder hellpurpur; Kelchblätter (b) 5, verwachsen, Kelchzähne gleich groß (*O. onites* Kelch mit hochblattartiger Oberlippe da Unterlippe kaum ausgebildet ist), behaart; manchmal gelblich braune Stängelanteile; Geruch: würzig; Geschmack: etwas bitter.

Inhaltsstoffe

Mindestens 25 ml kg^{-1} ätherisches Öl, davon mindestens 60 % Thymol und Carvacrol (nach Ph. Eur.); Flavone.

Anwendung

Bei Beschwerden im Bereich der Atemwege, des Magen-Darm-Traktes und der Harnwege, Wirksamkeit der Droge nicht belegt; Anwendung nicht befürwortet (nach Monographie Kommission E); Gewürz.

Mikroskopische Merkmale

A   Diacytische Spaltöffnungen in der unteren Epidermis; Wände der Epidermiszellen stark wellig-buchtig; Drüsenhaar mit einzelligem Stiel und einzelligem Köpfchen (*O. vulgare*).

B   Zellen der oberen Epidermis mit perlschnurartig verdickten Wänden (*O. vulgare*); gelegentlich diacytische Spaltöffnungen.

C   Drüsenschuppe vom Lamiaceen-Typ mit 12 sezernierenden Zellen bei *O. vulgare* (8 bis 16 sezernierende Zellen bei *O. onites*) in der Aufsicht.

D   Drüsenschuppe vom Lamiaceen-Typ, im Blattquerschnitt stark eingesenkt.

E   Kegelförmige, einzellige Haare (hier auf dem Kelchblatt, häufig am Blattrand).

F   Dickwandiges, mehrzelliges Gliederhaar bei *O. vulgare* (mit Calciumoxalatnadeln und warziger Cuticula; *O. onites*: Calciumoxalatprismen und glatte Cuticula).

G   Pollenkörner hexacolpat, mit feinkörniger Exine (Unterfamilie: Nepetoideae).

H   Drüsenhaar mit einzelligem Köpfchen und . zwei- oder dreizelligem Stiel, basale Zelle verdickt und deutlich gestreckt, enthält prismen- bis nadelförmige Calciumoxalatkristallstrukturen (*O. onites*).

Bifacialer Blattquerschnitt mit meist einreihigem Palisadengewebe.

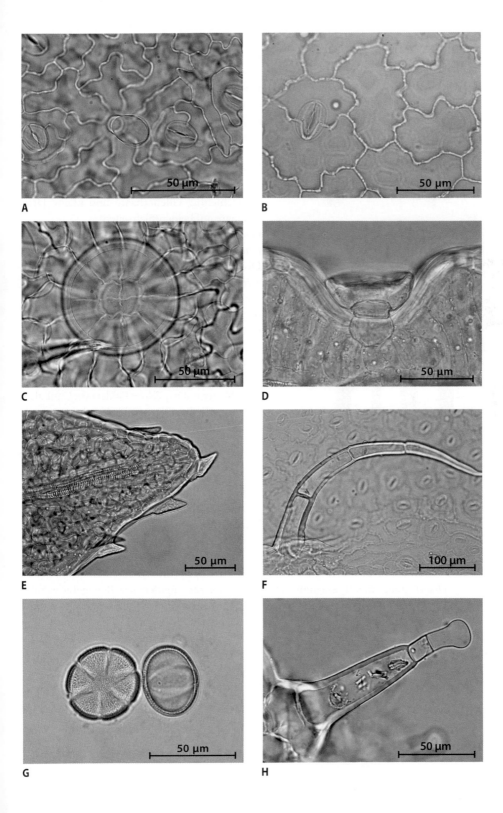

Ehrenpreiskraut – Veronicae herba

Veronica officinalis L., Plantaginaceae[6], DAC

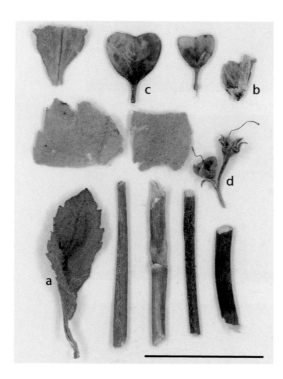

Makroskopische Merkmale

Zur Blütezeit gesammelte, ganze oder geschnittene oberirdische Teile; Stängel grünbraun bis blauviolett, rund, ringsum rau behaart; Blattstellung gegenständig; Blätter 1 bis 2,5 cm lang, eiförmig bis elliptisch, beidseitig behaart, graugrün mit gesägtem oder gekerbtem Blattrand (a); Blütenstand Traube; Kronblätter radförmig verwachsen, vierspaltig, blassviolett (b); Kelchblätter 4, behaart; Fruchtkapseln flach, herzförmig (c), mit noch anhaftenden Kelchblättern (c, d); Samen rund, 1 mm, gelb; Geruch: schwach aromatisch; Geschmack: leicht bitter.

Inhaltsstoffe

Iridoidglykoside, Flavonoide, Gerbstoffe.

Anwendung

Volksmedizinisch bei verschiedenen Erkrankungen der Atemwege, des Magen-Darm-Trakts, der ableitenden Harnwege und der Leber. Wirksamkeit ist bei den beanspruchten Anwendungsgebieten nicht ausreichend belegt (nach Monographie der Kommission E).

Mikroskopische Merkmale

A Bifacialer Blattquerschnitt, Palisadengewebe zweischichtig, Gliederhaare und kleine Drüsenhaare auf beiden Blattseiten.

B Gliederhaare drei- bis fünfzellig, zahlreich auf beiden Blattseiten (meist länger als 0,5 mm).

C Obere Epidermis; Drüsenhaare mit ovalem, zweizelligem Köpfchen und einzelligem Stiel („klein"), zahlreich auf beiden Blattseiten; Epidermiszellen kantig-buchtig, Zellwände knotig verdickt, Cuticularstreifung (Spaltöffnungen vorhanden).

D Untere Epidermis; Zellen wellig-buchtig mit Cuticularstreifung; anomocytische Spaltöffnungen.

E Kronblätter mit papillöser Epidermis; Cuticularstreifung die Papillen herablaufend.

F Kronblatt am Übergang zur kurzen Kronröhre mit Kranz aus einzelligen, dünnwandigen Haaren.

G Kelchblatt mit „langen" Drüsenhaaren mit einem mehrzelligen Stiel und einem einzelligen ovalen Köpfchen (gesamter Blütenstand mit langen Drüsenhaaren besetzt: Fruchtknoten, Fruchtwand, Achse des Blütenstandes).

H Epidermis der Sprossachse mit sehr langen drei- bis zehnzelligen Gliederhaaren und zahlreichen Drüsenhaaren; Epidermiszellen geradwandig und langgestreckt.

Endothecium der Antheren kronen- bis bügelartig verdickt; Pollenkörner tricolpat mit körniger Exine.

---

6   Früher: Scrophulariaceae.

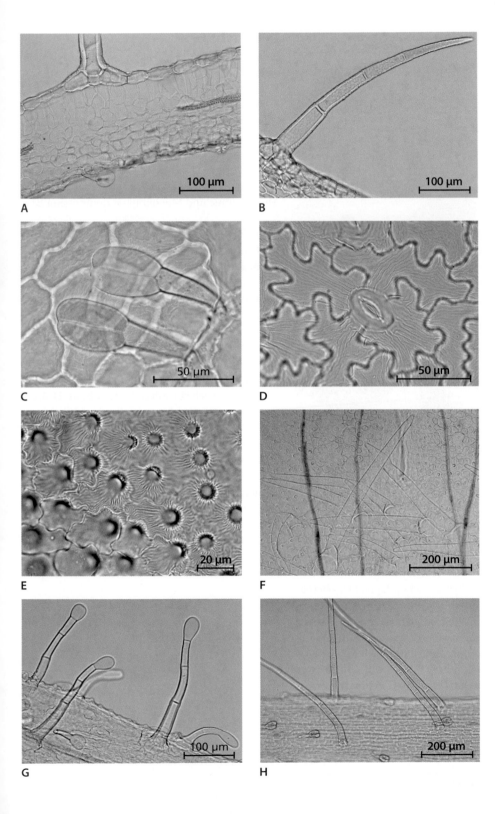

Eisenkraut[7] – Verbenae herba

Verbena officinalis L., Verbenaceae, Ph. Eur.

Makroskopische Merkmale

Zur Blütezeit gesammelte, ganze oder geschnittene, oberirdische Pflanzenteile; Stängel vierkantig, grünlich braun, längs gerillt; Blätter gegenständig, graugrün; gestielte Blätter fiederförmig gelappt, ungleich gekerbt, sitzende Blätter nicht gelappt; Blattoberfläche beidseitig durch steife Borsten rau, besonders Nervatur mit Haaren besetzt; Blütenstand: lange, schmale Ähre (a) mit blattähnlichen Hochblättern; Kelch röhrenförmig, fünfzipflig; Blütenkrone röhrenförmig, blassrosa bis lila; Frucht: 4 hellbraune nussartige Klausenfrüchte (b); Geschmack: zusammenziehend, bitter.

Inhaltsstoffe

Mindestens 1,5 % Verbenalin, ein Iridoidglykosid (nach Ph. Eur.).

Anwendung

Volksmedizinisch bei Erkrankungen im Mund- und Rachenraum, der Atemwege; bei Blasen- und Nierenbeschwerden usw.; Wirksamkeit ist nicht ausreichend belegt; Anwendung wird nicht empfohlen; mögliche sekretolytische Wirkung[8] (nach ESCOP-Monographie und Monographie Kommission E).

Mikroskopische Merkmale

A   Langes, einzelliges Borstenhaar, bis 500 µm lang; dickwandig; umgeben von einem Kranz kugelartiger, aufgewölbter Zellen.

B   Kürzeres, einzelliges Borstenhaar, bis 120 µm lang; Basalhöcker schwach ausgebildet.

C   Drüsenhaar mit kurzem, einzelligem Stiel und mehrzelligem Köpfchen (Querschnitt).

D   Drüsenhaar mit langem Stiel und kurzer Zelle am Hals; abgeflachtes vertikal untergliedertes Köpfchen („Zwiebelturmhaar"). Ausschnitt: Drüsenköpfchen, aus mehreren Zellen bestehend (Aufsicht).

E   Drüsenhaar mit kurzem, einzelligem Stiel und meist 4 strahlenförmig angeordneten Zellen.

F   Zellen der oberen Epidermis (weniger wellig geformt als die der unteren Epidermis); Spaltöffnungen anomocytisch oder anisocytisch; unterseits zahlreicher.

G   Pollenkörner dreieckig bis rund, tricolporat, mit glatter Exine.

H   Samenschale mit fein punktierter Oberfläche.

Bifacialer Blattquerschnitt mit drei- bis vierreihigem Palisadengewebe; Stängel mit Fasern und Gefäßen; Fruchtwand mit Steinzellschicht.

---

7   (Echtes) Eisenkraut: Man beachte den Unterschied zu ▸ Zitronenverbenenblätter.

8   Bestandteil von häufig angewendetem, rhinologischem Kombinationspräparat.

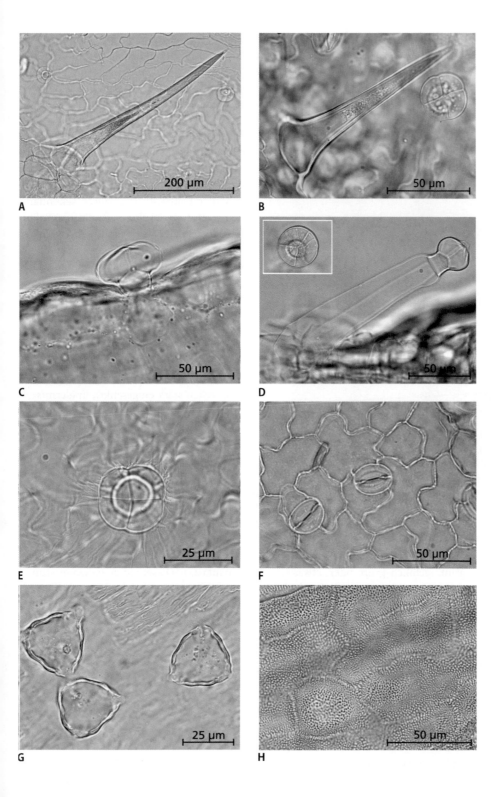

Ephedrakraut – Ephedrae herba

Ephedra sinica Stapf, *Ephedra intermedia* Schrenk et C.A.Mey. oder *Ephedra equisetina* Bunge, Ephedraceae, Ph. Eur.

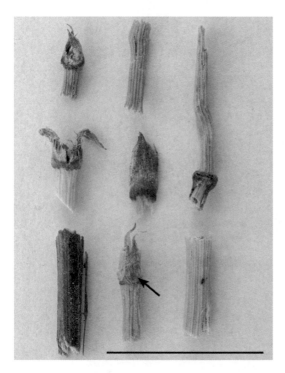

Makroskopische Merkmale

Ganze oder zerkleinerte oberirdische Teile; Rutenzweige blassgrün, gelblich-grün oder etwas bräunlich, verzweigt oder unverzweigt, zylindrisch, Ø 1 bis 3 mm dick, fein längs gerillt und leicht rau, knotig gegliedert, Internodien zwischen 1 und 6 cm; Blättchen (Pfeil) gegenständig, 2 bis 4 mm lang, zu Schuppen reduziert und zu einer Röhre verwachsen, freier oberer Teil bildet dreieckige grauweiße Zähnchen, Basis rotbraun; Zweige mit weißem bis bräunlichem Mark; Geruch: aromatisch; Geschmack: bitter, zusammenziehend.

Inhaltsstoffe

Mindestens 1 % Ephedrin (nach Ph. Eur.); Gerbstoffe; Flavonoide.

Anwendung

Volksmedizinisch zur Normalisierung des Blutdrucks, bei Asthma und Atemwegserkrankungen[9]; Dopingmittel; Anwendung auch in der traditionellen chinesischen Medizin.

Mikroskopische Merkmale

A Querschnitt; Rindengewebe (1) mit Sklerenchymfaserbündeln; Leitbündel (2) im Kreis (bei *E. sinica* 8 bis 10) angeordnet (teilweise geschlossener Leitbündelring durch sekundäres Dickenwachstum bei älteren Zweigen); großlumige Markzellen (3) (Präparat in Phgl-HCl).

B Rindengewebe mit 3 bis 5 Lagen palisadenförmiger Zellen; Sklerenchymfaserbündel unter den Rippen und unregelmäßig in der Rinde verteilt (Präparat in Phgl-HCl).

C Epidermis mit dicker Cuticula, besonders über den Rippen Höcker bildend; Sklerenchymfaserbündel; Schließzellen der Spaltöffnungen tief eingesenkt (Präparat in Phgl-HCl).

D Spaltöffnungen in der Aufsicht in Längsreihen (Schließzellen stark eingesenkt); Epidermiszellen lang gestreckt.

E Epidermis mit dicker, höckerbildender Cuticula (Präparat in Phgl-HCl; Längsschnitt).

F Quader- bis stäbchenförmige Calciumoxalatkristalle im Rindengewebe.

G Xylem mit Hoftüpfeltracheen und -tracheiden (und Schraubentracheen; Präparat in Phgl-HCl; Längsschnitt).

H Eingesenkte Spaltöffnung, palisadenartiges Rindengewebe und leicht wellig erscheinende Sklerenchymfasern (Faserenden teilweise stumpf buchtig; Präparat in Phgl-HCl; längs).

---

9   Die Anwendung von Ephedrakraut ist weitgehend obsolet, da Ephedrin synthetisch hergestellt werden kann (nach Arzneibuch-Kommentar).

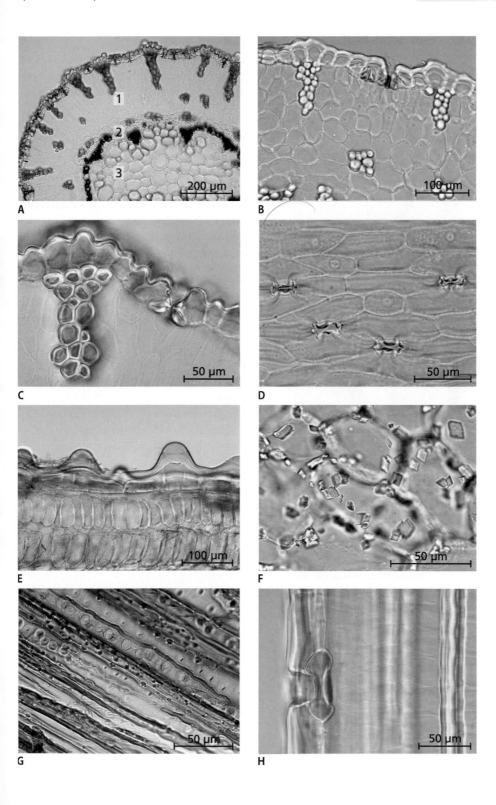

Erdrauchkraut – Fumariae herba

Fumaria officinalis L., Papaveraceae[10], Ph. Eur.

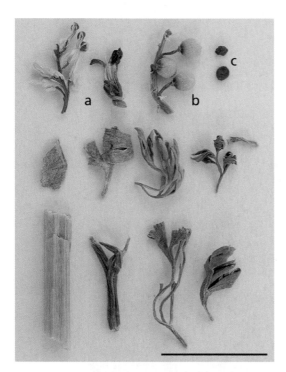

Makroskopische Merkmale

Zur vollen Blüte geerntete, zerkleinerte oder ganze, oberirdische Teile; Stängel hohl, kantig; Pflanze 20 bis 30 cm hoch; Blätter doppelt fiederspaltig mit zwei- bis dreiteiligen Abschnitten, blaugrün bereift, kahl; Blüten (a) in Trauben, mit sackförmigem Sporn, rosarot bis purpurrot, an der Spitze dunkelrot bis braun; Staubblätter 6, davon jeweils 3 an den Filamenten verwachsen; Früchte (b) grünlich braun, kugelig, etwa 2 mm im Ø, an der Spitze gestutzt oder leicht ausgerandet, jede Frucht enthält kleinen braunen Samen (c); Geschmack: bitter, leicht salzig.

Inhaltsstoffe

Mindestens 0,40 % Gesamtalkaloide, berechnet als Protopin(nach Ph. Eur.); Pflanzensäuren (u. a. Fumarsäure).

Anwendung

Traditionell zur Erhöhung des Gallenflusses zur Linderung von Symptomen bei Verdauungsbeschwerden (*traditional use* nach HMPC-Monographie).

Mikroskopische Merkmale

A　Zellen der unteren Epidermis mit stärker welligen Wänden; anomocytische Spaltöffnungen; Schließzellen breit oval, Spalt kurz.

B　Obere Epidermis mit ungleichmäßigen polygonalen Zellen; Wände der Epidermiszellen relativ gerade; Kristallbelag.

C　Blattspitzen der fein gefiederten Blätter mit stumpfen Papillen.

D　Fasern und Gefäße im Stängel (Präparat in Phlg-HCl).

E　Pollenkörner hexaporat (Polleninhalt wölbt sich kappenartig nach außen), mit glatter bis warziger Exine.

F　Blütenblatt ohne Papillen mit welligen Zellwänden.

G　Exokarp (Aufsicht) der Frucht mit papillöser Struktur.

H　Zellen des Endokarps (Aufsicht) mit welligbuchtigen, dickwandigen Zellwänden.

10　Früher: Fumariaceae.

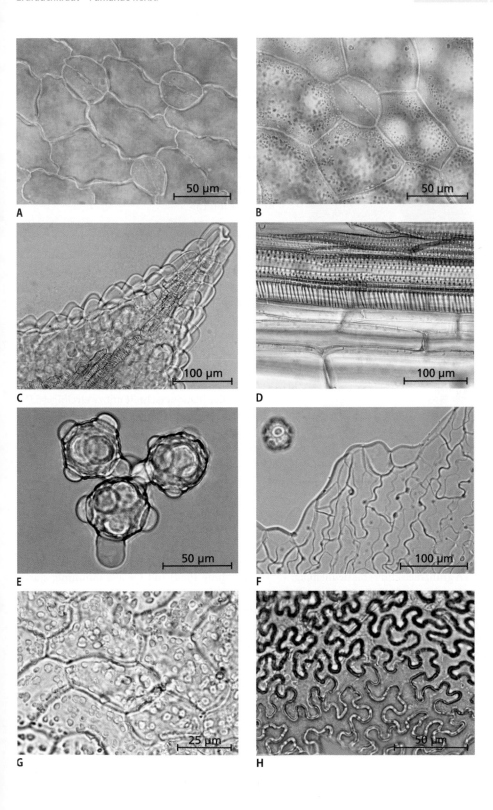

Frauenmantelkraut – Alchemillae herba

Alchemilla vulgaris[11] L. s. l., Rosaceae, Ph. Eur.

Makroskopische Merkmale

Zur Blütezeit gesammelte, oberirdische Teile; Blätter handförmig gelappt; Spreite etwas gefaltet, graugrün bis bräunlich grün, meist fünf- bis neunlappig; Blätter handnervig (a), grundständig lang gestielt, Ø bis 11 cm; Blätter stängelständig kleiner, kürzer gestielt, mit 2 Nebenblättern; Blattrand grob gesägt; Blattrandspitzen mit Hydathoden (Pfeil, vgl. H); besonders Blattunterseite stark behaart, junge Blätter weiß-silbrig, ältere weniger behaart; Netznervatur; Blattstiel (b) behaart, oberseits mit Rinne; Blütenstand (c) knäuelige, reichblütige Rispe; unscheinbare, 3 mm große Blüten ohne Kronblätter; Außen- und Innenkelch mit je 4 dreieckigen Kelch-Blättchen; Stängel behaart, rund und hohl; Geruch:

leicht aromatisch; Geschmack: etwas zusammenziehend.

Inhaltsstoffe

Mindestens 6,0 % Gerbstoffe, berechnet als Pyrogallol (nach Ph. Eur.); Flavonoide.

Anwendung

Bei leichten, unspezifischen Durchfallerkrankungen (nach ESCOP-Monographie und Monographie Kommission E).[12]

Mikroskopische Merkmale

A   Spießhaare oberhalb der Epidermis in die gleiche Richtung abgewinkelt („gekämmte" Haare).

B   Spießhaar schmal, einzellig, bis 1 mm lang, spitz, Cuticula mit schraubiger Textur; Ausschnitt: Haarzelle basal getüpfelt, Haare verholzt (Präparat durch Phlg-HCl rot).

C   Wände der Epidermiszellen wellig-buchtig und perlschnurartig verdickt; anomocytische Spaltöffnungen (auf beiden Blattseiten).

D   Bifacialer Blattquerschnitt mit zweireihigem Palisadengewebe; Zellen der oberen Reihe deutlich länger (Haare auf beiden Epidermisseiten; unterseits zahlreicher).

E   Fruchtwand mit Calciumoxalatkristallen.

F   Viele Calciumoxalatdrusen; besonders die Leitbündel des Blattes begleitend.

G   Pollenkörner tricolpat (Poren in Falten verborgen), mit fein strukturierter Exine; charakteristisch strukturiertes Endothecium.

H   Hydathoden am Blattrand (vgl. makroskopische Abbildung Pfeil) mit Gefäßanbindung; starke Behaarung mit Rosaceen-Haaren (zarte Drüsenhaare mit einzelligem Köpfchen).

Stängel und Blattstiele mit Gefäßen und Fasern.

---

11   Syn.: *Alchemilla xanthochlora* Rothm.; accepted name nach *The Plant List*.

12   Volksmedizinisch auch gynäkologische Anwendungen nach der Signaturenlehre (Frauenmantel"-artige Form der Blätter).

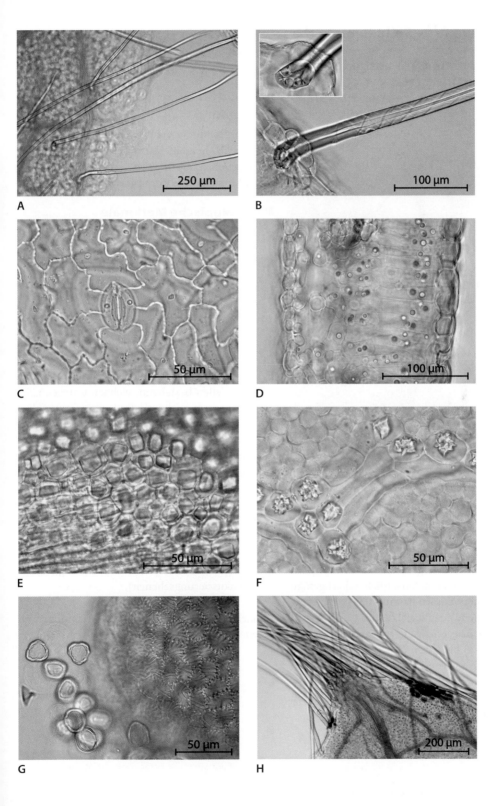

Goldrutenkraut[13] – Solidaginis herba

Solidago gigantea Ait. und/oder *Solidago canadensis* L., Varietäten oder Hybriden, Asteraceae, Ph. Eur.

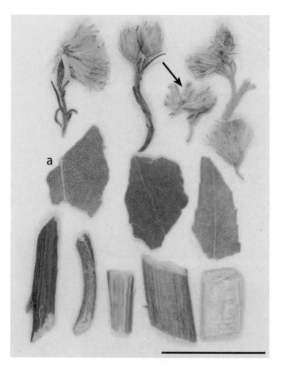

Makroskopische Merkmale

Blühende, oberirdische Teile; Stängel grünlich gelb bis braun, teilweise rötlich überlaufen, rundlich, gerillt, Mark weiß; Blätter grün, sitzend, 8 bis 12 cm lang und 1 bis 3 cm breit, lanzettlich, scharf gesägt; Blattunterseite graugrün, flaumig behaart; Nervatur feinmaschig (a); Hüllkelchblätter (Pfeil) lineallanzettlich, dachziegelartig angeordnet; Blütenköpfchen goldgelb, 3 bis 5 mm lang, Kopfboden kahl; Pappusborsten; *S. gigantea*: Zungenblüten deutlich länger als Röhrenblüten; *S. canadensis*: Zungenblüten etwa so lang wie die Röhrenblüten; Geruch: schwach aromatisch; Geschmack: leicht bitter.

Inhaltsstoffe

Mindestens 2,5 % Flavonoide, berechnet als Hyperosid (nach Ph. Eur.); Triterpensaponine; ätherisches Öl.

Anwendung

Zur Durchspülung bei entzündlichen Erkrankungen der ableitenden Harnwege, Harnsteinen und Nierengrieß und zur vorbeugenden Behandlung (nach Monographie Kommission E).

Mikroskopische Merkmale

A   Exkretbehälter (Aufsicht), meist glasig wirkend, meist an den Blattleitbündeln.

B   Untere Epidermis mit anomocytischen und auch anisocytischen Spaltöffnungen; Wände der Epidermiszellen wellig-buchtig; Cuticularstreifung.

C   Exkretbehälter (quer) schizogen (Blattquerschnitt bifacial mit ein- bis zweireihigem Palisadengewebe).

D   Einreihige, dickwandige Gliederhaare aus bis zu 6 Zellen bestehend, vielfach unregelmäßig gebogen, manchmal Endzelle rechtwinklig abgeknickt (hier *S. canadensis*), mit paralleler Cuticularstreifung; hauptsächlich auf der Blattunterseite.

E   Ränder der Hüllkelchblätter nicht stark ausgefranst; Deckhaare mit 1 bis 3 Stielzellen und fähnchenartiger Endzelle („Geißelhaare"; auch auf dem Blatt).

F   Pappusborsten.

G   Zwillingshaare auf der Fruchtknotenwand.

H   Pollenkörner tricolporat, mit stacheliger Exine (2 Fokussierungsebenen).

Stängelbruchstücke mit Netz- und Schraubentracheen; Stängel stark behaart (siehe D).

---

13   Ältere Drogenbezeichnung: Riesengoldrutenkraut.

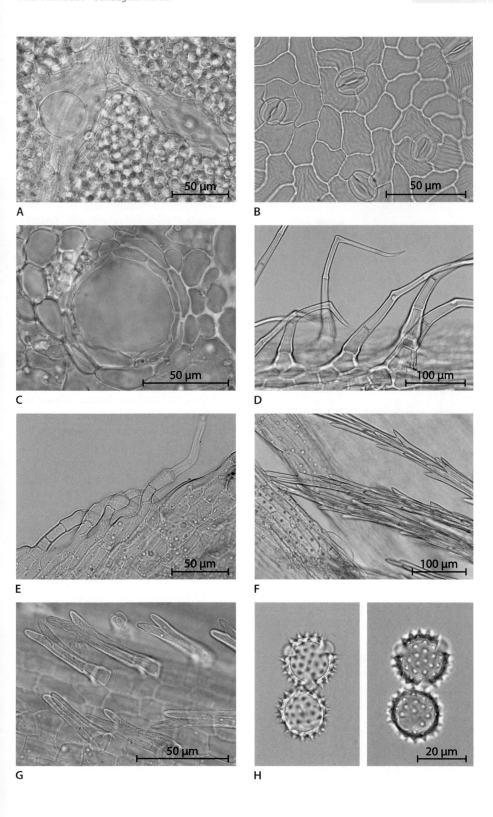

Echtes Goldrutenkraut – Solidaginis virgaureae herba

Solidago virgaurea L., Asteraceae, Ph. Eur.

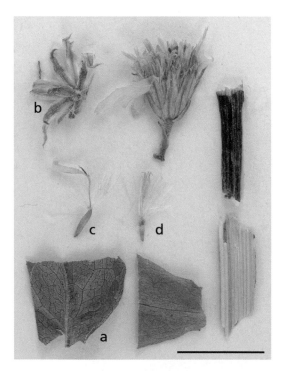

Makroskopische Merkmale

Blühende, oberirdische Teile; Stängel zylindrisch, gestreift, unten rötlich; Blätter wechselständig, oval bis lanzettlich, ganzrandig oder entfernt gezähnt; Blattunterseite (a) mit Netznervatur; Rispe; Blütenkörbchen gelb, 7 bis 11 mm, zylindrisch; Hüllkelchblätter (b) in 2 bis 4 unregelmäßigen, dachziegelartigen Reihen, 5 bis 7 mm lang, innen glänzend; 6 bis 12 weibliche Zungenblüten (c), doppelt so lang wie die Hüllkelchblätter; 10 bis 30 zwittrige Röhrenblüten (d); Fruchtknoten braun, unterständig; Pappus; Geruch: schwach aromatisch; Geschmack: leicht bitter.

Inhaltsstoffe

Mindestens 0,5 und höchstens 1,5 % Flavonoide, berechnet als Hyperosid (kein Quercitrin; nach Ph. Eur.); Phenolglykoside (Leiocarposid); Triterpensaponine; ätherisches Öl.

Anwendung

Traditionell zur Erhöhung der Harnmenge bei einer Durchspülungstherapie der ableitenden Harnwege (*traditional use* nach HMPC-Monographie).

Mikroskopische Merkmale

A   Zellen der oberen Epidermis geradwandig mit perlschnurartig verdickten Wänden (wenige anomocytische Spaltöffnungen; Cuticularstreifung).

B   Zellen der unteren Epidermis mit stärker buchtigen Wänden; viele anomocytische Spaltöffnungen mit meist 4 Nebenzellen (davon eine oftmals kleiner).

C   Einreihige, dickwandige Gliederhaare mit bis zu 10 Zellen, bis 400 µm lang, säbelartig gekrümmt, Zellinhalt häufig braun gefärbt, strukturierte Cuticula.

D   Deckhaar mit 1 bis 3 Stielzellen und fähnchenartiger Endzelle („Geißelhaar") auf der Blattspreite und den Hüllkelchblättern.

E   Pappusborsten.

F   Zweireihiges, mehrzelliges, langes Drüsenhaar („Zottenhaar") am Rand der Kronblätter.

G   Auf der Fruchtknotenwand Zwillingshaar mit getüpfelter Mittelwand und zweiteiliger Spitze.

H   Hüllkelchblätter mit länglichen Epidermiszellen und ausgefranstem Rand (Geißelhaare, Gliederhaare, Drüsenhaare).

Exkretbehälter an der Blattnervatur (selten); bifacialer Blattquerschnitt mit zweireihigem Palisadengewebe; Pollenkörner tricolporat, mit stacheliger Exine; Fasergruppen und Leitgewebe des Stängels.

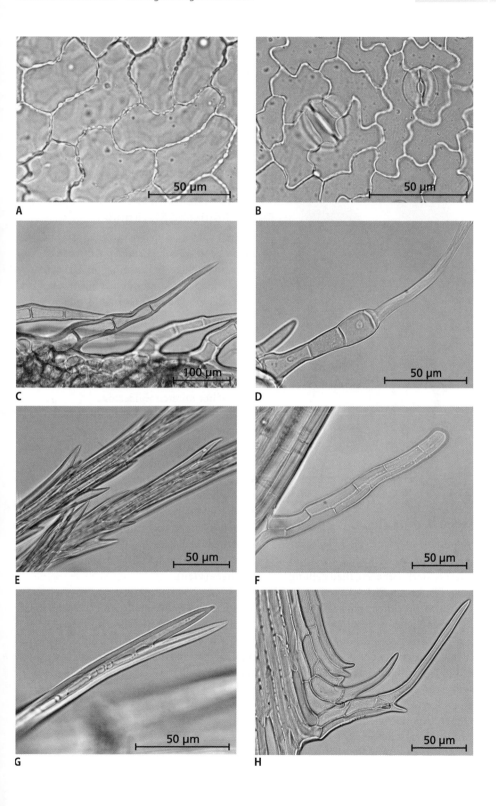

Gundelrebenkraut – Glechomae herba

Glechoma hederacea L., Lamiaceae, DAC

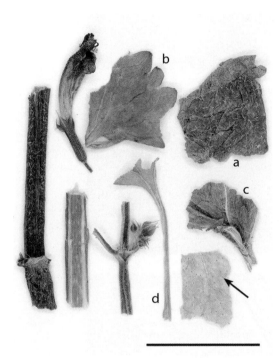

Makroskopische Merkmale

Ganze oder geschnittene oberirdische Teile; Stängel grünbraun bis blauviolett, vierkantig, bis 2 mm dick, hohl, wenig bis stark behaart; Blattstellung kreuzgegenständig; Blätter rundlich nierenförmig, bis 3 cm breit, leicht zerbrechlich, teilweise stark zerknittert (a); Blattrand grob gekerbt (b); Blätter spärlich bis stark behaart, oberseits dunkelgrün, unterseits heller mit hervortretender Nervatur (c), drüsig punktiert (Pfeil; Lupe); Blattstiele (d) dünn; Blütenbestandteile sehr selten; Kelch röhrenförmig, fünfzähnig, gelbgrün, 3 bis 7 mm lang; Krone blauviolett, zweilippig zygomorph, bis 20 mm lang; Früchte nussähnliche Klausen; Geruch: schwach würzig; Geschmack: leicht zusammenziehend.

Inhaltsstoffe

Lamiaceen-Gerbstoffe: mindestens 0,5 % Gerbstoffe, berechnet als Pyrogallol (nach DAC); ätherisches Öl.

Anwendung

Volksmedizinisch bei Magen-Darm-Katarrhen; symptomatische Behandlung von Husten; äußerliche Anwendung bei Hauterkrankungen; Wirksamkeit ist nicht belegt.

Mikroskopische Merkmale

A   Obere Epidermis; Epidermiszellen schwach wellig bis geradwandig, keine Spaltöffnungen; ein- oder zweizellige Eckzahnhaare; Drüsenhaare (beidseitig) mit kurzem einzelligem Stiel und ein- oder zweizelligem, birnenförmigem Köpfchen.

B   Untere Epidermis; Epidermiszellen stark wellig buchtig; Spaltöffnungen diacytisch.

C   Drüsenschuppe vom Lamiaceen-Typ mit 8 sezernierenden, kreisförmig angeordneten Zellen, nur auf der unteren Epidermis.

D   Blattquerschnitt bifacial; Palisadengewebe meist einschichtig.

E   Gliederhaare drei- bis sechszellig, dickwandig, mit warziger Cuticula; auf beiden Blattseiten.

F   Kegelhaare am Blattrand ein- oder zweizellig, dickwandig, warzige Cuticula.

G   Epidermis der Kronröhre (innen) papillös; Schlundhaare fingerförmig, mit wellig strukturierter Cuticula.

H   Sprossachse (Querschnitt) vierkantig; Eckenkollenchym (Pfeil).

Sprossachse mit Schrauben- und Tüpfelgefäßen, Epidermis mit länglichen Zellen und allen Trichomen der Blätter; Glieder- und Drüsenhaare auch an den Blütenblättern; Pollenkörner 25 μm hexacolpat, mit feinkörniger Exine (Unterfamilie: Nepetoideae).

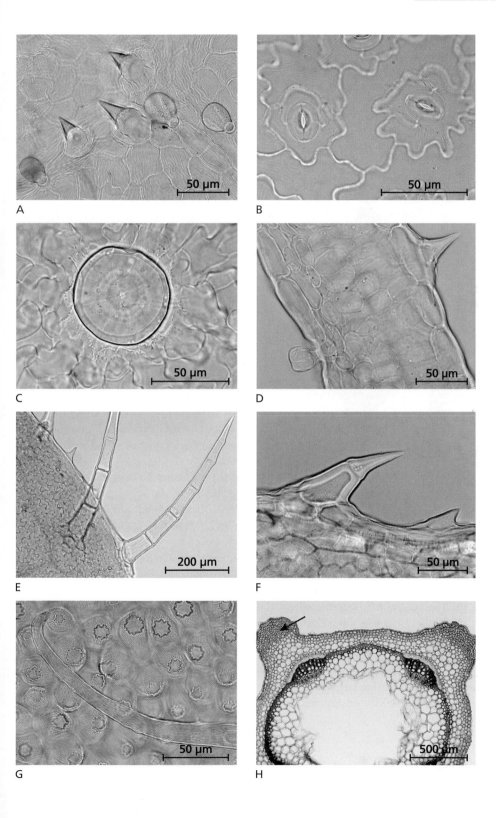

A

B

C

D

E

F

G

H

Herzgespannkraut – Leonuri cardiacae herba

Leonurus cardiaca L., Lamiaceae, Ph. Eur.

Makroskopische Merkmale

Blühende, oberirdische Teile; Pflanze 0,5 bis 1,5 m hoch; Stängel zottig behaart, längs gerillt, vierkantig, hohl; Blätter kreuzgegenständig, von unten nach oben kleiner werdend, drei- bis fünf- (selten sieben-) lappig, grob gesägt, gestielt; Blattunterseite weich behaart, hellgrün, Oberseite dunkelgrün, vereinzelt behaart; Ähre lang, mit 6 bis 12 Blüten in den Wirteln, beblättert; Kelch 3 bis 5 mm lang, Kelchzähne (a) mit dorniger, stechender Spitze, auswärts gekrümmt; Krone 8 bis 12 mm lang, zweilippig; Staubblätter 4; Früchte (b): Klausen, bräunlich; Geschmack: leicht bitter.

Inhaltsstoffe

Mindestens 0,2 % Flavonoide, berechnet als Hyperosid (nach Ph. Eur.); Diterpenbitterstoffe.

Anwendung

Bei Symptomen nervöser Anspannung und nervösen Herzbeschwerden nach ärztlichem Ausschluss einer ernsthaften Erkrankung (*traditional use* nach HMPC-Monographie).

Mikroskopische Merkmale

A   Bifacialer Blattquerschnitt; Palisadengewebe fast bis zur Mitte reichend; Mesophyll mit Calciumoxalatnadeln; Drüsenhaare mit einzelligem Stiel und vierzelligem Köpfchen.

B   Blattunterseite mitanomocytischen und diacytischen Spaltöffnungen, diese zahlreicher als auf der oberen Epidermis; Zellwände stark welligbuchtig; Drüsenhaare vom Lamiaceen-Typ mit einzelligem Stiel und (meist) 8 sezernierenden Zellen.

C   Einreihige, gekrümmte Gliederhaare („Dolchhaare") aus 2 bis 3 (auch bis 8) Zellen mit Cuticularkörnung; Zellen an Querwänden leicht aufgebläht; Blattunterseite stärker behaart.

D   Drüsenhaar mit vierzelligem Köpfchen (Aufsicht); Spaltöffnungen.

E   Einzelliges, gekrümmtes Deckhaar mit Cuticularkörnung auf dem Kelch; Drüsenhaare mit einzelligem Stiel und ein- und mehrzelligem Köpfchen.

F   Lignifizierte Faserschicht im Kelch (Präparat in Phlg-HCl).

G   Pollenkörner tricolpat, mit fein strukturierter Exine (2 Fokussierungsebenen; Unterfamilie: Lamioideae).

H   Wollhaare auf der Krone (auch Gliederhaare und Drüsenhaare).

Calciumoxalatdrusen im Kelch; Stängel mit abstehenden Haaren (siehe C); Bruchstücke von Fasern und Leitbündeln des Stängels.

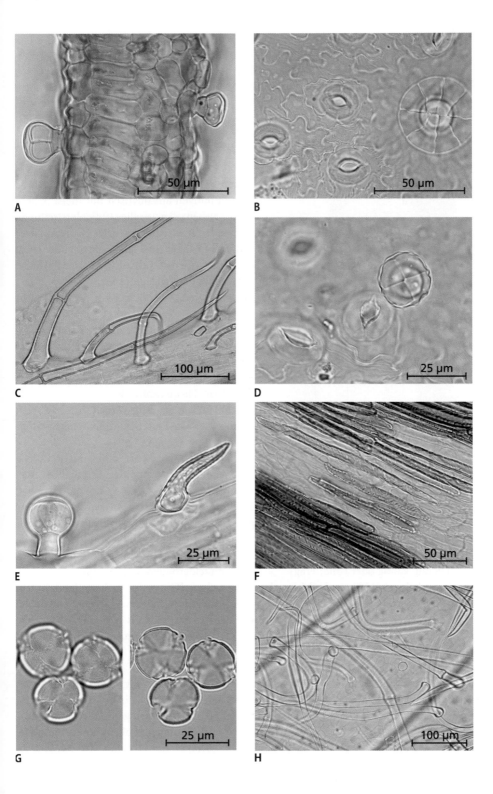

Hirtentäschelkraut – Bursae pastoris herba

Capsella bursa-pastoris (L.) Medik., Brassicaceae, DAC

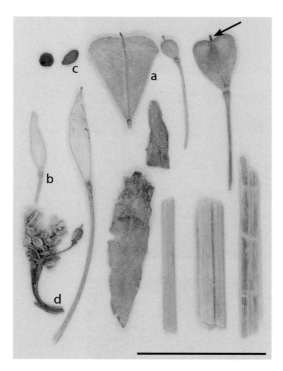

Makroskopische Merkmale

Zur Blütezeit gesammelte, ganze oder geschnittene oberirdische Teile; Stängel zahlreich, fein längsgerillt, hellgrün bis hellgrau, kantig oder rund; Fragmente der Stängel- und Rosettenblätter, hell bis dunkelgrün, mehr oder weniger behaart; Frucht: Schötchen (a), charakteristisch herzförmig flachgedrückt, grün bis hellgelb, 4 bis 9 mm lang und fast so breit, langgestielt, Griffelrest (Pfeil); Rahmen (b) der Fruchtblätter mit falschen Scheidewänden; Samen (c) zahlreich, rotbraun; Blütenstände (d) weiß bis grün, geknäuelt; Kronblätter 4, doppelt so lang wie die 4 Kelchblätter; Geruch: etwas unangenehm; Geschmack: etwas bitter.

Inhaltsstoffe

Proteine und Aminosäuren; Flavonoide; organische Säuren.

Anwendung

Bei starker Menstruationsblutung nach ärztlichem Ausschluss ernsthafter Erkrankungen (nach HMPC-Monographie); lokale Anwendung auch bei Nasenbluten und oberflächlichen, blutenden Hautverletzungen (nach Monographie der Kommission E).

Mikroskopische Merkmale

A   Untere Epidermis, Zellwände wellig-buchtig, Spaltöffnungen anisocytisch mit meist 3, aber auch 4 Nebenzellen (wellige Cuticularstreifung).

B   Auf beiden Blattseiten einzellige Haare mit derb warziger Cuticula und 3 bis 5 spitzen oder leicht geschwungenen Strahlen („Seestern"-Haare; auch auf der Stängelepidermis).

C   Haare gestielt oder dicht über der Epidermis ausgebreitet.

D   Auf beiden Blattseiten einzellige, spitz zulaufende Haare mit breiter Basis, 500 bis 800 μm lang, dickwandig, leicht warzige Cuticula (teilweise runde Abbruchstellen auf der Epidermis); „Seestern"-Haare zahlreich.

E   Kelchblätter 4, grün bis rötlich, mit häutigem Rand; Spießhaare auf der Außenseite; Spaltöffnungen.

F   Kronblätter 4, verkehrt eiförmig; deutliche verzweigte Nervatur; Epidermis papillös (Ausschnitt).

G   Fruchtwand; Endokarp mit sich kreuzenden, getüpfelten Faserstrukturen (Exokarp mit langgestreckten, wellig-buchtigen Epidermiszellen, Cuticularstreifung und Spaltöffnungen; Mesokarp mit felderbildender Nervatur).

H   Sprossachse (Querschnitt) mit Leitbündeln (Pfeil) zwischen breiten Sklerenchymflächen (Epidermis des Stängels mit langgestreckten, geradwandigen Zellen; anisocytischen Spaltöffnungen und Haaren).

Blattquerschnitt bifacial mit einem ein- bis dreireihigen Palisadengewebe; obere Epidermis mit polygonal bis schwach welligen Zellen und anisocytischen Spaltöffnungen; Pollenkörner sehr klein, bis 20 μm, tricolpat; Endothecium der Staubblätter bügelförmig verstärkt.

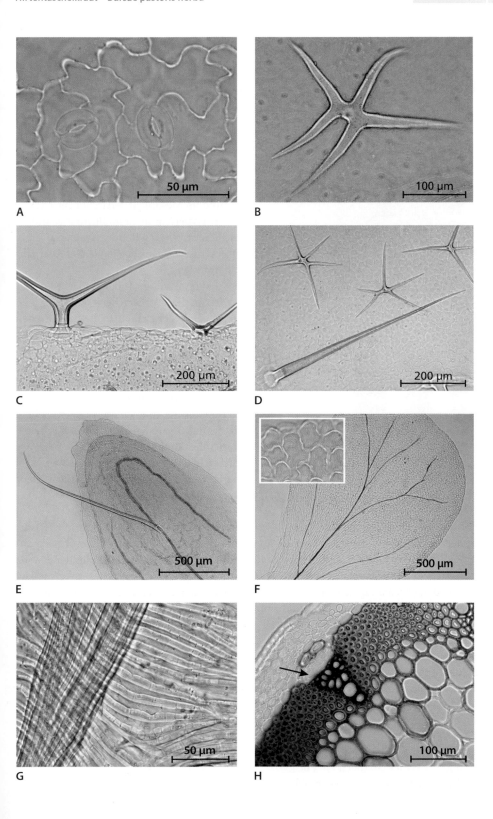

A

B

C

D

E

F

G

H

Johanniskraut – Hyperici herba

Hypericum perforatum L., Hypericaceae, Ph. Eur.

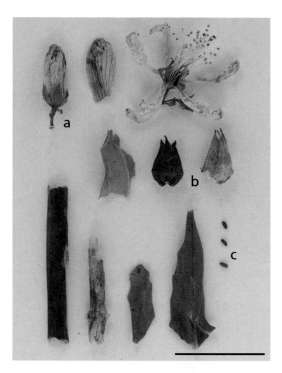

Makroskopische Merkmale

Blühende Triebspitzen; Hypericinbehälter als dunkle Punkte oder Striche erkennbar; Stängel 1 bis 5 mm, kahl, verzweigt, grün bis braun, stielrund mit 2 Längsleisten, markig; Blätter bis 3 cm lang, oval bis fast linealisch, sitzend, gegenständig, kahl, durchscheinend hell punktiert, ganzrandig; Trugdolden; Blüten radiär, Ø bis 2 cm, Kelchblätter 5, frei, doppelt so lang wie der Fruchtknoten; Kronblätter 5, gelb, frei; Staubblätter zahlreich; Fruchtknoten mit 3 Griffeln; Blütenknospen (a); Frucht: Kapsel (b), dreifächrig, mit vielen Samen (c); Geschmack: herb-bitter, zusammenziehend.

Inhaltsstoffe

Mindestens 0,08 % Gesamthypericine (Naphtodianthrone), berechnet als Hypericin (nach Ph. Eur.); Phloroglucinderivate (Hyperforin); Flavonoide (Hyperosid, Rutosid).

Anwendung

Innerlich: bei leichter bis mittelschwerer Depression (*well-established use* nach HMPC-Monographie)[14], bei mentalen Erschöpfungszuständen; äußerlich: bei leichten Hautentzündungen z.B. durch Sonnenbrand und zur Heilung kleiner Wunden (*traditional use* nach HMPC-Monographie).

Mikroskopische Merkmale

A   Am Blattrand dunkelrot gefärbte Hypericinbehälter und im Mesophyll verstreut helle Exkretbehälter; Hypericin in Chloralhydrat charakteristisch purpur bis dunkelrot auslaufend.

B   Dunkelroter, schizogen entstandener Hypericinbehälter im Blatt.

C   Heller Exkretbehälter; in der Aufsicht Epidermiszellen als „Deckel" erscheinend.

D   Schizogener, heller Exkretbehälter (nimmt den halben bis ganzen Blattquerschnitt ein).

E   Paracytische oder zumeist anisocytische Spaltöffnungen in der unteren Blattepidermis; Zellen sehr dünnwandig; Wände der Epidermiszellen gerade bis wellig-buchtig.

F   Stängelepidermis mit geradwandigen Zellen; Spaltöffnungen paracytisch und anisocytisch.

G   Hypericinbehälter an der Konnektivspitze der Antheren (auch makroskopisch sichtbar).

H   Hypericinbehälter in den Kronblättern (hier auch helle Exkretbehälter).

Pollenkörner tricolporat, fein strukturierte Exine, Ø bis 20 μm; Blattquerschnitt isolateral mit palisadenartigem Schwammgewebe; Palisadengewebe ein- bis zweireihig; Stängel mit axial gestreckten Hypericinbehältern unter der Epidermis; Stängelstücke mit Fasern und Gefäßen.

---

14   Zahlreiche Wechselwirkungen mit anderen Arzneimitteln.

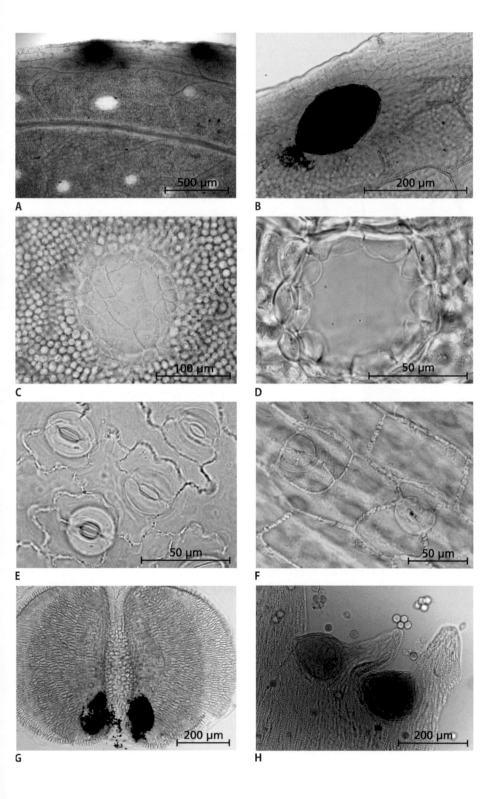

Echtes Labkraut – Galii veri herba

Galium verum[15] L., Rubiaceae, DAC

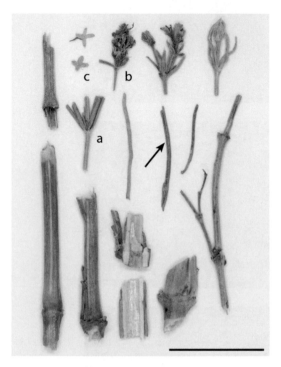

Makroskopische Merkmale

Zur Blütezeit gesammelte, ganze oder geschnittene oberirdische Teile; Stängel rundlich, teilweise hohl, grün bis braun; Oberfläche mit Furchen, Blattstellung wirtelig (a); Blätter (Pfeil) schmal-linealisch, 7- bis 30-mal so lang wie breit, 1-nervig; Blattrand deutlich umgerollt; Blattoberseite grün glänzend, unterseits dicht behaart; Blüten in dichten Rispen (b); Kronblätter 4, radförmig verwachsen (c), gelb; Staubblätter 4; Narbe zweiköpfig; Geschmack: schwach bitter.

Inhaltsstoffe

Flavonoide (ca. 2 %), Iridoidglykoside.

Anwendung

Volksmedizinisch innerlich als Diuretikum bei geschwollenen Knöcheln und Blasen- und Nierenkatarrh, äußerlich bei schlecht heilenden Wunden.

Mikroskopische Merkmale

A Blatt (Querschnitt); Blattrand umgerollt (quer); Blattbau bifacial mit zwei- bis dreireihigem Palisadengewebe; untere Epidermis mit zahlreichen Borsten- und Stachelhaaren (Präparat in Phgl-HCl).

B Blatt (Aufsicht); zahlreiche durchscheinende Raphidenbündel in ovalen Idioblasten.

C Lange Borstenhaare oder kürzere Stachelhaare auf der unteren Epidermis, einzellig, gerade bis gebogen, unterschiedliche Länge, warzige Cuticula (Stachelhaare auch am Blattrand und auf der oberen Epidermis).

D Untere Epidermis; Zellwände wellig; Spaltöffnungen paracytisch (obere Epidermis deutlich wellig-buchtig, Spaltöffnungen selten).

E Blüte (Ausschnitt); Kronblätter mit Raphidenbündeln; Kronblattzipfel leicht zugespitzt; Staubblätter versetzt zu den Kronblättern stehend; zwei Nervaturbögen (Pfeile).

F Kronblätter auf den Nervaturbögen mit Reihen von einzelligen, tropfenförmigen Drüsenhaaren besetzt (auch auf dem Fruchtknoten).

G Endothecium sternförmig strukturiert; Pollenkörner hexa-, aber auch hepta- oder oktacolpat (Ausschnitt).

H Epidermis des Stängels (und der Blütenstiele) mit Borstenhaaren, einzellig, gebogen.

Bruchstücke des Stängels mit Gefäßen und Fasern; großer Fruchtknoten, Griffel mit zwei kugeligen Narben.

---

15 Artengruppe Echtes Labkraut *Galium verum* agg. (nach Rothmaler 2011).

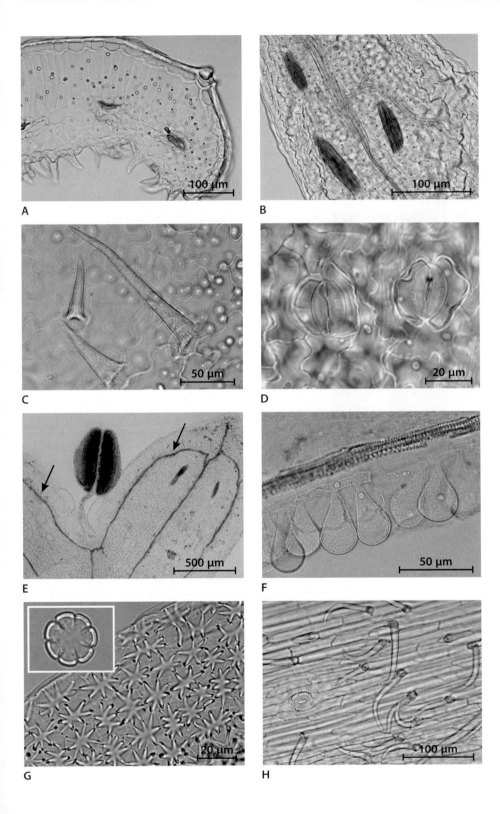

Löwenzahnkraut mit Wurzel – Taraxaci officinalis herba cum radice[16]

Taraxacum officinale[17] F. H. Wigg., Asteraceae, Ph. Eur.

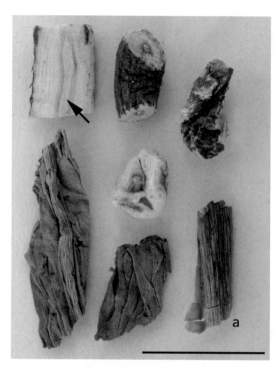

a

Makroskopische Merkmale

Ober- und unterirdische Teile der Pflanze; Wurzel: 10 bis 20 cm lang, Ø 0,5 bis 1,5 cm, außen dunkelbraun; Rinde (quer) weißlich mit feinen, konzentrischen Ringen, innen gelber Holzkörper (Pfeil); Blatt schrotsägerandig, stark gelappt, dunkelgrün bis grünbraun, gegen die rotvioletten Blattstiele (a) hin verschmälert, dreieckiger Endlappen, kahl oder leicht wollig behaart; Blütenstand: hohle, blattlose Schäfte; Hüllkelchblätter grün, lineal-lanzettlich; Zungenblüten gelb mit Pappus; Geschmack: bitter.

Inhaltsstoffe

Bittere Sesquiterpene, Triterpene, phenolische Verbindungen, Kalium; Blätter: Flavonoide; Wurzel: Kohlenhydrate; Bitterwert mindestens 100.

Anwendung

Bei leichten Verdauungsstörungen, Appetitlosigkeit und zur Erhöhung der Harnmenge zur Durchspülung der ableitenden Harnwege (*traditional use* nach HMPC-Monographie).

Mikroskopische Merkmale

A   Wurzelrinde (quer); Milchröhren (mit dem Phloem konzentrische Kreise bildend).
B   Wurzelrinde (längs tangential); Milchröhren vernetzt, gelblich.
C   Periderm der Wurzel mit braunem Kork (Aufsicht).
D   Xylem der Wurzel (längs) mit Treppen- (und Netz-)tracheen.
E   Milchröhren vernetzt; parallel zur Blattnervatur verlaufend.
F   Vielzelliges Gliederhaar, wenig kollabiert (meist braun und stark kollabiert).
G   Untere Epidermis; zahlreiche anomocytische Spaltöffnungen; Wände der Epidermiszellen wellig-buchtig; (Cuticularstreifung; obere Epidermis mit weniger Spaltöffnungen).
H   Epidermis der Zungenblüten (papillös) mit gelben Chromoplasten.

Blattrippen violett gefärbt (verblassen beim Erwärmen in Chloralhydrat); Blattquerschnitt bifacial mit zweireihigem Palisadengewebe mit Inulinkristallen; Epidermiszellen des Blütenstiels lang gestreckt mit gestreifter Cuticula; Pollenkörner tricolporat mit stacheliger Exine.

---

16   Außerdem in Ph. Eur.: Taraxaci officinalis radix – Löwenzahnwurzel.
17   agg.; Wiesen-Kuhblumen-Gruppe: sect. *Ruderalia* (Rothmaler 2011).

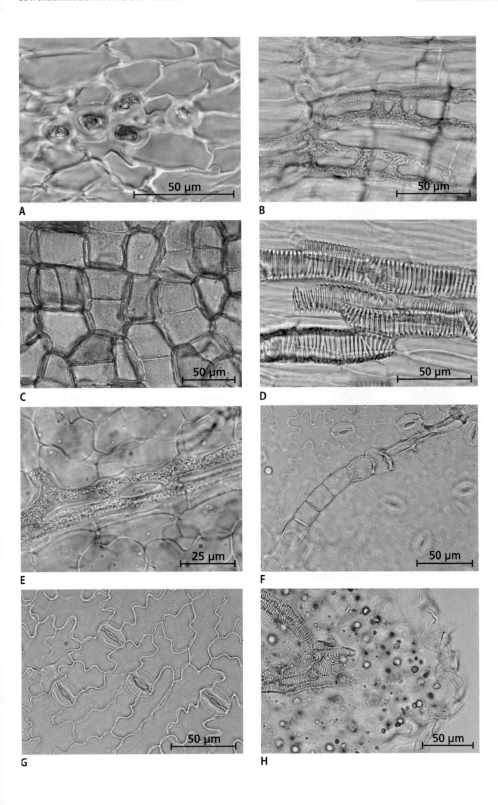

A

B

C

D

E

F

G

H

Lungenkraut – Pulmonariae herba

Pulmonaria officinalis L., Boraginaceae, DAB

a

Makroskopische Merkmale

Ganzes oder geschnittenes Kraut; Grundblätter gestielt; Stiel wenig kürzer bis länger als Spreite; Spreite herz-eiförmig, durch Borstenhaare (Pfeil) sehr rau, oft weißlich gefleckt, oberseits dunkelgrün, unterseits hellgraugrün mit hervortretendem Mittelnerv, 12 cm lang, bis 7 cm breit; Blattrand ganzrandig oder fein gezähnt; Kronblätter (a) rot- bis blauviolett; Kelch fünfzipfelig, borstig behaart; Geschmack: etwas schleimig.

Inhaltsstoffe

Schleime (1,4-α-Galacturonane); Flavonoide; Mineralstoffe; Gerbstoffe.

Anwendung

Traditionell bei Erkrankungen und Beschwerden der Atemwege; Wirksamkeit bei den beanspruch-

ten Anwendungsgebieten nicht ausreichend belegt (nach Monographie Kommission E).

Mikroskopische Merkmale

A   Borstenhaar (bis 2000 μm lang, basal bis 170 μm breit); trompetenartig zur Basis erweitert.

B   Kegelhaare, deutlich kleiner als Borstenhaare (bis 200 μm lang, basal etwa 50 μm breit).

C   Drüsenhaar mit drei- bis vierzelligem Stiel und keulenförmiger Endzelle.

D   Basis der Borsten- und Kegelhaare häufig mit Cystolithen (braun); Zellwände der oberen Epidermis gerade bis leicht wellig-buchtig; keine Spaltöffnungen.

E   Bifacialer Blattquerschnitt mit kurzem, einreihigen Palisadengewebe; Zellen des Schwammgewebes parallel zur Epidermis orientiert; große Interzellularräume.

F   Untere Epidermis mit anisocytischen Spaltöffnungen; Zellwände der unteren Epidermis welligbuchtig.

G   Sehr lockeres Schwammgewebe in der Aufsicht.

H   Pollenkörner walzenförmig, pentacolporat (auch quadrocolporat), mit glatter bis rau strukturierter Exine.

Endothecium faserig verdickt.

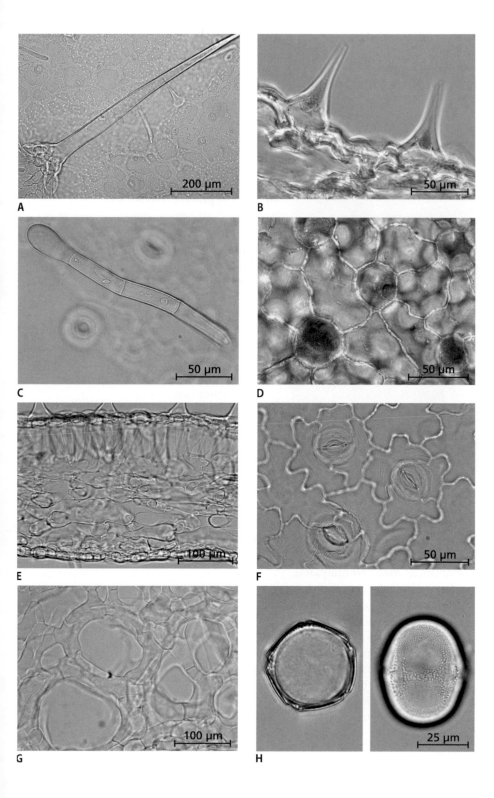

A

B

C

D

E

F

G

H

Mädesüßkraut – Filipendulae ulmariae herba[18]

Filipendula ulmaria[19] (L.) Maxim, Rosaceae, Ph. Eur.

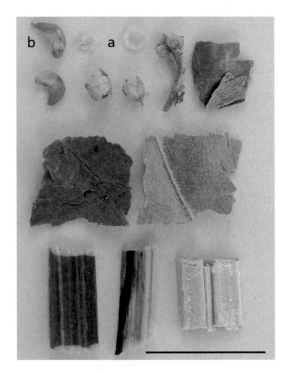

Makroskopische Merkmale

Blühende Stängelspitzen; Stängel Ø bis 5 mm, grünlich braun, kantig, unterer Teil hohl; Fiederblätter mit 2 Nebenblättern, zwei- bis fünfpaarig, endständiges größer und dreilappig; Blättchen größer als 3 cm, eiförmig, doppelt gesägt, oberseits dunkelgrün, kahl, unterseits hell filzig mit hervortretender Nervatur; Rispe; Blüten gelblich weiß, 3 bis 6 mm; Knospen kugelig; Kelchblätter 5, klein, dreieckig, behaart; Kronblätter (a) 5 (selten 6), frei; Fruchtblätter 5 bis 12; Früchte (b) bis 3 mm lang, gekrümmt; Geruch: zerrieben nach Methylsalicylat; Geschmack: zusammenziehend, bitter.

Inhaltsstoffe

Mindestens 1 ml kg^{-1} ätherische Öle (nach Ph. Eur.): aus Phenolglykosiden durch Säurehydrolyse gebildet; Flavonoide; Gerbstoffe (Ellagitannine).

Anwendung

Unterstützend bei leichten Erkältungen und leichten Gliederschmerzen (*traditional use* nach HMPC-Monographie).

Mikroskopische Merkmale

A   Langes, einzelliges, dünnwandiges Deckhaar und kürzere, einzellige, dickwandige Deckhaare; beide gekrümmt mit spitzen Enden.

B   Anomocytische Spaltöffnungen nur auf der unteren Epidermis; Wände der Epidermiszellen wellig-buchtig; einzellige Deckhaare.

C   Calciumoxalatdrusen im Mesophyll.

D   Keulenförmiges Drüsenhaar mit ein- bis dreizelligem Stiel und vielzelligem Köpfchen auf Stängel (und Blättern); meist mit braunem Inhalt.

E   Kronblätter basal verschmälert; einzelne Calciumoxalatdrusen.

F   Kelchblatt mit kurzen, einzelligen Deckhaaren und langen, einzelligen Wollhaaren.

G   Pollenkörner tricolporat, mit warziger Exine (2 Fokussierungsebenen).

H   Calciumoxalatkristalle im Fruchtknoten (gekreuzte Fasern in der Fruchtknotenwand).

Endothecium bügel- bis kronenförmig verdickt; Stängelbruchstücke mit Fasern und Gefäßen.

---

18   DAC: Mädesüßblüten – Spiraeae flos (getrocknete Blüten).
19   Syn.: *Spiraea ulmaria* L.

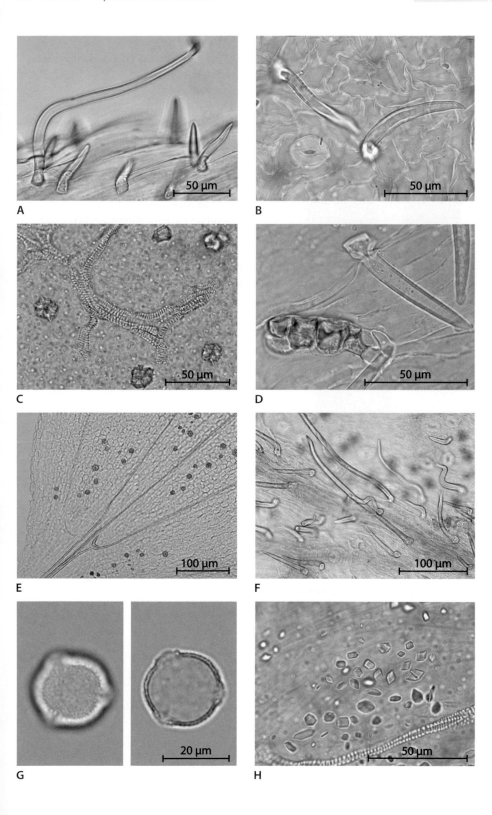

Maiglöckchenkraut[20] – Convallariae herba

Convallaria majalis L. oder nahestehende Arten[21], Asparagaceae[22], DAB 2012

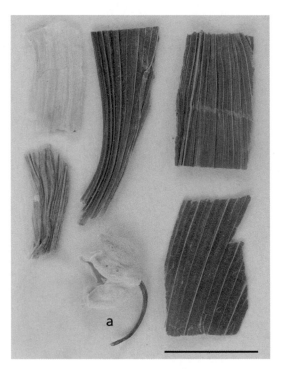

a

Makroskopische Merkmale

Während der Blütezeit (Mai bis Juni) gesammelte, ganze oder geschnittene, oberirdische Teile; Blätter bis 20 cm lang und 4 cm breit, elliptisch-lanzettlich, in den Blattstiel verschmälert; Blattstiel scheidenartig; Blattrand ganzrandig; Spreite ungeteilt; Nervatur parallel; Blütenschaft halbstielrund; Blütenstand: einseitswendige Traube mit kurzgestielten Blüten; Perigon (a) glockig mit 6 Zipfeln, etwa 9 mm lang, weiß; Staubblätter 6; Fruchtknoten dreikarpellig mit kurzem Griffel; Geschmack: süßlich, dann bitter.

Inhaltsstoffe

0,2 bis 0,5 % herzwirksame Glykoside (Convallatoxin als wichtigstes Glykosid).

Anwendung

Bei Altersherz, leichter Belastungsinsuffizienz, Cor pulmonale (pulmonale Hypertonie) (nach Monographie Kommission E).[23]

Mikroskopische Merkmale

A   Mesophyllzellen (senkrecht; fokussiert) sind rechtwinklig zu den Epidermiszellen (quer, unscharf) orientiert (Aufsicht).

B   Idioblasten mit Calciumoxalatraphiden (Bündel); Mesophyllzellen unregelmäßig geformt (Aufsicht).

C   Epidermis (auf beiden Blattseiten) aus länglichen, parallelen Zellen; Spaltöffnungen tetracytisch, in Reihen zwischen 1 bis 2 Epidermiszellen, Schließzellen rundlich.

D   Idioblast mit Calciumoxalatprismen (1 bis 4 pro Zelle); Prismen deutlich größer als Raphidennadeln.

E   Keulenförmige Haare der Perigonzipfel.

F   Blattquerschnitt unifacial; geschlossen kollaterale Leitbündel mit Sklerenchymhauben; Xylem (1), Phloem (2); Mesophyllzellen parallel zur Epidermis orientiert (Präparat in Phlg-HCl).

Keine Calciumoxalatkristalle; Pollenkörner monosulcat, mit glatter Exine, Ø 35 µm; Calciumoxalatraphiden im Mesophyll des Perigons; äußere Perigonepidermis mit polygonalen Zellen, körnig-runzeliger Cuticula und Spaltöffnungen.

---

20   Auch: Eingestelltes Maiglöckchenkraut (DAB 2012) 0,2 % Convallatoxin äquivalent.
21   Meist *Convallaria keiskei* (China).
22   Früher: Ruscaceae (APG II); auch Convallariaceae.

23   Zugunsten der Reinglykoside aus *Digitalis* Anwendung weitgehend obsolet.

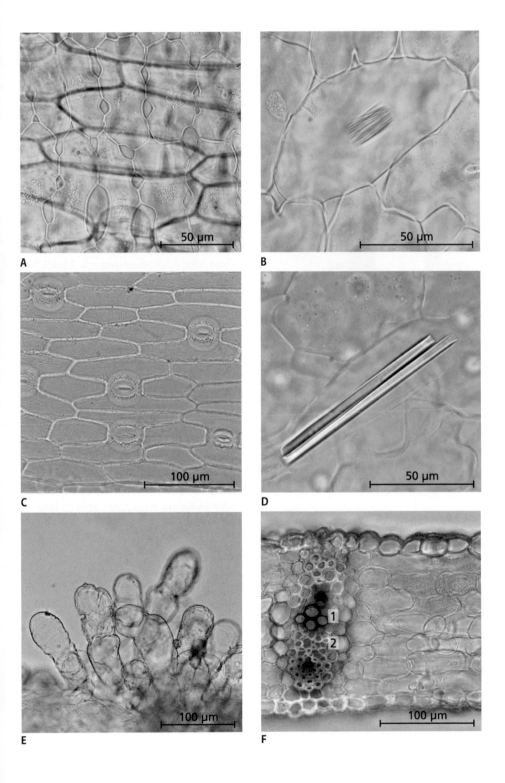

A

B

C

D

E

F

Mariendistelkraut – Cardui mariae herba[24]

Silybum marianum (L.) Gaertn., Asteraceae, DAC

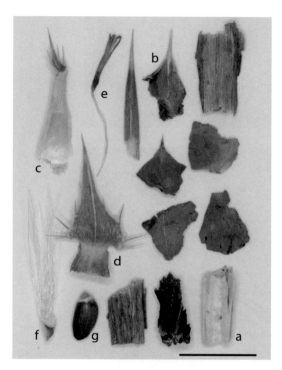

Makroskopische Merkmale

Zur Blütezeit gesammelte, ganze oder geschnittene oberirdische Teile; Pflanze bis 1,5 m hoch; Stängel zylindrisch, außen bräunlich mit Längsfurchen, leicht wollig behaart, innen markig und weiß (a); grundständige Blätter bis 50 cm lang; Stängelblätter kleiner; Blätter länglich elliptisch, glänzend grün bis matt graugrün, entlang der deutlich hervortretenden Nervatur weißlich gefleckt, buchtig gelappt, mit kräftigen gelben Dornen (b) besetzt; Blütenköpfe einzeln stehend, 4 bis 5 cm lang, eiförmig; innere Hüllkelchblätter länglich und strohig (c), äußere breit eiförmig, mit dornigem Anhängsel (d); Röhrenblüten rotviolett (e), tief fünfspaltig; Spreublätter (f) faserig; Pappusborsten; Frucht braune Achäne (g); Geschmack: bitter.

Inhaltsstoffe

Flavonoide, Sterole.

Anwendung

Anwendung von Zubereitungen bei funktionellen Störungen von Leber und Galle; Wirksamkeit bei den beanspruchten Anwendungsgebieten nicht belegt; therapeutische Anwendung wird nicht befürwortet (nach Monographie der Kommission E).

Mikroskopische Merkmale

A   Blattquerschnitt; Palisadengewebe dreischichtig mit Lipidtröpfchen; Leitbündel.

B   Epidermiszellen geradwandig bis leicht wellig, anomocytische Spaltöffnungen mit 3 bis 5 Nebenzellen.

C   Vielzellige Gliederhaare („Tonnenhaare"); basisnahe Zellen bauchig, äußere Zellen meist kollabiert; peitschenförmige Endzelle sehr lang, schmal und häufig verknäult (siehe D).

D   Wolliger Fortsatz der Haare auf Blättern und Stängeln.

E   Sprossachse (Querschnitt); Leitbündel mit deutlichen Sklerenchymhauben; Exkretröhren in Leitbündelnähe (Pfeil; Präparat in Phlg-HCl).

F   Sprossachse (Längsschnitt); Exkretgang (Pfeil); Sklerenchymfasern als Bündel (Präparat in Phgl-HCl).

G   Hüllkelchblatt; Enddorn (links); Epidermiszellen dickwandig mit einzelligen, spitzen Haaren (rechts; Phgl-HCl).

H   Spreuhaar mit mehrzelligem Drüsenköpfchen (links); Pappusborste (rechts).

Kronblätter röhrig verwachsen mit Lipidtropfen; Griffel mit einzelligen Fegehaaren; Antheren verwachsen; Filamente frei; zarte, einreihige, mehrzellige Drüsenhaare auf Stängeln und Blättern (in getrockneter Droge kollabiert); Pollenkörner tricolporat mit stacheliger Exine, etwa 50 µm groß; Calciumoxalatkristalle in der Fruchtknotenwand.

---

24   Syn.: *Carduus marianus* L.; vergleiche auch Mariendistelfrüchte – Silybi mariani fructus.

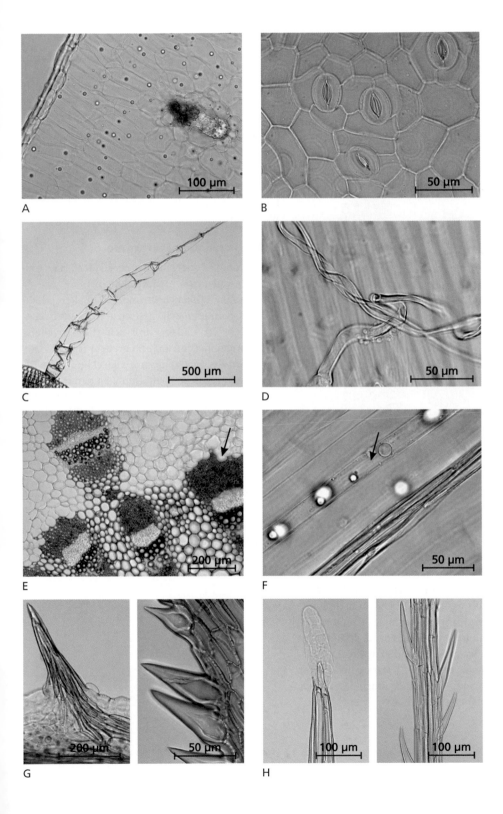

Mistelkraut – Visci herba

Viscum album L., Santalaceae[25], DAB

Makroskopische Merkmale

Jüngere Zweige mit Blättern, Blüten und verein-
zelten Früchten; immergrüner Halbschmarotzer;
Droge bräunlich gelb bis gelblich grün; Zweige
längsrunzelig, zylindrisch, im Ø bis 5 mm, gabelig
verzweigt, Querschnitt (a) innen mit weißlichem
Holzkörper und außen grüner Rinde; Blätter gegenständig, 2 bis 6 cm lang, 1 bis 2 cm breit, ungestielt, lanzettlich bis spatelförmig, ganzrandig, steif
und runzelig, unterseits nahezu parallele Nervatur;
Blüten (b) gelblich grün, sitzende Trugdolden, zwei-
häusig; Früchte bis erbsengroß, stark geschrumpft,
meist weiß, kugelig; Geruch: schwach aromatisch;
Geschmack: leicht bitter.

Inhaltsstoffe

0,05 bis 0,1 % Lectine (Glykoproteine); Visco-toxine
(Polypeptide aus meist 46 Aminosäuren); Polysaccharide; Phenylpropane; Lignane (nach DAB).

Anwendung

Bei degenerativ entzündlichen Gelenkerkrankungen (intrakutane Injektionen); zur Palliativtherapie
(anthroposophischeroder   phytotherapeutischer
Ansatz) bei malignen Tumoren (nach Monographie Kommission E); empirisch als Adjuvans bei
Bluthochdruck.

Mikroskopische Merkmale

A   Mesophyll (quer) nicht untergliedert; viele Cal-
    ciumoxalatdrusen; dicke Cuticula.
B   Mesophyll (quer) erst rundlich, in älteren Blät-
    tern palisadenartig gestreckt; Calciumoxalat-
    drusen feinnadelig, mit scharf begrenztem,
    schwarzem Zentrum und grauem Hof.
C   Zellen der Blattepidermis vieleckig; Zellwände
    gerade, verdickt; Spaltöffnungen paracytisch.
D   Sehr große paracytische Spaltöffnungen
    (Schließzellen eingesenkt und im Stängel von
    papillösen Nebenzellen teilweise überdeckt).
E   Im Stängelquerschnitt 8 Leitbündel mit jeweils
    2 Faserbündeln; bei fortschreitender sekundärer
    Verdickung geschlossener Holzkörper.
F   Epidermis junger Zweige papillös, gelb, nach
    außen verdickt.
G   Steinzellen aus der Sprossachse (längs) unregel-
    mäßig geformt (Präparat in Phgl-HCl).
H   Pollenkörner tricolporat, Exine mit feinen Stäb-
    chen (2 Fokussierungsebenen).

Stärkekörner Ø 8 bis 15 µm.

---

25   Früher: Viscaceae oder Loranthaceae.

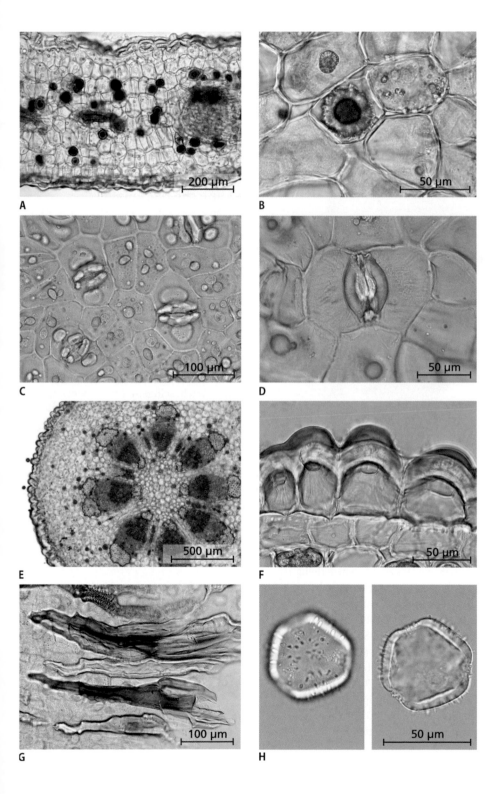

A

B

C

D

E

F

G

H

Mutterkraut – Tanaceti parthenii herba

Tanacetum parthenium (L.) Schultz Bip., Asteraceae, Ph. Eur.

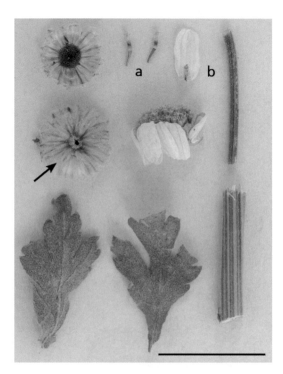

Makroskopische Merkmale

Oberirdische Teile; Pflanze 30 bis 80 cm hoch; Stängel fast vierkantig, längs gerillt, Ø bis 5 mm; Blätter 2 bis 5 cm lang, gestielt, ein- bis zweifach fiederteilig, wechselständig, gelbgrün, zart, zerstreut behaart; Fiederlappen grob gekerbt mit stumpfer Spitze; Schirmrispe dicht, mit 5 bis 30 Blütenköpfchen; Köpfe Ø 12 bis 22 mm, auf geraden Stielen; Blütenboden halbkugelig; Hüllkelchblätter (Pfeil) überlappend, mit häutigem Rand; Röhrenblüten (a) gelb, fünfzipfelig, zwittrig; Zungenblüten (b) randständig, weißlich, weiblich, Zunge dreizähnig, 2,5 bis 7 mm lang; Frucht: Achäne, braun, bis 1,5 mm lang; Geruch: campherartig; Geschmack: bitter.

Inhaltsstoffe

Mindestens 0,20 % Parthenolid (Sesquiterpenlacton; nach Ph. Eur.); ätherisches Öl (Hauptbestandteil Campher); Flavonglykoside.

Anwendung

Trockenextrakt zur Migräneprophylaxe, nach ärztlichem Ausschluss einer ernsthaften Erkrankung (*traditional use* nach HMPC-Monographie).

Mikroskopische Merkmale

A   Mehrzellige, einreihige Deckhaare mit 3 bis 5 kleinen, dickwandigen, rechteckigen Zellen und langer, schlanker Endzelle, oft rechtwinkelig zu den Basalzellen gekrümmt.

B   Anomocytische Spaltöffnungen auf beiden Blattseiten; Cuticularstreifung (wellige Epidermiszellen).

C   Zweireihige Drüsenschuppe vom Asteraceen-Typ (Aufsicht).

D   Drüsenhaar im Querschnitt mit kurzem, zweireihigem, zwei- bis vierzelligem Stiel und zweireihigem, mehrzelligem (meist vierzelligem) Köpfchen.

E   Papillöse Epidermiszellen der Kronblätter mit Cuticularstreifung.

F   Pollenkörner tricolporat, mit stacheliger Exine (2 Fokussierungsebenen).

G   Kristallrosetten aus Calciumoxalat in den Röhrenblüten.

H   Längsschnitt des Stängels mit Gefäßen, vielen Sklerenchymfasern (und Eckenkollenchym unter der Epidermis).

Staubblätter 5, Konnektivzipfel kronblattartig; Narbe papillös, zweischenkelig.

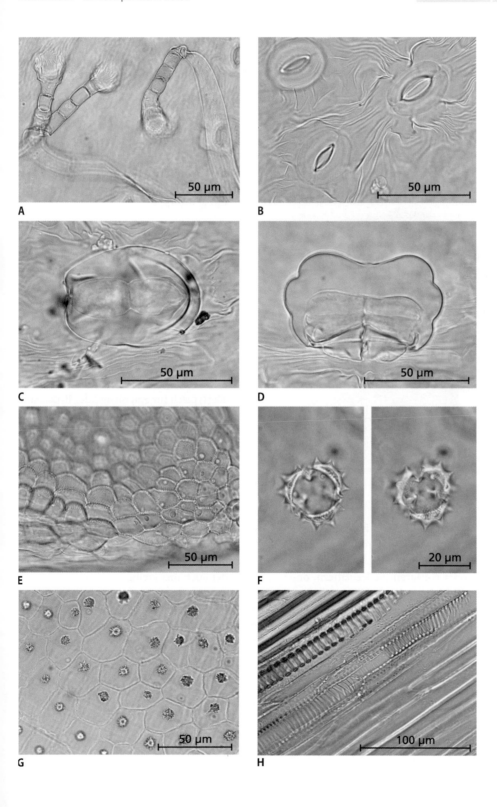

Odermennigkraut – Agrimoniae herba

Agrimonia eupatoria L., Rosaceae, Ph. Eur.

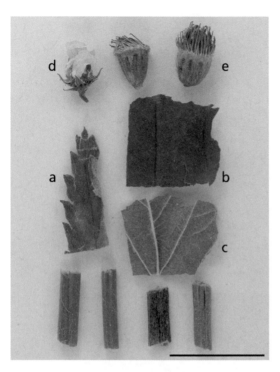

Makroskopische Merkmale

Blühende Sprossspitzen; Blüten in ährenförmigen Trauben; Stängel grün oder häufig rötlich, mit langen Haaren; Blätter bis 15 cm lang, unterbrochen unpaarig mit 3 oder 6 Paaren Fiederblättern, dazwischen 2 oder 3 kleinere Fiederblätter; Fiederblätter (a) tief gezähnt oder gesägt, oberseits (b) dunkelgrün, unterseits (c) dicht grau filzig; Blüten Ø 5 bis 8 mm, fünfzählig; Kronblätter (d) gelb, frei; Kelchbecher mit Längsfurchen und von Stacheln umgeben; Sammelfrucht (e) verkehrt kegelförmig, fast bis zum Grund tief und eng gefurcht, unterste Stacheln aufrecht bis waagerecht abstehend; Geruch: schwach aromatisch; Geschmack: zusammenziehend, etwas bitter.

Inhaltsstoffe

Mindestens 2,0 % Gerbstoffe (vorwiegend Catechingerbstoffe), berechnet als Pyrogallol (nach Ph. Eur.); Flavonoide.

Anwendung

Bei leichten, unspezifischen, akuten Durchfallerkrankungen; bei Entzündungen der Mund- und Rachenschleimhaut; bei leichten, oberflächlichen Entzündungen der Haut (*traditional use* nach HMPC-Monographie).

Mikroskopische Merkmale

A Zahlreiche lange, gerade oder gebogene, einzellige, dickwandige Deckhaare („Rattenschwanzhaare"; auf beiden Blattseiten).

B Blattepidermis mit welligen Zellwänden und anomocytischen Spaltöffnungen (manchmal auch anisocytischen); Spaltöffnungen meist auf der unteren Epidermis.

C Langes, einzelliges, dickwandiges Deckhaar, gerade oder gebogen, mit gestreifter Textur der Cuticula (typisch für Spießhaare der Rosaceae).

D Deckhaare mit Cuticularknötchen; Zellinhalt der Deckhaare teilweise braun gefärbt.

E Calciumoxalatkristall im zweireihigen Palisadengewebe (Blattquerschnitt bifacial).

F Drüsenhaar mit einreihigem Stiel und einem vierzelligen Köpfchen; auf Blatt und Stängel.

G Dickwandige, getüpfelte Quaderzellen im Stängelgewebe (Präparat in Phgl-HCl).

H Drüsenhaar mit kurzem, einreihigem Stiel und einem kugeligen, einzelligen Köpfchen; Stiel ein- oder auch mehrzellig.

Pollenkörner ellipsoid bis kugelig, Ø 50 µm tricolporat, mit fein strukturierter Exine; Fasern und Gefäße des Stängels.

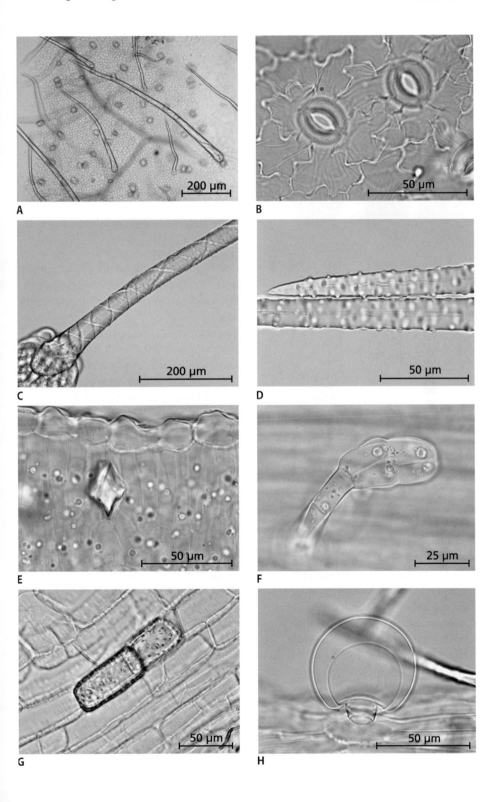

A

B

C

D

E

F

G

H

Passionsblumenkraut – Passiflorae herba

Passiflora incarnata L., Passifloraceae, Ph. Eur.

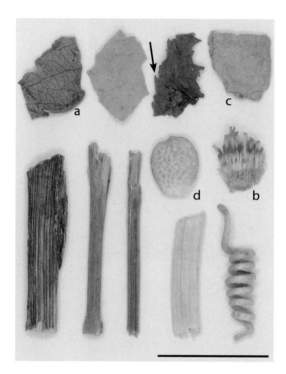

Makroskopische Merkmale

Oberirdische Teile, Blüten und Früchte können vorhanden sein; Stängel grün bis bräunlich, im Ø meist unter 8 mm, längs gestreift, hohl, kahl oder schwach behaart; Sprossranken zahlreich, korkenzieherartig; Blätter wechselständig, grün, fein gezähnt (Pfeil), flaumig behaart, Blattspreite 6 bis 15 cm, mit 3 spitz zulaufenden Lappen, mittlerer am größten; Mittelnerv auf Unterseite (a) deutlich; Blüten radiär; Kronblätter weißlich; Nebenkronblätter (b) fädig, dunkelrosa bis hellviolett; Früchte (c) grün; Samen (d) ocker bis braun, grubig punktiert; Geruch: aromatisch.

Inhaltsstoffe

Mindestens 1,5 % Flavonoide, berechnet als Vitexin (nach Ph. Eur.); vorwiegend C-Glykosylflavone des Apigenins und Luteolins; Gynocardin (cyanogenes Glucosid; schwer hydrolysierbar).

Anwendung

Traditionell verwendet bei leichten Symptomen von seelischem Stress und zur unterstützenden Behandlung von Einschlafstörungen (*traditional use* nach HMPC-Monographie).

Mikroskopische Merkmale

A Einreihige, ein- bis dreizellige Haare auf dem Blatt, gerade bis leicht gebogen, leicht gekrümmte Spitze charakteristisch (Pfeil; auch auf der Stängelepidermis).

B Untere Epidermis mit anomocytischen und auch anisocytischen Spaltöffnungen (auf der oberen Epidermis wenige); Zellwände welligbuchtig.

C Blattnervatur netzig (Präparat in Phgl-HCl, Calciumoxalatdrusen durch HCl aufgelöst).

D Blattquerschnitt bifacial mit einreihigem Palisadengewebe; viele Calciumoxalatdrusen im Mesophyll entlang der Blattnervatur.

E Papillöse Epidermis der Nebenkronblätter (auch auf Kronblättern); Schraubentracheen; Calciumoxalatdrusen.

F Pollenkörner triporat, mit netziger Exine; auf den 3 Keimporen ebenfalls netzig strukturierte Deckel.

G Samenschale mit stark verdickten, getüpfelten Zellen (Aufsicht; im Längsschnitt sehr lang gestreckt); zellfreier Bereich entspricht grubigen Einsenkungen.

H Querschnitt durch das locker strukturierte Mesokarp der Fruchtwand (Exokarp kleinzellig, dickwandig; Mesokarp mit braunen Gerbstoffzellen).

Stängel mit verholzten Fasern und Gefäßen der Leitbündel; dickwandiges, getüpfeltes Mark.

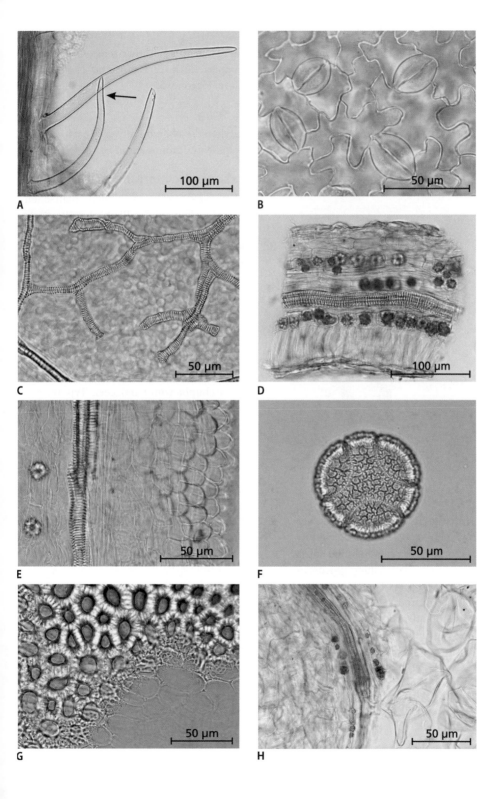

Quendelkraut – Serpylli herba

Thymus serpyllum L., Lamiaceae, Ph. Eur.

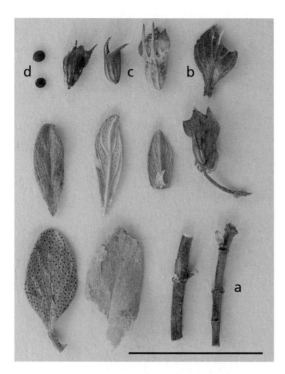

Makroskopische Merkmale

Blühende, oberirdische Teile; Spross vielfach verzweigt; Stängel (a) rundlich bis undeutlich vierkantig, rötlich bis braun; ältere Sprossabschnitte holzig, jüngere rundum behaart; Blattstellung gegenständig; Blätter 3 bis 12 mm lang, bis 4 mm breit, schmal verkehrt eiförmig; Blattgrund keilförmig, kurz gestielt und bewimpert; Blattrand glatt, kaum eingerollt; Spreite auf beiden Blattseiten drüsig punktiert; Tragblätter (b) grünviolett; Kelch (c) zweilippig; Kelchzähne der Oberlippe breit dreieckig; Unterlippe zweizähnig mit langen Haaren; Krone rosarot, zweilippig; Früchte (d): dunkle Klausen; Geruch: aromatisch, charakteristisch; Geschmack: würzigaromatisch, etwas bitter.

Inhaltsstoffe

Mindestens 3,0 ml kg^{-1} ätherisches Öl (nach Ph. Eur.); hauptsächlich Carvacrol und Thymol; Rosmarinsäure; Flavonoide.

Anwendung

Bei Katarrhen der oberen Luftwege (nach ESCOP-Monographie und Kommission E).

Mikroskopische Merkmale

A   Cuticularstreifung (auf beiden Blattseiten); Epidermiszellen auf der Blattunterseite stärker wellig-buchtig als auf der Oberseite.

B   Diacytische Spaltöffnungen (auf beiden Blattseiten, auf Unterseite zahlreicher); Wände der Epidermiszellen perlschnurartig verdickt.

C   Drüsenschuppe vom Lamiaceen-Typ meist mit 12 kreisförmig (8 außen, 4 innen) angeordneten, sezernierenden Zellen.

D   Kurze, einzellige, kegelförmige Eckzahnhaare mit warziger Cuticula (auf Oberseite zahlreicher; mit Calciumoxalatnadeln im Lumen).

E   Drüsenschuppe vom Lamiaceen-Typ mit einer Stielzelle, stark eingesenkt (Querschnitt).

F   Einreihiges, mehrzelliges Gliederhaar (mit Calciumoxalatnadeln im Lumen) aus bis zu 8 Zellen bestehend (besonders häufig am Blattgrund).

G   Drüsenschuppe (rechts) mit einzelligem Stiel und einzelligem, kugeligem oder eiförmigem Köpfchen (hier auf dem Kronblatt).

H   Pollenkörner hexacolpat, mit feinnetziger Exine (Unterfamilie: Nepetoideae).

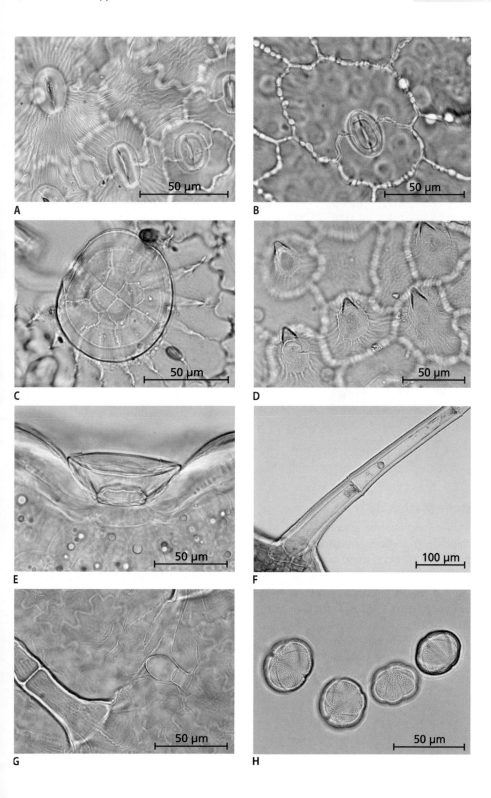

Schachtelhalmkraut – Equiseti herba

Equisetum arvense L., Equisetaceae, Ph. Eur.

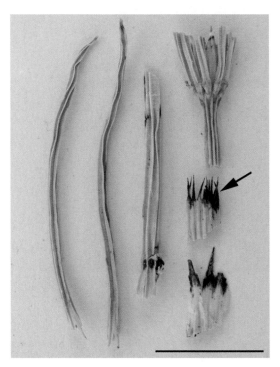

Makroskopische Merkmale

Oberirdische, sterile Teile; Sprosse graugrün, mit 6 bis 18 Längsrippen, hohl, brüchig, durch Knoten gegliedert, Abstand 1,5 bis 6 cm, im Ø bis 5 mm; Seitenäste wirtelig an den Knoten, vierkantig geflügelt, etwa 1 mm dick; Blätter bilden gezähnte Scheide (Pfeil); Zähne braun, dreieckig-lanzettlich; Anzahl Scheidenzähne gleich Anzahl Sprossrippen; unterstes Internodium der Seitenäste länger als zugehörige Blattscheide am Hauptspross; Geschmack: geschmacklos, knirscht beim Kauen.

Inhaltsstoffe

Mindestens 0,3 % Gesamtflavonoide, berechnet als Isoquercitrosid (nach Ph. Eur.); 6 % Kieselsäure und Silikate[26].

Anwendung

Traditionell zur Erhöhung der Harnmenge bei einer Durchspülungstherapie der ableitenden Harnwege (*traditional use* nach HMPC-Monographie).

Mikroskopische Merkmale

A   Spaltöffnungen in Reihen zwischen den Rippen angeordnet; Epidermiszellen länglich mit gewellten Zellwänden (Epidermiszellen des Hauptsprosses deutlich verdickt).

B   Paracytische Spaltöffnungen; Nebenzellen überlagern Schließzellen und besitzen radial angeordnete, verdickte Celluloseleisten.

C   Doppelhöcker auf den Epidermiszellen (Verfälschung mit *E. palustre*: nur einfache Höcker).

D   Querschnitt eines vierkantigen Seitenastes ohne Markhöhle und großen Interzellularräumen (Vallecularhöhlen).

E   Leitbündel im Hauptspross mit Interzellulargang (Carinalhöhle); Endodermis über den Leitbündeln (Pfeil).

F   Tracheiden (Pfeil: Ende der Tracheiden) der Leitbündel im Längsschnitt; Verdickungsleisten ring- oder schraubenförmig (Präparat in Phgl-HCl).

G   Hauptspross (quer); Vallecularhöhlen (Pfeil) unter den Rinnen; unverholzte Faserbündel in den Rippen; großzelliges Parenchym; Leitbündelzahl entspricht der Rippenzahl; Markhöhle.

H   Hauptspross von *E. palustre* (quer; Verfälschung) mit nur 4 bis 8 Rippen.

Ausschluss der Verfälschung auch nach Verfälschung von Drogenmaterial (Zellskelett bleibt durch Kieselsäure erhalten): *E. arvense* mit groben und *E. palustre* mit feinen Zähnen an der Innenseite der Schließzellen.

---

26   Das Arzneibuch prüft auf Alkaloide (Verfälschung mit *E. palustre*).

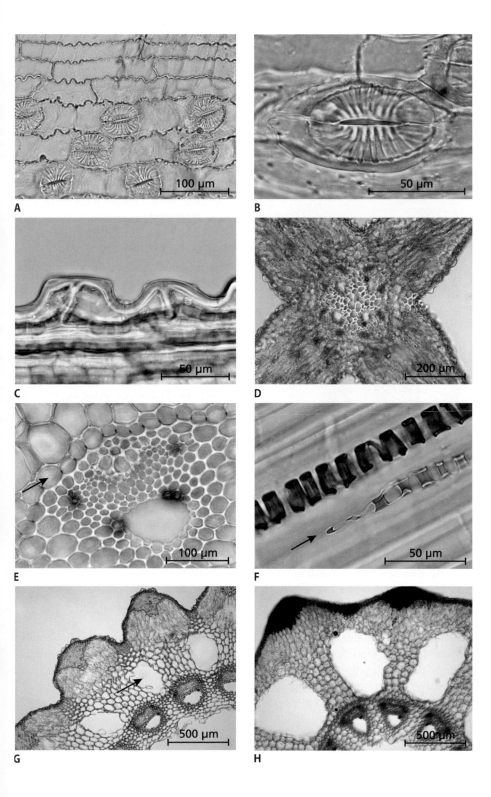

Schafgarbenkraut – Millefolii herba

Achillea millefolium L., Asteraceae, Ph. Eur.

Makroskopische Merkmale

Blühende Triebspitzen; Stängel Ø bis 7 mm, grün, braun bis rötlich überlaufen, behaart, längsrinnig, helles Mark; Blätter zwei- bis dreifach fiederschnittig mit linealisch-lanzettlichen Endzipfeln; Blattfragmente häufig knäuelig, grün bis graugrün, oberseits schwach, unterseits stärker behaart; Schirmrispe; Hüllkelchblätter dachziegelartig, mit trockenhäutigem Rand; Blütenboden leicht gewölbt; Spreublätter; Zungenblüten randständig, 4 bis 5, weiblich, weiß bis rosa, Zunge dreizipfelig; Röhrenblüten zentral, 3 bis 20, zwittrig, Kronröhre fünfzipfelig; Geruch: leicht aromatisch; Geschmack: etwas bitter, aromatisch.

Inhaltsstoffe

Mindestens 2 ml kg^{-1} ätherisches Öl und mindestens 0,02 % Proazulene berechnet als Chamazulen (nach Ph. Eur.); Flavonoide.

Anwendung

Innerlich: bei Appetitlosigkeit und dyspeptischen Beschwerden wie leichten, krampfartigen Beschwerden im Magen-Darm-Bereich; bei leichten menstruationsbedingten Krämpfen; äußerlich: Behandlung kleiner, oberflächlicher Wunden (*traditional use* nach HMPC-Monographie).

Mikroskopische Merkmale

A   Deckhaare (siehe B) 0,4 bis über 1 mm lang; häufig abgebrochen.

B   Deckhaar mit einreihigem, vier- bis sechszelligem Stiel aus fast quadratischen Zellen und dickwandiger, etwas gewundener Endzelle.

C   Drüsenschuppe vom Asteraceen-Typ (rechts: Aufsicht, links: quer).

D   Anomocytische, elliptische Spaltöffnungen; Zellwände der Epidermis wellig-buchtig mit Cuticularstreifung.

E   Hüllkelchblatt lang und schmal, am Rand in lange Fransen auslaufend; sklerenchymatische innere Schicht mit langen Zellen (unterseits Deckhaare).

F   Zungenblüte mit zweischenkeliger, papillöser Narbe; Drüsenschuppen im Bereich des unteren, röhrig verwachsenen Abschnittes (Epidermis der Zunge papillös).

G   Fruchtknoten der Zungen- und Röhrenblüten mit Steinzellring; Calciumoxalatdrusen.

H   Pollenkörner tricolporat, mit stacheliger Exine (2 Fokussierungsebenen).

5 kronblattartige Konnektivzipfel der Röhrenblüten; Spreublätter den Hüllkelchblättern sehr ähnlich (weniger behaart); Blattquerschnitt äquifacial; Gefäße und Fasern des Stängels.

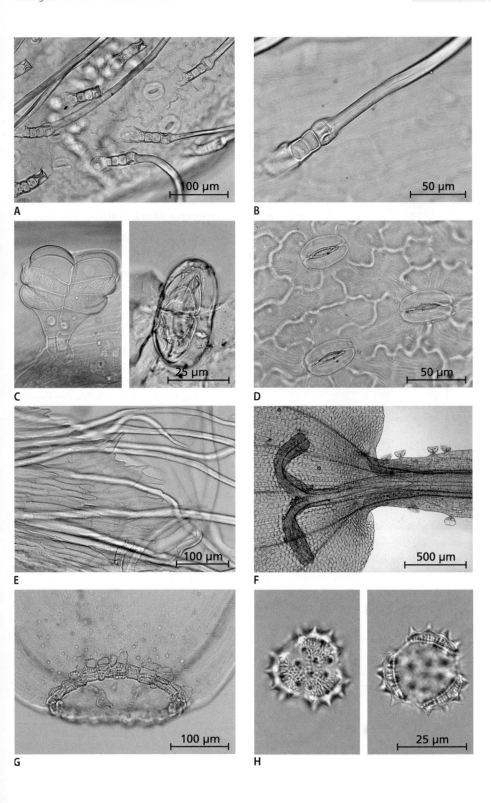

Schöllkraut – Chelidonii herba

Chelidonium majus L., Papaveraceae, Ph. Eur.

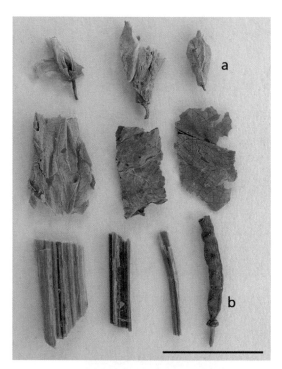

Makroskopische Merkmale

Während der Blütezeit gesammelte, ganze oder geschnittene, oberirdische Teile der Pflanze; Stängel Ø 3 bis 7 mm, hohl, meist kollabiert, gelblich bis grünlich braun, gerippt; Blätter sehr dünn, unregelmäßig gefiedert, Fiederblättchen eiförmig, lappig, gekerbt; Blattoberseite bläulich grün, kahl, Unterseite heller, an der Nervatur behaart; Kelchblätter 2, hinfällig; Kronblätter (a) 4, gelb, breit eiförmig; Frucht: Schote (b); Samen mit netziger brauner Oberfläche und Anhängseln (Elaiosomen); Frischpflanze mit orangegelbem Milchsaft[27]; Geruch: eigenartig; Geschmack: bitter, scharf.

Inhaltsstoffe

Mindestens 0,6 % Gesamtalkaloide, berechnet als Chelidonin (nach Ph. Eur.).

Anwendung

Bei krampfartigen Beschwerden im Bereich der Gallenwege und des Magen-Darm-Traktes; bei dyspeptischen Beschwerden (nach ESCOP-Monographie); HMPC rät von der Einnahme von Schöllkraut-Zubereitungen ab.[28]

Mikroskopische Merkmale

A Wände der Epidermiszellen stark wellig-buchtig; kreisrunde, anomocytische Spaltöffnungen der unteren Epidermis.

B Langes, einreihiges Gliederhaar auf dem Stängel (zahlreich) und vereinzelt auch auf der Blattunterseite.

C Mesophyll (Aufsicht); Blattnervatur begleitet von bräunlichen Milchröhren.

D Milchröhren (Pfeil) mit braunem Inhalt parallel zu den Leitbündeln im Stängel.

E Knotig verdickte Wände von Zellen der Fruchtwand („Rosenkranzzellen").

F Pollenkörner tricolpat, fein strukturierte Exine (2 Fokussierungsebenen).

G Dünnwandige Zellen des Kronblattes mit gelben Öltröpfchen.

H Samenschale mit Calciumoxalatkristallen (Aufsicht).

Bifacialer Blattquerschnitt mit einreihigem Palisadengewebe; Blattrand mit Hydathoden (Wasserspalten) an den Blattspitzen.

---

27 Frischer Milchsaft volksmedizinisch gegen Warzen verwendet.

28 Wegen Leberschädigungen in zahlreichen Fällen wurde die Zulassung von Arzneimitteln, bei denen nach der Dosierungsanleitung mehr als 2,5 mg Gesamtalkaloide, berechnet als Chelidonin, pro Tag verabreicht werden können, mit sofortiger Wirkung widerrufen (nach BfArM 09.04.2008).

Schöllkraut – Chelidonii herba

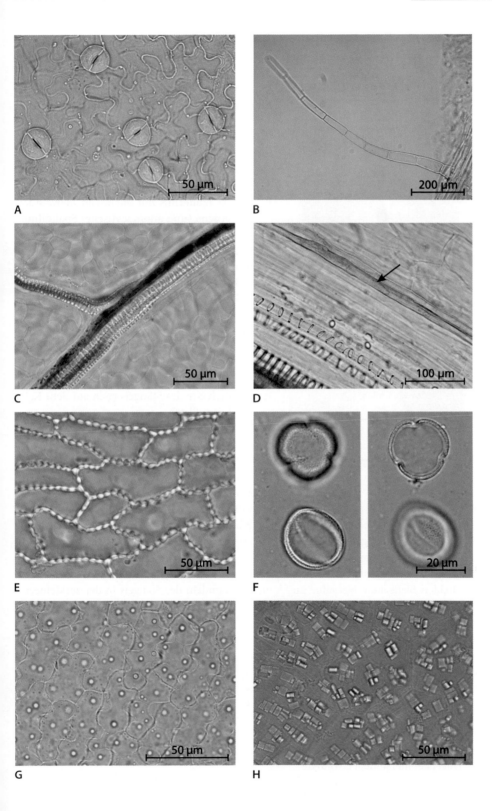

A

B

C

D

E

F

G

H

Schwarznesselkraut – Ballotae nigrae herba

Ballota nigra L., Lamiaceae, Ph. Eur.

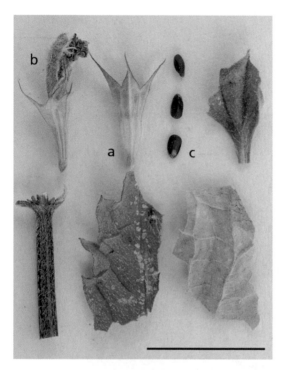

Makroskopische Merkmale

Getrocknete, blühende Stängelspitzen; Stängel vierkantig, längs gestreift, dunkelgrün oder rötlich braun; Blätter gegenständig, graugrün, gestielt, eiförmig bis rund, grob kerbig gesägt, zahlreiche weiße Haare auf beiden Blattseiten, Nervatur unterseits hervortretend; Blüten sitzend oder kurz gestielt; Kelch (a) mit 10 Nerven, trichterförmig, behaart; Krone (b) purpurrot, zweilippig, untere Lippe dreilappig, Kronröhre etwas kürzer als Kelchröhre; Früchte (c): Klausen, schwarzbraun; Geruch: frisch unangenehm; Geschmack: leicht bitter.

Inhaltsstoffe

Mindestens 1,5 % *o*-Dihydroxyzimtsäurederivate (Phenylpropanderivate), berechnet als Acteosid (nach Ph. Eur.); Diterpenbitterstoffe; Flavonoide.

Anwendung

Bei Nervosität, Unruhezuständen und Reizbarkeit durch Schlafstörungen; zur Linderung leichter, krampfartiger Magenbeschwerden (nach ESCOP-Monographie).

Mikroskopische Merkmale

A   Einreihige, vielzellige, dickwandige Gliederhaare auf dem Stängel; an Querwänden aufgebläht, leicht gebogen, fein warzig punktiert.

B   Untere Epidermis mit buchtigen Zellwänden; diacytische (und anomocytische) Spaltöffnungen; Drüsenhaar mit einzelligem Stiel und zweizelligem Köpfchen; (obere Epidermis mit nur wenigen Spaltöffnungen).

C   Drüsenschuppe vom Lamiaceen-Typ mit einzelligem Stiel und 8 kreisförmig angeordneten, sezernierenden Zellen.

D   Blattquerschnitt; einschichtiges Palisadengewebe, Zellen mit Kristallnadeln; Drüsenhaar mit ein- bis zweizelligem Stiel und ein- bis zweizelligem Köpfchen auf dem Blatt.

E   Gliederhaare des Stängels auch auf dem Kelch (und dem Blatt).

F   Drüsenhaare mit dreizelligem, langem Stiel und mehrzelligem Köpfchen auf dem Kelch.

G   Pollenkörner tricolpat, mit fein strukturierter Exine (2 Fokussierungsebenen).

H   Kronblätter mit dickwandigen, welligen, teilweise gefärbten Haaren, einzeln und auch in Büscheln angeordnet (Gliederhaare wie bei A; Drüsenhaare).

Blattquerschnitt bifacial, Bruchstücke von Fasern und Leitbündeln des Stängels in der zerkleinerten Droge.

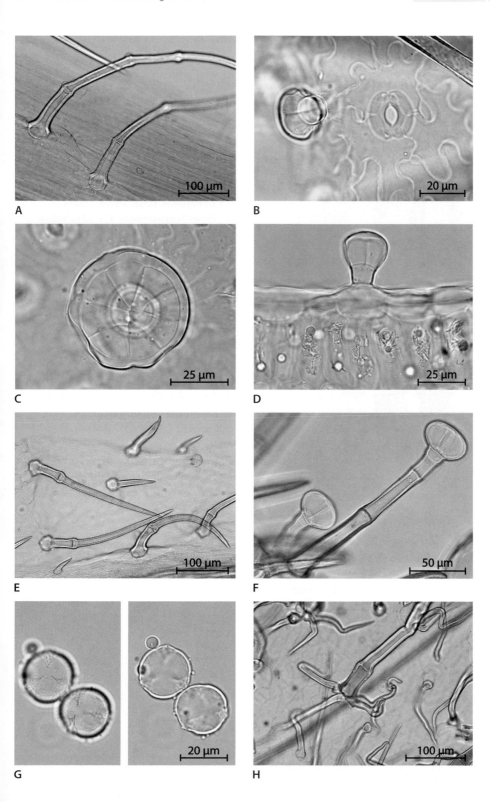

Purpur-Sonnenhut-Kraut – Echinaceae purpureae herba

Echinacea purpurea (L.) Moench, Asteraceae, Ph. Eur.

Makroskopische Merkmale

Ganze oder geschnittene, oberirdische Teile; Stängel grün bis rot, wenig verzweigt; Grundblätter eiförmig, lang gestielt, Stängelblätter wechselständig, lanzettlich, rauhaarig; Blattspreite weniger als fünfmal so breit wie lang, gezähnt, selten ganzrandig; Hüllkelchblätter (a) in 2 bis 3 Reihen angeordnet; Röhrenblüten (b) braunviolett; Staubbeutel gelb; Spreublätter (Pfeil) überragen spitz zulaufend die Röhrenblüten; Zungenblüten rosa oder weinrot, 3 bis 8 cm lang, ausgebreitet oder herabhängend; Geschmack: säuerlich, anästhesierend.

Inhaltsstoffe

Mindestens 0,1 % Gesamtgehalt an Caftarsäure und Cichoriensäure (nach Ph. Eur.); Alkylamide; ätherisches Öl; Polysaccharide.

Anwendung

Wissenschaftlich belegt zur Behandlung früher Symptome von grippalen Infekten; traditionell äußerlich bei kleinen oberflächlichen Wunden (nach HMPC-Monographie[29]; Verwendung von Frischpflanzensaft und Zubereitungen daraus).

Mikroskopische Merkmale

A   Wände der Epidermiszellen wellig-buchtig; anomocytische und anisocytische Spaltöffnungen auf der Epidermis, unterseits häufiger.

B   Ansatz eines Haares (siehe D); Basalzellen verdickt und rosettenartig angeordnet.

C   Einreihiges, mehrzelliges Drüsenhaar auf dem Blatt (auch auf den Hüllkelchblättern).

D   Hüllkelchblätter mit einreihigen Gliederhaaren aus 3 bis 4 dickwandigen Zellen, gerade bis gebogen, Lumen häufig schwarz (Lufteinschluss), Apikalzelle deutlich länger.

E   Spreublätter mit dickwandigen, verholzten Fasern (Präparat in Phgl-HCl).

F   Übergang von der Kronröhre zum Fruchtknoten in den Röhrenblüten; verdickte Zellen mit schwarzbraunem Phytomelan.

G   Pollenkörner tricolporat, mit stacheliger Exine (2 Fokussierungsebenen).

H   Schmaler Exkretgang im Mark (und in der Rinde) des Stängels; viele verholzte Faserbündel um die Leitbündel des Stängels; Markzellen verholzt und getüpfelt.

Blattquerschnitt bifacial mit zweireihigem Palisadengewebe; Zungenblüten mit papillöser Epidermis.

---

29 HMPC-Monographie auch für Purpur-Sonnenhut-Wurzel.

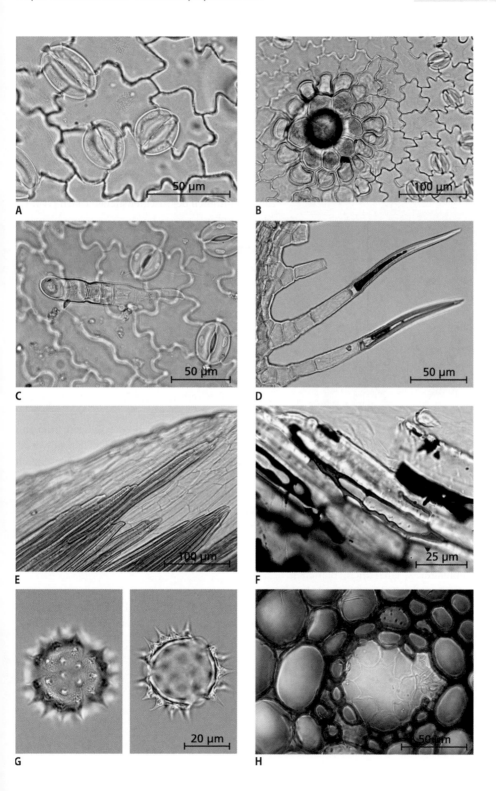

Steinkleekraut – Meliloti herba

Melilotus officinalis (L.) Lam., Fabaceae, Ph. Eur.

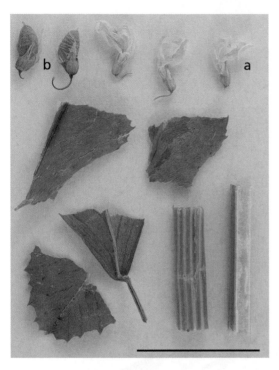

Makroskopische Merkmale

Ganze oder geschnittene oberirdische Teile; Stängel gelb bis grün, zylindrisch, kahl, fein gestreift, bis 90 cm hoch; Blätter wechselständig, gestielt, dreizählig; Nebenblätter 2, lanzettlich; Blättchen bis 3 cm lang und 2 cm breit, länglich verkehrteiförmig, an Spitze und Grund spitz zulaufend; Blattrand fein gezähnt; Blattoberseite dunkelgrün, Unterseite heller grün, Nervatur behaart; Traube vielblütig; Blüten (a) zierlich, gelb, 5 bis 7 mm lang; schmetterlingsförmig; Fahne und Flügel länger als Schiffchen; Kelch behaart, 5 Kelchzipfel; Hülse (b) gelblich braun, kurz, spitz zulaufend; Fruchtwand kahl und quer gefurcht; Geruch: stark nach Cumarin; Geschmack: bitter, scharf.

Inhaltsstoffe

Mindestens 0,3 % Cumarin (nach Ph. Eur.); insgesamt über 7 % Hydroxyzimtsäurederivate; Flavonoide; Saponine.

Anwendung

Traditionell innerlich und äußerlich bei Beschwerden bei chronisch venöser Insuffizienz wie Schmerzen und Schweregefühl in den Beinen; äußerlich bei Prellungen und Verstauchungen; Emplastrum Meliloti traditionell bei Insektenstichen (nach HMPC-Monographie).

Mikroskopische Merkmale

A   Zahlreiche, anomocytische (auch anisocytische) Spaltöffnungen mit 3 bis 6 Nebenzellen (auf beiden Blattseiten); Epidermiszellen wellig.

B   Einreihiges Deckhaar aus 2 kurzen, dünnwandigen Basalzellen und einer langen, dickwandigen Terminalzelle mit warziger Cuticula („Knotenstockhaare"; strukturell typisch für Fabaceae; ► Besenginsterkraut).

C   Kristallzellreihen an den Leitbündeln der Blätter (und des Stängels).

D   Drüsenhaar mit zwei- bis dreizelligem Stiel und eiförmigem, zweireihigem Köpfchen mit mehreren undeutlich voneinander abgegrenzten Zellen.

E   Campylotrope Samenanlagen im Fruchtknoten.

F   Fruchtwand mit Calciumoxalatkristallen.

G   Sternförmiges Endothecium der Antheren.

H   Pollenkörner kugelig bis oval, tricolporat, mit fein strukturierter Exine (2 Fokussierungsebenen).

Kronblätter mit papillöser Epidermis; Blattquerschnitt bifacial mit einreihigem Palisadengewebe.

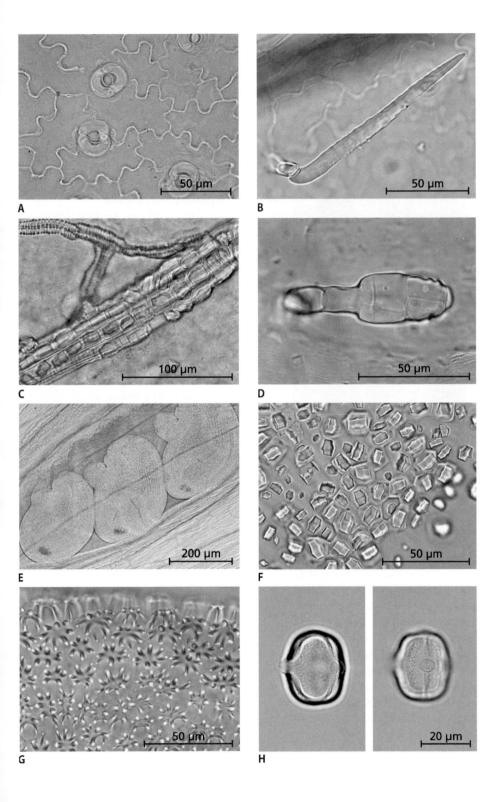

A

B

C

D

E

F

G

H

Wildes Stiefmütterchen mit Blüten – Violae herba cum flore

Viola tricolor L. und/oder *Viola arvensis* Murray, Violaceae, Ph. Eur.

Makroskopische Merkmale

Blühende, oberirdische Teile; Stängel kantig und hohl; Blätter gestielt; Spreite eiförmig oder länglich mit stumpfer Spitze; Nebenblätter fiederspaltig; Blattrand gekerbt; Blüten zygomorph; Kelchblätter 5, oval, lanzettlich mit Anhängsel nach außen; Kronblätter 5, unteres Kronblatt gesport, mit schwarzen Streifen; *V. arvensis:* Kronblätter kürzer als Kelch, cremefarben, höchstens 1 oder 3 obere etwas violett; *V. tricolor:* Kronblätter länger als Kelch, blauviolett bis gelb; Staubblätter 5; Fruchtknoten dreiteilig; Narbe kopfig; Frucht: Kapsel (a) kahnförmig, dreiklappig, gelblich braun, 5 bis 10 mm lang; Samen (b) hellgelb, birnenförmig mit weißem Anhängsel (Elaiosom); Geschmack: schleimig-süß.

Inhaltsstoffe

Mindestens 1,5 % Flavonoide, berechnet als Violanthin (Apigenin-C-glykosid); Schleimstoffe (Quellungszahl mindestens 9; nach Ph. Eur.); Salicylsäurederivate.

Anwendung

Innerlich und äußerlich: bei leichter seborrhoischer Haut (*traditional use* nach HMPC-Monographie).

Mikroskopische Merkmale

A   Epidermiszellen mit wellig-buchtigen Wänden; anomocytische (meist anisocytische) Spaltöffnungen; Pfeil: Schleimzelle in der Epidermis.
B   Einzelliges Kegelhaar mit Cuticularstreifung (auf Blattspreite und -rippen).
C   Große Calciumoxalatdrusen im Mesophyll.
D   Drüsenhaar mit vielzelligem Köpfchen in den Einbuchtungen der Blattränder.
E   Buckelhaar auf dem Sporn des Kronblattes (bis 300 µm lang).
F   Flaschenhaare auf mittleren Kronblättern (Kronblattepidermis papillös; Wände der Epidermiszellen wellig).
G   Pollenkorn; *V. tricolor* (links): tetracolporat; *V. arvensis* (rechts): pentacolporat; mit fein strukturierter Exine.
H   Endothecium kleeblattartig verdickt.

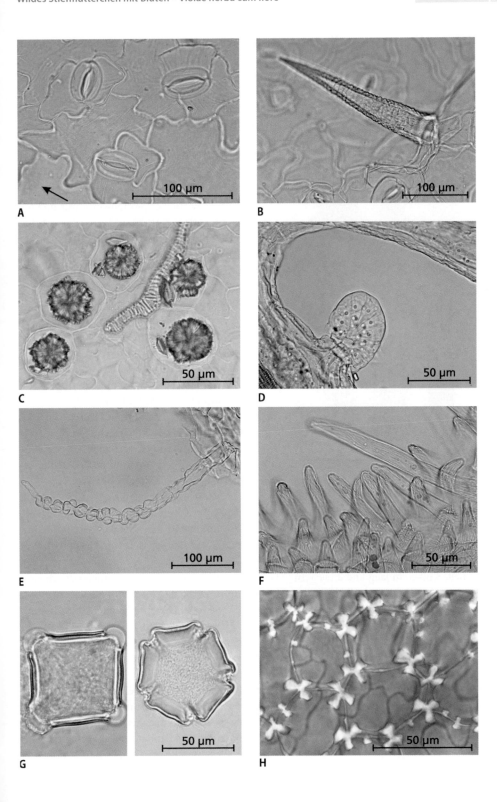

Weißes Taubnesselkraut – Lamii albi herba[30]

Lamium album L., Lamiaceae, DAC

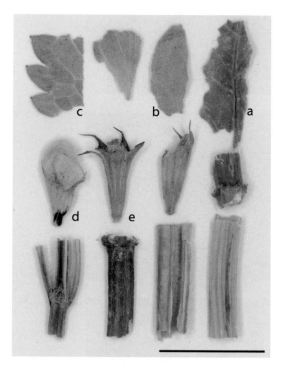

Makroskopische Merkmale

Zur Blütezeit gesammelte, ganze oder geschnittene oberirdische Teile; Stängel einfach oder wenig verzweigt, rötlich-hellbraun bis grünlich, hohl, vierkantig, stark gefurcht, Innenseite weißlich; Blätter kreuzweise gegenständig, gestielt, 3 bis 5 cm lang und 2 bis 3 cm breit, oberseits (a) dunkelgrün, unterseits (b) hellgrün, fein behaart, Blattrand (c) grobkerbig gezähnt; Blüten (d) in Scheinquirlen stehend; Krone gelbbräunlich, zweilippig; Kelch (e) fünfzipflig; 4 Antheren rötlich-braun, behaart; Geschmack: schwach bitter.

Inhaltsstoffe

Iridoidglykoside, Flavonoide, Spuren von ätherischem Öl.

Anwendung

Unspezifisches, breites Spektrum an volksmedizinischen Anwendungen mit nicht belegter Wirksamkeit wie z. B. bei Magen-Darm-Erkrankungen und Frauenleiden; Anwendung wird nicht befürwortet (nach Kommission E).

Mikroskopische Merkmale

A Links obere Epidermis; Zellwände leicht wellig; keine Spaltöffnungen; rechts Fokus auf das Palisadengewebe; Zellen teilweise mit dichten Calciumoxalatnädelchen und -rosetten gefüllt.

B Untere Epidermis (Aufsicht); Zellen stärker wellig-buchtig; zarte Cuticularstreifung; Spaltöffnungen meist diacytisch, auch anomocytisch; Drüsenhaare (Pfeil) meist vierzellig, aber auch ein-, zwei- oder achtzellig.

C Untere Epidermis; zahlreiche Gliederhaare, meist zweizellig (auch ein- oder dreizellig), leicht abgewinkelt, derbwandig, Cuticula warzig, basal von verdickten Zellen umgeben (zahlreich auch auf der oberen Epidermis und am Blattrand); Drüsenhaar (Pfeil).

D Querschnitt untere Epidermis; Drüsenhaar kurz gestielt; Schließzellen herausgehoben.

E Drüsenhaar mit langer, verdickter Sockelzelle; Köpfchen meist vier- aber auch achtzellig; sezernierende Zellen häufig kollabiert.

F Kelchblatt; innere Epidermis mit kurzen, ein- bis zweizelligen Kegelhaaren; Drüsenhaare (Pfeil); äußere Epidermis mit abgewinkelten Gliederhaaren; Sklerenchymfasern im Mesophyll; Präparat in Phgl-HCl).

G Sprossachse (Querschnitt) charakteristisch vierkantig mit Eckenkollenchym; Endodermis mit Caspary-Streifen (Pfeil) ; Glieder- und Drüsenhaare (Präparat in Phgl-HCl).

H Sprossachse Seitenfläche (Längsschnitt radiär); Schraubengefäße; Endodermis (Pfeil).

Blattquerschnitt bifacial mit einschichtigem Palisadengewebe; Epidermis der Sprossachse mit geradwandigen Zellen und diacytischen Spaltöffnungen; Hydathoden mit Gefäßanbindung am gesägten Blattrand; mikroskopische Merkmale der Kronblätter ▶ Weiße Taubnesselblüten.

---

30 Vergleiche auch Weiße Taubnesselblüten – Lamii albi flos.

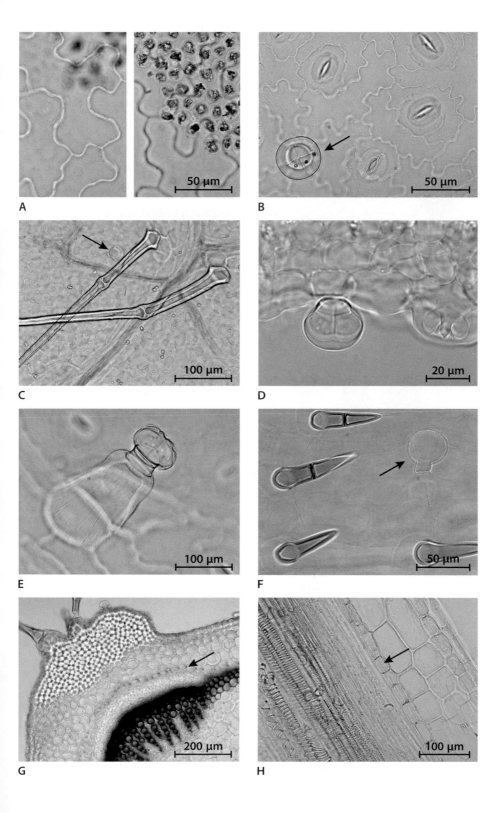

Tausendgüldenkraut – Centaurii herba

Centaurium erythraea Rafn s. l.[31], Gentianaceae, Ph. Eur.

Makroskopische Merkmale

Ganze oder zerkleinerte, oberirdische Teile blühender Pflanzen; Stängel zylindrisch mit Längsleisten, hohl, nur im oberen Teil verzweigt; Blätter gegenständig, sitzend, ganz-randig, eiförmig bis lanzettlich, bis 3 cm lang, grün bis bräunlich grün, kahl; Kelch röh-renförmig, grün, mit 5 lanzettlichen Zähnen; Kronblätter verwachsen, Kronröhre weißlich, Kronzipfel 5, rosa bis rötlich, 5 bis 8 mm lang; Staubgefäße 5, an Kronröhre angeheftet, Staubbeutel (a) nach Ausstäuben spiralig gedreht; Fruchtknoten oberständig, kurzer Griffel, zweilappige Narbe; Kapseln (b) 7 bis 10 mm lang, zweiklappig aufspringend; Samen klein, braun, rau; Geschmack: stark bitter.

31 Einschließlich *C. majus* (H. et L.) Zeltner und *C. suffruticosum* (Griseb.) Ronn; (syn.: *Erythraea centaurium* Persoon; *C. umbellatum* Gilibert; *C. minus* Gars.).

Inhaltsstoffe

Bitterstoffe: Secoiridoidglykoside (Swertiamarin, Centapikrin); Bitterwert mindestens 2000 (nur sehr geringe Mengen Centapikrin [Bitterwert 4.000.000] im Fruchtknoten, aber bestimmend für den Gesamtbitterwert der Droge).

Anwendung

Appetitlosigkeit; dyspeptische Beschwerden (*traditional use* nach HMPC-Monographie).

Mikroskopische Merkmale

A Charakteristische Blattnervatur.
B Palisadengewebe mit Calciumoxalatkristallen (Aufsicht).
C Anisocytische Spaltöffnungen; Epidermiszellen mit wellig-buchtigen Wänden; auf die Schließzellen zulaufende, feine Cuticularstreifung.
D Innere Epidermis des Kronblattes papillös; Cuticula radiär gestreift; rote Farbe des Kronblattes läuft in Chloralhydrat aus.
E Pollenkörner tricolporat, mit fein punktierter Exine (2 Fokussierungsebenen).
F Endothecium mit netz- oder leistenförmiger Wandverdickung.
G Gekreuzte Fasern der Fruchtwand in der Aufsicht („Parkettzellreihen").
H Samen mit Netzstruktur (Testazellen dickwandig); Testa braun, durch Papillen punktiert.

Bruchstücke der Leitbündel und Fasern in der zerkleinerten Droge; Markparenchym getüpfelt.

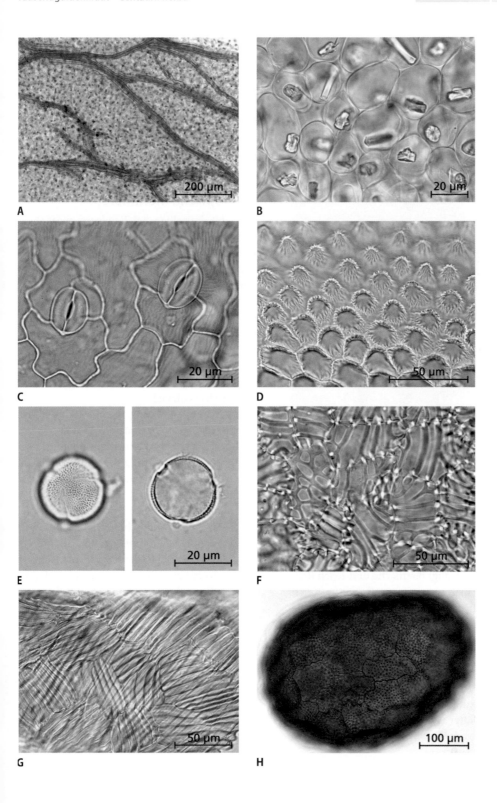

A

B

C

D

E

F

G

H

Thymian – Thymi herba

Thymus vulgaris L. und/oder Thymus zygis L., Lamiaceae, Ph. Eur.

Makroskopische Merkmale

Lanzettliche, dunkelgrüne Blätter; Blätter 4 bis 12 mm lang und bis 3 mm breit, kurz gestielt; Blattrand ganzrandig, stark eingerollt (Pfeil); Spreite lanzettlich bis eiförmig; Blattfläche und Kelch drüsig punktiert; Blattunterseite weiß-samtig; Kelch grün bis violett überlaufen, zweilippig, Oberlippe dreizipflig, meist zurückgebogen und Unterlippe zweizähnig, bewimpert; Krone doppelt so lang wie Kelch, schwach zweilippig; frische Kronblätter violett (getrocknet bräunlich); Stängel vierkantig, höchstens 10 % Stängelanteile; *T. zygis*: Blätter sitzend, Blattgrund bewimpert, Spreite linealisch; frische Kronblätter weiß; Geruch: aromatisch, an Thymol erinnernd; Geschmack: aromatisch, etwas scharf.

Inhaltsstoffe

Mindestens 12 ml kg^{-1} ätherisches Öl, davon mindestens 40 % Thymol und Carvacrol (nach Ph. Eur.); Rosmarinsäure; Flavonoide.

Anwendung

Traditionell als Expektorans bei Husten bei einer Erkältung (*traditional use* nach HMPC-Monographie).

Mikroskopische Merkmale

A Zwei- bis dreizellige, bei *T. vulgaris* meist abgewinkelte Haare (bei *T. zygis* meist aufrecht) mit warziger Cuticula auf der Blattunterseite („Türklinkenhaare").

B Türklinkenhaar mit glatter Basalzelle, darauf rechtwinklig (nach hinten etwas überstehend) eine Zelle mit spitzem Ende; warzige Cuticula; Calciumoxalatnadeln im Lumen.

C Einzellige, aufrechte oder leicht gekrümmte Haare („Eckzahnhaare") mit warziger Cuticula und Calciumoxalatnadeln auf der Blattoberseite (gelbes Drüsenhaar).

D Diacytische Spaltöffnungen; Zellwände der Epidermiszellen perlschnurartig verdickt.

E Drüsenschuppe vom Lamiaceen-Typ mit 12 sezernierenden, kreisförmig angeordneten Zellen (4 innen, 8 außen; auf beiden Blattseiten; meist leuchtend gelb gefärbt).

F Links unten Drüsenhaar mit einzelligem Stiel und einzelligem Köpfchen; Epidermiszellen wellig-buchtig; Spaltöffnungen diacytisch.

G Fünf- bis sechszellige Gliederhaare am Kelch.

H Pollenkörner hexacolpat, mit feinnetziger Exine, Ø etwa 35 µm (2 Fokussierungsebenen; Unterfamilie: Nepetoideae).

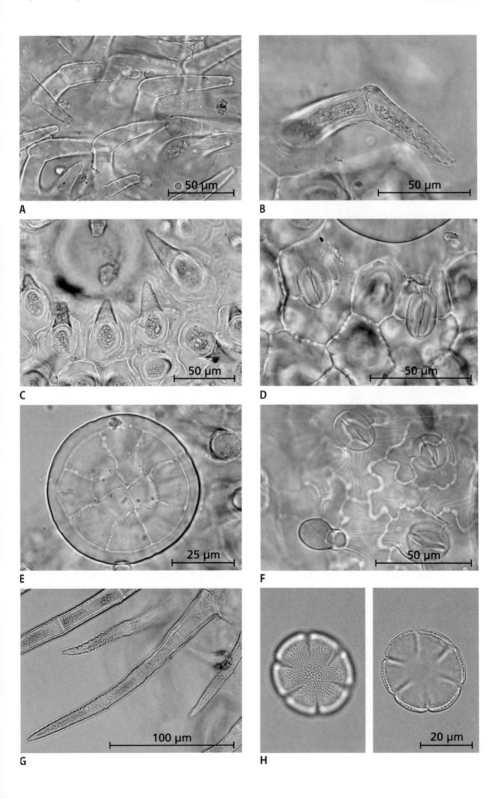

Vogelknöterichkraut – Polygoni avicularis herba

Polygonum aviculare L. s. l., Polygonaceae, Ph. Eur.

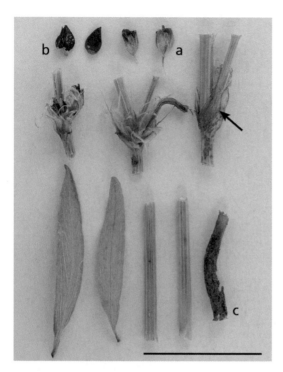

Makroskopische Merkmale

Ganze oder geschnittene, blühende, oberirdische Teile; Stängel verzweigt, knotig, 0,5 bis 2 mm dick, zylindrisch oder etwas kantig, längs gestreift; Blätter wechselständig sitzend oder kurz gestielt, kahl, ganzrandig, variabel in Form und Größe; Blattunterseite häufig hellgrün mit hervortretenden Hauptnerven; Nebenblätter (Ochrea, Pfeil) scheidenförmig, zerschlitzt, silbrig; Blüten (a) 2 bis 3 mm groß, achselständig mit fünfzähligem, grünlich weißem Perigon mit rosa Spitzen; Nussfrucht (b) 2 bis 4 mm groß, braun bis schwarz, dreikantig, punktiert oder gerieft; höchstens 2 % Wurzelanteile (c); Geschmack: schwach zusammenziehend.

Inhaltsstoffe

Mindestens 0,30 % Flavonoide, berechnet als Hyperosid (nach Ph. Eur.); Kaffeesäurederivate (Chlorogensäure); Gallotannine; Schleimstoffe; Silikate.

Anwendung

Zur Linderung von Erkältungssymptomen, bei entzündlichen Veränderungen der Mund- und Rachenschleimhaut und als Adjuvans zur Durchspülung der Harnwege bei leichten Harnwegsbeschwerden (*traditional use* nach HMPC-Monographie); auch in der traditionellen chinesischen Medizin verwendet.

Mikroskopische Merkmale

A   Sehr große Calciumoxalatdrusen im Mesophyll der Blätter (und im Stängel); stark verzweigte Blattnervatur (Präparat in Phgl-HCl).

B   Äquifacialer Blattquerschnitt; sehr große Calciumoxalatdrusen; Sklerenchymfasern (Pfeile) am Mittelnerv und unter der Epidermis im Blattquerschnitt; unteres Palisadengewebe locker strukturiert.

C   Blattepidermis mit geraden bis buchtigen Zellwänden, Zellwände getüpfelt, anisocytische Spaltöffnungen; Sklerenchymfasern (Pfeil) unter der Epidermis durchschimmernd; Schleimzellen (Stern; gestreifte Cuticula).

D   Sehr lang gestreckte, schmale Zellen der Ochrea.

E   Epidermis des Stängels (und des Blattes) in Eisen(III)chlorid (0,1 g l^{-1}) braunschwarz gefärbt; Zellen geradwandig; anisocytische Spaltöffnungen.

F   Epidermis des Stängels (und des Blattes) in KOH (675 g l^{-1}) rötlich violett bis tiefblau gefärbt; Zellen lang gestreckt, getüpfelt, geradwandig; anisocytische Spaltöffnungen.

G   Kugelige bis ovale, tricolporate Pollenkörner mit glatter Exine (2 Fokussierungsebenen).

H   Steinzellen des Exokarps mit verdickten, wulstigen Wänden.

Fasern der Hypodermis des Stängels; Stängelbruchstücke mit Gefäßen.

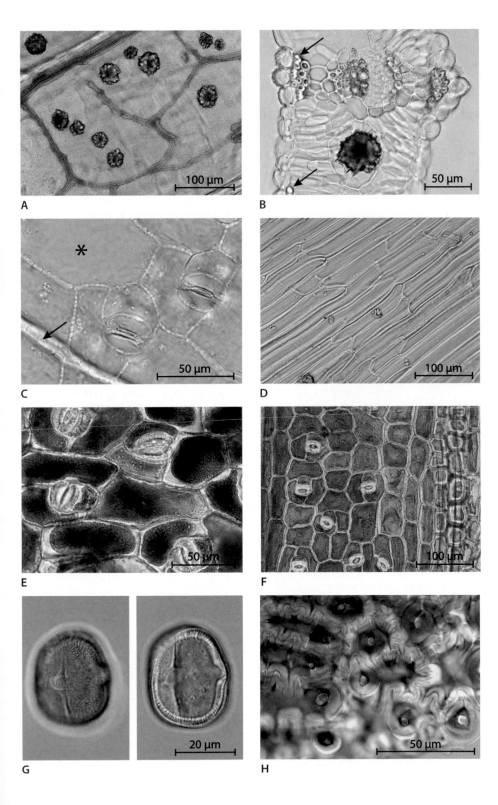

A

B

C

D

E

F

G

H

Asiatisches Wassernabelkraut – Centellae asiaticae herba

Centella asiatica (L.) Urban, Apiaceae, Ph. Eur.

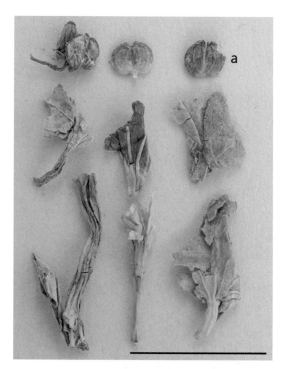

Makroskopische Merkmale

Oberirdische Teile; Blätter im Ø 1,3 bis 6,5 cm, rundlich bis nierenförmig; Nervatur handförmig, meist 7 Blattnerven; Blattrand gekerbt; junge Blätter unterseits behaart, getrocknet stark zerknittert und leicht brüchig, graugrün bis braungrün; Blattstiel rund, mit 2 Kanten seitlich des Stielrings; Blütenstand (wenn vorhanden): Dolde mit 2 bis 4 Blüten; Blüten 2 mm, fünfgliedrig; Fruchtknoten unterständig; Frucht: Doppelachäne (a) mit Rippen, bräunlich, seitlich abgeflacht; Geruch: schwach aromatisch; Geschmack: würzig.

Inhaltsstoffe

Mindestens 6,0 % Gesamttriterpenderivate, berechnet als Asiaticosid (nach Ph. Eur.); 0,1 % ätherisches Öl.

Anwendung

Bei chronischer Veneninsuffizienz und zur Verbesserung der Wundheilung (nach ESCOP-Monographie); HMPC-Monographie wurde nicht erstellt.

Mikroskopische Merkmale

A   Anisocytische Spaltöffnungen (manchmal paracytisch erscheinend), unterseits häufiger; Cuticula fein und dicht gestreift; Wände der Epidermiszellen gerade bis leicht wellig.

B   Langes, einreihiges, mehrzelliges (auch einzelliges) Deckhaar von jungen Blättern.

C   Blattstiel mit mehrreihigem Kollenchym unter der Epidermis; schizogener Exkretgang (Pfeil).

D   Calciumoxalatdruse aus dem Blattstiel (auch im Blatt).

E   Blattstiel (längs) mit Leitbündel und Sklerenchymfasern (Präparat in Phgl-HCl).

F   Fruchtwand (quer); außen Exokarp (1) einschichtig; Mesokarp (2) aus groß- und kleinzelligen Bereichen; Endokarp (3) gelblich, verholzt (Pfeil: Schicht großer Calciumoxalatkristalle).

G   Endokarp aus dickwandigen, verholzten, sich kreuzenden Fasern („Parkettzellen").

H   Samen mit gelbbrauner Testa; dickwandiges Endosperm mit Calciumoxalatdrusen.

Blattstiel mit 5 kreisförmig und 2 in den Kanten des Blattstiels angeordneten Leitbündeln; bifacialer Blattquerschnitt mit zweireihigem Palisadengewebe.

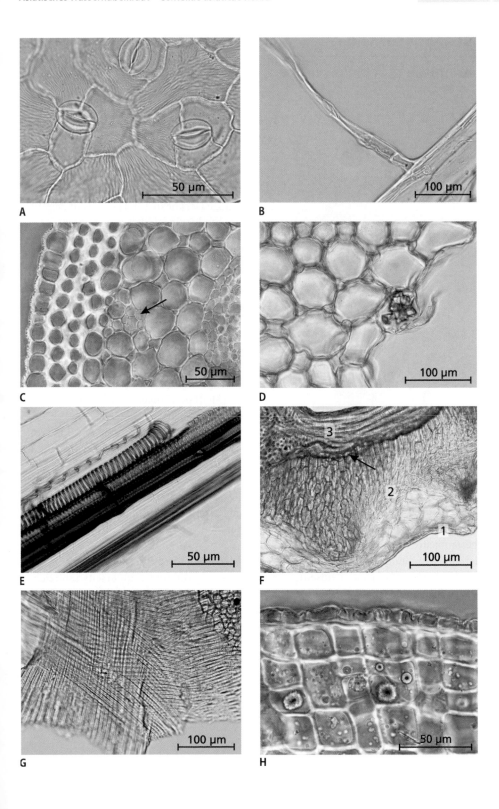

Wermutkraut – Absinthii herba

Artemisia absinthium L., Asteraceae, Ph. Eur.

Makroskopische Merkmale

Ganze oder geschnittene, basale Laubblätter oder zur Blütezeit gesammelte, obere Sprossteile und Laubblätter oder eine Mischung aus diesen Pflanzenteilen; Blätter mattgrau bis grün, beidseitig seidig filzig behaart; Blattspreite zwei- bis dreifach fiederschnittig; Stängel gerillt, grau bis grün, filzig behaart; Blütenstand: Rispe; Blütenkörbchen scheibenförmig, 2 bis 4 mm; Hüllkelchblätter (Pfeil) grau filzig mit häutigem, breitem Rand; Spreublätter bis 1 mm lang; Röhrenblüten zahlreich, gelb, zwittrig; maximal 5 % Stängelanteile mit Ø größer 4 mm; Geruch: aromatisch; Geschmack: stark bitter, aromatisch.

Inhaltsstoffe

Mindestens 2 ml kg^{-1} ätherisches Öl (Thujon); Bitterstoffe vom Sesquiterpenlacton-Typ: Bitterwert mindestens 10.000 (nach Ph. Eur.)

Anwendung

Bei Appetitlosigkeit und dyspeptischen Beschwerden (*traditional use* nach HMPC-Monographie).

Mikroskopische Merkmale

A   T-förmige Deckhaare („T-Haare") auf dem Blatt (Aufsicht); häufig parallel ausgerichtet.

B   T-Haare mit einreihigem Stiel aus 1 bis 5 kleinen Zellen und quer darüber liegender, beiderseits zugespitzter Endzelle (quer).

C   Blattquerschnitt bifacial, aber untere Reihe des Schwammgewebes palisadenartig mit großen Interzellularräumen; beiderseits Drüsenhaare, diese tief eingesenkt.

D   Drüsenschuppe vom Asteraceen-Typ (links: quer, rechts: Aufsicht).

E   Glasige Spreuhaare mit wenigen kurzen Basalzellen (Pfeil) und langer, zylindrischer Endzelle (Pulverpräparat).

F   Stängel (längs) mit T-Haaren in der Epidermis; viele Sklerenchymfasern (umgeben die Leitbündel; Präparat in Phgl-HCl).

G   Hüllkelchblatt mit braunem, häutigem Saum (Behaarung gleicht der von Blättern).

H   Kronblattzipfel einer Röhrenblüte mit Drüsenhaaren.

Wände der Epidermiszellen wellig-buchtig; anomocytische Spaltöffnungen unterseits zahlreicher; Röhren- und Zungenblüten mit kleinen Calciumoxalatdrusen und Steinzellring am Fruchtknoten; Pollenkörner tricolporat, mit feinstacheliger Exine, Ø bis 25 µm; kleine Exkretgänge in der Rinde.

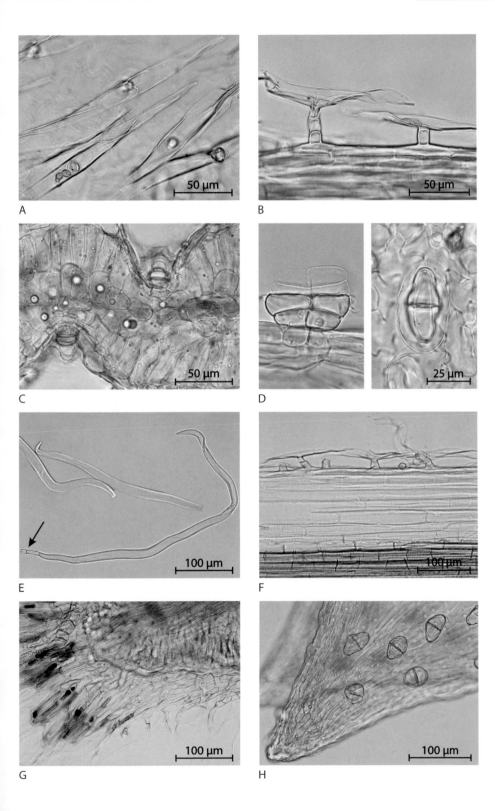

Blüten-Drogen

© Springer-Verlag GmbH Deutschland 2017

B. Rahfeld, *Mikroskopischer Farbatlas pflanzlicher Drogen*, DOI 10.1007/978-3-662-52707-8_3

Arnikablüten – Arnicae flos

Arnica montana **L., Asteraceae, Ph. Eur.**

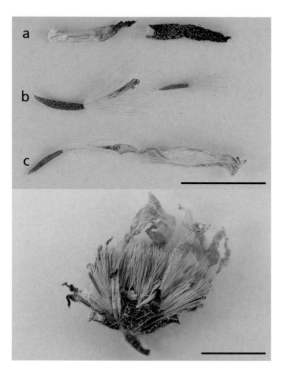

Makroskopische Merkmale

Ganze oder teilweise zerfallene Blütenstände; Hüllkelchblätter (a) 18 bis 24, länglich, lanzettlich, ein- oder zweireihig angeordnet, stark behaart (Lupe); Blütenstandsboden im Ø etwa 6 mm, feingrubig; Röhrenblüten (b) fünfzipfelig, zahlreich, etwa 15 mm lang mit 5 verwachsenen, fertilen Staubblättern; Zungenblüten (c) dreizipfelig, etwa 20, orangegelb, randständig, mit 6 bis 15 Nerven, 20 bis 30 mm lang; Fruchtknoten 4 bis 8 mm lang, schmal, unterständig mit Pappus; Achänen braun (Phytomelan); Geruch: aromatisch; Geschmack: bitter.

Inhaltsstoffe

Mindestens 0,4 % Gesamtsesquiterpenlactone, berechnet als Dihydrohelenalintiglat (nach Ph. Eur.); Flavonoide; ätherisches Öl.

Anwendung

Äußerlich zur Linderung von Blutergüssen, Verstauchungen und lokalen Muskelschmerzen (*traditional use* nach HMPC-Monographie).[1]

Mikroskopische Merkmale

A   Einreihige, vielzellige Gliederhaare an den Kronblättern der Röhrenblüten, auch an den Zungenblüten und Hüllkelchblättern.

B   Drüsenhaar mit (ein- oder) zweireihigem Stiel und vielzelligem Drüsenköpfchen an der Außenseite der Hüllkelchblätter; natürliche Färbung; Spaltöffnungen der Epidermis im Hintergrund.

C   Pappusborste.

D   Zweireihige Drüsenschuppe vom Asteraceen-Typ auf der Fruchtknotenwand (deutlich kleiner als die Drüsenhaare der Hüllkelchblätter, siehe B).

E   Zwillingshaar aus 2 seitlich miteinander verwachsenen Zellen mit getüpfelter Zwischenwand auf der Fruchtknotenwand.

F   Braunes Phytomelan in der Fruchtknotenwand.

G   Pollenkörner rund, tricolporat, mit stacheliger Exine (2 Fokussierungsebenen).

H   Papillöse Epidermis der Zungenblüten; fein gestreifte Cuticula.

Papillöse, zweischenkelige Narbe; Staubblätter mit kronblattartigen Konnektivzipfeln am oberen Ende, Antheren verwachsen, Filamente frei; „Steinzellkranz" an der Basis des Fruchtknotens.

---

1   Innere Anwendung wegen toxischer Helenalinderivate obsolet, außerdem allergenes Potential; keine Daueranwendung empfohlen.

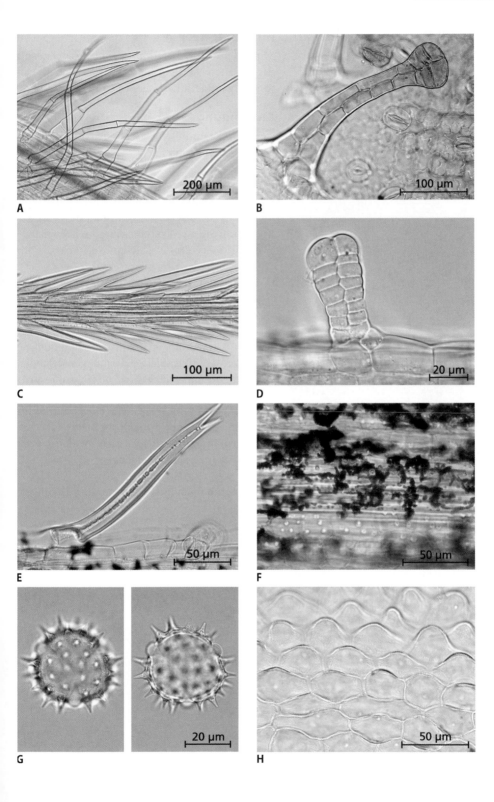

Bitterorangenblüten – Aurantii amari flos

Citrus aurantium L. ssp. *aurantium*[2], Rutaceae, Ph. Eur.

Makroskopische Merkmale

Ganze, geschlossene Blüten; Blüten kurz gestielt; Kelchblätter an der Basis fünfzipfelig verwachsen (a), Krone bis 2 cm lang, Kronblätter 5, gelblich, braun punktiert (Exkretbehälter), kahl, elliptisch, frei; Kronblätter oben zu einer Haube geformt; Fruchtknoten oberständig mit kopfiger Narbe („Diskus", Pfeil); Staubblätter (b) zahlreich, frei, an der Basis in Gruppen verwachsen; Geruch: charakteristisch aromatisch; Geschmack: aromatisch, bitter.

Inhaltsstoffe

Mindestens 8,0 % Gesamtflavonoide, berechnet als das Flavanon Naringin (nach Ph. Eur.); bittere Flavanonglykoside; ätherisches Öl (Monoterpene).

Anwendung

Geschmack- und Geruchskorrigens (nach Monographie Kommission E).

Mikroskopische Merkmale

A Exkretbehälter im Kronblatt (quer); innere Epidermis papillös (siehe D); Leitbündel.

B Schizolysigener Exkretbehälter im Kronblatt.

C Zahlreiche, große Calciumoxalatkristalle im Mesophyll der Kronblätter.

D Zellen der inneren Kronblattepidermis papillös, unregelmäßig geformt; deutliche Cuticularstreifung.

E Zellen der äußeren Kronblattepidermis gestreckt, geradwandig; vereinzelt Spaltöffnungen.

F Zellen der Kelchblattepidermis geradwandig; Exkretbehälter und zahlreiche Calciumoxalatkristalle durchscheinend.

G Kelchblatt mit ein- bis mehrzelligen, dickwandigen Deckhaaren; gehäuft am Blattrand.

H Pollenkörner tri-, tetra- oder pentacolporat; feinnetzig strukturierte Exine.

Endothecium mit bügelartigen Wandverdickungen.

---

2 Syn.: *C. aurantium* L. ssp. *amara* Engl.; *Citrus* x *aurantium* L. *accepted name* nach *The Plant List*.

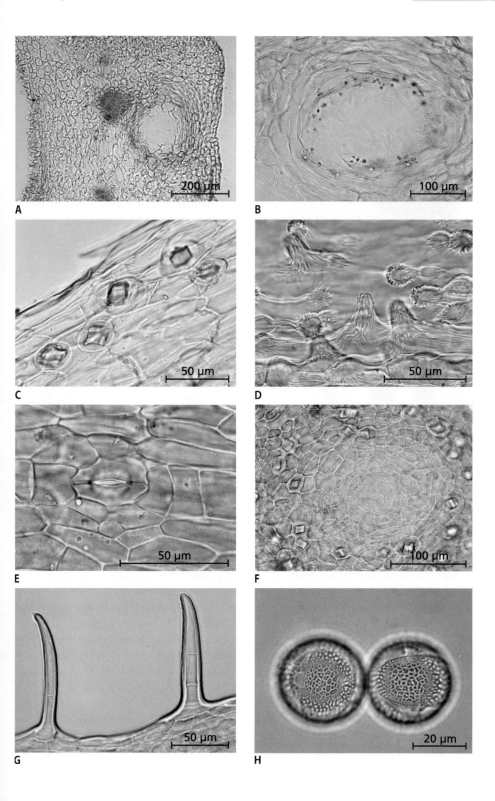

3

Cannabisblüten – Cannabis flos[3]

Cannabis sativa L., Cannabaceae, DAC

a

b

c

Makroskopische Merkmale

Ganze (a) oder zerfallene Blütenstände; Rispe 1 bis 5 cm lang, stark gestaucht; Tragblätter (b) dunkelgrün; Blüten meist von 2 ineinander gefalteten Vorblättern (c) umhüllt, 3 bis 10 mm lang, grün bis hellgrün; Tragblätter und Vorblätter auffällig mit gelblich-weißen, durch Harz verklebten Haaren besetzt, Oberfläche warzig uneben; Griffel kurz, in 2 braune bis 1 cm lange, aus den Vorblättern herausragende Narbenschenkel (Pfeil) übergehend; Früchte weißbraun, bis 2 mm groß; Perigon reduziert, als zartes Häutchen die Frucht becherförmig umhüllend; Stängel des Blütenstandes graugrün, behaart; Geruch: stark würzig-aromatisch.

Inhaltsstoffe

Cannabinoide: (−)-trans-Δ^9-Tetrahydrocannabinol (Δ^9-THC; psychotrope Wirkung) und Cannabidiol (CBD; nicht psychoaktiv).

---

3   Syn.: Marihuana; Aufbau Cannabis-Agentur durch BfArM.

Anwendung

Positive Beeinflussung von Zytostatika-induzierter Übelkeit und Erbrechen sowie Appetitlosigkeit (Anorexie) und pathologischem Gewichtsverlust (Kachexie) bei HIV-Patienten; positive Effekte auf chronische Schmerzzustände und spastische Lähmungen (nach DAC); Rauschdroge.

Mikroskopische Merkmale

A   Vorblatt quer; äußere Epidermis mit zahlreichen, mehrzelligen, großen Drüsenhaaren; Innenseite mit dichten, kleinen Calciumoxalatdrusen.

B   Abgebrochenes Köpfchen eines langstieligen Drüsenhaares (Aufsicht), zahlreiche sezernierende Zellen kreisförmig angeordnet.

C   Tragblatt quer; obere Epidermis; „Retortenhaare" einzellig, dickwandig, spitz zulaufend, bogig ins Mesophyll gewölbt, meist mit traubig geformtem Cystolith gefüllt.

D   Tragblatt (quer); bifacial mit einschichtigem Palisadengewebe; lange mehrzellige Drüsenhaare (zahlreich; meist mehr auf der unteren Epidermis); untere Epidermis mit vielen, dünnwandigen Retortenhaaren, diese aber länger und schlanker als oberseits; Calciumoxalatdrusen (Spaltöffnungen unterseits deutlich herausgehoben).

E   Kleine Drüsenhaare mit kurzem, ein- oder mehrzelligem Stiel und ein- bis vierzelligem Köpfchen (links); Drüsenschuppe sitzend, mit mehreren kreisförmig angeordneten sezernierenden Zellen und blasiger Cuticularhaube (rechts).

F   Narbenast braun, mit langen Papillen besetzt; mit abgefallenen Drüsenköpfchen verklebt.

G   Perigonrest pergamentartig, mit zarten, einzelligen Haaren (links); Fruchtwand mit welligbuchtigen Epidermiszellen (rechts).

H   Achse des Blütenstandes (quer); Sklerenchymfaserhauben oberhalb der Leitbündel; Milchröhren (ungegliedert-unverzweigt; Pfeil) begleitend zum Phloem (Präparat in Phgl-HCl).

Untere Epidermis der Trag- und Vorblätter mit knotig verdickten Epidermiszellen und anomocytischen Spaltöffnungen; charakteristische mehrzellige Abbruchstellen der mehrzelligen, langen Drüsenhaare; Pollen triporat, selten.

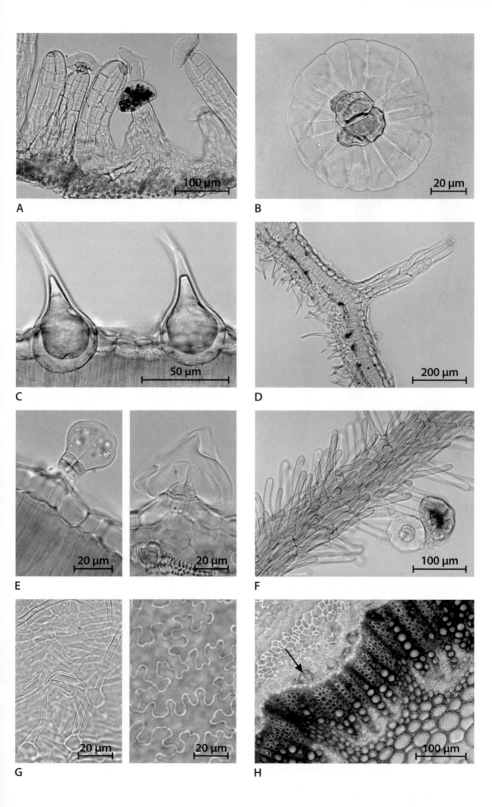

Färberdistelblüten[4] – Carthami flos

Carthamus tinctorius **L., Asteraceae, Ph. Eur.**

b a

Makroskopische Merkmale

Röhrenblüten, vom Blütenkorb und Fruchtknoten abgetrennt; Blüten gelborange bis dunkelrot, weich und biegsam; Kronröhre bis 1 cm lang; Kronzipfel 5, lanzettlich bis linealisch, 4 bis 6 mm lang; Antheren 5, zu gelber Staubbeutelröhre (Pfeil) verwachsen; Staubbeutelröhre umgibt Griffel; Griffel lang, dünn, zum Ende hin verdickt; selten Hüllkelchblätter (a); Fruchtknoten und Spreuborsten (b) fehlen entsprechend Drogenbeschreibung; Geruch: schwach aromatisch; Geschmack: schwach bitter.

Inhaltsstoffe

Mindestens 1 % Gesamtflavonoide, berechnet als Hyperosid (nach Ph. Eur.); hauptsächlich Chalconderivate wie Carthamin (Saflorrot) und Saflorgelb.

Anwendung

In der traditionellen chinesischen Medizin; Färbemittel; Verfälschung von Safran.

Mikroskopische Merkmale

A Kronblattspitze mit keulenförmigen Papillen; Haare am Kronblattzipfel einzellig, dickwandig oder mehrzellig, dünnwandig (siehe auch C und D); zahlreiche Calciumoxalatkristalle.

B Rotbrauner, teilweise wulstiger Exkretgang, benachbart zu Schraubengefäßen (Kronblattzipfel am Rand mit Gefäßen, diese jeweils von einem Exkretgang begleitet); Zellwände der Epidermiszellen gewellt, in der Aufsicht gefältelt.

C Drüsenhaar (an Asteraceen-Typ erinnernd) mit zweireihigem Stiel und zweireihigem, vielzelligem Köpfchen; (Drüsenhaare auch einreihig).

D Dickwandiges Zwillingshaar, teilweise auch unregelmäßig geformt.

E Lang gestreckte, dünnwandige Epidermiszellen der Kronröhre.

F Dicht mit einzelligen, leicht gebogenen Haaren besetzte Narbe; dichter Haarkranz am Übergang zum Griffel (Griffel im unteren Teil mit länglichen, dünnwandigen Epidermiszellen, Narbenschenkel verwachsen).

G Anthere mit Pollen; Zellen des Endotheciums (Pfeil) charakteristisch bügelartig verdickt.

H Pollen tricolporat, mit leicht stacheliger Exine (2 Fokussierungsebenen).

Fruchtknoten mit Calciumoxalatkristallen, Zwillingshaaren und Drüsenhaaren auf der Epidermis (kein offizineller Drogenbestandteil).

---

4 Auch als Saflorblüten bekannt.

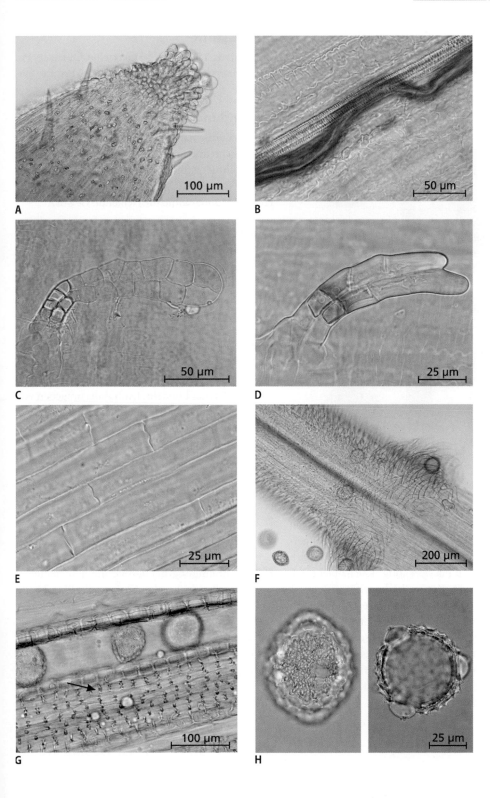

Gewürznelken – Caryophylli flos

Syzygium aromaticum[5] (L.) Merrill et L.M.Perry, Myrtaceae, Ph. Eur.

Makroskopische Merkmale

Ganze Blütenknospen, rötlich braun; Austritt von ätherischem Öl beim Eindrücken mit dem Fingernagel; Blütenknospen 12 bis 17 mm lang; Unterkelch stängelartig, rund bis vierkantig; Kelchzipfel (a) 4, starr, ausgebreitet; Krone (b) kugelförmig, im Ø 4 bis 6 mm; Kronblätter 4, konkav, gegenseitig überlappend; Griffel (d) aufgerichtet; Staubblätter (e) zahlreich, in der Krone eingeschlossen; Fruchtknoten zweifächerig, im oberen Teil des Unterkelches; höchstens 6 % Blüten (c)-und Blattstiele; Geruch: stark aromatisch, charakteristisch; Geschmack: brennend, würzig.

Inhaltsstoffe

Mindestens 150 ml kg^{-1} ätherisches Öl (nach Ph. Eur.); Hauptkomponente Eugenol; Gerbstoffe; Flavonoide.

Anwendung

Bei entzündlichen Veränderungen der Mund- und Rachenschleimhaut; in der Zahnheilkunde zur lokalen Schmerzstillung (nach Monographie Kommission E und WHO-Monographie); entsprechende HMPC-Monographie für Nelkenöl; Gewürz.

Mikroskopische Merkmale

A   Ovale bis runde, schizogene Exkretbehälter im Unterkelch (quer); sehr dicke Cuticula.

B   Exkretbehälter im Kronblatt (quer); sehr dicke Cuticula.

C   Exkretbehälter des Unterkelchs in der Aufsicht (längs tangential).

D   Unterkelch (quer) mit zentralem, bikollateralem Leitbündel (1); große Interzellularräume (2, siehe auch F); äußerer Ring mit meist bikollateralen Leitbündeln; Leitbündel umgeben von kollenchymatischem Gewebe (3); außen Exkretbehälter, zwei- oder dreireihig.

E   Sklerenchymfasern im Unterkelch (längs); einzeln oder in kleinen Gruppen, die Leitbündel begleitend; Calciumoxalatdrusen (Präparat in Phlg-HCl).

F   Interzellularenreiches Parenchym im Unterkelch (längs).

G   Pollenkörner stumpf dreieckig, in den Ecken mit Poren.

H   Verunreinigung der Droge mit Blütenstielen: Steinzellen vorhanden (Präparat in Phlg-HCl).

Endotheciumfragmente; Epidermis kleinzellig, dickwandig mit geraden Zellwänden; in Epidermis des Unterkelches Spaltöffnungen.

---

5   Syn.: *Eugenia caryophyllus* (C. Spreng.) Bull. et Harr.

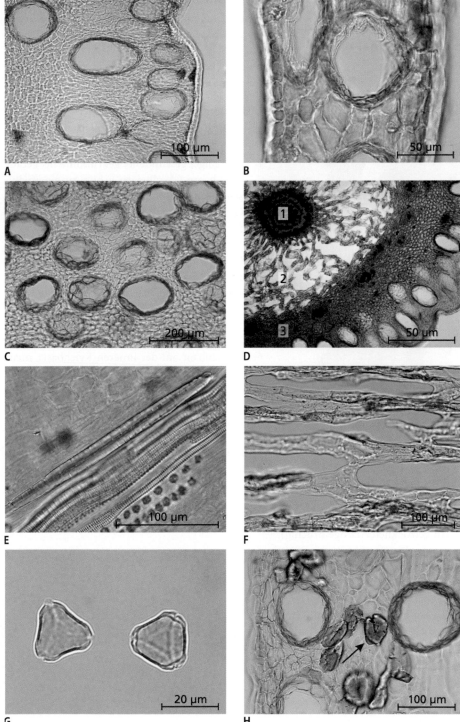

A

B

C

D

E

F

G

H

Hibiscusblüten – Hibisci sabdariffae flos

Hibiscus sabdariffa L., Malvaceae, Ph. Eur.

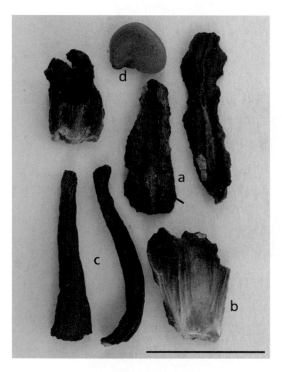

Makroskopische Merkmale

Während der Fruchtzeit geerntete Innen- und Außenkelche; Kelche intensiv rot bis dunkelrot (var. *ruber*), fleischig (in getrockneter Droge brüchig); Innenkelch (a) unten krugförmig verwachsen, oben fünfzipfelig, 2,5 bis 3,5 cm lang; Kelchblätter auf der Innenseite und am Grund blassgelb (b); Hauptnerv tritt außen hervor und trägt 1 mm lange Nektardrüse (Pfeil); Außenkelch (c) vielspaltig, mit 8 bis 12 Blättchen, diese mit der Basis des Innenkelches fest verwachsen; Samen (d) nierenförmig, abgeflacht; höchstens 2 % Bruchstücke der Frucht; Geschmack: säuerlich.

Inhaltsstoffe

Mindestens 13,5 % Pflanzensäuren, berechnet als Zitronensäure (nach Ph. Eur.); etwa 1,5 % Anthocyane (Prüfung auf Färbekraft); Schleimstoffe.

Anwendung

Eine therapeutische Anwendung wird aufgrund fehlender Wirksamkeitsnachweise nicht befürwortet; als Schönungsdroge und Geschmackskorrigens bestehen keine Bedenken (nach Monographie Kommission E); Erfrischungsgetränk.

Mikroskopische Merkmale

A   Schleimführender Idioblast; Parenchym intensiv rot gefärbt (läuft in Chloralhydrat rot aus).

B   Einzellige, gewundene, gekrümmte bis gerade Deckhaare („Wollhaare"); hier zu einem Büschelhaar zusammengesetzt.

C   Großes, dickwandiges Spießhaar auf Epidermissockel.

D   Epidermissockel eines abgebrochenen Spießhaares (Aufsicht).

E   Drüsenhaar mit ein- oder zweizelligem Stiel und eiförmigem Köpfchen aus 3 bis 5 Etagen von je 2 bis 4 Zellen.

F   Leitbündel (quer) im Mesophyll; dickwandige Fasern (Pfeil); zahlreiche Calciumoxalatdrusen.

G   Drüsenhaar auf der inneren Kelchbasis, meist kollabiert, ein- oder zweireihig etagiert.

H   Epidermiszellen der inneren Epidermis des Innenkelches stark getüpfelt (dazwischen kleine Zellen mit Calciumoxalatdrusen).

Spaltöffnungen anisocytisch und auch anomocytisch.

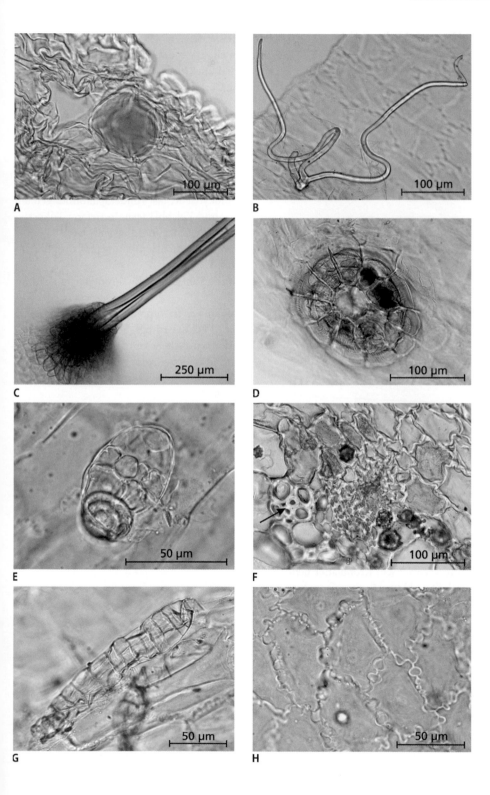

A

B

C

D

E

F

G

H

Holunderblüten – Sambuci flos

Sambucus nigra L., Adoxaceae[6], Ph. Eur.

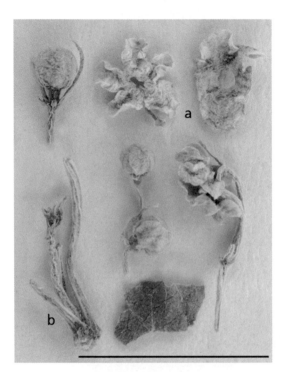

Makroskopische Merkmale

Blüten; Blüten im Ø 5 mm; Blütenstiel mit 3 Tragblättern; Kelchblätter 5, dreieckig und sehr klein; Blütenkrone (a) scheibenförmig und am Grund zu einer kurzen Röhre verwachsen; Kronblätter hellgelb und breit oval; Staubblätter 5, alternierend zu den Kronblättern; Fruchtknoten dreiteilig, unterständig; Griffel kurz mit meist 3 stumpfen Narben; höchstens 8 % Stielfragmente (b) und 15 % braune Blüten; Geruch: leicht aromatisch; Geschmack: schleimig, süß.

Inhaltsstoffe

Mindestens 0,8 % Flavonoide, berechnet als Isoquercitrin (nach Ph. Eur.); 0,03 bis 0,14 % ätherisches Öl.

Anwendung

Traditionell verwendet gegen frühzeitige Symptome einer Erkältung (*traditional use* nach HMPC-Monographie); Geschmackskorrigens.

Mikroskopische Merkmale

A   Calciumoxalatsand in den Kronblättern (auch in den Kelchblättern und den Filamenten); (Kronblätter mit 3 verzweigten Hauptnerven).

B   Calciumoxalatsandzellen in Kronblättern.

C   Anomocytische, fast runde Spaltöffnungen auf Kron- und Kelchblättern; in tieferer Fokussierungsebene Calciumoxalatsand.

D   Feinwellige Cuticularstreifung (auf allen Blütenblättern).

E   Endothecium bügel- bis kronenartig strukturiert.

F   Pollenkörner tricolporat, mit fein punktierter Exine (2 Fokussierungsebenen).

G   Drüsenhaar (selten) mit zwei- bis vierzelligem Stiel und mehrzelligem, ovalem Köpfchen auf Kelch- und Kronblättern (auch auf den Laubblättern).

H   Einzelliges, dickwandiges, spitzes Haar (selten) mit Cuticularstreifung auf Kelchblatt (auch auf Laubblättern).

Einzellige, papillenartige Haare (selten) mit Cuticularstreifung auf Kelchblättern.

---

6   Früher: Caprifoliaceae bzw. Sambucaceae.

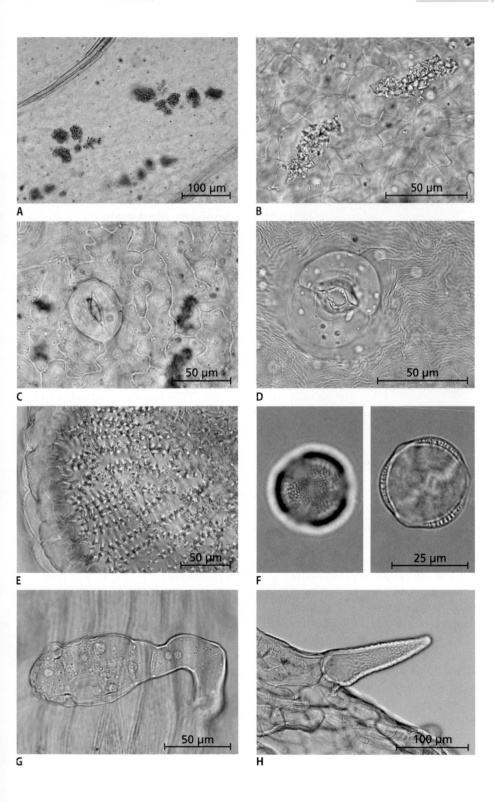

Hopfenzapfen – Lupuli flos

Humulus lupulus L., Cannabaceae, Ph. Eur.

Makroskopische Merkmale

Ganze, weibliche Blütenstände; Blütenstände zapfenförmig, 2 bis 5 cm lang, gestielt; Blütenstandsachse zickzackförmig; Deckblätter etwa 1,5 cm lang, eiförmig, zugespitzt; in den Achseln der Deckblätter (a) sitzen jeweils 2 kleinere Vorblätter (b); Deck- und Vorblätter dachziegelartig geschichtet, sehr ähnlich, grünlich gelb, pergamentartig, mit 5 bis 7 Hauptnerven; Deckblätter symmetrisch; in den Achseln der Vorblätter Blüten, Blattgrund in diesem Bereich schräg eingerollt, die dadurch entstandene Blattfalte (Pfeil) umhüllt die Blüte bzw. unreife Frucht (c); Drüsenschuppen (abgesiebt: Lupuli glandula) gelb, groß, auf dem gesamten Blütenstand; selten dunkelgrüne Laubblattfragmente (d); Geruch: angenehm würzig; Geschmack: bitter, würzig.

Inhaltsstoffe

15 bis 30 % bittere Phloroglucinderivate (Humulon, Lupulon); bis 1,5 % ätherisches Öl; aus den Bitterstoffen entsteht bei Lagerung Methylbutenol.

Anwendung

Traditionell verwendet bei leichten Symptomen von seelischem Stress und zur unterstützenden Behandlung von Einschlafstörungen (*traditional use* nach HMPC-Monographie).

Mikroskopische Merkmale

A   Zahlreiche, leuchtend gelbe, sehr große Drüsenschuppen; am Rand kleidet eine einreihige Schicht sezernierender Zellen die Drüsenschuppe aus (Aufsicht).

B   Drüsenschuppe (quer); einreihige Schicht von sezernierenden Zellen bildet eine Schüssel, darüber wölbt sich die Cuticularhaube, die häufig einen Abdruck der Zellwände der sezernierenden Zellen zeigt; innen gelbes, ölig-harziges Sekret (Pfeil: kleiner wenigzelliger Stiel).

C   Wände der Epidermiszellen von Deck- und Vorblättern stark wellig-buchtig („puzzleartig").

D   Haare auf Deck- und Vorblättern einzellig, kegelförmig, gerade oder krumm („Dolchhaare", auch als „Ampullenhaare" bezeichnet, wenn Haare zur Basis stark verbreitert sind).

E   Calciumoxalatdrusen in den langarmigen Zellen des Mesophylls.

F   Drüsenhaare mit ein- oder zweireihigem Stiel und vier- bis achtzelligem Köpfchen.

G   Längliche Steinzellen aus der Testa („Gekrösezellen"; Aufsicht).

H   Bruchstück der Laubblätter mit rundem Cystolith.

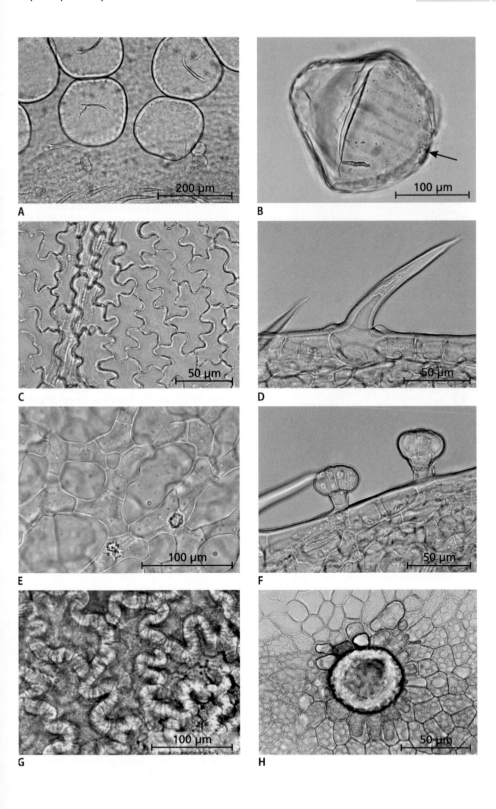

Römische Kamille – Chamomillae romanae flos

Chamaemelum nobile[7] (L.) All., Asteraceae, Ph. Eur.

Makroskopische Merkmale

Blütenköpfchen der kultivierten, gefülltblütigen Varietät; Blütenköpfchen im Ø bis 2 cm; Blütenboden gewölbt, markig; Hüllkelchblätter (Pfeil) zwei- bis dreireihig, dachziegelartig angeordnet, lanzettlich bis spatelförmig, Rand häutig; Spreublätter am Rand zerschlitzt; Zungenblüten matt gelbweiß, nicht zählbar, bis 1 cm lang, 4 parallele Nerven, unregelmäßig dreizähnige Spitze; Fruchtknoten braun, unterständig; Röhrenblüten im Zentrum des Blütenbodens wenige oder fehlend; Geruch: charakteristisch, aromatisch; Geschmack: bitter, leicht aromatisch.

Inhaltsstoffe

Mindestens 7 ml kg^{-1} ätherisches Öl (nach Ph. Eur.); bittere Sesquiterpenlactone; Flavonoide.

7 Syn.: *Anthemis nobilis* L.

Anwendung

Bei leichten krampfartigen Beschwerden im Magen-Darm-Bereich wie Blähungen und Flatulenz (*traditional use* nach HMPC-Monographie)[8].

Mikroskopische Merkmale

A Hüllkelchblätter mit hellem Saum aus lang gestreckten, spitz endenden, dünnwandigen Zellen; Rand ausgefranst; im mittleren Teil verdickte, verholzte Sklerenchymfasern (Präparat in Phgl-HCl; Spreublatt ebenso gestaltet).

B Anomocytische Spaltöffnungen auf dem Spreublatt (auch auf den Hüllkelchblättern).

C Zweireihige Drüsenschuppe vom Asteraceen-Typ (Aufsicht).

D Zweireihige Drüsenschuppe vom Asteraceen-Typ (quer).

E Einreihiges Deckhaar mit einem Stiel aus 3 bis 4 kurzen quadratischen Basalzellen und einer langen, spitzen, geraden Endzelle (bis 500 μm lang) auf den Spreu- und Hüllkelchblättern.

F Unterständiger Fruchtknoten mit einem Ring verdickter Zellen an der Ansatzstelle am Blütenboden (Pfeil); Fruchtknoten mit Drüsenhaaren besetzt; viele Calciumoxalatdrusen.

G Zungenblüten an der Spitze unregelmäßig dreizipfelig.

H Röhrenblüten mit fünfzipfeliger Kronröhre, selten.

Pollenkörner tricolporat, mit stacheliger Exine; Konnektivzipfel kronblattartig; Fruchtwand mit Schleimrippen.

8 Nach Monographie der Kommission E unter Hinweis auf das allergene Risiko nur unter 1 % in Teemischungen empfohlen; in anderen europäischen Staaten wie Kamillenblüten verwendet.

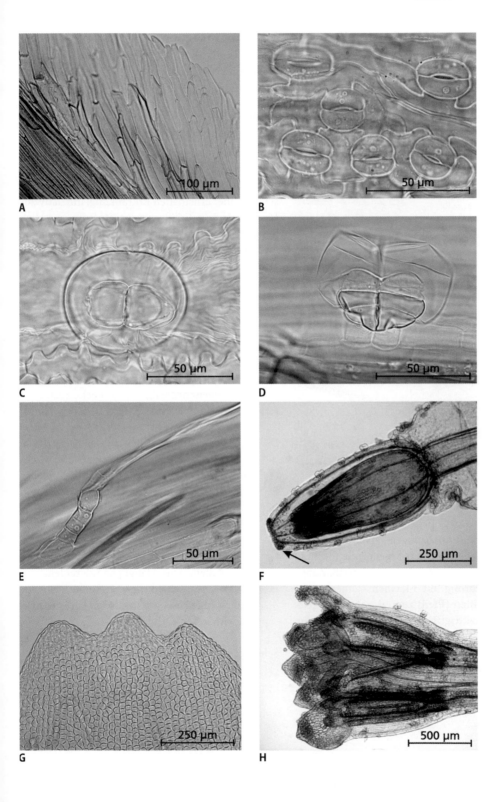

A

B

C

D

E

F

G

H

Kamillenblüten – Matricariae flos

Matricaria chamomilla[9] L., Asteraceae, Ph. Eur.

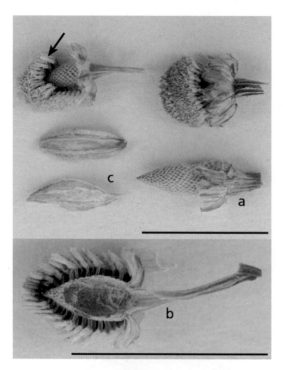

c

a

b

Makroskopische Merkmale

Blütenköpfchen; im Ø 10 bis 17 mm; Hüllkelchblätter in 1 bis 3 Reihen mit häutigem, bräunlich grauem Rand; Blütenboden länglich-kegelförmig (a), hohl (b); Zungenblüten am Rand 11 bis 27, weiß, Zunge (c) länglich-eiförmig mit 3 kleinen Zähnen, weiblich; Röhrenblüten (Pfeil) zentral, zahlreich, gelb, fünfzipfelig, zwittrig; Fruchtknoten unterständig, oval; Stielreste 10 bis 20 mm lang; höchstens 25 % Grus; Geruch: aromatisch; charakteristisch; Geschmack: aromatisch, etwas bitter.

Inhaltsstoffe

Blaues[10], ätherisches Öl, mindestens 4 ml kg^{-1}; Flavonoide: mindestens 0,25 % Gesamtapigenin-7-glucosid (nach Ph. Eur); bis 10 % Schleimstoffe.

Anwendung

Äußerlich bei Entzündungen im Mund- und Rachenbereich und der Haut; als adjuvante Therapie bei Haut- und Schleimhautentzündungen in der Anal- und Genitalregion nach ärztlichem Ausschluss einer ernsthaften Erkrankung; inhalativ zur Linderung von Erkältungssymptomen; innerlich bei gastrointestinalen Beschwerden wie Blähungen und leichten Bauchkrämpfen (*traditional use* nach HMPC-Monographie).

Mikroskopische Merkmale

A   Zungenblüte mit 4 Gefäßsträngen, die 3 Bögen bilden; Kronblätter verwachsen, außen dreizipfelig; Epidermiszellen papillös.

B   Röhrenblüte mit 5 Kronblattzipfeln; Antheren mit 5 kronblattartigen Konnektivzipfeln (Bildmitte); zweischenkelige Narbe (siehe auch H).

C   Drüsenschuppe vom Asteraceen-Typ (links: quer; rechts: Aufsicht).

D   Ring dickwandiger Zellen an der Ansatzstelle des Fruchtknotens am Blütenboden („Steinzellkranz"); viele kleine Calciumoxalatdrusen.

E   Lange, leiterförmige Schleimzellen auf dem Fruchtknoten („Strickleiterzellen").

F   Pollenkörner rund bis dreieckig, tricolporat, mit stacheliger Exine (2 Fokussierungsebenen).

G   Hüllkelchblatt mit Rand aus dünnwandigen, hellen Zellen; zentral längliche Sklereiden.

H   Papillöse, zweischenkelige Narbe der Zungenblüten (Griffelbasis scheibenförmig mit verdickten Zellwänden, Griffel lang).

Schizogene Exkretbehälter im Blütenboden.

---

9   *Accepted name* nach *The plant list*; in Ph. Eur. wird als Stammpflanze das Synonym *Matricaria recutita* L. geführt; syn. *Chamomilla recutita* (L.) Rauschert.

10   Aus Matricin (Proazulen) bildet sich unter Wasserdampfdestillation blaues Chamazulen.

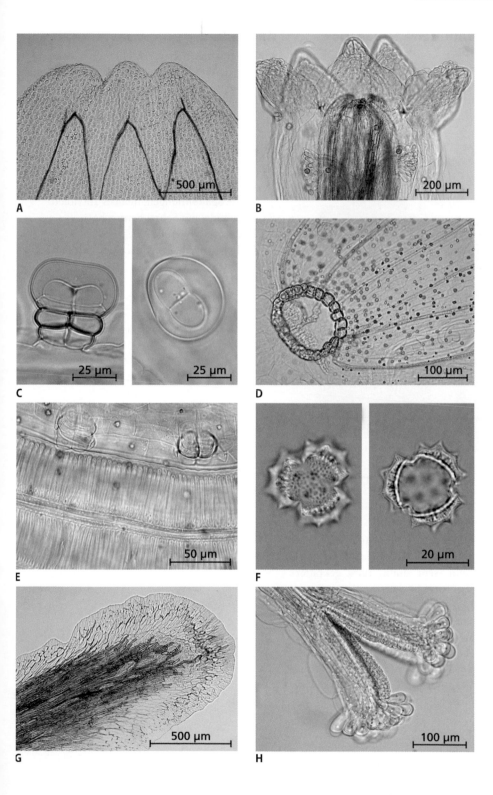

Klatschmohnblüten – Papaveris rhoeados flos

Papaver rhoeas L., Papaveraceae, Ph. Eur.

a

Makroskopische Merkmale

Ganze oder fragmentierte Kronblätter (Kelchblätter fallen frühzeitig ab); Kronblätter dunkelrot bis dunkelviolettbraun, sehr dünn, stark geknittert und knäuelig zusammengefaltet, samtig, breit oval, ganzrandig, etwa 6 cm lang und 4 bis 6 cm breit, am Grund mit dunklem Fleck und verschmälert; Leitbündel strahlenförmig angeordnet, von der Blütenblattbasis ausgehend, bilden zusammenhängenden Bogen mit stets gleichem Abstand zum Blattrand; höchstens 2 % Kapseln (a); Geschmack: schwach bitter, etwas schleimig.

Inhaltsstoffe

Anthocyane (Cyanidin als Aglykon)[11]; 0,1 bis 0,2 % Alkaloide (Rhoeadin); Polysaccharide.

---

11   Prüfung auf Reinheit: Färbevermögen.

Anwendung

Volksmedizinisch bei Erkrankungen der Atemwege und Schlafstörungen; Wirksamkeit ist nicht belegt; keine Bedenken gegen eine Anwendung als Schmuckdroge in Teemischungen (nach Monographie Kommission E).

Mikroskopische Merkmale

A   Lang gestreckte Zellen der Epidermis mit welligbuchtigen Wänden; kleine, rundliche anomocytische Spaltöffnungen; intensiv rotviolett.

B   Leitbündel mit Schraubentracheen.

C   Endothecium (Aufsicht).

D   Pollenkörner kugelig, tricolpat, mit fein strukturierter Exine.

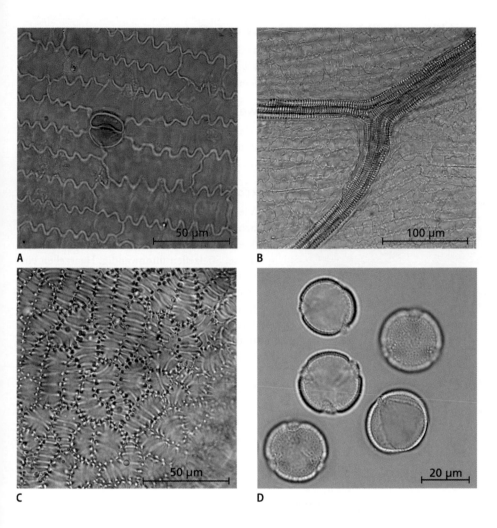

3

Königskerzenblüten, Wollblumen – Verbasci flos

Verbascum thapsus L., *Verbascum densiflorum*[12] Bertol., *Verbascum phlomoides* L., Scrophulariaceae, Ph. Eur.

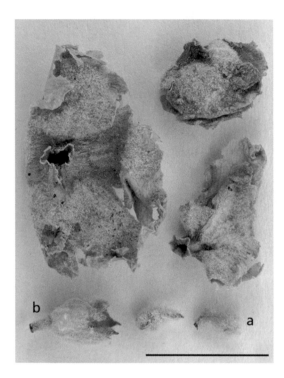

b

a

Makroskopische Merkmale

Kronblätter mit angewachsenen Staubblättern; Blüte schwach zygomorph; Kronblätter (2 kleine obere und 3 größere untere) verwachsen; Kronlappen außen dicht behaart, innen kahl, blassgelb, gelb bis braun, weit trichterförmig; Staubblätter 5, mit der Krone verwachsen, 2 längere Staubblätter kahl, übrige wollig (a), rötlich gelb; Antheren schräg gestellt; *V. thapsus:* Blütenkrone im Ø bis 20 mm; *V. phlomoides* und *V. densiflorum:* Blütenkrone flach, im Ø bis 30 mm, leuchtend gelb bis orange; höchstens 2 % Kelchfragmente (b); Geruch: schwach honigartig; Geschmack: süßlich, beim Kauen schleimig.

Inhaltsstoffe

2 bis 3 % Schleimstoffe (Quellungszahl mindestens 9, nach Ph. Eur.); Flavonoide; Iridoide[13]; Triterpensaponine.

Anwendung

Bei Halsschmerzen in Verbindung mit trockenem Husten und bei Erkältung (*traditional use* nach HMPC-Monographie); mildes Expektorans.

Mikroskopische Merkmale

A   Vielzellige Etagenhaare mit einreihiger Hauptachse in Epidermis der Kronblätter.

B   Vielzelliges Etagenhaar mit einreihiger Hauptachse; Stielzellen dünnwandig; Haarzellen einzellig, dickwandig, spitz.

C   Antheren mit langen, dünnwandigen Keulenhaaren mit gekörnter Cuticula.

D   Drüsenhaare (selten) mit mehrzelligem Stiel und mehrzelligem Köpfchen.

E   Epidermiszellen der Kronblätter polygonal mit welligen Wänden.

F   Schleimzellen im Mesophyll der Kronblätter.

G   Sternförmiges Endothecium.

H   Pollenkörner tricolporat, mit feinkörniger Exine.

---

12   Syn.: *V. thapsiforme* Schrad.

13   Bei Lagerung zunehmende Braunfärbung durch Iridoide; maximal 5 % braune Blütenblätter zugelassen (nach Ph. Eur.).

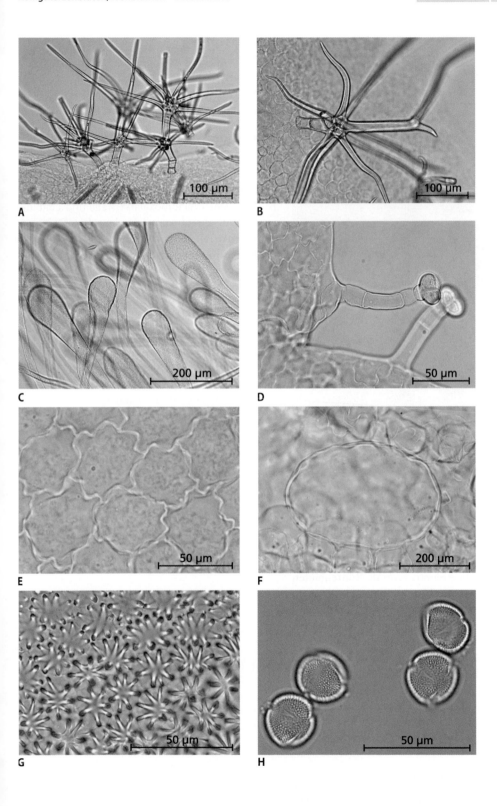

Kornblumenblüten – Cyani flos

Cyanus segetum Hill.[14], Asteraceae, DAC

Makroskopische Merkmale

Ganze, vom Blütenboden und Hüllkelch abgetrennte Randblüten (a; im DAC als Strahlenblüten bezeichnet) und in geringem Maße auch vom
Fruchtknoten abgetrennte, zentrale Röhrenblüten
(b); Randblüten kräftig blau, mit etwa 7 mm langem,
röhrenförmigem Teil, schief trichterförmig, zipfelig, Pappus, steril; zentrale Röhrenblüten im unteren
Teil schmal, in 5 lineare 3 mm lange, blaue, röhrig
verwachsene Zipfel übergehend; Staubblätter 5, verwachsen, Narbe im Inneren der Staubfadenröhre,
Pappus; Kronröhre im unteren Teil bei Röhren- und
Randblüten nicht gefärbt; höchstens 5 % Hüllkelch-
bestandteile (c); Frucht (d): Achäne.

Inhaltsstoffe

Anthocyane, Flavone.

Anwendung

Schmuckdroge.

Mikroskopische Merkmale

A Epidermis des röhrenförmigen, unteren Teils
der Kronblätter mit lang gestreckten, geraden
Zellen.
B Längliche Calciumoxalatkristalle und Leitbün-
del mit Schraubentracheen im röhrenförmigen,
unteren Teil der Kronblätter.
C Epidermis der Kronröhrenzipfel mit lang ge-
streckten Zellen (mit welligen Zellwänden).
D Pappusborste.
E Gelbliche Exkretgänge in den Einbuchtungen
der Kronzipfel der Röhrenblüten (Pfeil).
F Narbe mit einem Ring einzelliger Haare.
G Pollenkörner tricolporat, mit fein strukturierter
Exine (2 Fokussierungsebenen).
H Zellen des Filaments mit seitlich verdickten
Wänden in den Röhrenblüten.

---

14 *Accepted name* nach *The plant list*; in Ph. Eur. wird als
Stammpflanze das Synonym *Centaurea cyanus* L. geführt.

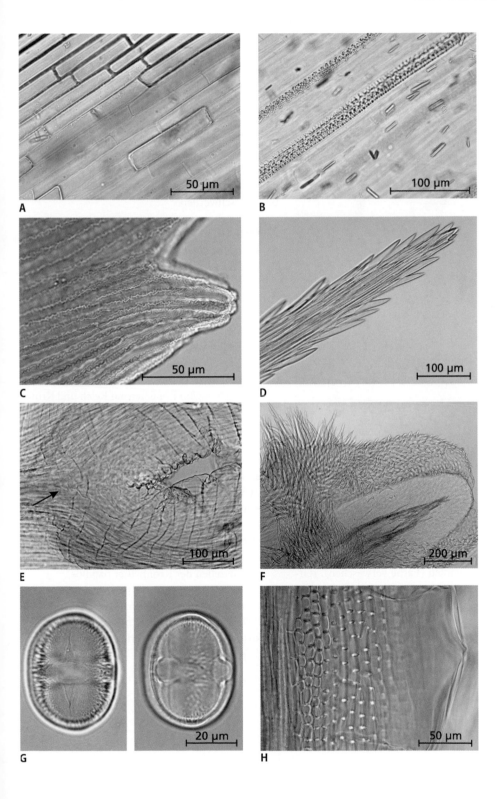

Lavendelblüten – Lavandulae flos

Lavandula angustifolia[15] **P. Mill., Lamiaceae, Ph. Eur.**

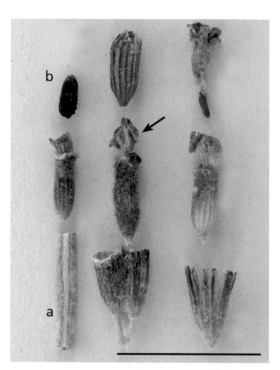

Makroskopische Merkmale

Blüten kurz gestielt; Kelch bläulich grau, röhren- bis walzenförmig mit 12 Rippen, stark behaart, 4 sehr kurze Zähne und ein kleiner, rundlicher Lappen; Krone (Pfeil) blauviolett (Farbe verwaschen), röhrenförmig, mit dreilappiger Unter- und zweilappiger Oberlippe (Oberlippe stärker aufgerichtet); Staubblätter 4, in der Kronröhre verborgen; Krone fällt beim Trocknen häufig ab; höchstens 3 % Stängelanteile und 2 % sonstige fremde Bestandteile: schmale, am Rand eingerollte Blätter (a) und dunkle Früchte (b); Geruch: stark aromatisch, charakteristisch; Geschmack: aromatisch, bitter.

Inhaltsstoffe

Mindestens 13 ml kg^{-1} ätherisches Öl (nach Ph. Eur.); Hauptkomponenten Linalool und Linalylacetat; Lamiaceen-Gerbstoffe.

Anwendung

Lavendelblüten und Lavendelöl: zur Besserung leichter Stress- und Erschöpfungssymptome und als Schlafhilfe (*traditional use* nach HMPC-Monographie); nach ESCOP-Monographie auch funktionelle Bauchbeschwerden.

Mikroskopische Merkmale

A Einfach oder mehrfach verzweigte Deckhaare mit kurzem Stiel („Geweihhaare"); (Cuticula warzig; Kelchblattaußenseite und äußere Kronlippe behaart).

B Kelch (quer): nach außen gewölbte Rippen (zentral durch Sklerenchym verstärkt); in den Tälern häufig Drüsenhaare vom Lamiaceen-Typ; außen viele Deck- und Drüsenhaare.

C Drüsenhaare mit ein- oder mehrzelligem Stiel und einzelligem Köpfchen auf Kelch und Krone.

D Epidermiszellen der Kelchblattinnenseite mit Calciumoxalatkristallen und Wandfaltungen (Aufsicht).

E Drüsenhaar mit langem, unebenem Stiel und einzelligem Köpfchen, vom Stiel durch eine Zwischenzelle getrennt („Buckelhaare mit Drüsenköpfchen"), auf Innenseite der Kronröhre.

F Drüsenschuppe vom Lamiaceen-Typ mit einer Stielzelle und 8 kreisförmig angeordneten, sezernierenden Zellen und Cuticularhaube (Epidermiszellen der Kronblätter papillös).

G Endothecium spangenförmig strukturiert (Antheren und Filamente behaart).

H Pollenkörner hexacolpat, mit rauer Exine (2 Fokussierungsebenen; Unterfamilie: Nepetoideae).

---

15 Syn.: *L. officinalis* Chaix.

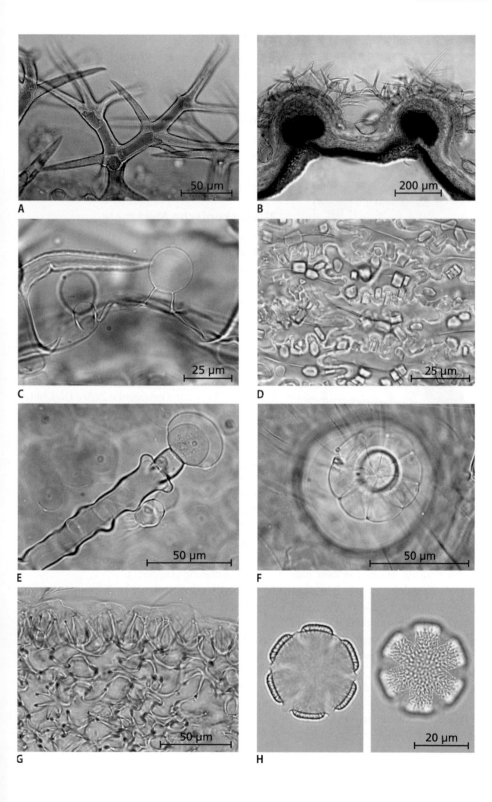

Lindenblüten – Tiliae flos

Tilia cordata **Miller,** *Tilia platyphyllos* **Scop. und/oder** *Tilia* x *vulgaris* **Heyne, Malvaceae[16], Ph. Eur.**

Makroskopische Merkmale

Blütenstände; Hochblatt (a) des Blütenstandes zungenförmig, häutig, gelblich grün, kahl; Hauptnerv des Hochblattes bis etwa zur Hälfte mit dem Blütenstiel verwachsen; Trugdolden; 5 Kelchblätter bis 6 mm lang, innen behaart, außen kahl, leicht abfallend, weißlich grün; 5 Kronblätter bis 8 mm lang, spatelförmig, gelblich weiß; Staubblätter zahlreich, frei; Fruchtknoten oberständig, kugelig, behaart; *T. platyphyllos*: zwei- bis fünfblütig, hängend, in den Nervaturwinkeln der Laubblätter weiß behaart; *T. cordata*: vier- bis elfblütig, in den Nervaturwinkeln der Laubblätter rostrot behaart; Geruch: schwach aromatisch; Geschmack: süßlich-schleimig.

Inhaltsstoffe

1 % Flavonoide; 10 bis 30 % Schleimstoffe (Quellungszahl frisch 50, getrocknet nach 2 bis 3 Jahren Lagerung 32 bis 35; nach Kommentar Ph. Eur.).

Anwendung

Linderung der Symptome bei Erkältungskrankheiten und milder Symptome bei psychischer Belastung (*traditional use* nach HMPC-Monographie); Husten (nach Monographie der Kommission E).

Mikroskopische Merkmale

A Untere Epidermis des Hochblattes mit wellig-buchtigen Zellwänden; anomocytische Spaltöffnungen; Cuticularstreifung; Epidermisskleereiden (Pfeil; Präparat in Phgl-HCl).

B Epidermis des Kelchblattes (Außenseite) mit geradwandigen Zellen; anomocytische Spaltöffnungen (einzelne Büschelhaare).

C Innenseite der Kelchblätter stark behaart mit dickwandigen, gebogenen, einzelligen Deckhaaren oder zwei- bis fünfzelligen Büschelhaaren.

D Büschelhaar aus 2 gebogenen Zellen (Kelchblatt mit vielen Calciumoxalatdrusen).

E Kelchblatt quer; viele Calciumoxalatdrusen unter der oberen Epidermis; Mesophyll mit rot angefärbten Schleimzellen (Präparat in Rutheniumrot; innere Epidermis und Kelchblattrand mit Haaren).

F Spitze der Kronblätter mit Schleimzellen (meist in Nähe der Leitbündel); viele Oxalatdrusen.

G Äußere Epidermis des Fruchtknotens mit stark gekrümmten, einzelligen Haaren (einzellig oder büschelförmig gruppiert).

H Pollenkörner oval bis schwach dreieckig, tricolpat (kurze Keimfalte), mit feinkörniger Exine.

Epidermis der Kronblätter mit geradwandigen Zellen und gestreifter Cuticula; Drüsenhaare mit vielzelligem Köpfchen und einzellige Deckhaare bis 1 mm lang an der Basis der Kelchblätter; Endothecium mit bügelförmigen Wandverstärkungen.

---

16   Früher: Tiliaceae.

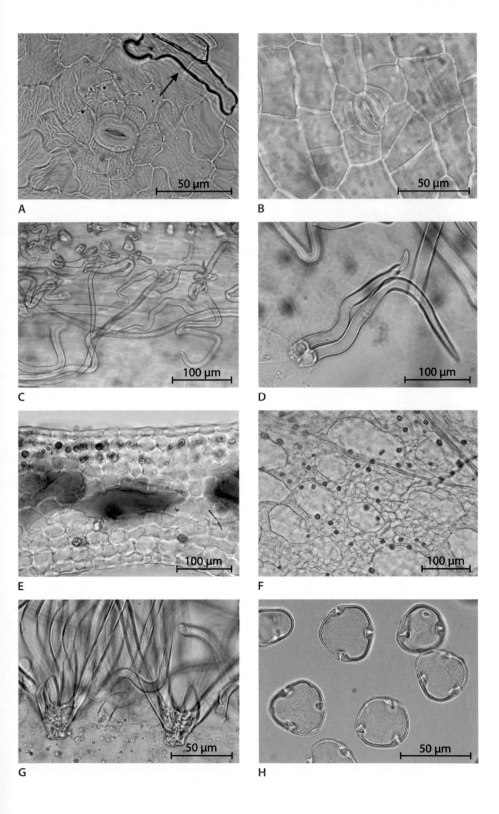

A

B

C

D

E

F

G

H

Malvenblüten – Malvae sylvestris flos

Malva sylvestris L. oder kultivierte Varietäten, Malvaceae, Ph. Eur.

a

Makroskopische Merkmale

Ganze oder geschnittene Blüten; Blätter des dreizähligen Außenkelchs kürzer als Kelchblätter; Kelch fünfspaltig mit dreieckigen Zipfeln, am Rand behaart; Krone drei- bis viermal länger als der Kelch; Kronblätter keilförmig, gekerbt und am Grund mit der Staubfadenröhre verwachsen, frisch purpurrot mit dunklen Längsstreifen (getrocknet tief violett); Staubfadenröhre violett; Griffel mit fadenförmigen Narben durchwächst Staubfadenröhre; Frucht (a) scheibenförmig, in der Reife in 10 Teilfrüchte zerfallend; Geschmack: schleimig.

Inhaltsstoffe

5 bis 10 % Schleimstoffe; Quellungszahl mindestens 15, bestimmt mit 0,2 g Droge (nach Ph. Eur.); Anthocyane (Malvin).

Anwendung

Bei Schleimhautreizungen im Mund- und Rachenraum und damit verbundenem trockenem Reizhusten (nach ESCOP-Monographie); HMPC-Monographie in Vorbereitung; Schmuckdroge[17].

Mikroskopische Merkmale

A   Große, spitze, einzellige, dickwandige Spießhaare (bis 2 mm lang); getüpfelte Basis in Polster eingesenkt; häufig am Rand der Kelchblätter (auch mehrstrahlig).

B   Mehrzelliges Drüsenhaar (Etagendrüsenhaar) auf einem Kelchblatt.

C   Einzellige, dickwandige Deckhaare in zwei- bis sechsstrahligen Gruppen („Sternhaare"); rechts unten Drüsenhaar.

D   Gewundene Wollhaare auf der Kelchinnenseite (im Unterschied zu Malvenblättern).

E   Mehrzelliges Drüsenhaar (Etagendrüsenhaar) auf einem Kronblatt.

F   Lang gestreckte Schleimzellen in den Kronblättern (Präparat in 96 % Ethanol).

G   Dickwandige, spitze, einzellige Deckhaare seitlich am Grund der Kronblätter (bis 1 mm lang).

H   Pollenkörner (panto)porat, mit stacheliger Exine, Ø bis 150 µm.

Calciumoxalatdrusen und Schraubentracheen im Mesophyll der Kelchblätter; anisocytische Spaltöffnungen; Epidermiszellen der Kelchblätter geradwandig; Antheren mit Calciumoxalatdrusen; Filament ohne Haare; Staubblattsäule mit Drüsenhaaren und zweibis siebenstrahligen derbwandigen Sternhaaren.

---

17   Malvenblütentee im Lebensmittelhandel besteht meist aus Hibiscusblüten.

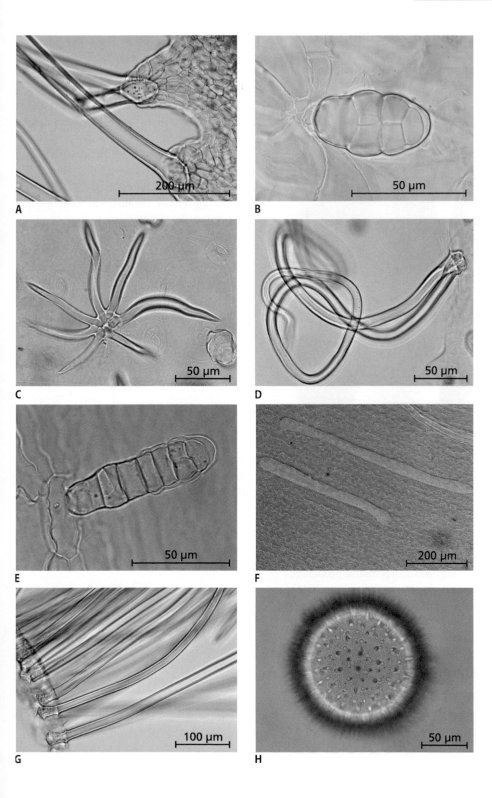

Pfingstrosenblüten – Paeoniae flos[18]

Paeonia officinalis L.[19], Paeoniaceae, DAC

Makroskopische Merkmale

Ganze oder geschnittene Kronblätter der roten Gartenform; Kronblätter hell- bis dunkelrot, basal eher braungelb, 4 bis 6 cm lang, 3 bis 4 cm breit, verkehrt eiförmig, ganzrandig oder unregelmäßig gebuchtet, kahl; getrocknet runzelig; Nervatur strahlig; Staubblätter (a) mit roten Filamenten und langgestreckten gelben Antheren (b); Kelchblätter vereinzelt, farblich in die Kronblätter übergehend; höchstens 10 % farblich abweichende Kronblätter; Geruch: schwach süßlich; Geschmack: zusammenziehend.

Inhaltsstoffe

Anthocyanglykoside; Flavonoide; Gerbstoffe.

Anwendung

Schmuckdroge (nach Monographie Kommission E).

Mikroskopische Merkmale

A   Kronblatt; Epidermiszellen langgestreckt, rechteckig bis rhombisch; beide Epidermisseiten gleich strukturiert.

B   Kronblatt quer; Cuticula deutlich gewellt (Pfeil); Mesophyll mit großen Interzellularräumen.

C   Epidermis (Cuticula fokussiert), Cuticularstreifung wellig, relativ parallel, am Zellübergang meist unruhiger strukturiert.

D   Epidermis (Zellwände fokussiert), Wände der Epidermis perlschnurartig verdickt.

E   Mesophyll der Kronblätter mit Spiralgefäßen; Nervatur über lange Strecken parallel verlaufend.

F   Staubfaden (Filament) rötlich; Leitbündel zentral (Epidermis nach dem Aufkochen aufgequollen).

G   Endothecium bügel- bis kronenförmig strukturiert (Antheren bis zu zehnmal so lang wie breit).

H   Pollenkörner tricolporat mit feinwarziger Exine (2 Fokussierungsebenen).

Kronblattpräparate bevorzugt in kaltem Chloralhydrat, da die Epidermis beim Erwärmen stark blasig aufquillt (vgl. F: Staubfaden nach dem Aufkochen).

---

18   Auch: Paeoniae peltatum - Pfingstrosenblütenblätter.
19   Verschiedene Unterarten und Sorten.

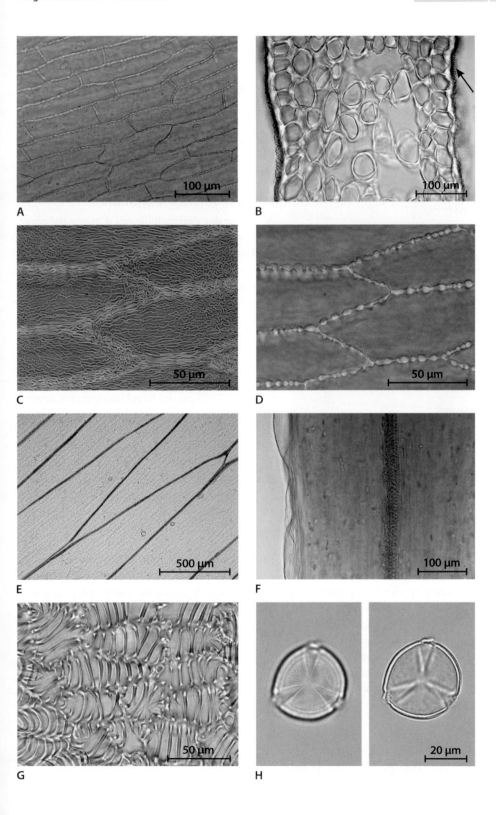

A

B

C

D

E

F

G

H

3

Ringelblumenblüten – Calendulae flos

Calendula officinalis L., Asteraceae, Ph. Eur.

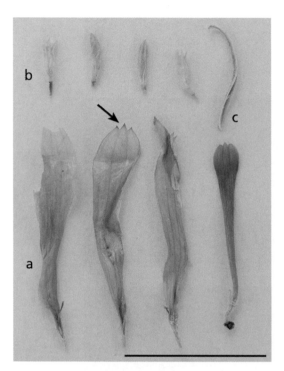

Makroskopische Merkmale

Ganze oder geschnittene, völlig entfaltete, vom Blütenstandsboden befreite Einzelblüten der kultivierten, gefüllten Varietät; Zungenblüten (a) weiblich, gelb bis orange, Zunge an der Spitze dreizähnig (Pfeil), 3 bis 5 mm breit, im Mittelteil bis 7 mm, am Übergang zum röhrigen Teil ragen Griffel und Narbe aus der Blüte; Röhrenblüten (b) zwittrig, 5 mm lang, Krone fünflappig, röhrig; Fruchtknoten gelblich braun, unterständig; höchstens 5 % Hüllkelchblätter (c); Geruch: schwach aromatisch; Geschmack: etwas bitter und salzig.

Inhaltsstoffe

Mindestens 0,4 % Flavonoide, berechnet als Hyperosid (nach Ph. Eur.); Triterpenalkohole; Triterpensaponine; Carotinoide; ätherisches Öl; Polysaccharide.

Anwendung

Traditionell bei entzündlichen Veränderungen der Mund- und Rachenschleimhaut, bei leichten Entzündungen der Haut (z. B. Sonnenbrand) und bei kleinen Wunden (*traditional use* nach HMPC-Monographie).

Mikroskopische Merkmale

A   Spitze der Zungenblüte mit 4 miteinander verbundenen, nahe dem oberen Rand verlaufenden Hauptnerven.

B   Drüsenhaare vom Asteraceen-Typ mit (ein- oder) meist zweireihigem Stiel und zweireihigem, vielzelligem Köpfchen (länger gestreckt als bei anderen Asteraceen).

C   Hellgelbe, kugelige bis kantige Chromoplasten in den Kronblättern.

D   Zweireihige, vielzellige und kegelförmige Deckhaare.

E   Papillöse Spitze des Kronblattzipfels mit anomocytischen, relativ großen Spaltöffnungen; deutliche, längliche Cuticularstreifung.

F   Bruchstücke der zweispitzigen Narbe mit kurzen Papillen.

G   Pollenkörner rundlich, tricolporat, mit stacheliger Exine (2 Fokussierungsebenen).

H   Hüllkelch mit teilweise rot gefärbten Gliederhaaren und Drüsenhaaren (farblos).

Prismen und sehr kleine Calciumoxalatdrusen in den Kronblättern; Konnektivzipfel der 5 Staubblätter kronblattartig; Hüllkelchblätter mit faserartigen Sklereiden.

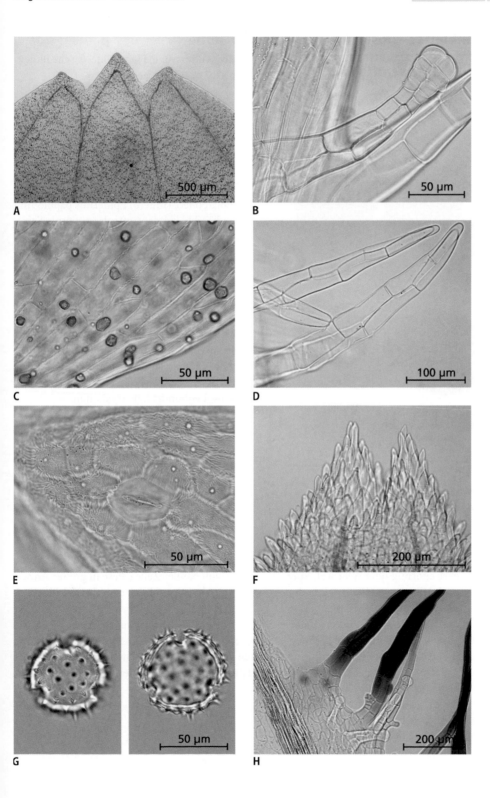

Rosenblütenblätter – Rosae flos

Rosa gallica L., *Rosa centifolia* L.[20], Rosaceae, DAC

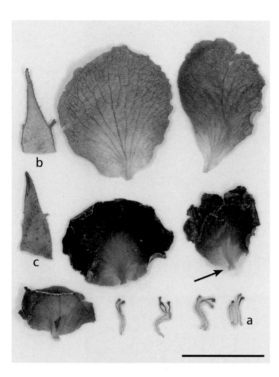

Makroskopische Merkmale

Ganze oder geschnittene Kronblätter; Kronblätter *R. gallica* rosa bis karminrot, samtige Oberfläche; Kronblätter *R. centifolia* hellrosa bis rosaviolett; Kronblätter verkehrt eiförmig oder queroval, kurz genagelt, am Grund gelborange (Pfeil); Nervatur strahlig; Griffel mit Narben (a) einzeln oder in Gruppen, behaart; Staubblätter fädig, unscheinbar; Kelchblätter lanzettlich, mit fädigen Zipfeln, unterseits flaumig weiß behaart (b), oberseits grün und mit braunen Drüsen (c); höchstens 10 % Kelche oder Kelchblätter; Blätter als sonstige Bestandteile hellgrün bis hellbraun, gesägter Blattrand, Mittelnerv auf Unterseite hervortretend; Geruch: angenehm; Geschmack: schwach adstringierend.

Inhaltsstoffe

Gerbstoffe; Anthocyane; Flavonoide; frische Blütenblätter bis 0,2 % ätherisches Öl.

Anwendung

Traditionell bei leichten Entzündungen der Mund- und Rachenschleimhaut und der Haut (*traditional use* nach HMPC-Monographie).

Mikroskopische Merkmale

A   Kronblatt obere (innere) Epidermis papillös mit feiner, herablaufender Cuticularstreifung (Samtglanz frischer Rosenblätter).

B   Kronblatt untere (äußere) Epidermis in unterschiedlicher Fokussierung; feinnetzige Cuticula im mittleren Bereich der Kronblätter (links); Zellwände leicht wellig bis kantig, unregelmäßig strukturiert (rechts).

C   Kronblatt (Aufsicht); obere Epidermis papillös; zarte Nervatur vernetzt; Schraubengefäße.

D   Kronblatt (Querschnitt); untere Epidermis (1) Zellen tangential verstärkt; obere Epidermis (2) papillös; Leitbündel kollateral offen.

E   Narbe breit, kopfig, Griffel stark behaart.

F   Griffel mit einzelligen, dickwandigen Haaren mit schraubiger Textur der Cuticula („Rosaceen-Haare"); basaler Ansatz der Haare fußartig breit.

G   Kelch untere (äußere) Epidermis; charakteristische, große Drüsenzotten; Calciumoxalatdrusen.

H   Kelch untere (äußere) Epidermis; dickwandige, lignifizierte, gekrümmte Rosaceen-Haare (diese meist nur am seitlichen Rand der Kelchblätter); dünnwandige, langgestreckte, wollige Haare (Pfeil) mit basaler Zelle (diese in großer Anzahl auch auf der oberen Epidermis des Kelchblattes).

Pollen tricolporat, fein gestreifte Exine; Filamente unbehaart, Endothecium der Staubblätter netzartig; gerade „Rosaceen-Haare" selten auch auf der unteren Epidermis der Kronblätter.

---

20   HMPC-Monographie: auch *Rosa damascena* Mill.

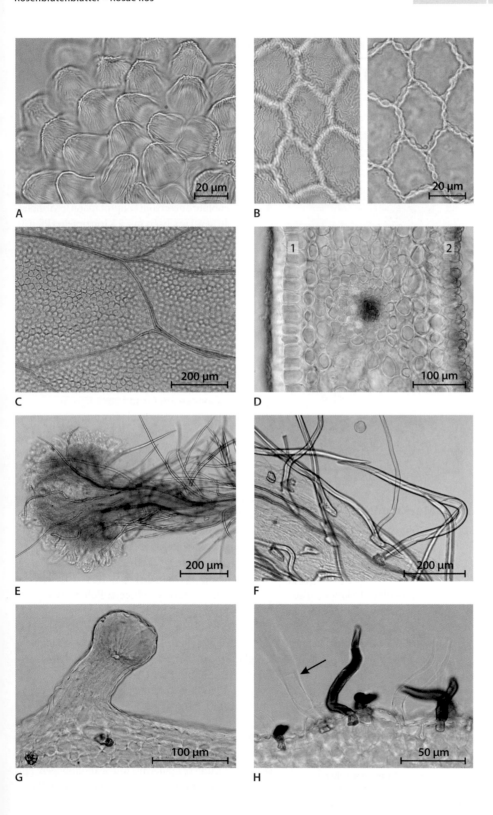

3

Ruhrkrautblüten – Helichrysi flos[21]

Helichrysum arenarium (L.) Moench, Asteraceae, DAC

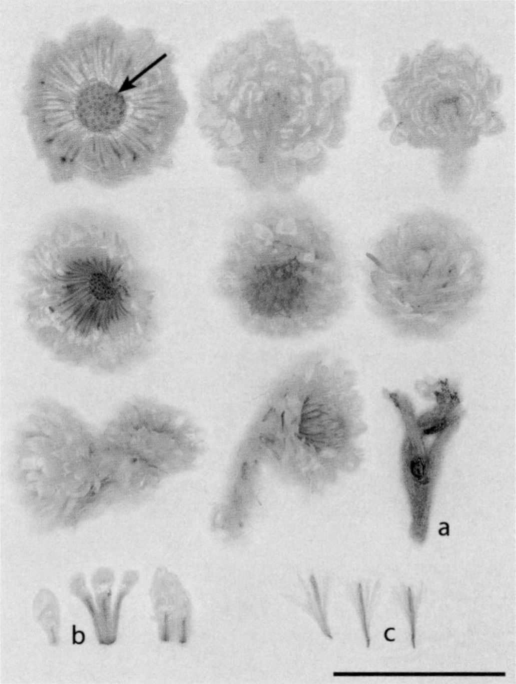

Makroskopische Merkmale

Ganze oder geschnittene Blütenstände; Blütenköpfchen Ø 4 bis 7 mm, kurz gestielt oder in gestielten Knäueln; Stiele filzig behaart (a); Blütenboden flach (Pfeil); Hüllkelchblätter strohig, leuchtend gelb; dachziegelartig mehrreihig; Hüllkelchblätter (b) außen bis 6 mm lang, eiförmig, innere schmal-lanzettlich; Röhrenblüten bis 7 mm lang, orangegelb, zahlreich, meist zwittrig; Kronröhre fünfzipfelig; Pappus haarartig, hellgelb, so lang wie die Kronröhre (c); Asteroideae, aber Zungenblüten meist nicht entwickelt; Fruchtknoten unterständig; Geruch: leicht aromatisch; Geschmack: schwach bitter.

21 Syn.: Gelbe Katzenpfötchenblüte (ÖAB); Aufgrund des Namens Verwechslungsgefahr: Negativ-Monographie der Kommission E zu Katzenpfötchenblüten – Antennariae dioicae flos (*Antennaria dioica* (L.) Gärtn.); deutscher Artname auch Sand-Strohblume (viele lignifizierte Strukturen) oder Sand-Immortelle.

Inhaltsstoffe

Mindestens 0,6 % Flavonoide, berechnet als Hyperosid (nach DAC); ätherisches Öl.

Anwendung

Bei dyspeptischen Verdauungsbeschwerden wie Völlegefühl und Blähungen (*traditional use* nach HMPC-Monographie).

Mikroskopische Merkmale

- A Röhrenblüte oberer Teil (Zupfpräparat); Kronblätter röhrig verwachsen mit 5 Kronzipfeln (Pfeil a); Filamente der 5 Staubblätter frei (Pfeil b); Konnektive mit kronblattartigen Zipfeln (Pfeil c).
- B Fruchtknoten unterständig; Pappus (Pfeil) oberhalb des Fruchtknotens; Drüsenhaare („Zwillingszotten") zahlreich; basaler Ring aus quadratischen Zellen („Steinzellen"; Ansatzstelle des Fruchtknotens am Blütenboden).
- C Düsenhaare („Zwillingszotten") am Fruchtknoten, Stiel zweizellig und asymmetrisch, abgerundetes Köpfchen aus 2 langgestreckten Zellen.
- D Pappusborsten am Grund verwachsen.
- E Kronblattzipfel; viele keulenförmige Drüsenhaaren (ähnlich Drüsenschuppen vom Asteraceen-Typ) mit zweireihigem, mehrzelligem Stiel und 2 länglichen sezernierenden Zellen (auch am Hüllkelch).
- F Staubblätter (einzeln präpariert) an den Theken verwachsen, Konnektiv (Pfeil), als kronblattartiger Konnektivzipfel verlängert (Konnektiv lignifiziert; Filamente frei ► Titelbild).
- G Narbenschenkel (Narbe symmetrisch zweischenkelig), Oberseite papillös, Papillen im Endbereich stark verlängert; Pollen tricolporat mit stacheliger Exine (Pfeil).
- H Hüllkelchblatt mit geradwandigen, gestreckten Epidermiszellen; Peitschenhaar der Hüllkelchblätter aus 2 oder 3 kurzen Basalzellen (Pfeil; Ausschnitt) und sehr langer gewundener Endzelle (Hüllkelchblätter basal wollig behaart); Blattränder zipfelig ausgefranst.

Hüllkelchblätter mit lignifizierter Sklerenchymschicht unter der oberen Epidermis (► Basisfärbungen ◘ Abb. A.1), untere Epidermis mit Spaltöffnungen; Epidermiszellen der Innenseite der Kronzipfel papillös.

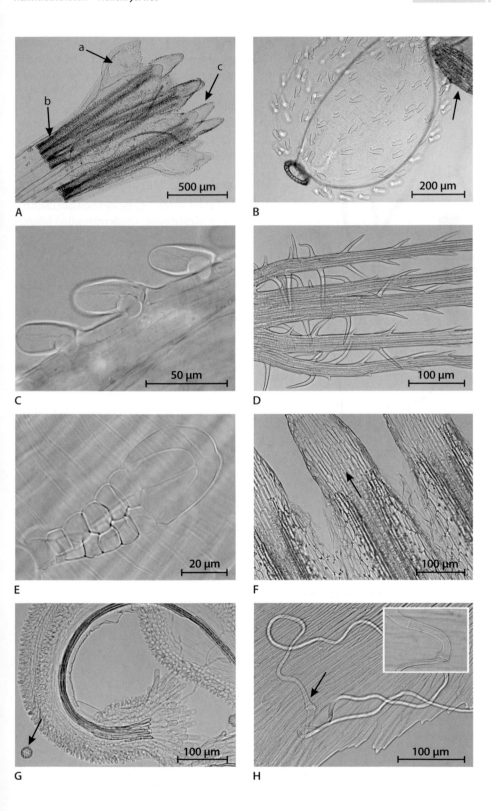

Safran – Croci stigma

Crocus sativus L., Iridaceae, DAC

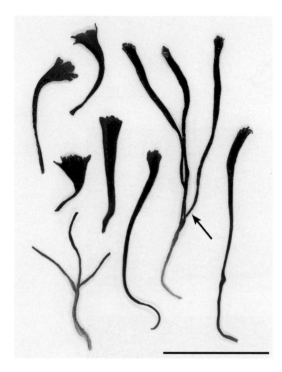

Makroskopische Merkmale

Getrocknete Narbenschenkel, die durch ein kurzes Griffelstück zusammengehalten werden; Narben ziegelrot bis dunkelorange, getrocknet 2 bis 4 cm lang; Narben tütenförmig: im unteren Teil röhrig, nach oben trichterartig verbreitert; trocken stark zusammengerollt; Narbenrand deutlich wellig-gezackt; Griffel verzweigt und in drei Narben übergehend (Pfeil); Griffel blassgelb und höchstens 5 mm lang; Prüfung auf Reinheit schreibt Prüfung des Färbevermögens vor; höchstens 7 % fremde Bestandteile; Geruch: aromatisch, charakteristisch; Geschmack: würzig, Speichel wird intensiv gelb gefärbt.

Inhaltsstoffe

Carotinoide: mindestens 5 % Gesamtcrocingehalt (nach ÖAB).

Anwendung

Gewürz, Färbemittel; Wirksamkeit bei beanspruchten Anwendungsgebieten als Nervenberuhigungsmittel, bei Krämpfen und Asthma ist nicht belegt; maximale Tagesdosis bis 1,5 g ohne Risiko; schwere Nebenwirkungen bei einem Gebrauch darüber hinaus; letale Dosis 20 g, Abortivdosis 10 g (nach Monographie der Kommission E).

Mikroskopische Merkmale[22]

A   3 Narben im Verzweigungsbereich des Griffels.
B   Narbe in Griffelnähe; Epidermiszellen langgestreckt; keine Papillen.
C   Narbe im äußeren Bereich mit kleinen unregelmäßigen Papillen der Epidermiszellen.
D   Narbe (Querschnitt); Epidermis papillös; kleine Leitbündel im Mesophyll.
E   Narbe im Querschnitt wellig strukturiert.
F   Leitbündel mit zarten Schraubengefäßen, Nervatur nach außen zunehmend verzweigt.
G   Narbenrand mit ausgeprägten, fingerartigen, sehr zarten Papillen (teilweise unregelmäßig gestaltet).
H   Pollenkörner (meist am Narbenrand lokalisiert) sehr unterschiedlich in der Größe, 50 bis 100 µm, zahlreiche winzige Stacheln auf der Exine, Aperturen indifferent (2 Fokussierungsebenen).

Verfälschungen stellen vielfach die orangefarbenen Röhrenblüten der ▶ Färberdistelblüten dar. Im Unterschied färbt konzentrierte Schwefelsäure Safranpulver dunkelblau.

---

22 Für die mikroskopische Analyse wurde das Drogenmaterial zunächst in 70 % Ethanol etwas entfärbt.

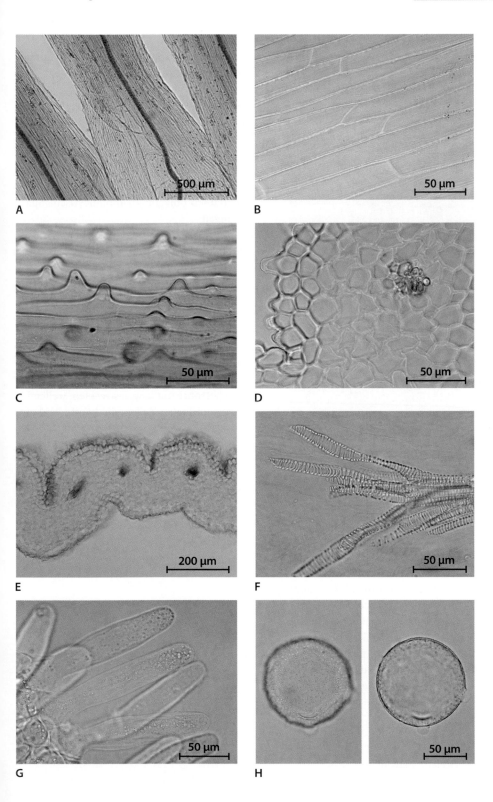

Schlüsselblumenblüten[23] – Primulae flos cum calyce

Primula veris L., *Primula elatior* (L.) Hill, Primulaceae, DAC

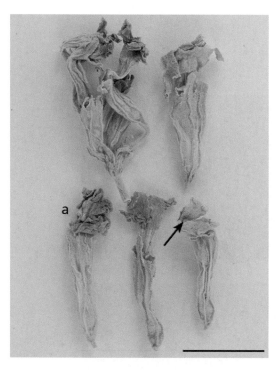

Makroskopische Merkmale

Ganze oder geschnittene Blüten; *P. veris*: Kronsaum glockig, 20 bis 25 mm lang, dottergelb; Schlund mit 5 rotgelben Flecken (Pfeil); Kelch glockig, 9 bis 20 mm lang, Kelchzähne 5, eiförmig, 2 bis 3 mm lang; *P. elatior*: Kronsaum flach ausgebreitet, länger als bei *P. veris*, schwefelgelb (getrocknet grünlich), am Schlund dunkler; Kelch schlank, 8 bis 14 mm lang, Kelchzähne 4 mm lang, lanzettlich; beide Arten: Staubgefäße 5; Fruchtknoten kugelig und einfächrig; höchstens 30 % grüne Blüten (a); Geruch: schwach honigartig; Geschmack: süßlich, später schwach bitter.

Inhaltsstoffe

Bis 2 % Saponine (Kelch); Flavonoide.

Anwendung

Traditionell als Expektorans bei Erkältungen (*traditional use* nach HMPC-Monographie).

Mikroskopische Merkmale

A Viele zwei- bis vierzellige Gliederhaare (bis 200 μm lang) mit birnenförmigem, häufig gelblichem Drüsenköpfchen.

B Epidermiszellen der Kelchblattinnenseite mit wellig-buchtigen Wänden und Cuticularstreifung (außen polygonal); anomocytische Spaltöffnungen.

C Dreizelliges Gliederhaar mit birnenförmigem Drüsenköpfchen auf der Kelchblattepidermis; Cuticularstreifung.

D Kronblattepidermis mit einzelnen zwei- und dreizelligen Gliederhaare mit vergrößerter Basiszelle.

E Papillöse Epidermis des Kronblattsaumes (hier bei *P. veris* stumpf-kegelförmig; bei *P. elatior* spitz-kegelförmig); streifige Cuticula herablaufend.

F Kronblattröhre mit lang gestreckten, wellenförmig angeordneten Zellen, die knotig verdickte Zellwände besitzen; Cuticularstreifung.

G Endothecium mit faserigen Verdickungsleisten.

H Pollenkörner kugelig, octacolpat (auch 6 oder 7 Falten), mit feinkörniger Exine (2 Fokussierungsebenen).

Basis der Corolla mit länglichen, milchsaftführenden Zellen.

---

23 Syn.: Primelblüten.

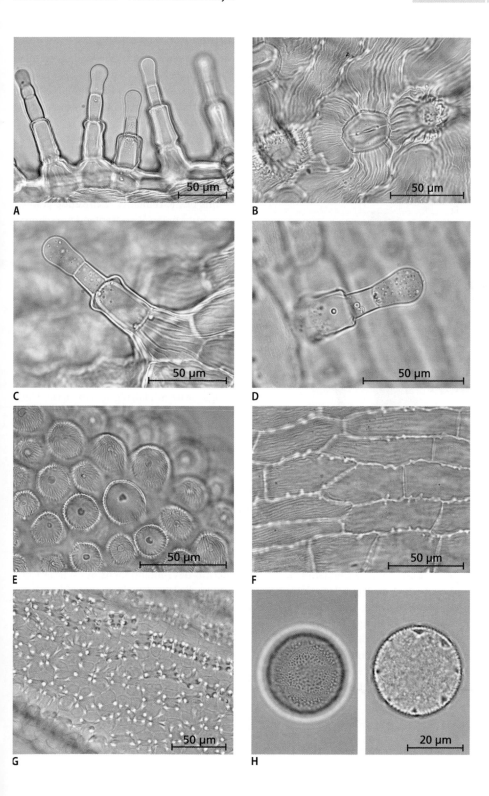

Schlehdornblüten – Pruni spinosae flos

Prunus spinosa L., Rosaceae, DAC

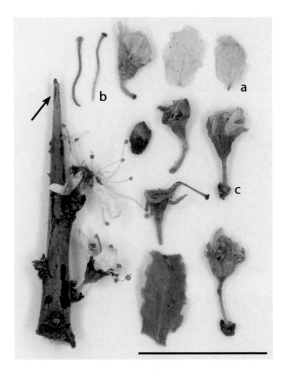

Makroskopische Merkmale

Voll entfaltete Blüten; deutlich gestielt; Achsenbecher kreisförmig, becherartig, grünlich bis braungrün; Kelchblätter 5, grün bis rötlich, aufrecht, lanzettlich spitz, etwa 2 mm lang; Kronblätter 5, gelblich-weiß bis bräunlich, 4 bis 8 mm lang, kurz genagelt, oft einzeln vorliegend (a); Fruchtknoten frei im Achsenbecher (mittelständig), Griffel lang (b); Narbe kopfig; Staubblätter zahlreich, gelblichweiß bis bräunlich; Knospenschuppen (c) am Stielansatz der Blüten; höchstens 10 % braune Stängelstücke mit Dornen (Pfeil) und grünbraune Blätter; Geschmack: schwach bitter.

Inhaltsstoffe

Mindestens 2,5 % Flavonoide, berechnet als Hyperosid (nach DAC).

Anwendung

Zahlreiche volksmedizinische Anwendungen ohne belegte Wirksamkeit; keine Bedenken bei Verwendung als Schmuckdroge (nach Monographie Kommission E); Erarbeitung einer HMPC-Monographie wurde eingestellt.

Mikroskopische Merkmale

A   Kronblatt (Aufsicht); am Grund kurz genagelt; Blattnervatur mit Schraubengefäßen.

B   Epidermis des Kronblattes; Zellwände gewellt, teilweise mit kurzen Wandsepten (Ausschnitt); Epidermis leicht papillös mit feiner Cuticularstreifung.

C   Kelchblatt mit charakteristischer Nervatur; zahlreiche Calciumoxalatdrusen; Kelchblattrand ausgefranst (Pfeil), aber keine Drüsenzotten (Verfälschung mit anderen Prunus-Arten).

D   Äußere (untere) Epidermis des Kelchblatts mit anomocytischen Spaltöffnungen und Cuticularstreifung; Zellwände knotig verdickt (besonders deutlich auf der inneren Kelchblattepidermis).

E   Einzellige Haare mit körnig strukturierter Cuticula am Kelch (auch am Blütenboden).

F   Äußere Epidermis des Blütenbodens; Zellwände knotig verdickt (wellige Cuticularstreifung).

G   Endothecium bügelförmig verstärkt (gelblich in kaltem Chloralhydrat, ▶ Weißdornblätter mit Blüten).

H   Pollen dreieckig, tricolporat, feinkörnige Exine (2 Fokussierungsebenen).

Blütenboden mit vielen Calciumoxalatdrusen; innere Epidermis des Blütenbodens mit starker Cuticularstreifung, die Wandstruktur der Epidermiszellen verbergend; Narbe kopfig mit Papillen.

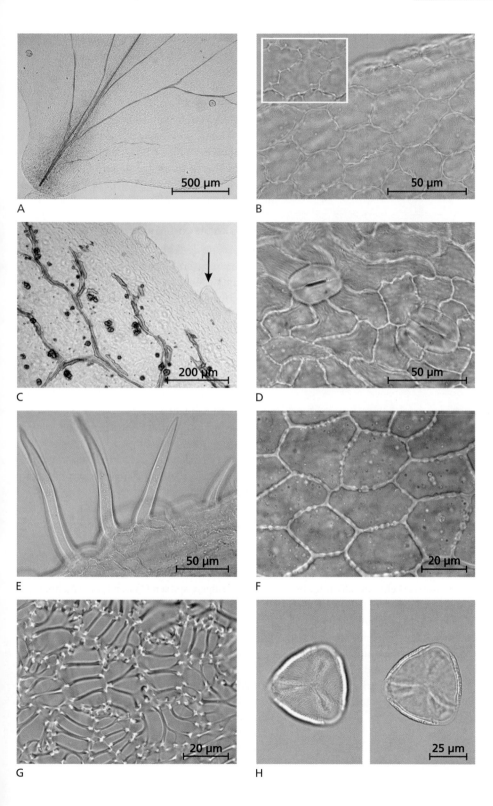

A

B

C

D

E

F

G

H

3

Weiße Taubnesselblüten – Lamii albi flos[24]

Lamium album L., Lamiaceae, DAC

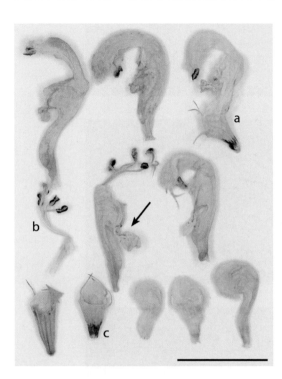

Makroskopische Merkmale

Ganze oder geschnittene Blütenkronen; Krone zweilippig zygomorph bis 25 mm lang; Kronröhre S-förmig (a), innen mit schrägem Haarring (siehe D); Oberlippe helmartig gewölbt, gelblich-weiß und behaart; Unterlippe mit verkehrt herzförmig, herabgeschlagenem Mittellappen (Pfeil) und zwei langen, spitzen Seitenlappen; Staubblätter 4 (b), zwei längere und zwei kürzere, Filamente mit der Kronröhre verwachsen; Antheren unter der Oberlippe, rötlich-braun, stark behaart; Blütenkelche (c) vereinzelt, hellgrün, radiär symmetrisch; Kelchblätter 5, verwachsen, mit spitz auslaufenden Kelchzipfeln; Geschmack: leicht bitter.

Inhaltsstoffe

Iridoidglykoside; Flavonoide; Spuren von ätherischem Öl.

Anwendung

Innerlich: lokale Behandlung leichter Entzündungen der Mund- und Rachenschleimhaut sowie von unspezifischem Fluor albus; außerdem bei Katarrhen der oberen Luftwege; äußerlich bei leichten, oberflächlichen Entzündungen der Haut (nach Monographie der Kommission E).

Mikroskopische Merkmale

A Oberlippe der Krone (außen); zahlreiche Gliederhaare zwei- bis dreizellig, warzige Cuticula, basale Zellen glatt.

B Oberlippe der Krone (innen); Gliederhaare zwei- bis dreizellig, teilweise Endzelle abgeknickt (oder geschwungen); Drüsenhaare mit einzelligem Stiel und zweizelligem Köpfchen (auch vierzellig, Pfeil).

C Epidermis der Kronblätter papillös; Drüsenhaare mit einzelligem Stiel und zwei- oder vierzelligem Köpfchen.

D Haarring am Beginn der Kronröhre (innen); Haare glatt und einzellig.

E Narbe zweischenkelig, Narbenschenkel papillös und spitz auslaufend; lange Drüsenhaare am Griffel siehe F.

F Griffel; Drüsenhaare mit ein-oder mehrzelligem Köpfchen, darunter kurze Stielzelle und lange Basalzelle (auch am Filament).

G Endothecium (links) sternförmig, rötlich; Anthere (rechts) rötlich mit gewundenen ein- bis zweizelligen, spitzen Haaren („Schlauchhaare"); Haare am Filament dünnwandiger und stärker verschlungen.

H Pollenkörner tricolpat (2 Fokussierungsebenen; Unterfamilie: Lamioideae).

Kronblätter mit einzelligen Eckzahnhaaren mit verdickter Spitze; Kelchblätter mit längeren abgewinkelten und gestreckten Gliederhaaren, Drüsenhaaren und kurzen, spitzen, ein- oder zweizelligen Kegelhaaren.

---

24 Vergleiche auch Weißes Taubnesselkraut – Lamii albi herba.

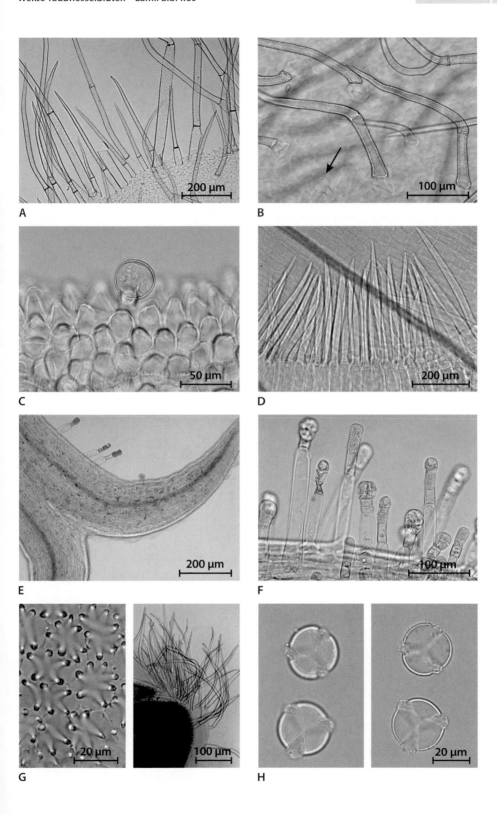

Frucht-Drogen

© Springer-Verlag GmbH Deutschland 2017
B. Rahfeld, *Mikroskopischer Farbatlas pflanzlicher Drogen*, DOI 10.1007/978-3-662-52707-8_4

Anis – Anisi fructus

Pimpinella anisum L., Apiaceae, Ph. Eur.

a

Makroskopische Merkmale

Ganze, zweiteilige Spaltfrüchte (Doppelachäne); Früchte ei- bis birnenförmig, 3 bis 5 mm lang, 3 mm breit, gelblich grün bis braungrau; Griffelpolster (Pfeil) mit 2 kurzen umgebogenen Griffeln; Außenseite der Teilfrüchte konvex, Rippen 5, gerade, hell, leicht behaart; Innenseite (a; Fugenfläche) eben; Karpophor (Fruchtstiel zwischen den Teilfrüchten) im oberen Teil mit den Fugenflächen der Teilfrüchte verwachsen; Geruch: aromatisch nach Anethol; Geschmack: süßlich, aromatisch.

Inhaltsstoffe

Mindestens 20 ml kg^{-1} ätherisches Öl (nach Ph. Eur.), davon 80 bis 96 % *trans*-Anethol, bis 3 % Estragol, 1,5 % Anisaldehyd; fettes Öl.

Anwendung

Innerlich: traditionell bei krampfartigen gastrointestinalen Beschwerden wie Blähungen; als Expektorans bei Husten (*traditional use* nach HMPC-Monographie); Geschmackskorrigens.

Mikroskopische Merkmale

A   Fruchtwand (vom Samen abgelöst; quer); Exkretgänge im Mesokarp zahlreich, gelbbraun, in einer Reihe angeordnet, 3 bis 5 unter den Tälern, 1 bis 2 unter den Rippen; Leitbündel (Pfeil) in den Rippen schwach entwickelt; einzellige Haare auf dem Exokarp.

B   Exkretgang (quer) schizogen; Epithel einschichtig, braun.

C   Frucht (quer); Endosperm (1) dickwandig, mit Calciumoxalatrosetten, Lipidtropfen und Aleuronkörnern; Testa (2) einschichtig mit Endokarp (3) verwachsen; Mesokarp (4).

D   Haar auf dem Exokarp, Ende stumpf, einzellig, meist gekrümmt (charakteristisch für Anis); Exokarp dickwandig; Cuticula warzig; Spaltöffnung (Pfeil).

E   Exkretgänge in der gewölbten Außenseite der Teilfrüchte zahlreich, gelbbraun, schmal („Ölstriemen"; auf der Fugenseite nur 2 große Exkretgänge; längs tangential).

F   Zellen des Endokarps („Querzellen") lang gestreckt, dünnwandig, im rechten Winkel über den braunen Exkretgängen verlaufend; Wände leicht gewellt (längs tangential).

G   Zellen des Exokarps an der Fugenfläche dickwandig, verholzt (Präparat in Phgl-HCl).

H   Pollenkorn oval, tricolporat; im Präparat selten.

Karpophor mit Sklerenchymfasern; Fragmente der Rippen mit Gefäßen.

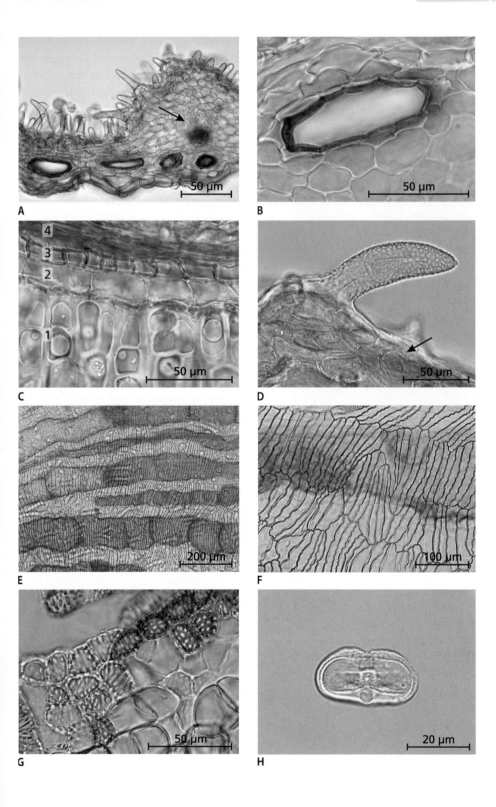

4

Bitterorangenschalen – Aurantii amari epicarpium et mesocarpium[1]

Citrus aurantium L. ssp. aurantium[2], Rutaceae, Ph. Eur.

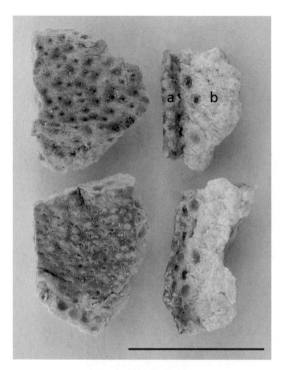

Makroskopische Merkmale

Exokarp und Mesokarp der reifen Früchte, weiß-schwammige Schicht des Mesokarps wird teilweise entfernt; Flavedoschicht (a) entspricht etwa dem Exokarp; Albedoschicht (b) entspricht dem Mesokarp; Drogenstücke etwa bis 5 mm dick, meist viereckig, durch Exkretbehälter deutlich punktiert; Oberfläche gelblich bis rötlich braun, grubig vertieft; Unterseite gelblich bis bräunlich weiß; Geruch: aromatisch; Geschmack: bitter, würzig.

Inhaltsstoffe

Mindestens $20\,\text{ml}\,\text{kg}^{-1}$ ätherisches Öl (nach Ph. Eur.), Hauptkomponente Limonen; bittere Flavanonglykoside (Naringin, Neohesperidin)[3]; Pektin; Carotinoide.

Anwendung

Bei Appetitlosigkeit; bei dyspeptischen Beschwerden (nach Monographie Kommission E).

Mikroskopische Merkmale

A Epidermis des Exokarps mit kleinen, polygonalen, dickwandigen Zellen; vereinzelt Spaltöffnungen.

B Exkretbehälter unter der Epidermis durchscheinend.

C Flavedoschicht (quer); Cuticula dick, gelb; Epidermiszellen klein, dickwandig; subepidermale Schichten und Mesokarp kollenchymatisch; viele kleine Calciumoxalatkristalle.

D Schizolysigener Exkretbehälter (quer) oval bis rundlich.

E Mesokarp aus lockerem Gewebe mit vielen Interzellularräumen („Netzgewebe").

F Mesokarp kollenchymatisch, mit lang gestreckten Zellen die Exkretbehälter umgebend.

G Mesokarp mit großen Calciumoxalatkristallen, einzeln oder in Gruppen.

H Leitbündelfragmente mit Schraubentracheen im Mesokarp.

---

1   Ältere Bezeichnung: Pomeranzenschale – Aurantii pericarpium.

2   Syn.: *C. aurantium* L. ssp. *amara* Engl.; *Citrus* x *aurantium* L. *accepted name* nach *The Plant List*.

3   Bitterwert mindestens 600 unter Verwendung von 2,00 g pulverisierter Droge nach DAB 1997.

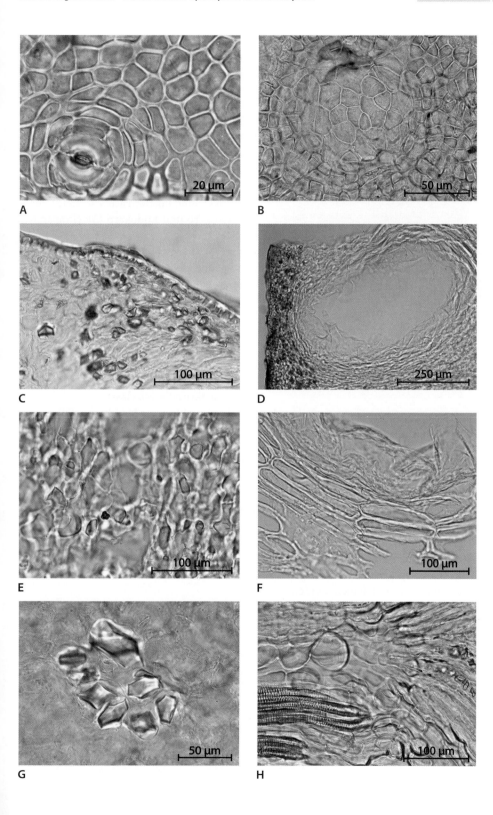

Bohnenhülsen – Phaseoli pericarpium

Phaseolus vulgaris L., Fabaceae, DAC

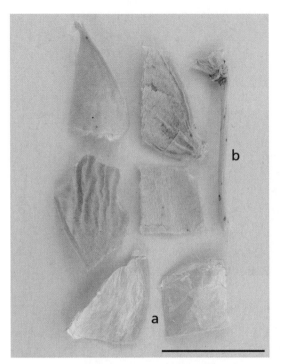

Makroskopische Merkmale

Ganze oder geschnittene, von den Samen befreite Hülsen; Fruchtwand bis 15 cm lang und 1 bis 2 cm breit, an beiden Enden kurz zugespitzt; Stücke gewölbt; Außenseite (Exokarp) gelblich bis beige, schwach runzelig; Innenseite mit feiner, weißer, glänzender, sich leicht ablösender Schicht (a, „Silberhäutchen"; Endokarp und inneres Mesokarp); Fruchtstiel (b) strohgelb; Fruchtwände am Stielansatz häufig dunkel gesprenkelt; Geschmack: leicht schleimig.

Inhaltsstoffe

Ubiquitär vorkommende Inhaltsstoffe wie Zucker, Aminosäuren, Hemicellulosen, Mineralstoffe, Chromsalze.

Anwendung

Unterstützend bei leichten Harnwegsbeschwerden durch erhöhte Durchspülung der Harnwege (*traditional use* nach HMPC-Monographie).

Mikroskopische Merkmale

A   Fruchtwand (quer; außen); Exokarp mit Epidermis (1) und äußerer Faserschicht (2), Mesokarp (3); (Präparat in Phlg-HCl).

B   Fruchtwand (quer; innen); Mesokarp mit Leitbündeln (1) und innerer Faserschicht (2), inneres Mesokarp und Endokarp (3); (Präparat in Phlg-HCl).

C   Äußere Faserschicht (Aufsicht); Fasern dickwandig, unterschiedlich lang, stark geschichtet, stumpf endend, oval bis länglich, nicht lignifiziert (Präparat in Phlg-HCl).

D   Innere Faserschicht (Aufsicht); Fasern lang gestreckt, spitz zulaufend, lignifiziert, quer zur äußeren Faserschicht orientiert (Spannung ermöglicht Aufreißen der Hülse zur Samenreife); Kristallzellen (Pfeil; Präparat in Phgl-HCl; Calciumoxalatkristalle aufgelöst).

E   Endokarp und inneres Mesokarp („Silberhäutchen"; Aufsicht) mit stark kollabierten Zellen und zahlreichen Calciumoxalatkristallen.

F   Exokarp mit polygonalen Zellen; stark gefaltete Cuticula; Spaltöffnungen.

G   Dickwandiges, ein- bis zweizelliges, spitzes, gekrümmtes Deckhaar (häufig Narben von abgebrochenen Haaren).

H   Drüsenhaar mit mehrzelligem, ovalem Köpfchen.

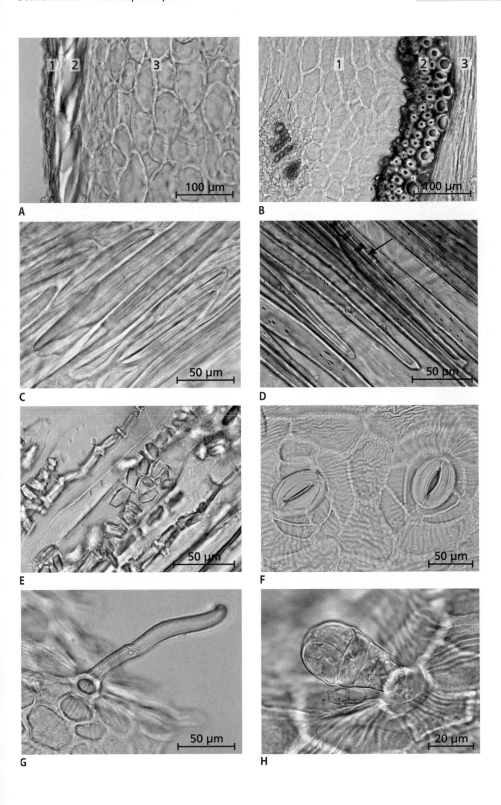

4

Cayennepfeffer – Capsici fructus

Capsicum annuum **L. var.** *minimum* **(Miller) Heiser und kleinfruchtige Varietäten von** *Capsicum frutescens* **L.[4], Solanaceae, Ph. Eur.**

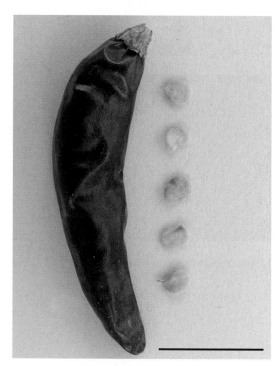

Makroskopische Merkmale

Reife Früchte; Frucht 1 bis 7 cm lang, im Ø bis 1 cm; Spitze länglich kegelförmig, stumpf, häufig vom Kelch befreit; Kelch fünfzähnig; Fruchtstiel gerade; äußere Fruchtwand gelb bis rotbraun glänzend, kahl, derb ledrig, schrumpelig-gefurcht; innere Fruchtwand matt mit zahlreichen in Längsrichtung gestreckten Blasen; Samen 10 bis 20, nierenförmig, gelblich, grubig, 3 bis 4 mm lang und 1 mm dick, frei oder an der zentralen Plazenta oder den Scheidewänden haftend; Geruch: schwach würzig; Geschmack: scharf, stark brennend.

Inhaltsstoffe

Mindestens 0,4 % Capsaicinoide, berechnet als Capsaicin (nach Ph. Eur.).

Anwendung

Zur Schmerzlinderung bei Muskelverspannung im unteren Rücken (*well-established use* nach HMPC-Monographie); Gewürz.

Mikroskopische Merkmale

A Querschnitt der äußeren Fruchtwand; Exokarp mit sehr dicker, gelber Cuticula; Zellwände stark verdickt; Mesokarp dünnwandig mit roten Öltröpfchen.

B Exokarp (Aufsicht); meist viereckige Zellen mit getüpfelten, derben Wänden; in Reihen.

C Querschnitt der inneren Fruchtwand mit großen Hohlräumen („Großzellen"); Endokarp unterhalb der Großzellen (Pfeil), aus verdickten Zellen bestehend (Aufsicht siehe E).

D Dünnwandiges Mesokarp mit roten Öltropfen, gelegentlich kleine keilförmige Calciumoxalatkristalle (vereinzelt Leitbündel).

E Endokarp (Aufsicht) mit lang gestreckten Inselgruppen aus unregelmäßig verdickten Steinzellen („Rosenkranzzellen") unterhalb der Großzellen.

F Samen (quer) mit dünner Cuticula; Steinzellen der Testa u-förmig verdickt, deutlich geschichtet; Zellen darunter kollabiert (im Präparat zerrissen); Endosperm dickwandig.

G Testa mit grünlich gelben Steinzellen (Aufsicht), diese mit unregelmäßig gewellten und verdickten Zellwänden („Gekrösezellen").

H Innere Epidermis der Kelchblätter mit vielen Drüsenhaaren, diese mit einreihigem Stiel und vielzelligem Köpfchen (äußere Epidermis der Kelchblätter mit anisocytischen Spaltöffnungen).

---

4 *Capsicum annuum* L. mit zahlreichen Kulturvarietäten.

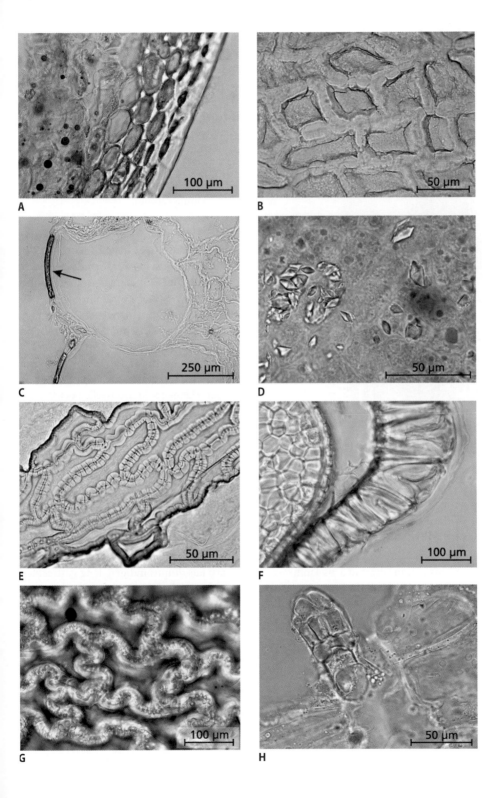

Bitterer Fenchel – Foeniculi amari fructus[5]

Foeniculum vulgare Miller ssp. *vulgare* var. *vulgare*, Apiaceae, Ph. Eur.

Makroskopische Merkmale

Ganze Früchte und Teilfrüchte (Doppelachäne); Früchte graubraun, 3 bis 12 mm lang und 3 bis 4 mm breit; Teilfrüchte kahl, länglich, kahnförmig gebogen, unten abgerundet, oben verschmälert, mit breitem Griffelpolster (Pfeil); Rippen (a) 5, stark hervortretend; Fugenseite (b) flach; Karpophor zwischen den Teilfrüchten, in den Fruchtstiel übergehend; Geruch: aromatisch, charakteristisch; Geschmack: aromatisch, würzig.

Inhaltsstoffe

Mindestens 40 ml kg^{-1} ätherisches Öl, davon mindestens 60,0 % *trans*-Anethol und 15,0 % Fenchon (nach Ph. Eur.), höchstens 5 % Estragol; fettes Öl.

Anwendung

Innerlich: traditionell bei krampfartigen gastrointestinalen Beschwerden wie Blähungen; bei krampfartigen Beschwerden während der Menstruation und als Expektorans bei Husten (*traditional use* nach HMPC-Monographie).

Mikroskopische Merkmale

A Teilfrucht; 4 Exkretgänge in den Tälern und 2 an der Fugenseite beidseitig der Raphe (Pfeil), d. h. jede Teilfrucht mit 6 Exkretgängen; Leitbündel in den Rippen; zentral heller Embryo.

B Fruchtwand (quer); schizogener Exkretgang („Ölstriemen") im Tal; Leitbündel in der Rippe.

C Leitbündel in der Rippe (quer); Phloem (1); Xylem (2); Sklerenchym (3); umgeben von Mesokarp mit Fensterzellen (4; siehe G).

D Exkretgang (längs); Sekretionszellen der Exkretgänge geradwandig, braun, einschichtig.

E Exokarp (Aufsicht) kleinzellig, mit geraden Wänden; Spaltöffnungen.

F Fruchtwand und Samen (längs); Endosperm (1); Testa (2); Endokarp (3); Mesokarp (4); Exokarp (5); Zellen des Endosperms weiß, dickwandig; Calciumoxalatrosetten; Aleuronkörner.

G Mesokarp mit großen, netzartig getüpfelten Zellen („Fensterzellen").

H Mesokarp aus braunen, derbwandigen Zellen; Endokarp aus dünnwandigen, lang gestreckten Zellen („Querzellen").

Sklerenchymfasern des Karpophors.

---

5   Außerdem in Ph. Eur.: Süßer Fenchel – Foeniculi dulcis fructus – *Foeniculum vulgare* Miller ssp. *vulgare* var. *dulce*, mindestens 20 ml kg^{-1} ätherisches Öl, davon mindestens 80 % *trans*-Anethol; ohne besondere Angaben wird in der Apotheke Bitterer Fenchel abgegeben.

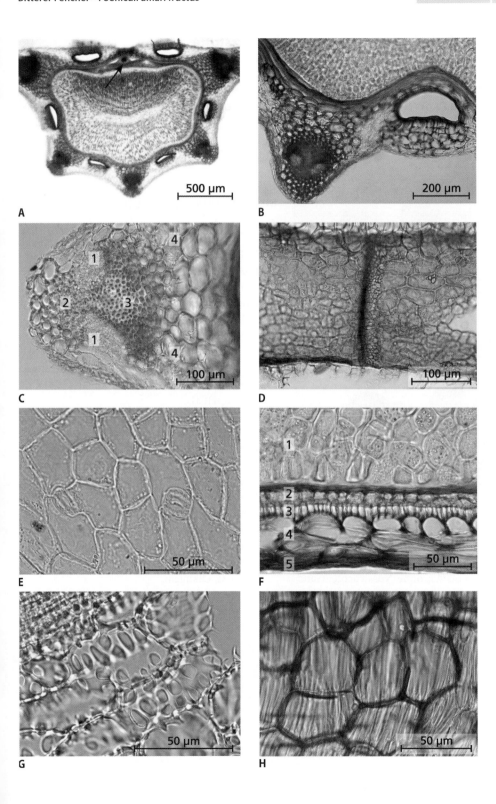

Hagebuttenschalen – Rosae pseudofructus[6]

Rosa canina L., Rosa pendulina L. und andere Rosa-Arten, Rosaceae, Ph. Eur.

Makroskopische Merkmale

Achsenbecher (Hypanthium, „pseudo-fructus") mit Resten der Kelchblätter, ohne Nussfrüchte; Ganzdroge 1 bis 2 cm lang, 0,5 bis 1,5 cm dick; Achsenbecher krugförmig, rot bis rotbraun, fleischig weich; Außenseite (a) glänzend, runzelig; Innenseite (b) mit borstenartigen Haaren besetzt; Kelchreste (c) am oberen Ende leicht fünfeckig, Stielreste am unteren Ende; Nussfrüchte (nach DAC-Monographie) hellgelb, spitz eiförmig, dunkler Fleck an der abgerundeten Seite (Pfeil), steinhart, zwei- bis fünfkantig, an den Seiten abgeflacht, 3 bis 6 mm lang, etwa 3 mm breit; Geruch: schwach fruchtig; Geschmack: süßlich-sauer.

Inhaltsstoffe

Mindestens 0,3 % Ascorbinsäure (nach Ph. Eur.); Pektine; Fruchtsäuren; Carotinoide; Zucker.

Anwendung

Zur ergänzenden Behandlung von Erkältungen; als Adjuvans zur Linderung von Schmerzen und Gelenksteifheit bei Osteoarthritis (nach ESCOP-Monographie).

Mikroskopische Merkmale

A   Zellen der äußeren Epidermis des Achsenbechers dickwandig und „gefenstert".

B   Achsenbecher (quer); Cuticula sehr dick; äußere Epidermis und subepidermale Schichten mit kollenchymatischen Zellen; orangefarbene Chromoplasten.

C   Zellen der inneren Epidermis des Achsenbechers dünnwandig; viele Calciumoxalatdrusen und -kristalle; Haar („Rosaceen-Haar") einzellig, dickwandig, verholzt, mit spiralförmigen Rissen in der Cuticula, bis 2 mm lang (Präparat in Phlg-HCl).

D   Parenchymzellen mit orangefarbenen Chromoplasten, nadelförmig bis amorph.

E   Leitbündel im Achsenbecher (längs).

F   Exokarp (Aufsicht) aus gestreckten, dickwandigen Zellen.

G   Mesokarp mit Faserzellen (1) und gestreckten Steinzellen (2); Endokarp (3) ebenfalls stark verdickt und verholzt; Fasern des Endokarps ringförmig um den Samen (Präparat in Phlg-HCl).

H   Samen (quer); Testa (braun), Endosperm und Embryo; Ölkugeln.

Testa (Aufsicht) aus polygonalen Zellen, darunter schmale gestreckte Zellen („Gitterzellen").

---

6   DAC: Rosae pseudofructus cum fructibus; veraltete Bezeichnung: Cynosbati fructus cum semine.

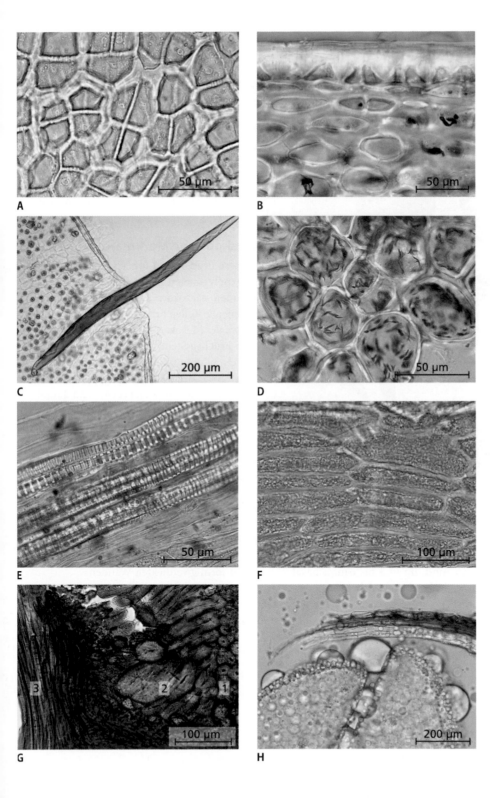

A

B

C

D

E

F

G

H

Getrocknete Heidelbeeren[7] – Myrtilli fructus siccus

Vaccinium myrtillus L., Ericaceae, Ph. Eur.

Makroskopische Merkmale

Reife Früchte; Beere aus unterständigem Fruchtknoten entwickelt, schwarzblau, runzlig geschrumpft, weich, annähernd rund, im Ø 3 bis 6 mm; basal gelegentlich mit Stiel, abgeflachter Scheitel mit diskusförmiger Narbe (Pfeil), kurze Griffelreste in der Mitte der Vertiefung; Diskus vom ausdauernden, schmalen Kelchsaum überragt, häufig 4 bis 5 kurze, stumpfe, verwachsene Kelchzipfel erkennbar; Mesokarp dunkel rotviolett, mit 4 bis 5 Fruchtfächern; Samen zahlreich, klein (ca. 1 mm lang), braun glänzend, netzig-grubige Oberfläche, im Querschnitt dreieckig; Geschmack: säuerlich-süß, leicht zusammenziehend.

Inhaltsstoffe

Mindestens 1,0 % Gerbstoffe, berechnet als Pyrogallol (nach Ph. Eur.); Anthocyane; Invertzucker.

Anwendung

Innerlich: symptomatische Behandlung von leichtem Durchfall; äußerlich: leichte Entzündungen der Mundschleimhaut (*traditional use* nach HMPC-Monographie).

Mikroskopische Merkmale

A   Äußere Fruchtwand (quer); Exokarp mit kleinen, polygonalen Zellen mit mäßig verdickten Wänden; Mesokarp mit größeren Parenchymzellen; alle Zellen braunviolett gefärbt.

B   Zellen des Mesokarps meist kollabiert (getrocknete Frucht); Steinzellen groß, mäßig verdickt, einzeln oder in Gruppen, Zellwände der Steinzellen rosa; kleine Oxalatdrusen (Pfeil).

C   Querschnitt der inneren Fruchtwand; Endokarp mit lockeren Gruppen von Steinzellen.

D   Steinzellen des Endokarps (Aufsicht); Zellwände stark getüpfelt, rosa gefärbt.

E   Epidermis des Kelchsaumes vereinzelt mit paracytischen Spaltöffnungen.

F   Endosperm aus polygonalen, weißwandigen Zellen mit Öltröpfchen; keine Stärke.

G   Testa (Aufsicht); Netz gelbbrauner, verdickter, getüpfelter Zellen (siehe H).

H   Samenschale (quer); äußere Schicht aus Zellen mit u-förmig verdickten Wänden.

Leitbündel im Mesokarp; Samen im Querschnitt dreieckig.

---

7   Außerdem in Ph. Eur. monographiert: Frische Heidelbeeren – Myrtilli fructus recens; mindestens 0,3 % Anthocyane, berechnet als Chrysanthemin; Beschwerden und Schweregefühl in den Beinen bei leichten venösen Durchblutungsstörungen (*traditional use* nach HMPC-Monographie).

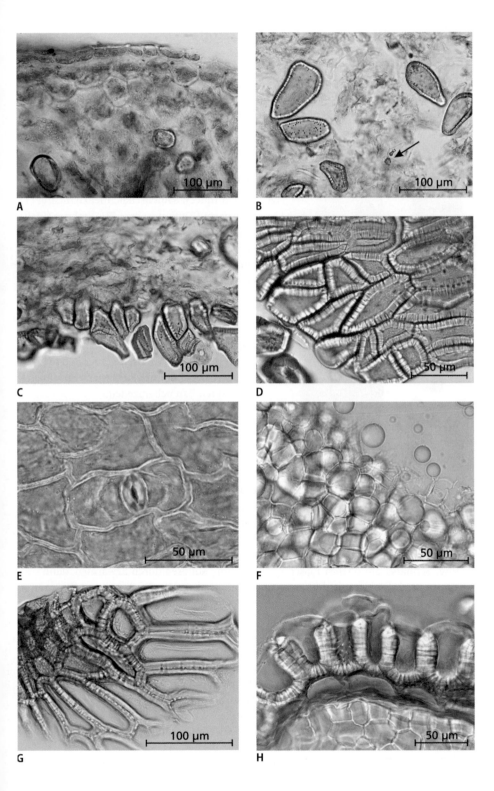

Kardamomenfrüchte – Cardamomi fructus[8]

Elettaria cardamomum (L.) Maton, Zingiberaceae, DAC

Makroskopische Merkmale

Ganze Kapselfrüchte; Kapseln gelblich-grün, 10 bis 18 mm lang, und 5 bis 8 mm breit, länglich oval, quer dreikantig, Schnabel am oberen Ende; Außenseite längs gestreift; 3 Fächer mit dünner Scheidewand (Pfeil), je 4 bis 8 Samen, zweireihig als Ballen (a) verklebt; Samen 2 bis 4 mm lang, 2 bis 3 mm breit, unregelmäßig rundlich-kantig, rotbraun bis schwarz, gerunzelt; Bauchfläche mit Raphe als Längsfurche; vom fast farblosen Arillus umgeben (b, Ausschnitt c); Querschnitt: dunkle Samenschale, innen hell; Geruch Fruchtwand und Samen: aromatisch; Geschmack Samen: würzig, leicht brennend.

8   Nur Anwendung der Samen; Fruchtdroge zur Verhinderung der Verwechslung mit minderwertigen, ähnlichen Samen und um den Verlust an ätherischem Öl zu vermeiden.

Inhaltsstoffe

Samen: mindestens 40 ml kg^{-1} ätherisches Öl (nach DAC), Hauptkomponenten 1,8-Cineol und α-Terpinylacetat.

Anwendung

Samen: Bei dyspeptischen Beschwerden (nach Monographie Kommission E); Gewürz.

Mikroskopische Merkmale

A   Samen (quer); Samenschale mehrschichtig (1); Perisperm (2); Endosperm (3); Embryo (Pfeil); Raphe (4).

B   Samenschale (quer); Epidermis (1); Querzellenschicht (2) aus flachen, zartwandigen Zellen; Ölzellenschicht (3) aus großen rechteckigen Zellen, darunter dünne Parenchymschicht (4); Steinzellenschicht aus U-förmig verdickten, orangebraunen Zellen (5) und Perisperm (6).

C   Epidermis (Aufsicht); derbwandige Zellen langgestreckt und beidseitig zugespitzt (Pfeil); darunter hauchdünner Arillus aus zarten langgestreckten Parenchymzellen.

D   Querzellen (Aufsicht) sehr dünnwandig (Pfeil zeigt auf die Spitze der Zelle), im rechten Winkel („quer") zu den dickwandigen Epidermiszellen (hier nicht fokussiert) verlaufend.

E   Samenschale (Aufsicht); Steinzellschicht (1) orangebraun; Ölzellen (2) großlumig; Epidermiszellen (3) schmal und gestreckt (Quer- und Parenchymzellen undeutlich).

F   Perisperm; Stärkeballen die Zellen ausfüllend; unregelmäßig aus Stärkekörnern (Ausschnitt) geformt; Auflösen durch Erwärmen, dann Calciumoxalatkristalle (Pfeil) sichtbar (Präparat in 50 % Glycerin).

G   Fruchtwand (quer); Exokarp; Mesokarp mit gelbbraunen Ölidioblasten (Pfeil) und geschlossen kollateralen Leitbündeln; vereinzelt Sklerenchymfaserbündel; Endokarp dünnwandig (Präparat in Phgl-HCl).

H   Mesokarp (längs); Schraubentracheen neben getüpfelten Sklerenchymfasern; gelbbrauner Ölidioblast im Hintergrund (Präparat in Phgl-HCl).

Exokarp mit abgebrochenen Haaren und Spaltöffnungen, Zellen geradwandig; Mesokarp mit Calciumoxalatkristallen.

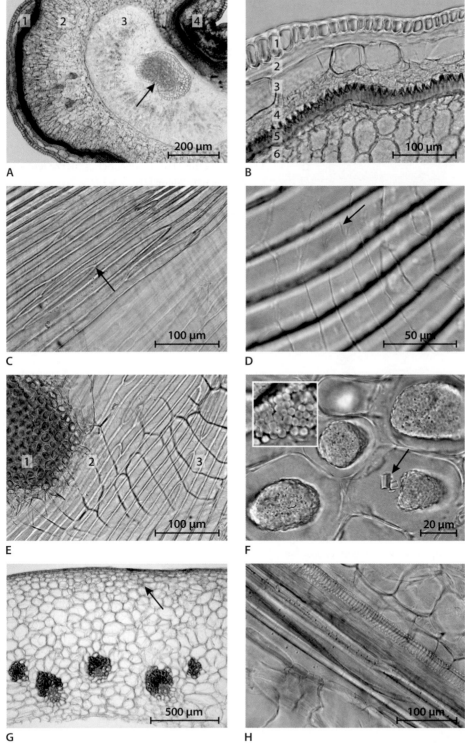

Koriander – Coriandri fructus

Coriandrum sativum L., Apiaceae, Ph. Eur.

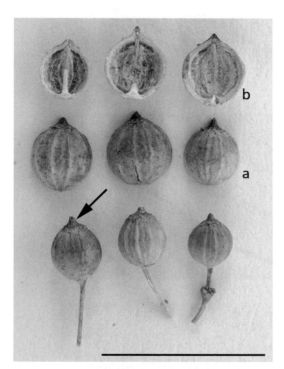

Makroskopische Merkmale

Früchte (Doppelachäne); Früchte mit fest zusammenhängenden Teilfrüchten, diese kugelig bis leicht eiförmig, kahl, glatt, graubraun, Ø 1,5 bis 5 mm; Außenseite der Teilfrüchte (a) halbkugelig; Hauptrippen 10, geschlängelt, kaum hervortretend; Nebenrippen 8, gerade, deutlich hervortretend; Innenseite der Teilfrüchte (b) leicht nach innen gewölbt (Fugenseite), Karpophor; Griffelpolster (Pfeil); Fruchtstiel selten; Geruch: aromatisch, würzig; Geschmack: aromatisch, würzig.

Inhaltsstoffe

Mindestens 3 ml kg^{-1} ätherisches Öl (nach Ph. Eur.); Hauptkomponente Linalool; fettes Öl.

Anwendung

Bei dyspeptischen Beschwerden, Appetitlosigkeit (nach Monographie Kommission E); Gewürz.

Mikroskopische Merkmale

A Fruchtwand und Samen (quer); Endosperm (1); Testa (2) mit Endokarp (3) verwachsen (Achäne); Mesokarp (4); Faserplatten (5) im Mesokarp.

B Fugenseite (quer) mit schizogenem Exkretgang („Ölstriemen", Fruchtwand nur mit 2 Exkretgängen an der Fugenseite); Testa (Pfeil) verbreitert sich in Richtung der Raphe; große, farblose Ölkugeln.

C Exkretgang (längs), darüber „Querzellen" des Endokarps (siehe D).

D Endokarp mit schmalen, langen Zellen („Querzellen"); Wände der Mesokarpzellen verdickt, verholzt und stark getüpfelt (Aufsicht).

E Faserplatten des Mesokarps; Fasern kurz, stark getüpfelt, verholzt, rechtwinklig zu den benachbarten Zellen verlaufend.

F Zellen des Endosperms dickwandig, regelmäßig (1); Calciumoxalatrosetten klein; Testa (2); Endokarp (3).

G Gefäße des Xylems der Leitbündel (Fruchtwand längs).

H Exokarp mit kleinen Calciumoxalatkristallen und -rosetten; Zellen dünnwandig.

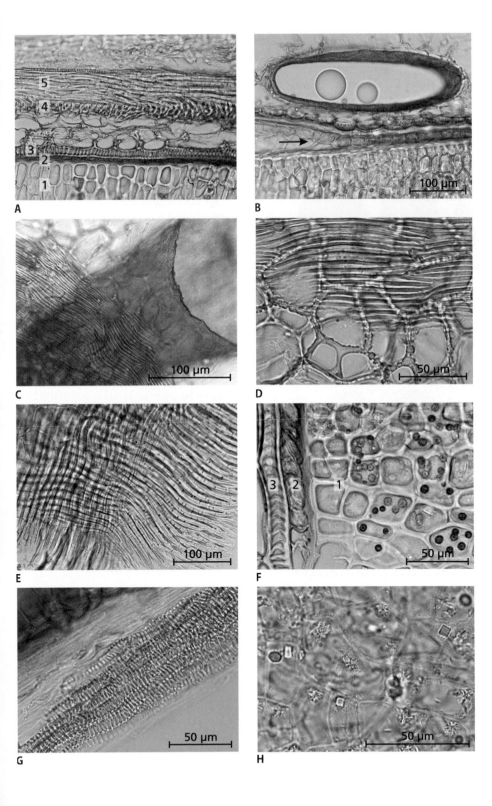

Kreuzdornbeeren – Rhamni cathartici fructus

Rhamnus catharticus L., Rhamnaceae, DAB

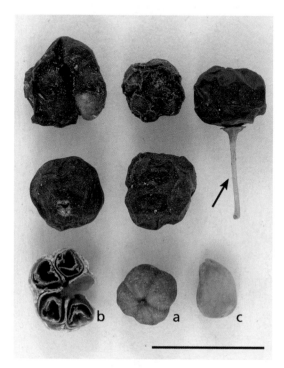

Makroskopische Merkmale

Ganze, reife Früchte; Steinfrucht kugelig, Ø 5 bis 8 mm, Oberfläche glänzend schwarz, runzelig eingefallen, teilweise mit kurzem Fruchtstiel (Pfeil); bei unreifen Früchten (a) kreuzförmige Furche; Fruchtkammern 4 (b), pro Fruchtkammer ein Steinkern (Samen von sklerenchymatischem Endokarp umgeben); meist nur 1 bis 3 Steinkerne entwickelt, häufig auch verkümmert; Steinkern (c) hartschalig, graubraun bis schwarz, kantig, auf Rückseite gefurcht; Geschmack: zunächst süßlich, dann bitter.

Inhaltsstoffe

Mindestens 4 % Hydroxyanthracenderivate, berechnet als Glucofrangulin A (nach DAB).

Anwendung

Zur kurzzeitigen Anwendung bei Obstipation (nach Monographie Kommission E).

Mikroskopische Merkmale

A Exokarp (Aufsicht); rosaviolette Zellen mit geraden Wänden, anomocytische Spaltöffnung.

B Mesokarp fleischig; Zellen dünnwandig; Leitbündel; Calciumoxalatkristalle und -drusen.

C Mesokarp mit rotbraunen, großen Idioblasten (dunkelgrüne Färbung durch $FeCl_3$-Lösung).

D Endokarp (quer) hart; benachbart zum Mesokarp einschichtige Zellreihe mit Calciumoxalatkristallen (Pfeil); Sklerenchymzellen längs angeschnitten (1), mehrreihig (stark getüpfelt); Sklerenchymfasern quer angeschnitten (2), mehrreihig; innere Epidermis (3) mit großen dünnwandigen, rechteckigen Zellen (durch Anthrachinone in KOH rötlich).

E Sklerenchymschichten des Endokarps (Aufsicht, vgl. D); Zellschicht mit Calciumoxalatkristallen; Sklerenchymzellen stark getüpfelt (1); Sklerenchymfasern lang gestreckt, stark getüpfelt (2).

F Samen (quer); Testa (1); Endosperm (2, mit Öltröpfchen); Embryo (3).

G Testa (quer); Steinzellschicht (1) mit stark verdickten und getüpfelten Zellen, Lumen häufig braun; Schicht kollabierter Zellen (2); Pigmentschicht (3) braun; darunter Endosperm (4).

H Steinzellschicht der Testa (Aufsicht); Zellen unregelmäßig wellig, dickwandig, stark getüpfelt.

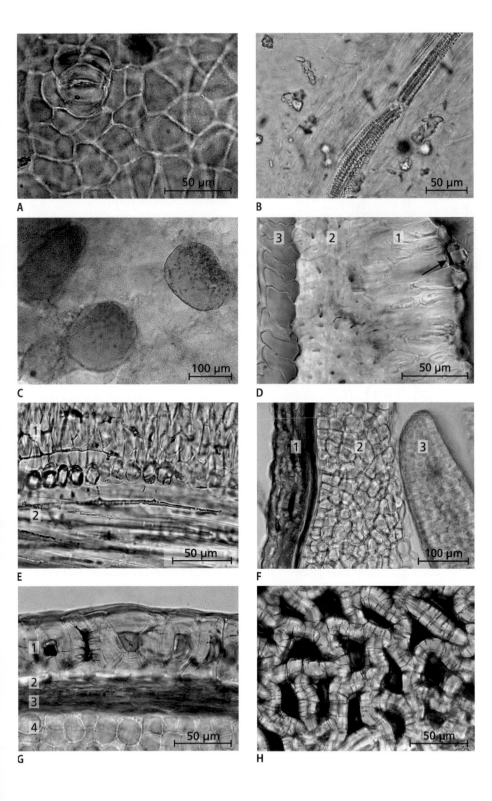

Kümmel – Carvi fructus

Carum carvi L., Apiaceae, Ph. Eur.

Makroskopische Merkmale

In Teilfrüchte zerfallene Doppelachänen; Teilfrüchte graubraun, leicht gekrümmt, 3 bis 6 mm lang, 1 bis 2 mm breit, Außenseite gewölbt, Rippen 5, hervortretend, hell; Innenseite flach (Fugenseite); Querschnitt regelmäßig fünfeckig; Griffelpolster (Pfeil) am oberen Ende; Teilfrüchte lösen sich leicht vom Karpophor; Geruch: aromatisch; Geschmack: würzig, aromatisch.

Inhaltsstoffe

Mindestens 30 ml kg^{-1} ätherisches Öl (nach Ph. Eur.); Hauptkomponenten Carvon und Limonen; fettes Öl.

Anwendung

Zur symptomatischen Linderung von Verdauungsstörungen wie Blähungen und Flatulenz (*traditional use* nach HMPC-Monographie); bei Blähungskoliken von Kindern (nach ESCOP-Monographie); Gewürz.

Mikroskopische Merkmale

A Exkretgang („Ölstriemen") im Tal (4 Exkretgänge in den Tälern und 2 an der Fugenseite beidseitig der Raphe, d. h. jede Teilfrucht mit 6 großen Exkretgängen); Leitbündel in der Rippe; Mesokarp schmal.

B Fruchtwand und Samen (quer); Endosperm (1); Testa (2), Zellen meist kollabiert, braun; Endokarp (3); Mesokarp (4); Exokarp (5); Zellen des Endosperms weiß, dickwandig, hell, Calciumoxalatrosetten; Aleuronkörner.

C Fugenseite (quer); Endosperm (1); Testa (2) im Bereich der Raphe mehrschichtig; Testa und Endokarp (3) im Bereich der Raphe voneinander getrennt; 2 Exkretgänge neben dem Raphenleitbündel (Pfeil); Mesokarp (4).

D Exkretgang („Ölstriemen", quer) breit, mit einschichtigem, braunem Sekretionsepithel.

E Rippe (quer) mit Sklerenchymfaserbündel; in der Spitze der Rippe kleiner Exkretgang (Pfeil) (Phloem und Xylem benachbart zum Sklerenchym, schwierig zuzuordnen; Präparat in Phgl-HCl).

F Exkretgang (längs; „Ölstriemen") in der Fruchtwand; Ölkugel im Gang.

G Endokarp (Aufsicht); Zellen dünnwandig, lang gestreckt, quer zum Exkretgang verlaufend („Querzellen").

H Exokarp; Zellen polygonal bis leicht gestreckt, dickwandig; Spaltöffnungen rundlich, oval; Cuticularstreifung.

Exokarp an der Fugenseite verholzt; Karpophor mit Leitbündeln und Sklerenchymfasern; Embryo.

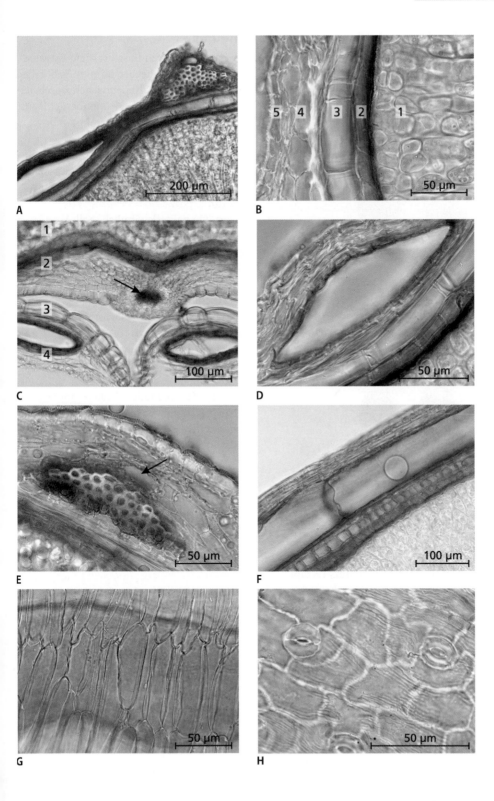

Mariendistelfrüchte – Silybi mariani fructus[9]

Silybum marianum (L.) Gaertner, Asteraceae, Ph. Eur.

Makroskopische Merkmale

Reife, vom Pappus befreite Früchte; Achäne; Pappus (Pfeil) meist abgefallen; flach gedrückt, länglich bis schief eiförmig, 6 bis 8 mm lang, 3 mm breit, 1,5 mm dick; Exokarp glatt und glänzend, schwarzbraun bis graubraun, streifig bis gescheckt, oberes Ende mit ringförmigem, vorspringendem Rand, basal mit rinnenförmigem Nabel; Geschmack: leicht nussig.

Inhaltsstoffe

Mindestens 1,5 % Silymarin (Flavonolignane), berechnet als Silibinin (nach Ph. Eur.); fettes Öl.

Anwendung

Droge: bei dyspeptischen Beschwerden; Extrakte[10] bei alkoholbedingten Lebererkrankungen (*well-established use*) und bei dyspeptischen Beschwerden (*tradional use*; nach ESCOP-Monographie und HMPC-Monographie, in Vorbereitung).

Mikroskopische Merkmale

A   Achäne (quer); Exokarp (1); Pigmentschicht des Mesokarps (2); Mesokarp (3); Endokarp (4); Testa (5).

B   Exokarp (1) palisadenähnlich, hell, Wände im äußeren Drittel verdickt, Lumen flaschenartig; Pigmentschicht (2); Mesokarp (3) aus runden (faserartigen), getüpfelten Zellen.

C   Exokarp (Aufsicht); Zellen hell, farblos, mit kleinem, strichförmigem Lumen.

D   Pigmentschicht des Mesokarps; einige Zellen in Chloralhydrat leuchtend rot.

E   Mesokarp (Aufsicht); Zellen faserartig gestreckt; Zellwand dünn, leistenartig verdickt (im Querschnitt rundlich).

F   Endokarp (1) palisadenähnlich, mehrreihig dachziegelartig angeordnet, gelb gefärbt, verholzt, mit der Testa verwachsen (Achäne); Zellen der mehrschichtigen Testa (2) häufig kollabiert.

G   Endokarp (Aufsicht); Zellen gelblich, stark getüpfelt, verholzt.

H   Embryo mit Calciumoxalatrosetten, Öltröpfchen, Aleuronkörnern, keine Stärke.

Endosperm nur aus einer Aleuronschicht bestehend.

---

9   Veraltete Drogenbezeichnung: Cardui mariae fructus (syn.: *Carduus marianus* L.).

10   Standardisierte Extrakte (wirksame Tagesdosis 200 bis 400 mg Silymarin) zu bevorzugen, da Silymarin in Teezubereitungen schlecht wasserlöslich ist.

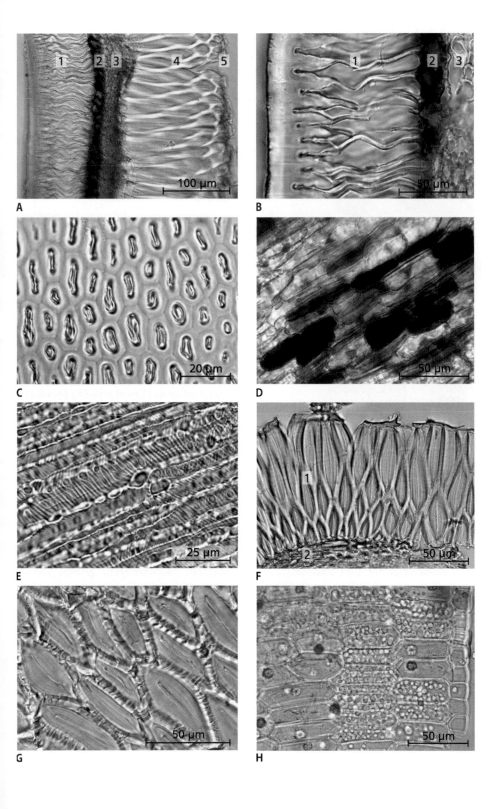

Mönchspfefferfrüchte[11] – Agni casti fructus

Vitex agnus-castus L., Lamiaceae[12], Ph. Eur.

Makroskopische Merkmale

Ganze, reife Früchte; Steinfrucht viersamig, schwarzbraun bis olivschwarz, oval bis kugelig, Ø bis 5 mm; Kelch ausdauernd mit 4 bis 5 kurzen Zipfeln, filzig grau behaart, umschließt becherförmig bis zu zwei Drittel der Frucht; Frucht selten ohne Kelch, teilweise mit 1 mm langem Fruchtstiel; Ansatzstelle des Griffels (Pfeil) meist erkennbar; Frucht im Querschnitt mit 4 Fächern und jeweils einem länglichen Samen; Fruchtwand in Richtung Endokarp zunehmend sklerenchymatisch; Geruch: salbeiartig, aromatisch; Geschmack: würzig, scharf, pfefferartig.

Inhaltsstoffe

Iridoidglykoside; Flavonoide mit mindestens 0,08 % Casticin (nach Ph. Eur.); ätherisches Öl.

Anwendung

Linderung von Symptomen an den Tagen vor der Menstruation (prämenstruelles Syndrom, PMS; *well stablished* and *traditional use* nach HMPC-Monographie).

Mikroskopische Merkmale

A   Äußere Epidermis des Kelchs mit ein- bis fünfzelligen, einreihigen, geraden oder gekrümmten Deckhaaren, spitz endend (wenige Drüsenhaare; innere Epidermis unbehaart).

B   Drüsenhaar des Exokarps (quer; siehe auch D).

C   Zellen des Exokarps (Aufsicht) dickwandig, deutlich sichtbare Tüpfel, braun bis farblos.

D   Drüsenhaare mit einzelligem Stiel und meist vierzelligem Köpfchen auf dem Exokarp.

E   Frucht (quer) mit 2 Samenfächern; Embryo mit 2 Kotyledonen (1); Endosperm (2); Testa (3; Pfeil), Steinzellen des Endokarps (4); Mesokarp (5).

F   Mesokarp mit Leitbündeln (quer); Zellwände leicht verdickt, getüpfelt (Präparat in Phgl-HCl).

G   Endokarp mit gelben Steinzellen, diese mit sternförmigem Lumen; Zellwände sehr stark verdickt und lignifiziert; äußere Schicht der Testa (Pfeil).

H   Testa (1) mit rippen- oder treppenförmigen Verdickungsleisten; äußere Schicht der Testa (Pfeil) mit braunen, kleinen Zellen; Endokarp (2) mit lignifizierten, dickwandigen, großen Zellen (Präparat in Phlg-HCl).

Endosperm mit dünnwandigem Parenchym mit Aleuronkörnern und zahlreichen Öltröpfchen.

---

11   Im Mittelalter in Klöstern zur Dämpfung der Libido verwendet (Name).

12   Früher: Verbenaceae.

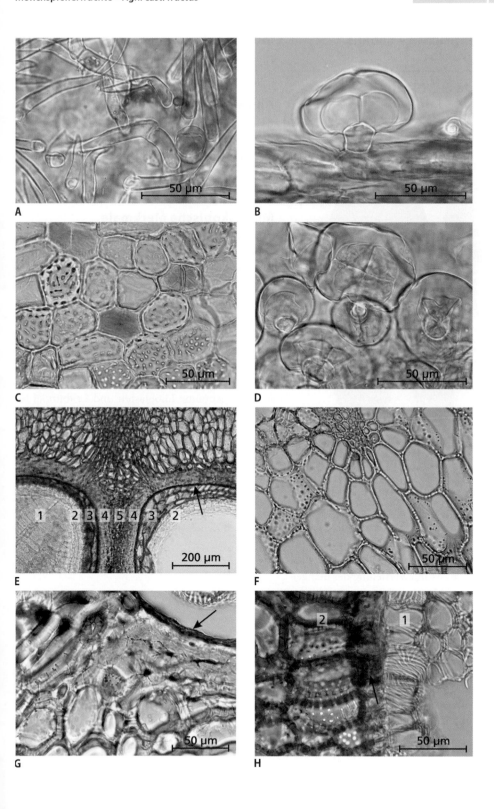

Sägepalmenfrüchte – Sabalis serrulatae fructus

Serenoa repens[13] (Bartram) Small., Arecaceae, Ph. Eur.

Makroskopische Merkmale

Reife Früchte; Steinfrucht (a) oval bis kugelförmig, bis 2,5 cm lang und bis 1,5 cm dick, dunkelbraun bis fast schwarz, manchmal kupferfarben glänzend, grobfaltig; an der Spitze manchmal Reste des Kelchs und des Griffels; Basis mit Vertiefung der Stängelnarbe; Exokarp und Mesokarp bilden zerbrechliche, sich teilweise abhebende Schicht; Endokarp dünn, blassbraun, faserig und leicht abtrennbar; Samen (b) unregelmäßig kugelig bis eiförmig, bis 15 mm lang und bis 8 mm dick, sehr hart; Samenschale rötlich braun, glatt oder fein gefältelt; über Raphe und Mikropyle erhabene, hellere, häutige Stelle; Samenschale dünn; Endosperm grauweiß bis ockergelb; Embryo klein; Geruch: charakteristisch, nicht ranzig.

Inhaltsstoffe

Mindestens 11,0 % Gesamtfettsäuren (nach Ph. Eur.); Sterole.

Anwendung

Extrakt zur symptomatischen Behandlung der benignen Prostatahyperplasie BPH[14] nach ärztlichem Ausschluss einer ernsthaften Erkrankung (*well-established use* und *traditional use* nach HMPC-Monographie).

Mikroskopische Merkmale

A   Fruchtwand (quer) mit Exokarp (3), Mesokarp (2), Endokarp (1); orangebraune Idioblasten im Mesokarp.

B   Exokarp mit kleinzelligen, rötlich braunen, dickwandigen Zellen (Aufsicht).

C   Exokarp aus mehreren Lagen rötlich brauner Zellen bestehend; dicke Cuticula; innere Zellen größer und dünnwandig; eingestreute Steinzellen.

D   Leitbündel im Mesokarp (längs).

E   Orangebraune Idioblasten und Leitbündel im Mesokarp (quer; vereinzelt Steinzellen).

F   Steinzellen des Endokarps mit starker Tüpfelung (Steinfrucht).

G   Samenschale mit orangebraunen Zellen; Steinzellgruppen (Zellen der inneren Schicht der Samenschale kleiner).

H   Endosperm mit dickwandigen, grob getüpfelten, hellen Zellen (quer).

---

13   Syn.: *Sabal serrulata* (Michaux) Schult.f.

14   Zuordnung: Benignes Prostatasyndrom (BPS).

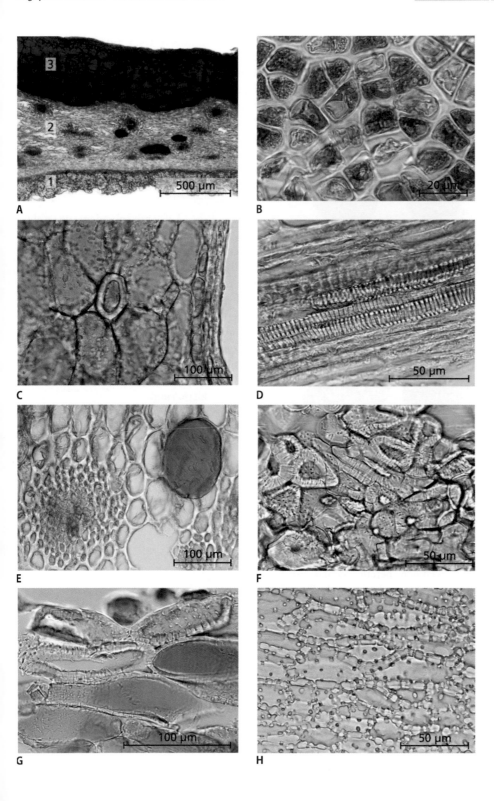

Schisandrafrüchte – Schisandrae fructus

Schisandra chinensis (Turcz.) Baill., Schisandraceae, Ph. Eur.

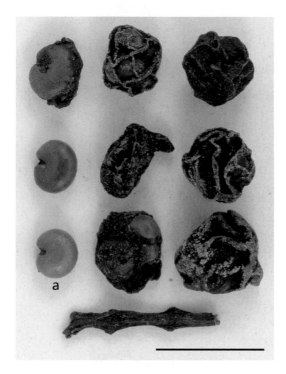

a

Makroskopische Merkmale

Reife Früchte; Beere kugelig bis flachgedrückt; Oberfläche schrumpelig, dunkelrot bis schwarzbraun, manchmal weißlich bereift; Samen (a) 1 bis 2, nierenförmig, gelbbraun; Samenschale dünn und brüchig; Geschmack: Frucht säuerlich, Samen leicht bitter und scharf.

Inhaltsstoffe

Samen: Lignane, mindestens 0,4 % Schisandrin (nach Ph. Eur.); Frucht: ätherisches Öl.

Anwendung

In der traditionellen chinesischen Medizin.

Mikroskopische Merkmale

A Fruchtwand und Testa (quer); Exokarp (1) mit Ölidioblasten (Pfeil); Meso- und Endokarp (2) mehrreihig; äußere Testa: radiär palisadenartig (3) und quer (4) gestreckte Sklereiden.

B Exokarp (Aufsicht); starke Cuticularstreifung; Ölidioblast (Pfeil).

C Exokarp (quer); Ölidioblast (Pfeil); Zellen des Mesokarps oval bis flach, mit Stärkekörnern.

D Rotbraunes Mesokarp; Leitbündel.

E Samen (quer); äußere Testa mit palisadenartig (1) und quer (2) gestreckten Sklereiden; innere Testa (3); Nährschicht (4) braun, kollabiert; Endosperm (5).

F Äußere Testa (Aufsicht); palisadenartig (rechts) und quer (links) gestreckte Sklereiden mit dicht liegenden Tüpfelkanälen; Braunfärbung durch Gerbstoffe.

G Innere Testa mit gleichmäßigen, rechteckigen, großen Zellen; darunter braune Nährschicht; Zellen des Endosperms hell, dickwandig; Öltropfen.

H Endosperm; Zellen dickwandig; Aleuronkörner orange angefärbt (Präparat in Iod-Glycerin).

Stärkekörner klein, rund.

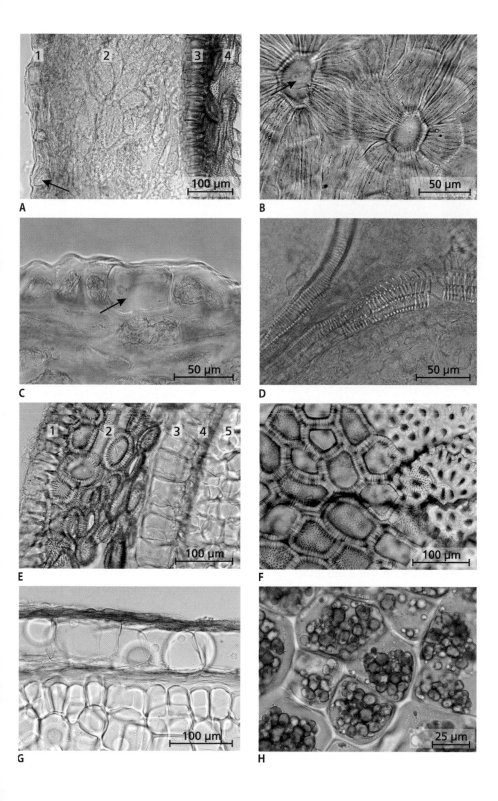

4

Tinnevelly-Sennesfrüchte – Sennae fructus angustifoliae[15]

Cassia angustifolia Vahl., Fabaceae[16], Ph. Eur.

Makroskopische Merkmale

Hülsenfrüchte (a); Fruchtblatthälften flach, nierenförmig gebogen, bis 5 cm lang und 1,5 bis 1,8 cm breit, pergamentartig, bräunlich, am Rand grünlich, über den Samen dunkelbraun, hier Früchte dicker; Nervatur fein, netzartig; Samen (c) 5 bis 10, weißlich bis grau-grün, umgekehrt herz- bis keilförmig, abgeflacht, Oberfläche mit quer verlaufenden, nicht zusammenhängenden Leisten; Geruch:

schwach; Geschmack: erst süßlich, dann leicht bitter-kratzend.

Inhaltsstoffe

Mindestens 2,2 % Hydroxyanthracenglykoside, berechnet als Sennosid B (nach Ph. Eur.).

Anwendung

Wissenschaftlich belegte kurzzeitige Anwendung bei gelegentlicher Verstopfung (*well-established use* nach HMPC-Monographie; ▶ Glossar unter Laxans).

Mikroskopische Merkmale

A   Exokarp mit geradwandigen Zellen; anomocytische und paracytische Spaltöffnungen.

B   Exokarp mit einzelligem, spitzem, dickwandigem Kniehaar mit warziger Cuticula.

C   Fruchtwand (quer); Cuticula dick; Exokarp (1); Mesokarp (2) mit Leitbündeln; Leitbündel von Sklerenchymhaube umgeben (Pfeil); 2 Lagen sich kreuzender, verholzter Fasern (3); Faserschicht durch Kristallzellschicht begleitet; Endokarp (4) großzellig, mehrreihig.

D   Leitbündel im Mesokarp (Aufsicht) von Sklerenchymfasern mit Kristallzellen umgeben.

E   Mesokarp mit 2 Lagen sich kreuzender, verholzter Fasern.

F   Kristallzellschicht (Calciumoxalatkristalle) auf der Faserschicht (Aufsicht).

G   Samen (quer); Zellen des Endosperms dickwandig (1); Zellen des Endosperms kollabiert (2); Testa (3 und 4); „Pufferzellen" (3) mit unterschiedlich vielen Zellreihen, Samenoberfläche dadurch buckelig (makroskopisch: Leisten); Palisadenzellen (4); dicke Cuticula.

H   Palisadenzellen der Testa (Aufsicht).

Embryo mit äquifacialem Blattquerschnitt.

---

15   Außerdem in Ph. Eur.: Alexandriner-Sennesfrüchte – Sennae fructus acutifoliae – *Cassia senna* L. (syn.: *C. acutifolia* Delile); Hülsen (b) 2 bis 2,5 cm breit; Samen (d) 5 bis 7, Oberfläche mit zusammenhängendem Leistennetz; mindestens 3,4 % Hydroxyanthracenglykoside, berechnet als Sennosid B (nach Ph. Eur.); eng verwandte Arten; in der botanischen Literatur vielfach zu *Senna alexandrina* Mill. zusammengefasst.

16   Früher: Caesalpiniaceae.

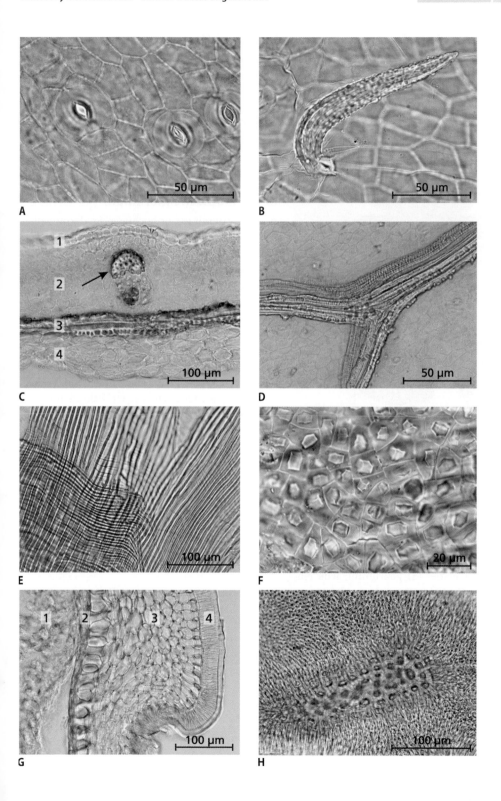

A

B

C

D

E

F

G

H

Sternanis – Anisi stellati fructus

Illicium verum Hooker fil., Schisandraceae[17], Ph. Eur.

Makroskopische Merkmale

Sammelbalgfrüchte; Sammelfrucht im Ø bis 3 cm, mit meist 8 ungleich entwickelten, einzelnen Samen, sternförmig um mittelständige Achse (Columella) angeordnet; Fruchtstiel (a) gekrümmt; jede einzelne Balgfrucht (b) 12 bis 22 mm lang, 6 bis 12 mm hoch, kahnförmig, zum Bug zusammengedrückt, mit relativ kurzer Spitze; Fruchtwand braun, derb strukturiert; Einzelfrüchte können an der Bauchnaht aufgesprungen sein; Samen (c) glänzend rötlich braun, eirund, zusammengedrückt, etwa 8 mm lang, mit Nabel und linienförmiger Raphe; Geruch: nach Anis; Geschmack: nach Anis.

Inhaltsstoffe

Mindestens 70 ml kg^{-1} ätherisches Öl, mindestens 86,0 % trans-Anethol im ätherischen Öl (nach Ph. Eur.).

Anwendung

Bei Katarrhen der Luftwege; bei dyspeptischen Beschwerden (nach Monographie Kommission E); Gewürz.

Mikroskopische Merkmale

A   Exokarp mit wellig-buchtigen Epidermiszellen; Cuticula stark gestreift (gelegentlich anomocytische Spaltöffnungen).
B   Mesokarp mit großzelligem Gewebe; Leitbündel; Ölzellen.
C   Endokarp (quer) mit palisadenartigen, dickwandigen Zellen, 400 bis 600 μm hoch, schwach getüpfelt; Mesokarp (links) braun.
D   Bauchnaht der Balgfrucht (quer); Mesokarp aus faserartigen Steinzellen, Endokarp aus kürzeren, stark verdickten Steinzellen bestehend.
E   Äußere Samenschale (quer); Palisaden (1) bis 200 μm hoch; Zellen gelb, verholzt, stark getüpfelt; Steinzellen großlumig (2).
F   Samenschale vierschichtig (Palisaden siehe E); Steinzellen großlumig (1) („Tafelzellen"); Parenchymzellen braun (2); kollabierte Zellen (3) mit Calciumoxalatkristallen (Pfeil).
G   Palisaden der Samenschale (Aufsicht) stark getüpfelt.
H   Verzweigte Steinzellen („Astrosklereiden") der Columella (längs).

Endosperm aus dünnwandigen Zellen.

---

17   Früher: Illiciaceae.

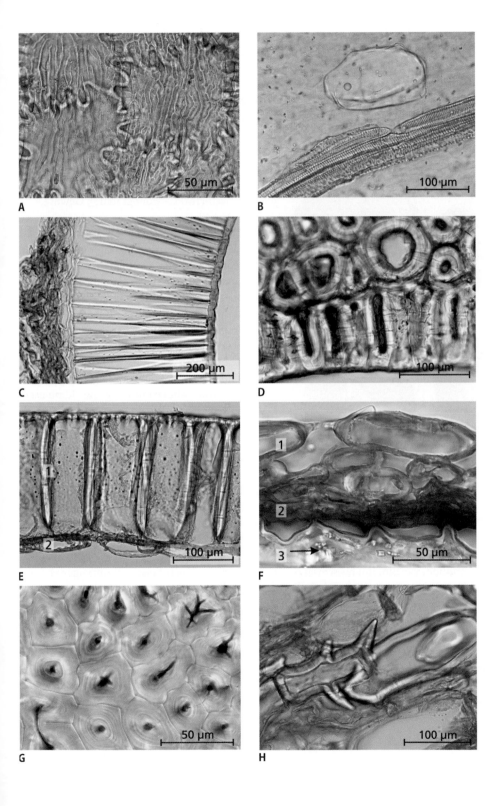

Wacholderbeeren – Juniperi galbulus[18]

Juniperus communis L., Cupressaceae, Ph. Eur.

Makroskopische Merkmale

Reife Beerenzapfen (Scheinfrucht aus 3 fleischigen Samenschuppen); Früchte kugelig, Ø bis 10 mm groß, etwas geschrumpft, violettbraun bis schwarzbraun, häufig bläulich bereift, am Scheitel dreistrahlige Furche (a); teilweise kurzer Stielrest (b); Fruchtgewebe bräunlich, krümelig, 3 Kammern mit jeweils 1 Samen; Samen klein, sehr hart, scharf dreikantig, nach oben zugespitzt, im unteren Teil mit dem Fruchtgewebe verwachsen, untereinander frei; Beerenzapfen gequetscht (c); Geruch: stark aromatisch; Geschmack: aromatisch, würzig.

Inhaltsstoffe

Mindestens 10 ml kg^{-1} ätherisches Öl (nach Ph. Eur.); Invertzucker; Catechingerbstoffe.

Anwendung

Wacholderbeeren und Wacholderöl: zur Erhöhung der Harnmenge und damit zur Durchspülung der Harnwege bei leichten Harnwegsbeschwerden, bei dyspeptischen Verdauungsbeschwerden; äußerlich bei leichten Muskel- und Gelenkschmerzen (*traditional use* nach HMPC-Monographie); Gewürz.

Mikroskopische Merkmale

A Epidermiszellen unregelmäßig polygonal, mit farblosen, dicken, getüpfelten Wänden und braunem harzigem Inhalt; anomocytische Spaltöffnungen (nur an oberen Fruchtteilen).

B Epidermis (quer) mit dickwandigen Zellen; Hypodermis kollenchymatisch.

C Epidermiszellen im Bereich der dreistrahligen Furche papillös verzahnt.

D Fruchtfleisch; Gewebe großzellig, mit körnigem Inhalt; Interzellularräume groß; Idioblasten groß, vereinzelt oder in Gruppen („Tonnenzellen"; schlitzförmige Tüpfel).

E Exkretbehälter im Fruchtfleisch.

F Samenschale (quer) mehrschichtig; charakteristische Steinzellschicht; Exkretbehälter an der Außenfläche der Samen (Pfeil).

G Steinzellen der Samenschale mit Calciumoxalatkristallen.

H Nährgewebe des Samens (quer).

Leitbündel im Fruchtfleisch; Embryogewebe aus dünnwandigen Zellen.

---

18 Früher: Juniperi pseudo-fructus; Nacktsamige Pflanze (Gymnospermen): keine Früchte.

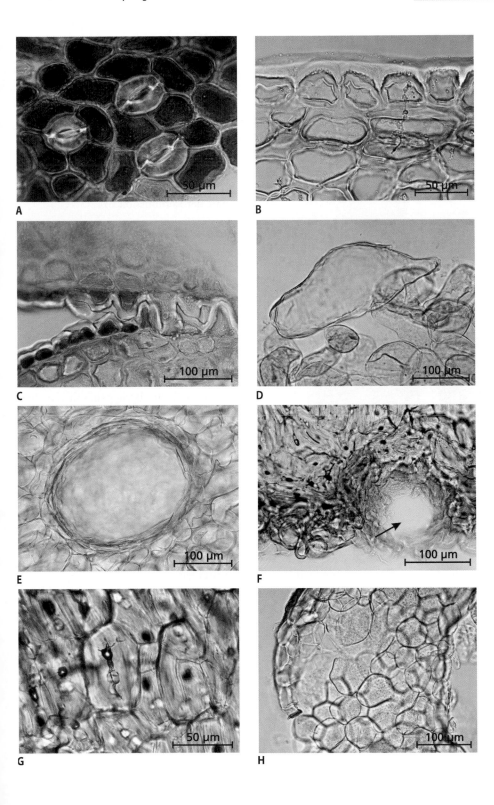

Weißdornfrüchte – Crataegi fructus

Crataegus monogyna Jacq. (Lindm.), *Crataegus laevigata*[19] (Poir.) D. C., ihre Hybriden oder Mischungen, Rosaceae, Ph. Eur.

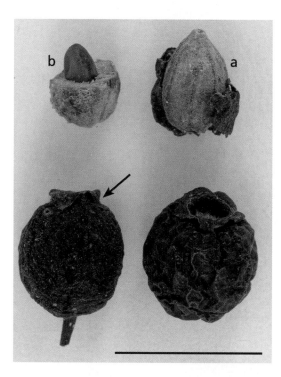

Makroskopische Merkmale

Scheinfrüchte; *C. monogyna*: Achsenbecher eiförmig bis kugelig, 6 bis 10 mm lang, 4 bis 8 mm breit,
rötlich braun bis dunkelrot, fleischig, Oberfläche
feinrunzelig, apikal Scheibe mit Griffelresten, umgeben von 5 zurückgeschlagenen Kelchzipfelresten
(Pfeil); Fruchtstiel oder blasse, runde Abbruchnarbe
basal; Nussfrucht (a) gelb bis braun, eiförmig, hart,
dickwandig; Samen (b) 1, länglich, hellbraun, glatt
glänzend; *C. laevigata*: Achsenbecher bis 13 mm
lang; Reste von 2 Griffeln; Nussfrüchte 2 bis 3,
bauchseitig abgeflacht, an der Spitze Haare; keine
Früchte anderer *Crataegus*-Arten (mehr als 3 harte
Nussfrüchte).

Inhaltsstoffe

Mindestens 0,06 % Procyanidine berechnet als Cy-
anidinchlorid (nach Ph. Eur.); Flavonoide (Hauptkomponente Hyperosid).

Anwendung

Bei Herzbeschwerden; zur Unterstützung der Herz-
Kreislauf-Funktion (nach ESCOP-Monographie);
Erarbeitung einer HMPC-Monographie wurde ein-
gestellt; Wirksamkeit nicht ausreichend belegt (nach
Monographie der Kommission E).

Mikroskopische Merkmale

A   Epidermis des Achsenbechers (Aufsicht); Zellwände gerade, dickwandig.

B   Rosaceen-Haare, am Scheitel, mit schraubiger
Textur, spitz, dickwandig (Präparat in Phgl-
HCl).

C   Achsenbecher (quer); Epidermis- und Hypodermiszellen dickwandig.

D   Mesophyll interzellularenreich; Leitbündel;
Sklerenchymfasern; Calciumoxalatkristalle.

E   Mesophyll mit Steinzellgruppen, innen dichter
liegend; Calciumoxalatdrusen.

F   Sehr harte Fruchtwand mit vielen Steinzellen
(teilweise gestreckt).

G   Samenschale (quer); Epidermis (1) aus (sechs-
eckigen) Schleimzellen; Membranschleim geschichtet, stark quellend (Pfeil); Pigmentschicht
der Samenschale (2); kollabierte Zellen (3); Endosperm (4); (Embryo unspezifisch; helle Ölkugeln).

H   Pigmentschicht der Samenschale mit Calciumoxalatkristallen.

---

19 Syn.: *Crataegus oxyacantha* L.

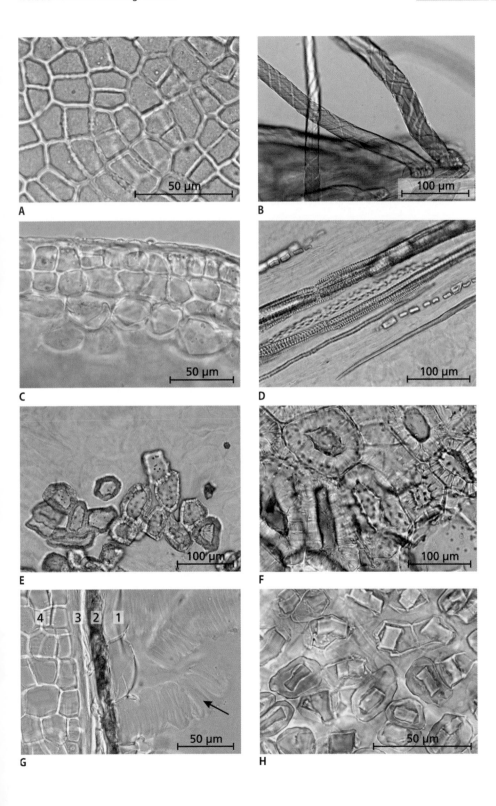

A

B

C

D

E

F

G

4 3 2 1

H

Samen-Drogen

© Springer-Verlag GmbH Deutschland 2017
B. Rahfeld, *Mikroskopischer Farbatlas pflanzlicher Drogen*, DOI 10.1007/978-3-662-52707-8_5

Bockshornsamen – Trigonellae foenugraeci semen[1]

Trigonella foenum-graecum L., Fabaceae, Ph. Eur.

Makroskopische Merkmale

Reife Samen; Samen hart, hellbraun, braunrot bis grünlich, flach, rhomboid mit abgerundeten Rändern, 3 bis 5 mm lang, 2 bis 3 mm breit und 1,5 bis 2 mm dick, durch diagonale Furche in zwei unterschiedlich große Bereiche geteilt; Samenschale und Endosperm dringen tief zwischen die Kotyledonen (größerer Bereich) und die Keimwurzel (kleinerer Bereich); Nabel am Ende der Rinne; Raphe sehr kurz; Geruch: charakteristisch, würzig; Geschmack: bitter, schleimig.

Inhaltsstoffe

25 bis 45 % Schleimstoffe; Quellungszahl mindestens 6 (pulverisierte Droge; nach Ph. Eur.); Steroidsaponine; Spuren von ätherischem Öl (Geruch).

Anwendung

Innerlich: bei Appetitlosigkeit; äußerlich: leichte Hautentzündungen (*traditional use* nach HMPC-Monographie); Gewürz.

Mikroskopische Merkmale

A Samen (quer); Samenschale (1), Endosperm (2); Embryo (3).

B Samenschale (quer); Epidermis mit Cuticula (1); Trägerzellen (2); Nährschicht zwei- bis mehrreihig (3); Kleberschicht (4); Endosperm (5); helle Lichtlinie in der Epidermis.

C Zellen der Epidermis (1) spitz zulaufend, palisadenförmig; Zellwände nach außen verdickt; Trägerzellen (2; „säulenfußartig") trapezförmig, mit radiären Verdickungsleisten; Interzellularräume an der Basis fehlend, im oberen Teil zwischen den Zellen dreieckig.

D Epidermis (Aufsicht); Zellspitzen ragen bis in die Cuticula (feine Punktierung der Cuticula in der Aufsicht).

E Trägerzellen mit radiären Verdickungsleisten (Aufsicht).

F Kleberschicht (Aleuronschicht) mit verdickten Zellwänden.

G Endosperm (quer) mit großen Schleimzellen („Schleimendosperm"); Kleberschicht (Pfeil).

H Keimblatt des Embryos (Keimblätter in $FeCl_3$ rötlich, in KOH gelb).

---

1   Ältere Drogenbezeichnung: Foenugraeci semen.

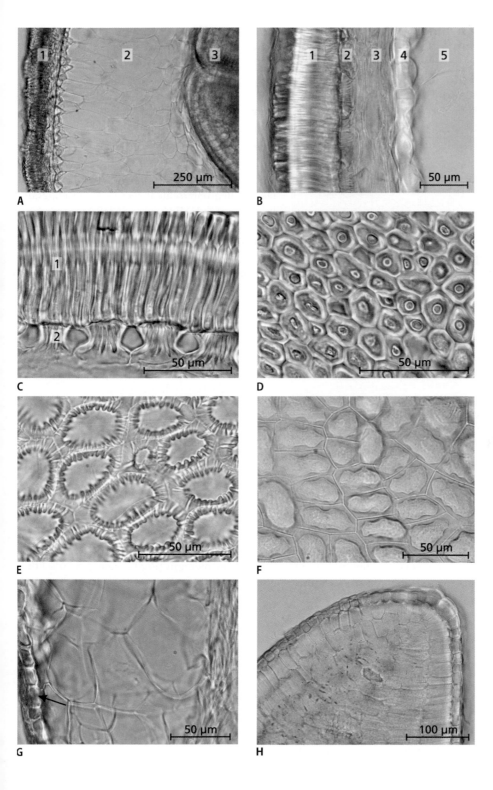

Indische Flohsamen – Plantaginis ovatae semen[2]

Plantago ovata[3] Forssk., Plantaginaceae, Ph. Eur.

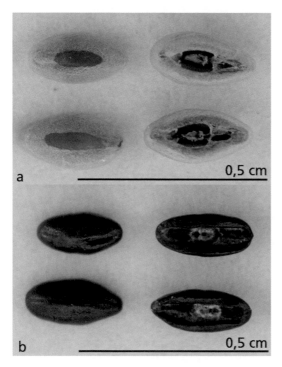

a   0,5 cm

b   0,5 cm

Makroskopische Merkmale

Reife Samen; Samen (a) blassrosa bis beige, glatt, schiffchenförmig, oval, 1,5 bis 3,5 mm lang, 1 bis 2 mm breit und 1 bis 1,5 mm dick; konvexe Seite (a, links) mit länglichem, rötlich braunem Fleck (Embryo); an konkaver Seite (a, rechts) Aushöhlung (Hilum) mit weißlicher Haut bedeckt; Geschmack: schleimig.

Inhaltsstoffe

20 bis 30 % Schleimstoffe (Arabinoxylane); Quellungszahl mindestens 9 (nach Ph. Eur.); Proteine; fettes Öl.

Anwendung

Wissenschaftlich belegte, innerliche kurzzeitige Anwendung bei habitueller Obstipation oder zur Bildung von weichem Stuhl; Adjuvans beim Reizdarmsyndrom, bei Hypercholesterolämie und Durchfällen unterschiedlicher Genese (*well-established use* nach HMPC- und ESCOP-Monographie); ausreichende Flüssigkeitszufuhr (30 ml auf 1 g); 1 h Abstand zur Einnahme weiterer Arzneimittel.

Mikroskopische Merkmale

A   Halber Samen (quer); Samenschale (3; siehe B); Endosperm (2); Embryo (1).

B   Samenschale (quer); Schleimepidermis (1); Schicht farbloser, meist kollabierter Zellen (2), löst sich leicht vom restlichen Samen ab (Indische Flohsamenschalen); Pigmentschicht (3) dunkelbraun; Endosperm (4).

C   Zellen des Endosperms mit verdickten, stark getüpfelten Wänden (fettes Öl, Aleuronkörner).

D   Embryo mit dünnwandigen Zellen (fettes Öl, Aleuronkörner).

E   Epidermis (Aufsicht); Epidermiszellen länglich, zugespitzt (oben: Indischer Flohsamen) oder polygonal (unten: Psyllii semen; braune Pigmentschicht durchscheinend).

F   Querschnitt im Bereich der Kotyledonen (Psyllii semen).

G   Schleimepidermis (Psyllii semen) in 70 % Ethanol (oben); langsames Aufquellen nach Erwärmen (unten).

H   Schleimepidermis gequollen; innere Schleimschichten mit Papillen (Pfeil).

---

2   Außerdem in Ph. Eur.: Indische Flohsamenschalen – Plantaginis ovatae seminis tegumentum; Quellungszahl mindestens 40; Flohsamen – Psyllii semen – *Plantago afra* L., *P. indica* L.; Samen (b) dunkelrotbraun bis schwarzbraun; Quellungszahl mindestens 10.

3   Syn.: *Plantago ispaghula* Roxb.

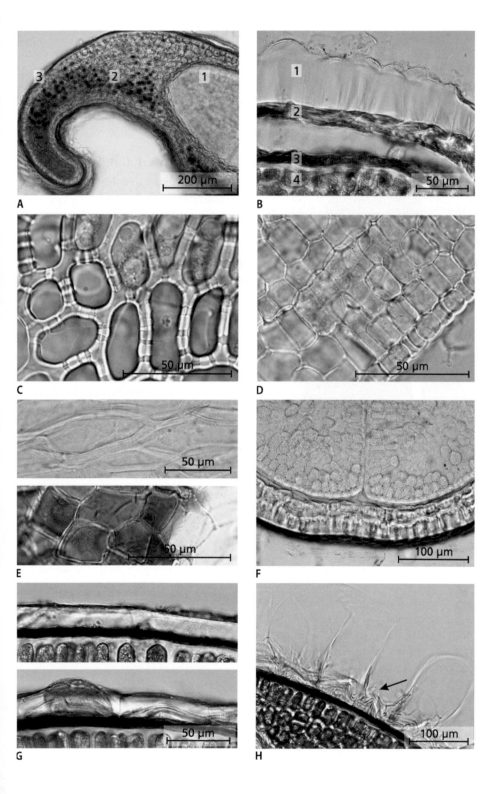

Kolasamen – Colae semen

Cola nitida (Vent.) Schott et Endl.[4] und deren Varietäten und Cola acuminata (P. Beauv.) Schott et Endl.[5], Malvaceae[6], Ph. Eur.

Makroskopische Merkmale

Von der Samenschale befreite, ganze oder zerkleinerte Samen, d. h. nur Keimblätter und Keimlings-
wurzel (Pfeil); Samen länglich, stumpf, deformiert,
5 bis 15 g schwer, hart; Außenseite (a) schwach
runzelig, unregelmäßig gewölbt, tief dunkelbraun;
Innenseite (b) flach bis nach innen gewölbt, rötlich
braun; C. nitida: 2 Keimblätter (c) aneinander ge-
presst, 3 bis 4 cm lang, in der Droge meist einzeln
vorliegend; C. acuminata: kleiner, tiefe Einfaltungen
bilden 4 bis 8 unregelmäßige Teilstücke; Kolasamen
zerkleinert (d); Geruch: schwach aromatisch; Geschmack: zusammenziehend, schwach bitter.

Inhaltsstoffe

Mindestens 1,5 % Coffein (nach Ph. Eur.); Gerbstoffe (Kolarot); Stärke.

Anwendung

Bei Symptomen von Müdigkeit und Schwächegefühl (traditional use nach HMPC-Monographie).

Mikroskopische Merkmale

A Äußere Epidermis des Keimblatts (quer); Zellen
   radial gestreckt, dickwandig, braun.
B Äußere Epidermis (Aufsicht); Zellen verdickt,
   geradwandig, braun.
C Mesophyll des Keimblattes parenchymatisch;
   Zellwände braun; einzelne dunkelrote Gerbstoffzellen (Kolarot; Phlobaphene).
D Mesophyll des Keimblattes mit Leitbündeln
   (längs Schraubentracheen sichtbar).
E Mesophyllzellen dicht mit Stärkekörnern gefüllt
   (Präparat in 50 % Glycerin).
F Stärkekörner ei-, nieren- oder keulenförmig,
   mit konzentrischer Schichtung und stern- und
   schlitzförmigen, exzentrischen Trocknungsspal-
   ten.

Zellen der inneren Epidermis isodiametrisch,
braun, leicht verdickt.

---

4   Syn.: C. vera K. Schum.
5   Syn.: Sterculia acuminata P. Beauv.
6   Früher: Sterculiaceae.

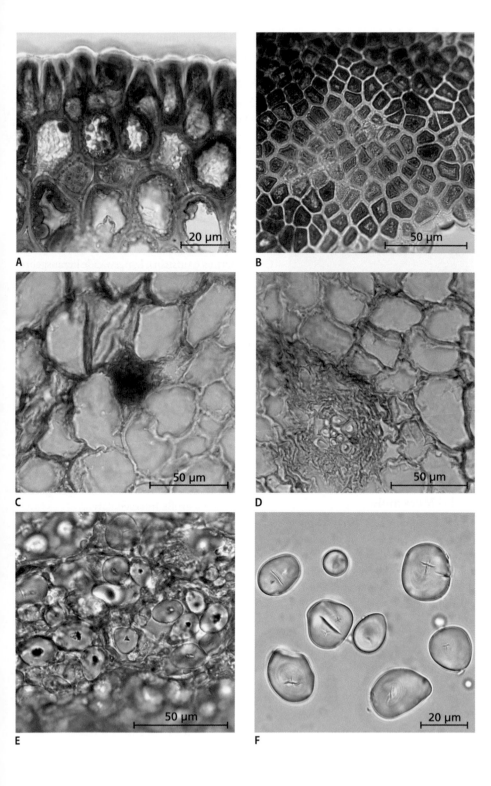

Kürbissamen – Cucurbitae semen

Cucurbita pepo L., Cucurbitaceae, DAB

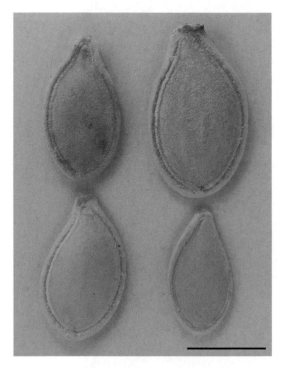

Makroskopische Merkmale

Ganze, reife Samen; Samenschale hart, gelblich weiß (Abbildung) oder weich und grün gefärbt, bis 25 mm lang, eiförmig, doppelt so lang wie breit, verjüngtes Ende zugespitzt, entgegengesetztes Ende abgerundet; Oberfläche rau; Samenrand wulstig; Geschmack: schleimig-süßlich, ölig.

Inhaltsstoffe

Etwa 1 % Steroide; Tocopherole; Spurenelemente (besonders Selen); Proteine; fettes Öl; Kohlenhydrate.

Anwendung

Bei Beschwerden der ableitenden Harnwege im Zusammenhang mit benigner Prostatahyperblasie (BPH[7]) oder einer Reizblase nach ärztlichem Aus-

schluss einer ernsthaften Erkrankung (*traditional use* nach HMPC-Monographie).

Mikroskopische Merkmale

A   Samenschale (quer außen); Cuticula; Epidermis (1) mit leistenartigen Längswänden; Hypodermis (2); Sklerenchymschicht (3); Schwammgewebe (4) (fünfte Schicht der Samenschale grünliche Parenchymschicht, siehe B) (Präparat in Phgl-HCl).

B   Samenschale (quer innen); Hypodermis (1); Sklerenchymschicht (2); Schwammgewebe (3); Parenchymschicht (4) meist kollabiert, grünlich; Perisperm des Samens (5) meist kollabiert.

C   Epidermis (Aufsicht); Längswände herausgebrochen; haarartig wirkend.

D   Hypodermis (Aufsicht); Zellen klein, rundlich, netzartig getüpfelt (im Querschnitt 4 bis 6 Reihen erkennbar).

E   Sklerenchymschicht einreihig; Zellen stark verdickt, getüpfelt, gelblich; darunter Schwammgewebe.

F   Sklerenchymschicht (Aufsicht); Zellen zwei- bis viermal so lang wie breit; Zellwände stark wellig und geschichtet; Längsachse der Zellen parallel zur Längsachse des Samens ausgerichtet.

G   Schwammgewebe aus stark netzig getüpfelten Zellen; ähnlich den Hypodermiszellen, aber Zellen des Schwammgewebes deutlich größer; dazwischen große Interzellularen.

H   Zellen der Keimblätter mit viel fettem Öl (Öltröpfchen austretend).

Samen der weichschaligen, grünen Kultursorten ohne Verholzungen, Zellen der entsprechenden Schichten (Hypodermis, Sklerenchymschicht und Schwammgewebe) deshalb kollabiert.

---

7   Zuordnung: Benignes Prostatasyndrom (BPS).

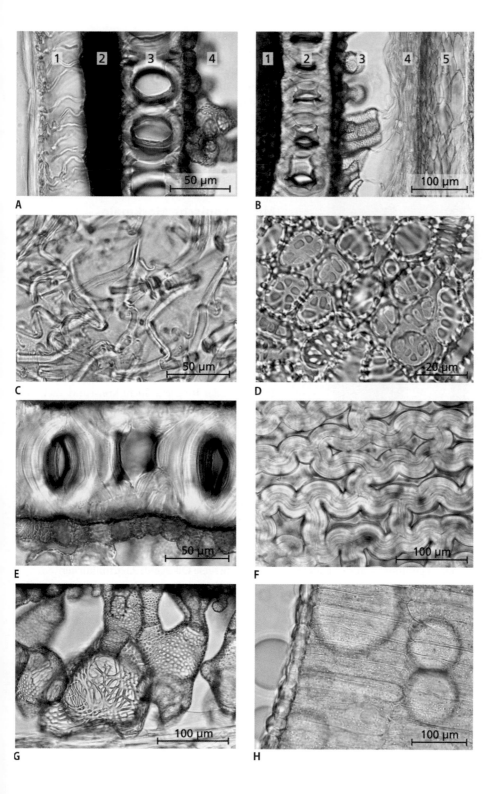

Leinsamen – Lini semen

Linum usitatissimum L., Linaceae, Ph. Eur.

0,5 cm

Makroskopische Merkmale

Reife Samen; Samen flach, länglich-eiförmig, dunkel rötlich braun, glänzend und glatt (unter der Lupe feingrubig), 4 bis 6 mm lang, 2 bis 3 mm breit, bis 2 mm dick, ein Ende abgerundet, auf der anderen Seite schräge Spitze; Nabel (Hilum; Pfeil) als Einbuchtung erkennbar; Raphe als helle Linie; Keimblätter 2; Keimwurzel in der Spitze; höchstens 10 % Samen mit matter Oberfläche (Feuchtigkeitsschaden); Geschmack: schleimig.

Inhaltsstoffe

3 bis 10 % Schleimstoffe; Quellungszahl mindestens 4 für ganze Samen (nach Ph. Eur.); bis 40 % fettes Öl; bis 1,5 % cyanogene Glykoside (toxikologisch unbedeutend).

Anwendung

Innerliche, kurzzeitige, wissenschaftlich belegte Anwendung bei habitueller Obstipation oder zur Bildung von weichem Stuhl, wenn eine erleichterte Darmentleerung gewünscht ist (*well-established use*); auf reichlich Flüssigkeitszufuhr achten (1:10); 1 h Abstand zur Einnahme weiterer Arzneimittel; traditionell als lindernde Schleimzubereitung bei gastrointestinalen Beschwerden (*traditional use* nach HMPC-Monographie).

Mikroskopische Merkmale

A Samenschale mehrschichtig; Endosperm farblos, dickwandig (mit Öltröpfchen und Aleuronkörnern ► Basisfärbungen ◨ Abb. A.7).

B Samenschale (quer); Schleimepidermis mit Cuticula (1); Ringzellschicht (2) ein- oder zweireihig; Längsfaserschicht (3) dickwandig; Nährschicht (4) mit kollabierten Zellen; Pigmentschicht (5) braunrot.

C Schleimepidermis (Aufsicht; Cuticula zerbricht beim Quellen der Epidermis in Platten).

D Zellen der Ringzellschicht kreisrund, dickwandig, gelblich, dreieckige Interzellularen (Pfeil) bildend; Zellen der Längsfaserschicht dickwandig, lang gestreckt.

E Längsfaserschicht (Pfeil 1) rechtwinklig zur Nährschicht (Pfeil 2) verlaufend; Zellen der Nährschicht dünnwandig, farblos, meist kollabiert.

F Zellen der Pigmentschicht rotbraun, verdickt, polygonal, geradwandig.

G Keimblatt des Embryos unspezifisch, mit zarten Zellen; viele Ölkugeln; Aleuronkörner.

H Samen (quer); Samenschale und Endosperm lösen sich leicht von den 2 Keimblättern ab; viele Ölkugeln.

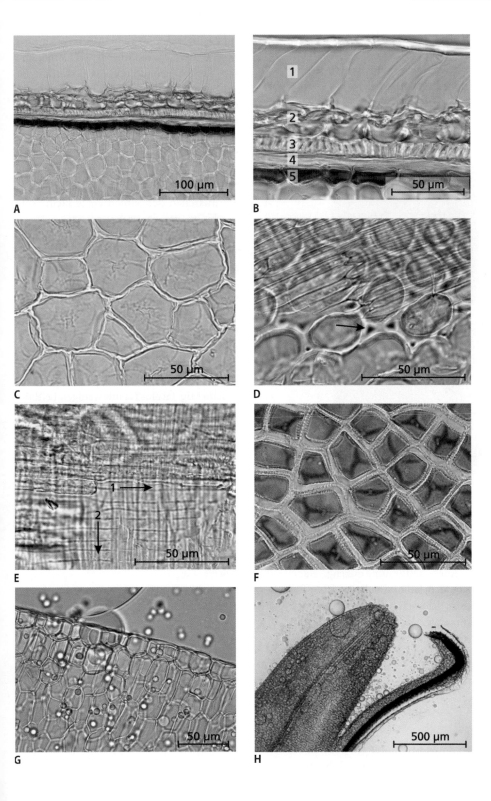

Rosskastaniensamen – Hippocastani semen

Aesculus hippocastanum L., Sapindaceae[8], Ph. Eur.

Makroskopische Merkmale

Samen; Samen im Ø 2 bis 4 cm, kugelig bis oval, einseitig abgeflacht, Samenschale frisch dunkelbraun glänzend, getrocknet mattbraun runzelig; Nabel (Hilum) groß, rundlich, hellbraun; Keimblätter füllen den Samen aus, schwach hellgelb; Geschmack: anfangs süßlich-mehlig, dann bitter; Samenschale zusammenziehend.

Inhaltsstoffe

Mindestens 1,5 % Triterpenglykoside, berechnet als Protoaescigenin.

Anwendung

Bei Beschwerden durch Erkrankungen der Beinvenen (chronische Veneninsuffizienz), z. B. Schmerzen und Schweregefühl, bei Wadenkrämpfen, Juckreiz und Beinschwellungen (*well-established use* nach HMPC-Monographie); äußerlich bei schweren Beinen im Zusammenhang mit venösen Durchblutungsstörungen; lokale Schwellungen (*traditional use* nach HMPC-Monographie); ausschließlich in Form von Fertigarzneimitteln verwendet.

Mikroskopische Merkmale

A   Epidermiszellen der Samenschale klein; Zellwände braun, gerade, stark verdickt.

B   Epidermiszellen (quer) radial gestreckt, palisadenförmig; unterhalb der Epidermis zahlreiche Lagen braungelber Zellen mit dicken, getüpfelten Zellwänden.

C   Zellen in den inneren Bereichen der Samenschale verwoben; Zellwände verdickt, bräunlich gelb, stark bogig.

D   Innerer Bereich der Samenschale von gelben, dickwandigen, verwobenen Zellen in gleichartige, farblose Zellen übergehend (1); Parenchym mehrschichtig, farblos (2; mit wenigen Leitbündeln); Embryo (3) den Samen ausfüllend.

E   Zellen der Kotyledonen mit Öltröpfchen (orange); (Präparat in Sudan(III)glycerin).

F   Stärkekörner einzeln, oval, birnen- oder nierenförmig (unten), oft mit warzenartigen Auswüchsen; Körner auch zusammengesetzt (oben); (Zellen der Kotyledonen dicht mit Stärkekörnern gefüllt; Präparat in 50 % Glycerin).

Epidermiszellen des Nabelflecks größer, dünnwandiger, heller.

---

8   Früher: Hippocastanaceae.

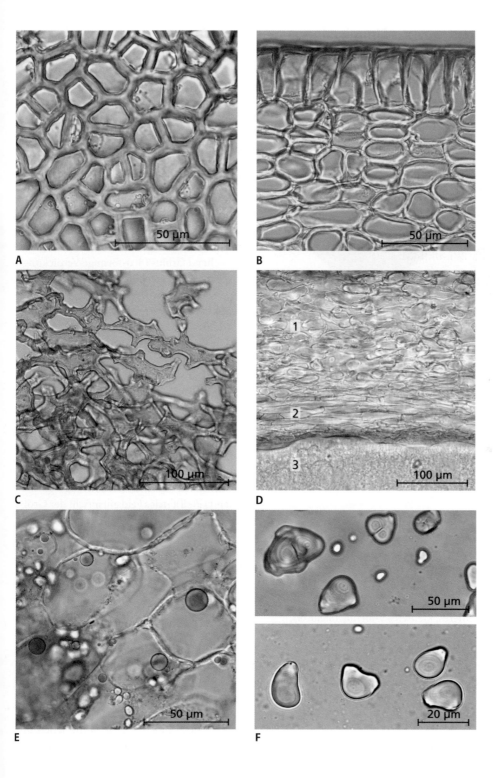

A

B

C

D

E

F

Schwarze Senfsamen – Sinapis nigrae semen[9]

Brassica nigra[10] (L.) K.Koch, Brassicaceae, DAC

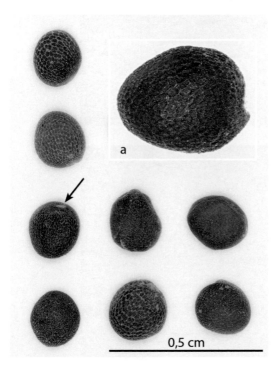

a

0,5 cm

Makroskopische Merkmale

Ganze, reife, getrocknete Samen; kugelig bis eiförmig; Ø 1 bis 2 mm; außen: dunkelrotbraun bis schwarzbraun; Oberfläche netzartig (Vergrößerung a); Nabel als heller Punkt (Pfeil) sichtbar; innen: gelb; Keimblätter längs gefaltet; äußeres, größeres umfasst inneres, kleineres v-förmig (siehe G), in der Öffnung runde Primärwurzel; Samenschale leicht ablösbar; Geschmack: nach kurzer Zeit beim Zerbeißen scharf; Geruch: geruchlos; zerkleinerte, mit Wasser befeuchtete Droge: Geruch nach Senfölglykosiden.

Inhaltsstoffe

Die in der Droge enthaltenen Glucosinolate müssen nach enzymatischer Spaltung mindestens 0,4 % Allylisothiocyanat ergeben (nach DAC); 30 % fettes Öl.

Anwendung

Volksmedizinisch als „Senfwickel" bei Bronchitis und rheumatischen Beschwerden; Gewürz.

Mikroskopische Merkmale

A   Samenschale (quer); Epidermis (1); Großzellen kollabiert (Pfeil; vgl. B); Palisadenzellen mit nur im unteren Bereich verdickter, gelbbrauner Zellwand, äußerer Teil der Zellen dünnwandig und entsprechend farblos (3; u-förmige Verdickung); bräunliche Pigmentzellen (4); farblose Aleuronzellen (5); Endosperm kollabiert (6).

B   Samenschale (quer; frische Samen); gelbbraune Palisadenzellen unterschiedlich hoch, zwischen den Großzellen bis 70 μm hoch (Pfeil; vgl. C und D), bilden Mulden, in denen sich die hier sichtbaren Großzellen (2) befinden (Nummerierungen siehe A).

C   Palisadenzellen (Aufsicht); längere Palisadenzellen im Randbereich unter den Großzellen erzeugen in der Aufsicht optisch eine „Maschennetz"-Struktur (netzartige makroskopische Struktur der Samen).

D   Palisadenzellen (Aufsicht Detail); längere Zellen am Rand (Pfeil); jedes Feld entspricht der Größe einer Großzelle; „durchlöcherte" Struktur durch die im unteren Teil verstärkten Zellwände der Palisadenzellen.

E   Epidermis (Aufsicht); polygonale Zellen, konzentrische Schleimringe; nur schwach quellend (im polarisierten Licht kaum aufleuchtend; ▶ Weiße Senfsamen).

F   Aleuronzellen (Aufsicht) isodiametrisch, farblos; bräunliche Färbung durch darüber liegende Pigmentzellen; Aleuron bildet ölartige Tröpfchen unter Chloralhydrat.

G   Samen (quer); Embryo mit 2 v-förmigen Kotyledonen und fast runder Radikula (Pfeil).

H   Keimblatt des Embryos; viele Öltröpfchen unterschiedlicher Größe, sich entwickelnde Leitbündel (Pfeil; Aleuronkörner).

---

9   Syn.: Brassicae nigrae semen.
10   Syn.: *Sinapis nigra* L.

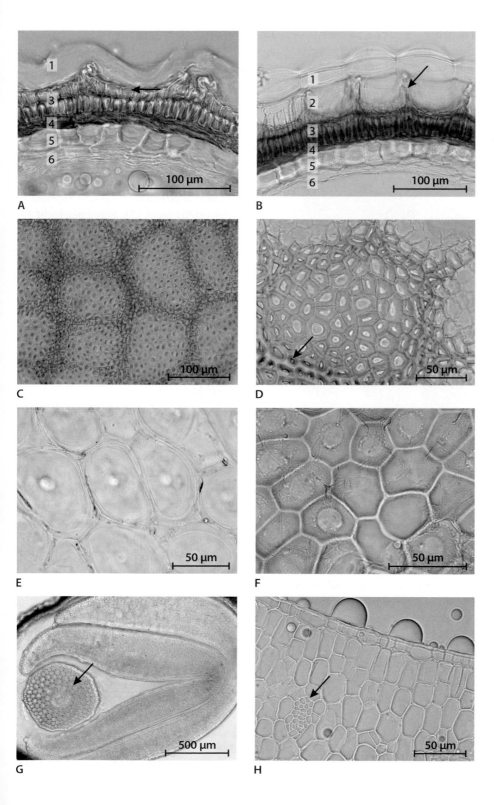

Weiße Senfsamen – Erucae semen[11]

Sinapis alba[12] L., Brassicaceae, DAC

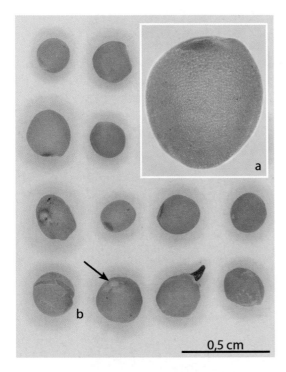

a

b

0,5 cm

Makroskopische Merkmale

Reife, getrocknete Samen; hell gelblich bis ockerfarben; fast kugelig; Ø 2 bis 2,5 mm; Oberfläche fast glatt oder mit feiner, weißer, netzartiger Punktierung (Vergrößerung a); Nabel (Pfeil); innen hellgelb, Keimblätter längs gefaltet; äußeres, größeres Keimblatt umfasst inneres, kleineres v-förmig (siehe G), in der Öffnung runde Primärwurzel; Samenschale platzt leicht ab (b); Geschmack: nach kurzer Zeit beim Zerbeißen scharf; Geruch: nur schwach nach dem Zermahlen.

Inhaltsstoffe

Glucosinolate (Senfölglucoside); etwa 30 % fettes Öl; Schleim.

11 Syn.: Sinapis albae semen.
12 Syn.: *Eruca alba* (L.) Noulet.

Anwendung

Breiumschläge bei Katarrhen der Luftwege; Segmenttherapie bei chronisch-degenerativen Gelenkerkrankungen sowie Weichteilrheumatismus (nach Monographie der Kommission E); Gewürz; Grundlage für Speisesenf.

Mikroskopische Merkmale

A Samenschale (quer); Schleimepidermis (1) mit deutlich, senkrecht verlaufenden axialen Strängen (Pfeil); Großzellschicht (2) ein- bis zweireihig; Palisadenschicht (3); Pigmentschicht (4) farblos bis gelblich, häufig kollabiert; Aleuronschicht (5); Übergang zum kollabierten Endosperm (6).

B Samenschale (quer, Ausschnitt); Zellwände der Palisadenzellen (3) basal verdickt (lignifiziert) und nach außen dünnwandig; sich daraus ergebende u-Form; im Randbereich unter den Großzellen (2) Zellen deutlich länger gestreckt als im zentralen Bereich; aber Längenunterschied geringer als bei ► Schwarzen Senfsamen; Pigmentschicht (4).

C Epidermis (Aufsicht); stark quellfähig; deutliche konzentrische Schichtungsringe des gequollenen Schleims; links unter polarisiertem Licht mit farbig leuchtendem Kreuz.

D Großzellschicht (2; Aufsicht), Zellen in den Ecken kollenchymatisch dreieckig verdickt (Pfeil); kleine Interzellularen; Palisadenzellen (3), Aufsicht im oberen dünnwandigen Bereich.

E „Maschennetz" der Palisadenzellen im Vergleich zu Schwarzen Senfsamen undeutlich (Längenunterschiede der radial gestreckten Zellen geringer).

F Aleuronschicht (Aufsicht) mit gleichmäßig strukturierten hellen Zellen; Aleuron bildet ölartige Tröpfchen unter Chloralhydrat; Palisadenschicht undeutlich im Hintergrund.

G Samen (quer); Samenschale mit Palisadenschicht als dunkle Linie; Endosperm reduziert; zwei ineinander gefaltete v-förmige Kotyledonen; Keimwurzel rund (Pfeil) mit Zentralzylinder.

H Keimblatt des Embryos; viele Öltröpfchen (Pfeil) verschiedener Größe; (Aleuronkörner; sich entwickelnde Leitbündel).

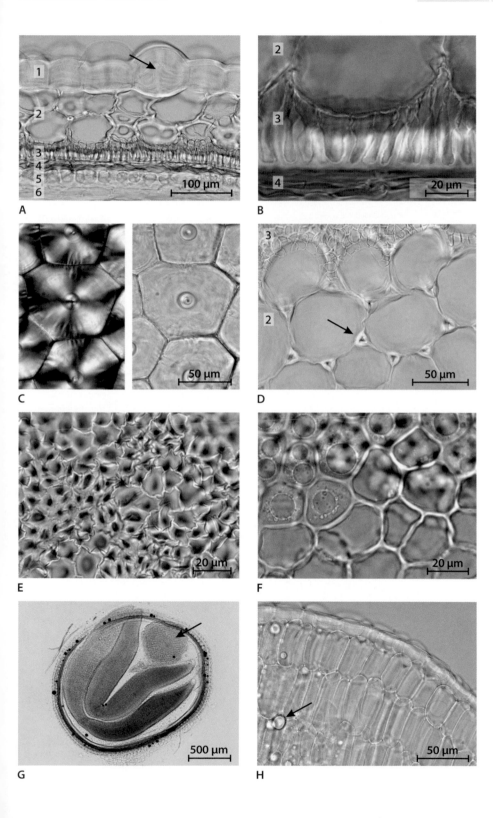

Wurzel-Drogen

© Springer-Verlag GmbH Deutschland 2017

B. Rahfeld, *Mikroskopischer Farbatlas pflanzlicher Drogen*, DOI 10.1007/978-3-662-52707-8_6

Angelikawurzel – Angelicae archangelicae radix[1]

Angelica archangelica L.[2], Apiaceae, Ph. Eur.

Makroskopische Merkmale

Ganze oder geschnittene, getrocknete Wurzeln und Rhizome; Wurzeln (a) graubraun bis rötlich braun, zylindrisch, mit tiefen Längsfurchen, leicht quer höckerig, bis 10 mm dick, kaum verzweigt; Bruch uneben; Rinde grauweiß, Gewebelücken, Punktierung durch Exkretgänge; Holzkörper hellgelb bis graugelb; Rhizome (b) Ø bis 5 cm, unregelmäßig gestaltet, Mark grauweiß bis bräunlich; Geruch: aromatisch, würzig; Geschmack: aromatisch, dann bitter, brennend.

Inhaltsstoffe

Mindestens 2 ml kg^{-1} ätherisches Öl (nach Ph. Eur.); Furanocumarine[3].

Anwendung

Bei Appetitlosigkeit, dyspeptischen Beschwerden wie leichten Magen-Darm-Krämpfen, Völlegefühl, Blähungen (nach ESCOP-Monographie).

Mikroskopische Merkmale

A   Periderm (quer); Kork (3) mit braunen Zellen, vielreihig, relativ unregelmäßig; Korkkambium (2); Korkhaut (1) kollenchymatisch, mehrreihig.

B   Kork (Aufsicht); Zellen graubraun bis rötlich braun, geradwandig, dünnwandig.

C   Äußere sekundäre Rinde mit großen Gewebelücken; Parenchymzellen rundlich; Exkretgänge.

D   Wurzel (quer); äußere sekundäre Rinde (1); innere sekundäre Rinde (2) mit Phloemgruppen, Zellen dichter als in der äußeren Rinde, viereckig; Exkretgänge in Kambiumnähe kleiner; Kambium (3) mehrreihig; sekundäres Xylem (4).

E   Schizogener Exkretgang mit gelbbraunen sezernierenden Zellen, Ø bis 200 µm (quer).

F   Schizogener Exkretgang (längs).

G   Sekundäres Xylem (längs) mit Netztracheen, begleitet durch unverholzte Ersatzfasern (fusiformes Parenchym; Pfeil) (Präparat in Phgl-HCl).

H   Gefäße im Ø bis 70 µm; sekundäre Markstrahlen (Pfeile) 2 bis 4 Zellen breit (Präparat in Phgl-HCI).

Keine verholzten Elemente in der sekundären Rinde; Stärkekörner 2 bis 4 µm im Ø; Rhizom mit Mark.

---

1   Angelica-archangelica-Wurzel; außerdem folgende TCM-Drogen in Ph. Eur.: Angelicae dahuricae radix, Angelicae pubescentis radix und Angelicae sinensis radix.

2   Syn.: *Angelica officinalis* Hoffm.

3   Photosensibilisierung durch Furanocumarine möglich.

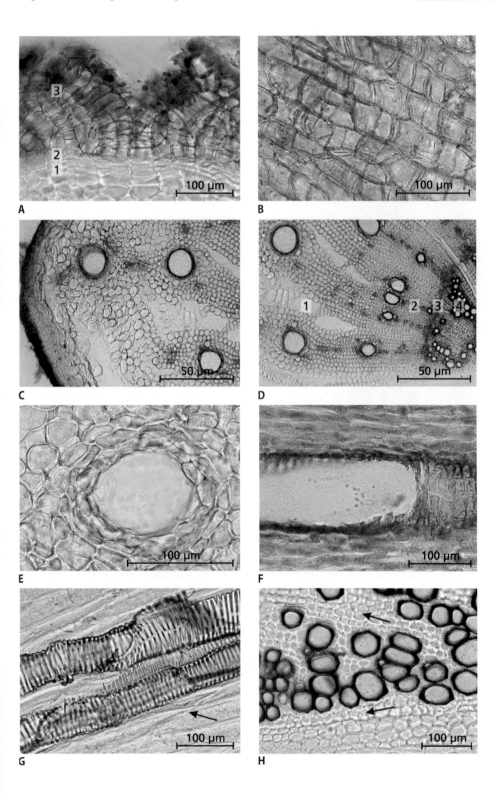

Baldrianwurzel – Valerianae radix[4]

Valeriana officinalis L. s. l., Caprifoliaceae[5], Ph. Eur.

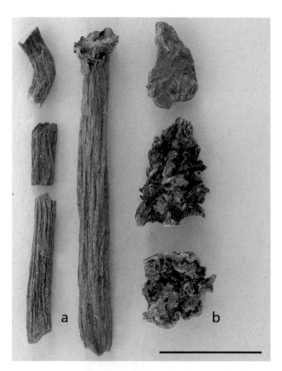

Makroskopische Merkmale

Unterirdische Teile, bestehend aus Wurzeln, Rhizomen und Ausläufern; Wurzeln (a) graubraun, bis 3 mm dick, bis zu mehreren cm lang, gerade bis gebogen, Zentralzylinder bräunlich, Rinde weißlich, Oberfläche längsrunzelig; Seitenwurzeln fadenförmig; Rhizom (b) kugelig bis eiförmig mit Wurzelansätzen, 2 bis 3 cm dick, dunkelbraun bis gelblich; Ausläufer gelblich grau, an den Nodien Niederblätter und Wurzeln; Geruch: charakteristisch nach Isovaleriansäure (frisch geruchlos); Geschmack: erst süßlich, dann würzig bis bitter.

Inhaltsstoffe

Ganzdroge mindestens $4\,\text{ml}\;\text{kg}^{-1}$, zerkleinerte Droge mindestens $3\,\text{ml}\;\text{kg}^{-1}$ ätherisches Öl; Ganzdroge mindestens 0,17 %, zerkleinerte Droge mindestens 0,1 % Sesquiterpensäuren, berechnet als Valerensäure (nach Ph. Eur.).

Anwendung

Bei Schlafstörungen und leichter nervöser Anspannung (*well established use*); als Schlafhilfe und zur Milderung leichter Stresssymptome (*traditional use* nach HMPC-Monographie).

Mikroskopische Merkmale

A   Rhizodermiszellen (1) klein, verkorkt (mit Wurzelhaaren); Exodermis (2) ein- oder zweilagig, verkorkt; Hypodermis (3) zwei- bis vierreihig, (dünnwandig oder) kollenchymatisch, mit harzartigem, braunem Inhalt; primäre Rinde (4) viel Stärke enthaltend, Interzellularen klein.

B   Stärkekörner einfach, rundlich oder aus 2 bis 6 Einzelkörnern (Präparat in 50 % Glycerin).

C   Unverdickte Wurzel (quer); primäre Rinde; Endodermis (braun); Zentralzylinder klein; Leitbündel radiär oligarch, mit 2 bis 9 alternierenden Phloem (Pfeile)- und Xylembereichen; Kambium sternförmig, sich entwickelnd (Punktlinie); wenig Mark.

D   Wurzelleitbündel (quer); primäres Xylem (1); sekundäres Xylem (2); primäres und sekundäres Phloem (3); Kambium (Punktlinie); Perizykel (4); Endodermis (5); primäre Rinde (6); Mark (7).

E   Sekundär verdickte Wurzel (quer); primäres Xylem (1); sekundäres Xylem (2) alternierend; Parenchymstrahlen verholzt (3); Kambium (Pfeil) kreisförmig; sekundäres Phloem (4); Mark (5); Zentralzylinder bleibt erhalten.

F   Xylem (längs) mit Netz- und Treppentracheen (Präparat in Phlg-HCl).

G   Ausläufer (quer); Endodermis (Pfeil); Leitbündel offen kollateral (Präparat in Phlg-HCl).

H   Rhizom; Steinzellen aus dem Mark.

---

4   Außerdem in Ph. Eur.: Valerianae radix minutata.
5   Früher: Valerianaceae.

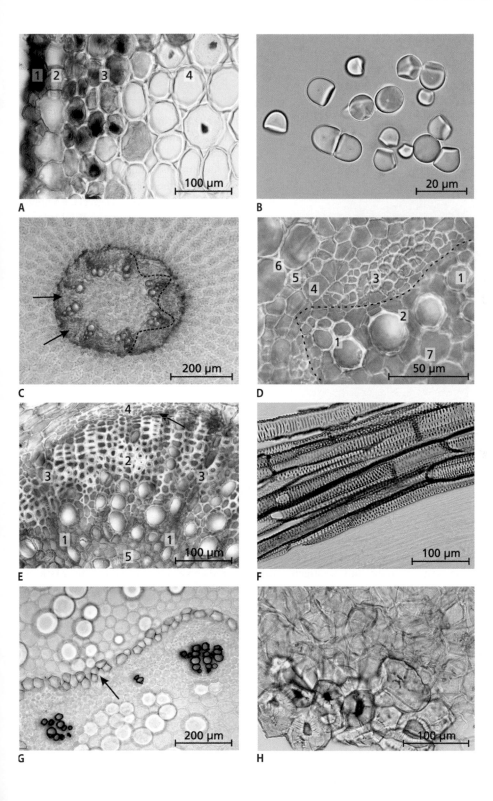

Brennnesselwurzel – Urticae radix

Urtica dioica L., *Urtica urens* L., deren Hybriden oder Mischungen von diesen, Urticaceae, DAB

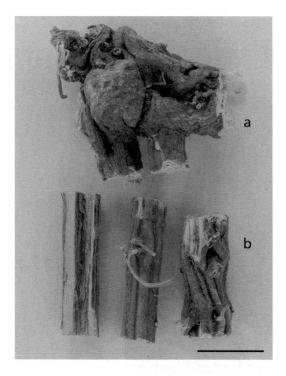

Makroskopische Merkmale

Ganze, geschnittene oder gepulverte Wurzeln und Rhizome; Rhizomstücke (a) 3 bis 10 mm dick, außen hellgraubraun, längsgefurcht, mit knotigen Verdickungen, an denen die Wurzeln entspringen; Querbruch hell gelblich weiß, meist mit kleiner Markhöhle; Wurzeln (b) 0,5 bis 2 mm dick, sehr lang, außen hellgelbbraun mit tiefen Längsfurchen; Querschnitt hell und fast reinweiß.

Inhaltsstoffe

Lectin (*Urtica dioica*-Agglutinin); Polysaccharidgemisch; zahlreiche weitere Inhaltsstoffe.

Anwendung

Bei Beschwerden der ableitenden Harnwege im Zusammenhang einer benignen Prostatahyperbla-

sie (BPH[6]) nach ärztlichem Ausschluss einer ernsthaften Erkrankung (*traditional use* nach HMPC-Monographie).

Mikroskopische Merkmale

A   Wurzel (quer); primäres Xylem (1); sekundäres Xylem (2); Kambium (3); sekundäre Rinde (4); Markstrahl (5) sehr breit, mit Markstrahlfasern (jahresringähnliche Schichtung durch verholzte (Pfeil) und unverholzte Bereiche).

B   Wurzel (quer); sekundäres Xylem (1); Kambium (2) mehrreihig; innere sekundäre Rinde (3) mit aktiven Siebröhren schmal; äußere sekundäre Rinde (4) mit einzelnen Bastfasern und Calciumoxalatdrusen und -kristallen; Periderm (5).

C   Sekundäre Rinde (quer); Bastfasern in den äußeren Zellwandschichten lignifiziert, einzeln oder in kleinen Gruppen; Siebröhren obliteriert (Präparat in Phgl-HCl).

D   Periderm und äußere sekundäre Rinde (längs); Kork aus wenigen Schichten bestehend; Bastfasern (Pfeil; Calciumoxalatkristalle) (Präparat in Phgl-HCl).

E   Wurzel (quer); diarche Leitbündelstruktur noch erkennbar (Präparat in Phgl-HCl).

F   Sekundäres Xylem (quer); alternierend aus verholzten und unverholzten Zellbereichen (Präparat in Phgl-HCl).

G   Holzfasern schwach getüpfelt, von Zellen mit Calciumoxalatkristallen begleitet.

H   Tüpfelgefäß im sekundären Xylem (auch Netztracheen).

Rhizom ähnlich gebaut; zentral lockeres Mark mit Calciumoxalatdrusen.

---

6   Zuordnung: Benignes Prostatasyndrom (BPS).

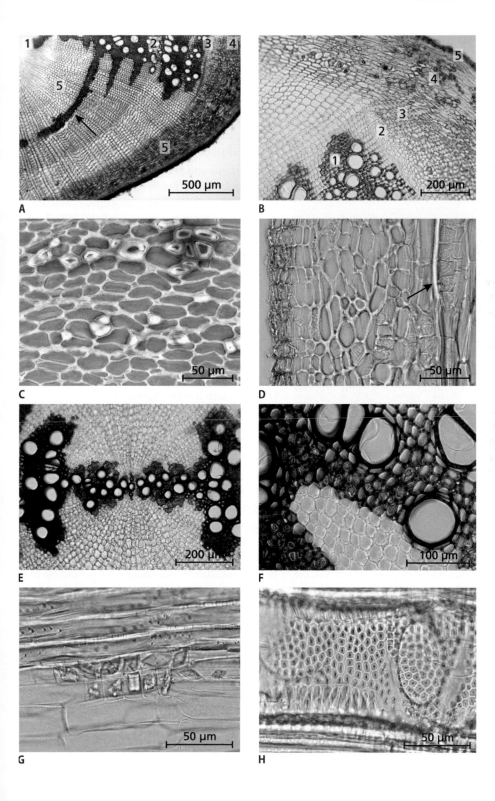

Chinesischer-Tragant-Wurzel – Astragali radix

Astragalus propinquus Schischkin[7], Fabaceae, Ph. Eur.

Makroskopische Merkmale

Ganze Wurzeln, von Rhizom und Nebenwurzeln befreit; Wurzel zylindrisch, manchmal verzweigt (a), Ø 1 bis 3,5 cm, im oberen Abschnitt dicker, 0,3 bis 0,9 m lang, außen blass gelbbraun bis hellbraun und mit Furchen (b); Kambium (Pfeil) als brauner Ring; Holzteil blassgelb bis bräunlich, Gefäßgruppen als helle Ringe erkennbar, radiäre Risse; Zentrum gelegentlich schwarzbraun oder hohl; Rinde gelblichweiß bis bräunlich; Bruch stark faserig; Geschmack: schwach süßlich.

Inhaltsstoffe

Triterpensaponine: mindestens 0,04 % Astragalosid IV (nach Ph. Eur.).

Anwendung

In der traditionellen chinesischen Medizin.

Mikroskopische Merkmale

A Periderm und sekundäre Rinde (quer); Phelloderm kollenchymatisch; Bastfasern.

B Sekundäre Rinde (längs tangential); Bastfasern einzeln oder in Gruppen, verdickte Wände unterschiedlich stark lignifiziert; Fasern häufig gekrümmt; Steinzellen einzeln oder in Gruppen, meist lignifiziert, unregelmäßig geformt, Zellwände stark getüpfelt (Präparat in Phgl-HCl).

C Sekundäre Rinde (quer); Bastfasergruppen, Primärwände der Fasern meist lignifiziert; sekundäre Markstrahlen 3 bis 4 Zellen breit, Zellen großlumig und radiär gestreckt (aktive Siebröhren in der Nähe des Kambiums) (Präparat in Phgl-HCl).

D Bastfasern (längs tangential).

E Sekundäres Xylem (quer); sekundärer Markstrahl (Pfeil); Tracheen und Holzfasern einzeln und in Gruppen (Präparat in Phgl-HCl).

F Sekundäres Xylem (quer) mit Tracheen und Holzfasern (oft lignifiziert) (Präparat in Phgl-HCl).

G Sekundäres Xylem (längs tangential); Katzenaugentüpfel- und Netztracheen; Tracheen farblos oder gelblich; Holzfasergruppe; Zellen des sekundären Markstrahls oval.

H Stärkekörner einzeln oder 2 bis 3, rund bis oval (Präparat in 50 % Glycerin).

Sekundäre Rinde teilweise aufgerissen; primäres Xylem zentral.

---

7 *Accepted name* nach *The plant list*; syn.: *Astragalus membranaceus* (Fisch.) Bunge; verschiedene Stammpflanzen für huangqi in der Diskussion; auch *Astragalus mongholicus* Bunge; deshalb Astragali mongholici radix.

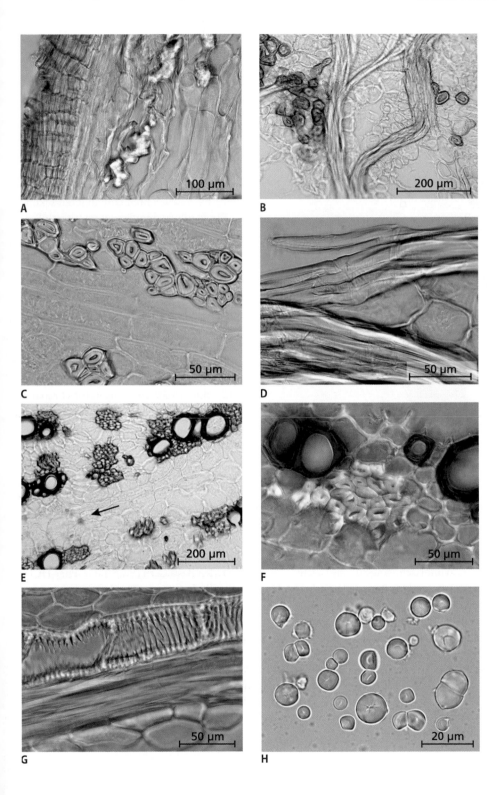

Eibischwurzel – Althaeae radix

Althaea officinalis L., Malvaceae, Ph. Eur.

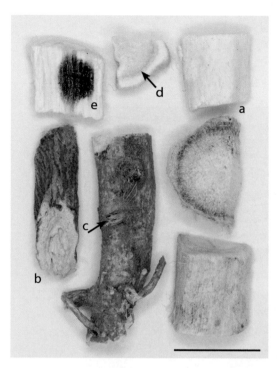

Makroskopische Merkmale

Ganze oder geschnittene, geschälte oder ungeschälte Wurzeln; geschälte Wurzeln (a) weißlich; ungeschälte Wurzeln (b) außen graubraun, innen weißlich; Wurzeln zylindrisch, längsfurchig, leicht verdreht, bis 20 cm lang und bis 2 cm dick; Narben (Pfeil c) von Seitenwurzeln; Bruch außen faserig, Querschnitt mit Kambiumring (Pfeil d), Holzteil strahlig; Dunkelfärbung nach Auftropfen von IKI-Lösung (e); Geruch: schwach, mehlig; Geschmack: schleimig, fade.

Inhaltsstoffe

5 bis über 10 % Schleimstoffe; Quellungszahl mindestens 10 (nach Ph. Eur.); Stärke.

Anwendung

Bei trockenem Reizhusten und Entzündungen der Schleimhaut im Mund- und Rachenraum und zur Behandlung leichter gastrointestinaler Beschwerden, verursacht durch Reizung der Magenschleimhaut (*traditional use* nach HMPC-Monographie).

Mikroskopische Merkmale

A Periderm (quer); Korkzellen braun, dünnwandig; äußere sekundäre Rinde mit zahlreichen Calciumoxalatdrusen.

B Innere sekundäre Rinde (quer); Bastfaserbündel in tangentialen Reihen; sekundäre Markstrahlen (Pfeile) 1 bis 3 Zellen breit (zur äußeren sekundären Rinde hin trichterförmig erweitert); Parenchymzellen rundlich bis gestreckt, dünnwandig.

C Bastfasern (längs) weitgehend unverholzt, am Ende zugespitzt oder gegabelt (Ausschnitt).

D Im (Holz- und) Rindenparenchym große, heller erscheinende Schleimzellen (Pfeil); Calciumoxalatdrusen.

E Kambiumregion (quer); sekundäres Xylem (1); Kambium (2) mehrschichtig; sekundäres Phloem (3) in Kambiumnähe mit aktiven Siebröhren; Schleimzellen rot angefärbt (Präparat in Rutheniumrot; ▶ Basisfärbungen ◻ Abb. A.6 Längsschnitt).

F Sekundäres Xylem (quer); Tracheen und Tracheiden (1) in kleinen Gruppen, verholzt; Xylemparenchym (2) dünnwandig, unverholzt; Holzfasern (3) dickwandig, meist unverholzt; sekundäre Markstrahlen (Pfeile) (Präparat in Phgl-HCl).

G Tracheen mit Katzenaugentüpfeln, teilweise mit netzartigen Wandverdickungen; Holzfasern gleichen den Bastfasern (Präparat in Phgl-HCl).

H Primäres Xylem (quer, 1); Gefäßgruppen des sekundären Xylems in tangentialen Reihen angeordnet; sekundäre Markstrahlen radiär verlaufend.

Stärkekörner 3 bis 25 µm im Ø mit rundlich-ovaler oder unregelmäßiger Gestalt; Stärkenachweis siehe [e] im Makrofoto und ▶ Basisfärbungen ◻ Abb. A.2.

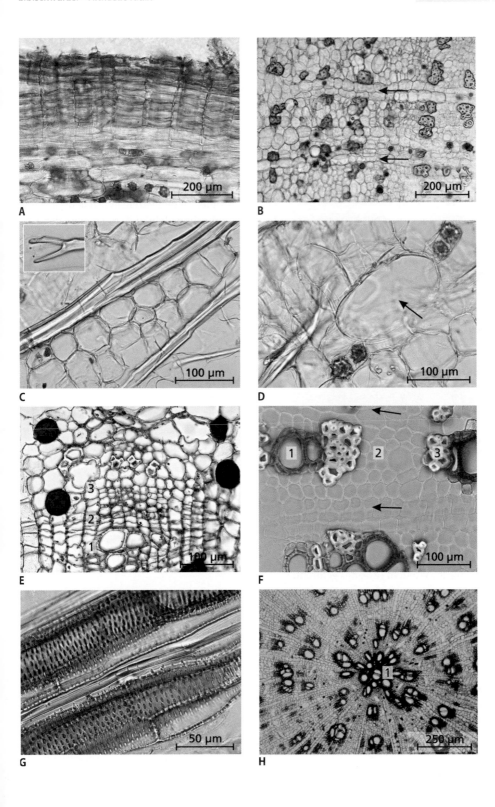

Enzianwurzel – Gentianae radix

Gentiana lutea L., Gentianaceae, Ph. Eur.

Makroskopische Merkmale

Zerkleinerte, unterirdische Organe; Drogenstücke bis 20 cm lang und bis 4 cm dick, zylindrisch, einfach oder verzweigt, außen graubraun, Bruch glatt, gelblich bis rötlichgelb; Wurzeln (a) längs gefurcht; Rhizome (b) durch geschrumpfte Internodien quer gerunzelt; Kambium (Pfeil) deutlich sichtbar, Bruch glatt; Geruch: charakteristisch dumpf; Geschmack: anhaltend stark bitter.

Inhaltsstoffe

2 bis 4 % Bitterstoffe: Secoiridoidglykoside (Gentiopikrosid, Amarogentin); Bitterwert mindestens 10.000 (nur geringe Mengen Amarogentin: Bitterwert 58.000.000); Oligosaccharide (Gentianose); Xanthonderivate (gelbe Farbstoffe).

Anwendung

Bei Appetitlosigkeit und leichten, dyspeptischen Beschwerden (*traditional use* nach HMPC-Monographie).

Mikroskopische Merkmale

A   Periderm (längs); Zellen des Korks quadratisch (quer: tangential gestreckt), Korkkambium (Pfeil); Korkhaut kollenchymatisch.

B   Phloemgruppe in der sekundären Rinde.

C   Lipidtropfen in den Parenchymzellen.

D   Calciumoxalatnadeln und -prismen in den Parenchymzellen.

E   Kambiumregion; sekundäres Phloem (1); Kambium (2) mehrschichtig; sekundäres Xylem (3); Gefäßgruppen in Kambiumnähe gehäuft.

F   Intraxyläres Phloem (Pfeil; Leitbündel der Sprossachsen bei Gentianaceae bikollateral) im sekundären Xylem (Präparat in Phgl-HCl).

G   Tracheen (längs) vielfach gebogen und teilweise geschlängelt („taumelnde Gefäße").

H   Netztracheen (Präparat in Phgl-HCl).

Rinden-, Holz- und Markstrahlparenchym gleich gestaltet; kaum Stärke; keine sklerenchymatischen Elemente wie Fasern oder Steinzellen; Rhizome mit zentralem Mark.

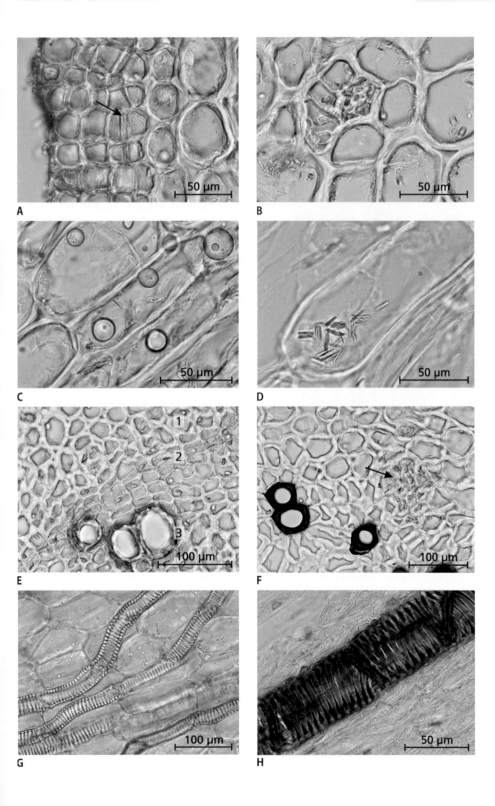

A

B

C

D

E

1
2
3

F

G

H

Ginsengwurzel – Ginseng radix

Panax ginseng C.A.Mey., Araliaceae, Ph. Eur.

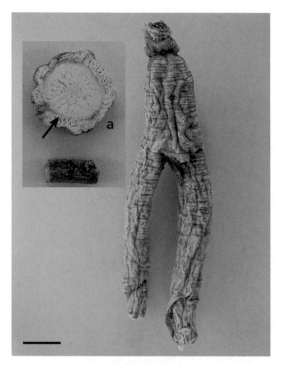

Makroskopische Merkmale

Wurzeln; Hauptwurzel spindelförmig oder zylindrisch, manchmal verzweigt, bis 20 cm lang, 2,5 cm dick; Wurzeln eigenartig geformt, auch gebogen, längs- und querrunzelig; Weißer Ginseng: Oberfläche blassgelb bis cremefarben durch teilweises Entfernen des Korks; Roter Ginseng: gewonnen nach Wasserdampfbehandlung frischer Wurzeln; Querschnitt (a) mit deutlichem Kambiumring (Pfeil), außen orangerote Exkretgänge im gelblich weißen Rindengewebe; Stängelnarben am Kopfstück; Geruch: schwach; Geschmack: schwach würzig, dann süß und schleimig.

Inhaltsstoffe

Triterpensaponine: mindestens 0,40 % einer Mischung von Ginsenosid Rg 1 und Ginsenosid Rb 1 (nach Ph. Eur.); ätherisches Öl.

Anwendung

Bei Symptomen von Kraftlosigkeit (Asthenie) wie Müdigkeit und Schwäche (*traditional use* nach HMPC-Monographie).

Mikroskopische Merkmale

A Periderm (quer); Korkgewebe mehrschichtig, dünnwandig; Zellen der Korkhaut tangential gestreckt, kollenchymatisch; Calciumoxalatdrusen in der Rinde besonders zahlreich.

B Äußere sekundäre Rinde (quer) mit großen Interzellularen (1); Exkretgänge (Pfeil) mit gelbbraunem Inhalt zerstreut angeordnet, ihr 0 nimmt zur inneren sekundären Rinde hin ab.

C Schizogener Exkretgang (quer).

D Schizogener Exkretgang (längs).

E Kambiumregion (quer); äußere sekundäre Rinde (1), innere sekundäre Rinde (2) mit schmalen Strahlen meist obliterierter Phloemgruppen; Kambium mehrschichtig (3); sekundäres Xylem (4); sekundäre Markstrahlen (5) keilförmig und unterschiedlich breit; Exkretgang (Pfeil).

F Gefäßgruppen (quer) im sekundären Xylem in schmalen Strahlen angeordnet; sekundäre Markstrahlen (Pfeile) (Präparat in Phgl-HCl).

G Netztrachee des sekundären Xylems; einzeln oder in kleinen Gruppen (Präparat in Phgl-HCl).

H Primäres Xylem (1); sekundäres Xylem (2); sekundäre Markstrahlen (Pfeile) (Phgl-HCl).

Keine Sklerenchymfasern und Steinzellen; Stärkekörner 4 bis 10 µm im Ø, einzeln oder auch bis zu vier zusammengesetzt, bei Rotem Ginseng deformiert.

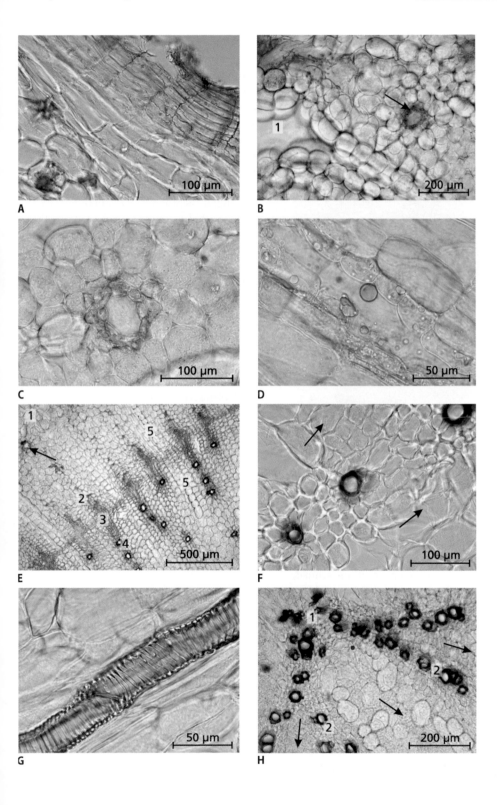

Hauhechelwurzel – Ononidis radix

Ononis spinosa L., Fabaceae, Ph. Eur.

a

Makroskopische Merkmale

Ganze oder geschnittene Wurzeln; Wurzeln bis 50 cm lang, bis 1,5 cm dick, wenig verzweigt, gedreht und gebogen, längsrunzelig mit tiefen Furchen, meist flachgedrückt, außen graubraun bis schwarzbraun; Querschnitt (a) exzentrisch; Rinde schmal, Holz mit radiärer Streifung durch Markstrahlen; Bruch kurzfaserig; Geruch: schwach; Geschmack: herb, deutlich kratzend.

Inhaltsstoffe

Triterpene (α-Onocerin); Isoflavonoide; 0,02 % ätherisches Öl.

Anwendung

Zur Erhöhung der Harnmenge und damit zur Durchspülung der Harnwege bei leichten Harnwegsbeschwerden (*traditional use* nach HMPC-Monographie).

Mikroskopische Merkmale

A   Wurzel (quer) exzentrisch; primäres Xylem (1), sekundäres Xylem (2); sekundäre Markstrahlen (3) bis zu 30 Zellen breit; Kambium (4); sekundäre Rinde (5); Borke (6).

B   Sekundäre Rinde (1) mit Bastfasern und Calciumoxalatkristallen; Borke (2) braun; inneres Korkkambium (Pfeil).

C   Kambiumregion (quer); sekundäres Xylem (1); Kambium mehrschichtig (2); sekundäre Rinde (3) schmal, Siebröhren stark obliteriert, Bastfasern unverholzt, einzeln (mit Kristallzellreihen); sekundärer Markstrahl (4) sehr breit.

D   Kambiumregion (quer); sekundärer Markstrahl (1) verholzt; Kambium (2); Calciumoxalatkristalle (3) in sekundär verdickten, lignifizierten Idioblasten in der sekundären Rinde, gehäuft im Markstrahlbereich (Präparat in Phgl-HCl).

E   Sekundäres Xylem (quer); sekundäre Markstrahlen (1) sehr breit, lignifiziert, mit Parenchymtüpfeln (Präparat in Phgl-HCl).

F   Sekundäres Xylem (quer, Ausschnitt); Tracheen (1); Holzfasern (2) nur im Bereich der äußeren Wandschichten lignifiziert; Xylemparenchym (3) (Präparat in Phgl-HCl).

G   Holzfasern (längs) mit Kristallzellreihen (Pfeil) im sekundären Xylem.

H   Sekundäres Xylem (längs); Tracheen mit Katzenaugentüpfeln; begleitet von kaum lignifizierten Holzfasern (Präparat in Phgl-HCl).

Kleinkörnige Stärke in den Parenchymzellen einzeln oder bis 4 zusammengesetzt.

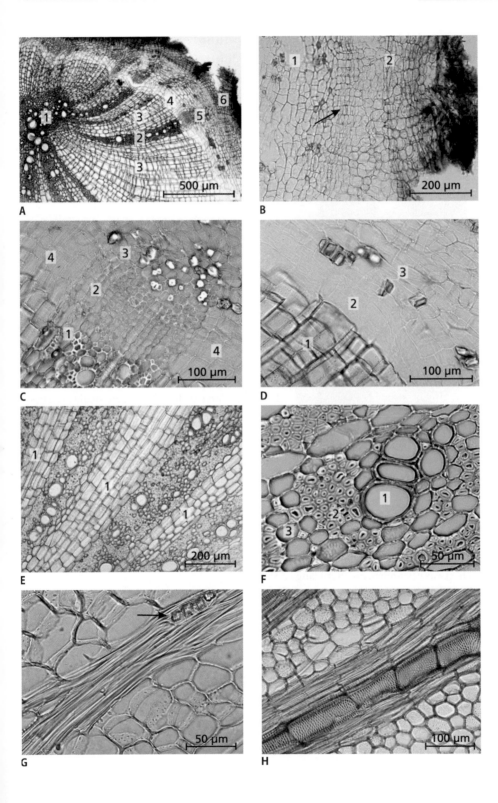

Ipecacuanhawurzel – Ipecacuanhae radix

Carapichea ipecacuanha (Brot.) L.Andersson[8], Rubiaceae, Ph. Eur.

Makroskopische Merkmale

Zerkleinerte, unterirdische Organe; Wurzel dunkel rötlich braun bis tief dunkelbraun, meist unverzweigt, zylindrisch, etwas gewunden, bis 15 cm lang und bis 6 mm dick; Wülste im Abstand von 1 mm, die Wurzel nicht komplett ringförmig umfassend; Rinde weiß bis grau, sich leicht vom gelblichen Holzkörper (Pfeile) lösend; Bruch glatt, hornartig; Rhizom bis 3 mm dick; Geschmack: widerlich bitter, seifig kratzend.

Inhaltsstoffe

Mindestens 2,0 % Gesamtalkaloide, berechnet als Emetin (nach Ph. Eur.); iridoide Isochinolinglucoside; bis 40 % Stärke.

Anwendung

Standardisierter Sirup als Emetikum[9] zur Resorptionsverhinderung bei Vergiftungen; als Expektorans bei Bronchitis; Anwendungen umstritten; starke Nebenwirkungen.

Mikroskopische Merkmale

A   Wurzel (quer); Periderm und äußere sekundäre Rinde mit Raphidenbündeln, kein Sklerenchym.

B   Periderm mit fünf- bis sechsreihigem, braunem Kork.

C   Calciumoxalatraphiden in Bündeln (oder einzeln verstreut).

D   Wurzel (quer); primäres Xylem (1); sekundäres Xylem (2) mit homogenem Holzkörper; Kambium (Pfeil); innere sekundäre Rinde mit aktivem Phloem (3); äußere sekundäre Rinde (4); Zellen der sekundären Rinde von außen nach innen kleiner werdend.

E   Holzkörper gleichmäßig, gelb; sekundäre Markstrahlen (Pfeile) radial verlaufend, aber schwierig zu differenzieren.

F   Sekundäres Xylem homogen strukturiert; sekundärer Markstrahl (Pfeil) (Präparat in Phlg-HCl).

G   Sekundäres Xylem (längs) mit Tracheen und Tracheiden; Xylemparenchym verdickt, fusiform, mit schlitzförmigen Tüpfeln (Tracheen mit Perforationsplatten).

H   Stärkekörner einfach oder zusammengesetzt (Präparat in 50 % Glycerin).

Rhizom mit Sklerenchymzellen und zentralem Mark.

---

8   Syn.: Cephaëlis *ipecacuanha* (Brot.) A. Rich.; umstritten *Cephaëlis acuminata* H. Karst.; Mato-Grosso- oder Costa-Rica-Ipecacuanha.

---

9   Syn.: Brechwurzel.

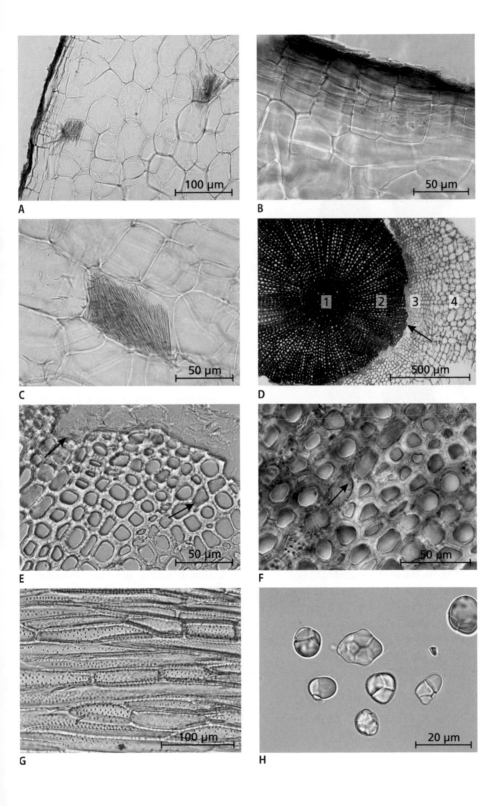

Klettenwurzel – Bardanae radix

Arctium lappa[10] L., A. minus (Hill) Bernh. und A. tomentosum Mill., Asteraceae, DAC

Makroskopische Merkmale

Ganze oder geschnittene Wurzel; Wurzeln außen grau- bis schwarzbraun, bis 2 cm dick, zylindrisch, Außenseite längsrunzelig (a); Seitenwurzeln (b) fadenförmig bis schmalzylindrisch; Querschnitt mit dunklem Ring im Rindenbereich (Pfeil); Holzkörper hellgelb bis graugelb, oft lückig zerrissen, von hellen Markstrahlen radial gestreift (c); Bruch mit stumpfen Flächen; Geruch: leicht aromatisch; Geschmack: erst süßlich, dann bitter.

Inhaltsstoffe

Polyine; Sesquiterpene; 27 bis 45 % Inulin; 0,06 bis 0,18 % ätherisches Öl; Schleime.

Anwendung

Zur Durchspülung bei Beschwerden der ableitenden Harnwege, bei Appetitlosigkeit und bei seborrhoischer Haut (*traditional use* nach HMPC-Monographie).

Mikroskopische Merkmale

A   Wurzel Übersicht (quer mit Zentralzylinderstruktur); Endodermis als brauner Ring erkennbar; breite, trichterförmige sekundäre Markstrahlen dominieren; Kambium (Pfeil); aktives Phloem als langgestreckte Hauben.

B   Wurzel (längs radiär); Periderm (1) braun; primäres Rindenparenchym (2); Endodermis (Pfeil) mit Caspary-Streifen (Ausschnitt; in Phgl-HCl); sekundäre Rinde (3) mit rechteckigen Parenchymzellen.

C   Junge Wurzel (quer); einzelne kleine Exkretgänge in der Nachbarschaft zur Endodermis (Pfeil) einen Ring bildend.

D   Exkretgang (längs) mit braunen Öltröpfchen.

E   Kambiumregion (quer); sekundäres Phloem (1) mit Bastfaserbündel (Pfeil); Kambium (2); sekundäres Xylem (3) mit ausgeprägten Holzfasergruppen und Gefäßen; dazwischen breite sekundäre Markstrahlen.

F   Xylem (quer); primäres Xylem zentral (teilweise aufgerissen); sekundäres Xylem mit Gefäß- und Holzfasergruppen in schmalen Bändern; sekundäre Markstrahlen (Pfeile) von unterschiedlicher Breite (häufig aufgerissen).

G   Sekundäres Xylem (längs); Netzgefäße kurzgliedrig und gekrümmt; Holzfasern meist als Bündel, unregelmäßig geformt (Präparat in Phgl-HCl).

H   Zahlreiche Inulinschollen (sehr unterschiedlich strukturiert) im Parenchym der gesamten Wurzel (Präparat in Ethanol).

Kleine Stärkekörner; keine Calciumoxalatstrukturen.

---

10   Syn.: *Bardana arctium* Hill (vergleiche Drogenname); auch Arctii radix.

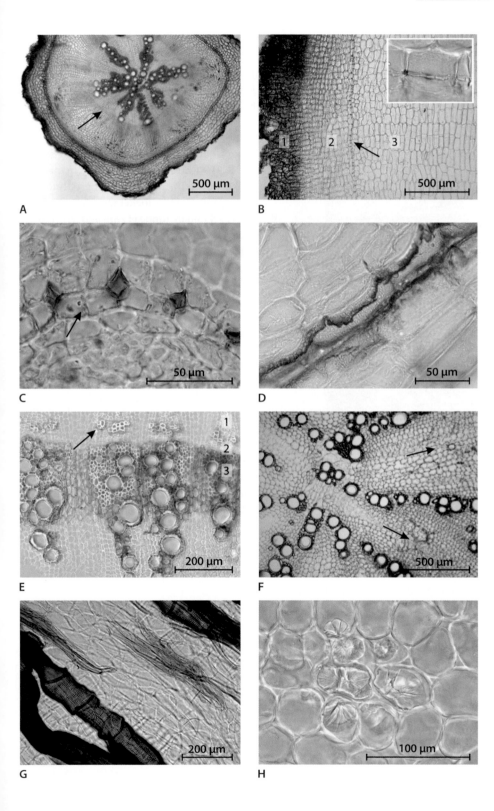

Liebstöckelwurzel – Levistici radix

Levisticum officinale Koch, Apiaceae, Ph. Eur.

Makroskopische Merkmale

Ganze oder geschnittene Wurzeln und Rhizome; Drogenstücke hellgraubraun bis gelblich braun; Rhizom (a) kurz, bis 5 cm dick, quer geringelt; Wurzeln (b) bis 1,5 cm dick und bis 25 cm lang, längsrunzelig; Kork häutig, Rinde gelblich weiß, orangebraune Punktierung durch Exkretgänge; Holzkörper (Pfeil) zitronengelb; Geruch: charakteristisch aromatisch (nach Speisewürze); Geschmack: süßlich-würzig, dann schwach bitter.

Inhaltsstoffe

Ganzdroge mindestens 4,0 ml kg^{-1} ätherisches Öl, geschnittene Droge mindestens 3,0 ml kg^{-1} ätherisches Öl (nach Ph. Eur.); Furanocumarine[11].

Anwendung

Als Adjuvans zur Erhöhung der Harnmenge und damit zur Durchspülung der Harnwege bei leichten Harnwegsbeschwerden (*traditional use* nach HMPC-Monographie).

Mikroskopische Merkmale

A   Wurzel (quer); Periderm (1), mehrreihiger brauner Kork, Korkkambium, kollenchymatische Korkhaut (Pfeil); äußere sekundäre Rinde (2), Exkretgang, Gewebe locker strukturiert.
B   Innere sekundäre Rinde (1) mit aktiven Phloemgruppen, Exkretgänge in Kambiumnähe kleiner; Kambium mehrreihig (2); sekundäres Xylem (3); sekundäre Markstrahlen 1 bis 3 Zellen breit (Pfeil).
C   Schizogener Exkretgang (quer), Ø bis 100 (selten bis 150) µm.
D   Schizogener Exkretgang (längs).
E   Sekundäre Rinde (längs); Gruppen von dickwandigen unverholzten Zellen (Ersatzfasern, Parenchym fusiform) mit spiralig-gekreuzter Textur (Pfeil).
F   Netztracheen, Xylemparenchym und gefäßbegleitende Ersatzfasern (Präparat in Phgl-HCl).
G   Sekundäres Xylem (quer); Gefäßgruppen; Markstrahlen (Pfeil) (Präparat in Phlg-HCl).
H   Rhizom (quer); zentrales Mark (2; Wurzeln mit zentralem primären Xylem), parenchymatische Zellen, Interzellularräume, Exkretgang; primäres Xylem (1).

Korkzellen gelblich, geradwandig, dünnwandig; Stärkekörner 6 bis 16 µm im Ø.

---

11   Photosensibilisierung durch Furanocumarine möglich.

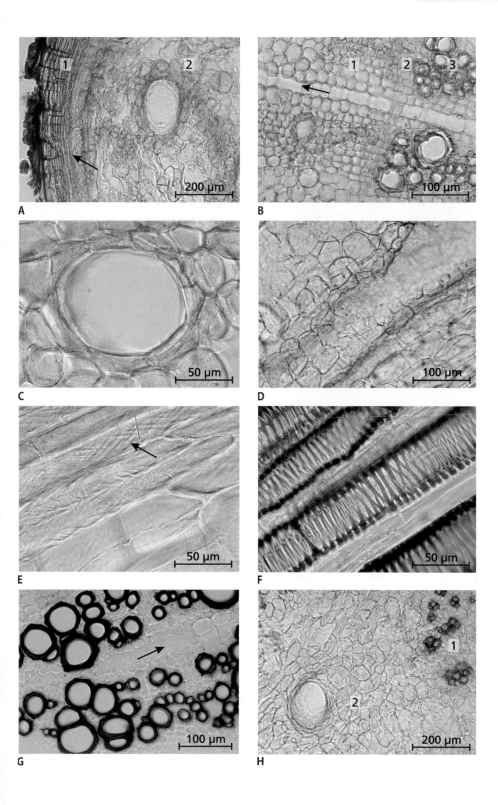

Notoginsengwurzel – Notoginseng radix

Panax pseudoginseng Wall. var. *notoginseng* (Burk.) Hoo et Tseng[12], Araliaceae, Ph. Eur.

Makroskopische Merkmale

Hauptwurzeln ohne Nebenwurzeln, mit Wasserdampf vorbehandelt; Wurzeln bis zu 6 cm lang, konisch bis zylindrisch, außen bräunlich bis gelblich grau, leicht gefurcht; Narben von Nebenwurzeln, warzige Ausbuchtungen von Stängelnarben (a); Bruch sieht verhornt aus; Kambiumring (Pfeil) gelblich grau; Holz-körper mit unscheinbar radialen Strahlen; feste Struktur; schweres spezifisches Gewicht; gute Qualität innen nicht rissig; Geschmack: bitter, dann leicht süßlich.

Inhaltsstoffe

Saponine: Ginsenoside mindestens 3,8 % (Summe der Gruppen Rg_1 und Rb_1; nach Ph. Eur.).

Anwendung

In der traditionellen chinesischen Medizin.

Mikroskopische Merkmale

A   Periderm und sekundäre Rinde (quer); Exkretbehälter (Pfeil).

B   Sekundäres Phloem(1) und sekundäres Xylem (3) in schmalen Streifen, dazwischen sehr breite sekundäre Markstrahlen (4); Kambium (2); Exkretbehälter (5).

C   Phellem (Aufsicht); im Pulverpräparat selten.

D   Schizogener Exkretbehälter (quer) mit gelblich braunem Harz; Parenchymzellen dünnwandig, oval.

E   Schizogener Exkretbehälter (längs).

F   Netz- und Tüpfeltracheen in kleinen Gruppen oder vielfach einzeln, gerade oder geschlängelt (teilweise auch quadratische Tracheensegmente).

G   Sekundäres Xylem mit Tracheengruppe (quer); Tracheen im Ø bis 30 µm.

H   Stärkekörner, in der gesamten Wurzel, meist aus 2 bis 10 Körnern zusammengesetzt; Einzelkörner Ø 4 bis 30 µm.

Zentral primäres Xylem; Calciumoxalatdrusen selten, im Ø 50 bis 80 µm.

---

12   Syn.; *Panax notoginseng* (Burk.) F.H.Chen (*accepted name* nach *The plant list*).

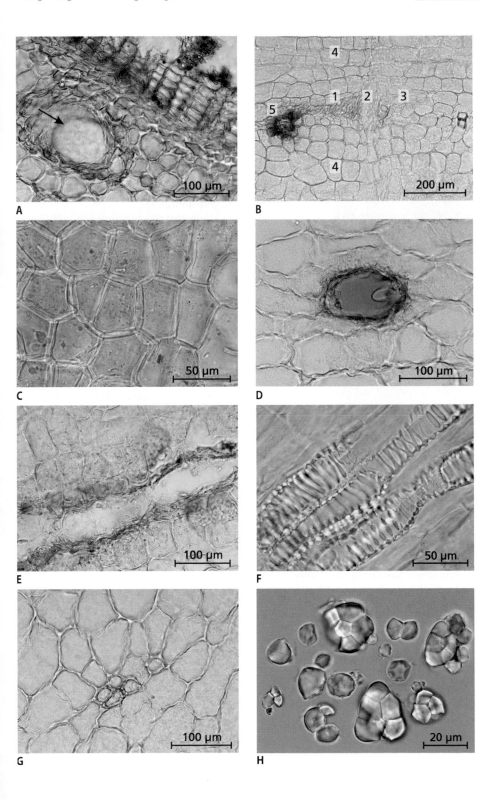

Pelargoniumwurzel – Pelargonii radix

Pelargonium sidoides DC und/oder Pelargonium reniforme Curt.[13], Geraniaceae, Ph. Eur.

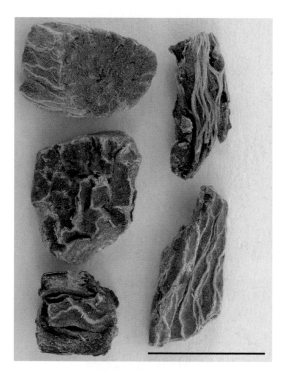

Makroskopische Merkmale

Meist zerkleinerte Wurzeln; Wurzel außen längs gefurcht; Abschlussgewebe hell-, rot- bis dunkelbraun; Holz mit deutlichen Markstrahlen; *P. sidoides*: Wurzel zeigt knollige Bereiche, intensiv braun, Holz dunkelbraun, im Ø 1 bis 3,5 cm; *P. reniforme*: heller erscheinend, gelblicher, faseriger Holzkörper, im Ø bis 1,3 cm; Geschmack: zusammenziehend.

Inhaltsstoffe

Hydrolysierbare Gerbstoffe: mindestens 2,0 % Tannine berechnet als Pyrogallol (nach Ph. Eur.); kondensierte Gerbstoffe; Cumarine.

Anwendung

Zur symptomatischen Behandlung einer Erkältung (*traditional use* nach HMPC-Monographie).

Mikroskopische Merkmale

A   Äußere sekundäre Rinde (quer) mit Periderm (teilweise als Borke ausgebildet; Kork vielschichtig); Gerbstoffidioblasten braun.

B   Innere sekundäre Rinde (quer) mit zahlreichen Sklereiden (großlumiger als Bastfasern); Zellen braun, gerbstoffhaltig.

C   Innere sekundäre Rinde (quer) mit zahlreichen Sklereiden (Siebröhren im sekundären Phloem stark obliteriert) (Präparat in Phgl-HCl).

D   Sklereiden (längs) der sekundären Rinde unregelmäßig geformt, lang gestreckt, großlumig (Präparat in Phgl-HCl).

E   Sekundäres Xylem (quer) mit sehr breiten sekundären Markstrahlen (1) und schmalen Xylemstrahlen (2; mit Tracheen, Xylemparenchym und einzelnen Sklereiden); Calciumoxalatdrusen zahlreich.

F   Sekundäres Xylem (längs); Tracheen mit Katzenaugentüpfeln; Sklereiden wenige, verholzt, lang gestreckt (Präparat in Phgl-HCl).

G   Sekundärer Markstrahl (längs) mit zahlreichen Calciumoxalatdrusen mit schwarzem Zentrum.

H   Parenchymzellen mit zahlreichen Stärkekörnern, rundlich bis oval (Präparat in 50 % Glycerin).

---

13   Zur Herstellung von Phytopharmaka wird *P. sidoides* verwendet.

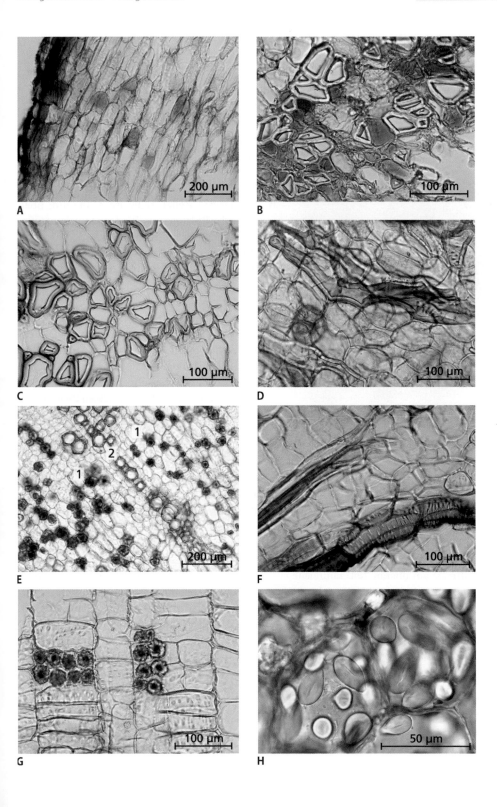

Primelwurzel – Primulae radix

Primula veris L., *Primula elatior* (L.) Hill., Primulaceae, Ph. Eur.

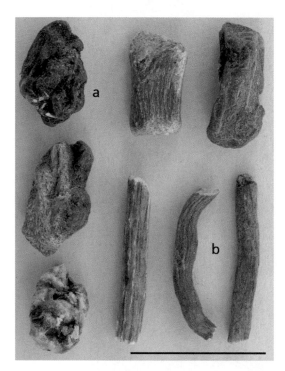

Makroskopische Merkmale

Ganze oder geschnittene Rhizome mit Wurzeln; Rhizom (a) unregelmäßig, grobhöckerig, graubraun, etwa 1 bis 5 cm lang, bis 5 mm dick, oft Stängel- und Blattreste am oberen Teil, zahlreiche Wurzeln dem Rhizom entspringend; Wurzeln (b) bis 10 cm lang, bis 2 mm dick, längsgefurcht; Bruch glatt; Zentralzylinder dunkel, im Querschnitt erkennbar; *P. elatior*: Wurzeln hellbraun bis rötlich braun; *P. veris*: Wurzeln hellgelb bis gelblich weiß; Geruch: eigentümlich, schwach; Geschmack: kratzend, bitter.

Inhaltsstoffe

3 bis 12 % Triterpensaponine vom Oleanantyp; Phenolglykoside.

Anwendung

Traditionell bei Husten bei einer Erkältung als Expektorans (*traditional use* nach HMPC-Monographie).

Mikroskopische Merkmale

A   Wurzel (quer); Zentralzylinder (1) mit radiär oligarchem Leitbündel ohne sekundäres Dickenwachstum; Rindenparenchym (2) breit, Endodermis (Pfeil); Rhizodermis (3).

B   Exodermis; Zellen teilweise gelbbraun; oben Reste der Rhizodermis; Rindenparenchym unter der Exodermis kollenchymatisch.

C   Rindenparenchym der Wurzel (quer) aus rundlichen Zellen mit verdickten und getüpfelten Wänden (im Rhizom gleichartig); Interzellularen zahlreich, klein.

D   Rindenparenchym (längs); Zellen lang gestreckt.

E   Zentralzylinder (quer) mit sekundärem Dickenwachstum; primäres Xylem (1); sekundäres Xylem (2), sekundäres Phloem (3), dazwischen sternförmiges Kambium; Endodermis (Pfeil) einschichtig, mit seitlich verdickten Zellwänden; darunter Perizykel einschichtig; Rindenparenchym (4); Markbereich klein (5) (Präparat in Phgl-HCl).

F   Tracheen des Xylems mit netzartigen Wandverdickungen.

G   Rhizom (quer); Steinzellen (1) im Rhizom von P. elatior, einzeln oder in Gruppen, ohne Anfärbung gelblich grün; Rindenparenchym (2); Endodermis (3); Leitbündel im Zentralzylinder offen kollateral: sekundäres Phloem (4), sekundäres Xylem (5), dazwischen Kambium; Mark (6); Idioblasten mit gelbbrauner Färbung (Pfeil) im Rindenparenchym und im Mark (auch in den Wurzeln) (Präparat in Phlg-HCl).

H   Stärkekörner einzeln oder zusammengesetzt, verschiedene Größen und Gestalt (Präparat in 50 % Glycerin); Rinden- und Markparenchym der Wurzeln und Rhizome stärkereich.

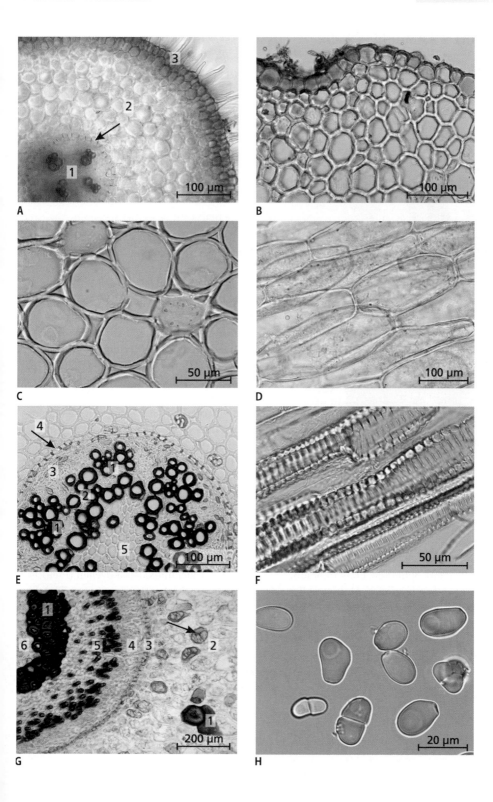

Ratanhiawurzel – Ratanhiae radix

Krameria triandra[14] Ruiz und Pavon, Krameriaceae, Ph. Eur.

Makroskopische Merkmale

Meist zerbrochene, unterirdische Organe; Wurzeln vom kurzen, knolligen Hauptrhizom befreit, 1 bis 3 cm dick; Rinde rotbraun, auf Papier einen braunen Strich erzeugend (Pfeil); Splintholz blass rotbraun, Kernholz dunkler rötlich bräunlich; Holz strahlig; Bruch außen faserig, innen splitternd; höchstens 5 % Wurzelschopf oder Wurzeln mit Ø größer 2,5 cm; Wurzeln ohne Rinde (Gerbstoffe hauptsächlich in der Rinde), dürfen nur in sehr geringen Mengen vorhanden sein; Geschmack: zusammenziehend, schwach bitter.

Inhaltsstoffe

Catechingerbstoffe: mindestens 5,0 % Gerbstoffe, berechnet als Pyrogallol (nach Ph. Eur.); bei Lagerung entstandene braunrote Phlobaphene („Ratanhia-Rot").

Anwendung

Zur lokalen Behandlung leichter Entzündungen der Mund- und Rachenschleimhaut (nach ESCOP-Monographie).

Mikroskopische Merkmale

A   Periderm (quer); Kork aus zahlreichen Lagen dünnwandiger Zellen mit braunrotem Inhalt.

B   Kambiumregion (quer); sekundäres Xylem (1); Kambium (2) mehrreihig; sekundäres Phloem (3) mit Siebröhrengruppen in Kambiumnähe und Bastfasern; zahlreiche sekundäre Markstrahlen im sekundären Xylem einreihig, in der sekundären Rinde mehrreihig.

C   Sekundäre Rinde (quer); Markstrahlen 1 bis 2 Zellen breit; Phloemstrahlen mit unverholzten Bastfasergruppen.

D   Phloemparenchym mit Zellen mit Calciumoxalatkristallen; Bastfasern.

E   Sekundäres Xylem (quer); Markstrahlen einreihig, teilweise braun gefärbt; Gefäße einzeln oder in Gruppen zu 2 bis 5.

F   Einreihiges Intermediärparenchym (senkrecht) im sekundären Xylem verbindet die Markstrahlen (waagerecht); Braunfärbung durch Gerbstoffe.

G   Sekundäre Rinde (längs); Bastfasern in kleinen Gruppen; Calciumoxalatsandzellen (Pfeil).

H   Sekundäres Xylem (längs); meist Tüpfeltracheen, Tüpfeltracheiden und Holzfasern mit spaltförmigen Tüpfeln, sekundär verdicktes Xylemparenchym; Braunfärbung durch Gerbstoffe.

Stärkekörner einfach oder zusammengesetzt, rundlich; Gerbstoffnachweis durch FeCl$_3$-Lösung oder durch Vanillin-HCl-Lösung.

---

14 Syn.; *Krameria lappacea* (Domb.) Burd. et Simp. *accepted name* nach *The Plant List*; Teile der handelsüblichen Ratanhiawurzel stammen wahrscheinlich von anderen *Krameria*-Arten.

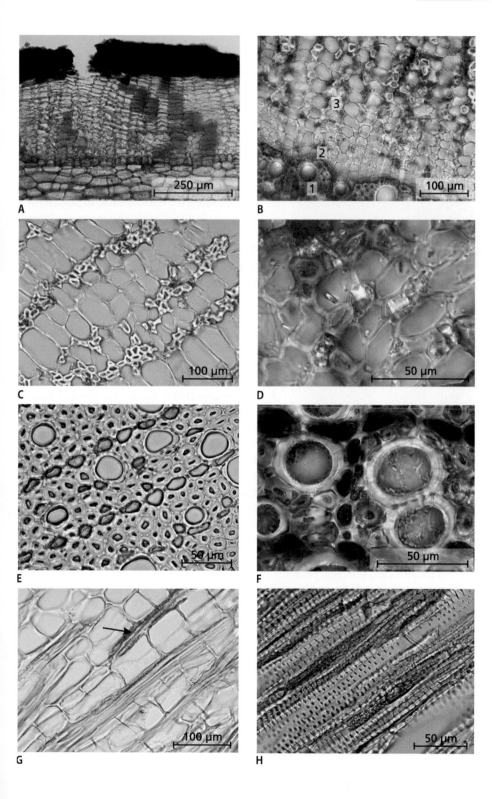

Rauwolfiawurzel – Rauwolfiae radix

Rauvolfia[15] *serpentina* **(L.) Benth. ex Kurz, Apocynaceae, DAB**

Makroskopische Merkmale

Ganze oder zerkleinerte Wurzel; Wurzel bis 12 cm lang, bis 2 cm breit, zylindrisch oder schwach spitz zulaufend, häufig gewunden oder gebogen, graubraun; Oberfläche mit leichten Längsfurchen; Holzkörper frisch geschnitten weißlich gelb; Wurzelnarben; zerbrechlich, Bruch glatt; Kork weich; Rinde etwa ein Fünftel des Querschnitts einnehmend; Geschmack: bitter.

Inhaltsstoffe

Mindestens 1 % Indolalkaloide, berechnet als Reserpin (nach DAB).

Anwendung

Bei arterieller Hypertonie weitgehend obsolet; Verwendung der Reinsubstanz Reserpin.

Mikroskopische Merkmale

A   Geschichteter Kork, 2 bis 8 Bänder, abwechselnd aus schmaleren (3 bis 7 Zellreihen) und höheren Zellen (1 bis 3 Zellreihen).

B   Stärkekörner (links) klein, rundlich bis exzentrisch, zwei- bis dreifach zusammengesetzt, Trocknungsspalt einfach oder strahlenförmig (Präparat in 50 % Glycerin); Calciumoxalatkristalle (rechts) in der sekundären Rinde.

C   Kambiumregion (quer); sekundäres Xylem (3); Kambium (2); sekundäres Phloem (1), meist kollabiert, Parenchym dünnwandig, sekundärer Markstrahl (Pfeil) meist 1 bis 3 Zellen breit, sich kaum vom Rindenparenchym abhebend.

D   Holz (quer); primäres Xylem (1) mit zahlreichen kleinen Gefäßen; sekundäres Xylem (2) mit deutlichen Jahresringen; Holzkörper homogen, ohne große Gefäße.

E   Sekundäres Xylem (quer); Gefäße und Fasern, wenig Holzparenchym; sekundäre Markstrahlen meist 1 bis 3 Zellen breit; Jahresring (Pfeil).

F   Kambiumregion (längs radiär); sekundäres Xylem (3); Kambium (2); sekundäres Phloem (1); sekundäre Rinde ohne sklerenchymatische Elemente (Präparat in Phgl-HCl).

G   Holzfaser (Pfeil) mit schmalen Tüpfeln, 200 bis 700 µm lang (längs).

H   Tracheen mit kleinen Katzenaugentüpfeln, Ø bis etwa 50 µm, kurzgliedrig.

---

15   Die Schreibweise „*Rauwolfia*" entspricht nicht dem Internationalen Code der Botanischen Nomenklatur.

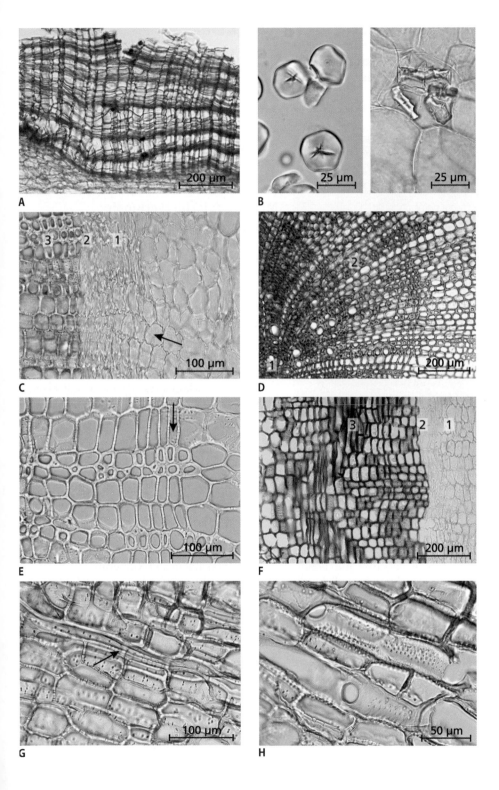

Rhabarberwurzel – Rhei radix[16]

Rheum palmatum L. und/oder *Rheum officinale* Baillon, Hybriden, Polygonaceae, Ph. Eur.

Makroskopische Merkmale

Unterirdische Teile, vom Stängel und weitgehend von der Außenrinde mit den Seitenwurzeln befreit (Rübe); Drogenoberfläche blassrosa mit braunroter Marmorierung (befeuchtet), bräunlich gelb pulverig bestäubt, körnig bröckelnd, ohne Fasern; Querschnitt mit radialen braunroten Linien (Markstrahlen); Kambium als dunkler Ring (Pfeil; frische Rübe) erkennbar; anomale Leitbündel (Masern) markständig; Wurzel (a) im Ø bis 1,5 cm; Geruch: schwach rauchig, aromatisch; Geschmack: bitter, herb, Speichel gelb färbend und knirschend (Calciumoxalatdrusen).

Inhaltsstoffe

Mindestens 2,2 % Hydroxyanthracenderivate, berechnet als Rhein (nach Ph. Eur.); Gerbstoffe (vorwiegend Gallotannine).

Anwendung

Wissenschaftlich belegte kurzzeitige Anwendung bei gelegentlicher Verstopfung (*well-established use* nach HMPC-Monographie; ▶ Glossar unter Laxans).

Mikroskopische Merkmale

A   Braunes Periderm als sekundäres Abschlussgewebe.

B   Rindengewebe; Zellen groß, rundlich; Calciumoxalatdrusen im Ø bis über 100 µm, zahlreich.

C   Markstrahlen 1 bis 4 Zellen breit, bräunlich rot; Ende der Markstrahlen charakterisiert den Übergang von der primären (1) zur sekundären (2) Rinde (Rübe).

D   Kambiumregion (quer); sekundäre Rinde (1) mit aktivem Phloem in Kambiumnähe; Kambium (2); sekundäres Xylem (3) mit kleinen Gefäßgruppen, radial angeordnet, sekundäre Markstrahlen kreuzen das Kambium rechtwinklig.

E   Sekundäres Xylem (quer); unverholzte Gefäße in kleinen Gruppen; Markstrahl (Pfeil).

F   Sekundäres Xylem (längs radiär); unverholzte Netztracheen mit Katzenaugentüpfeln (keine Anfärbung mit Phgl-HCl); Calciumoxalatdrusen zahlreich.

G   Stärkekörner rundlich, auch bis 4 zusammengesetzt (Präparat in 50 % Glycerin).

H   Leitbündel markständig, anomal ("Masern"); Kambium (1) sondert nach außen Gefäße (2) und nach innen parenchymatische Gewebe mit Calciumoxalatdrusen (und Siebröhrengruppen) ab; braune, Markstrahlen (Pfeil) abnorm, in radiärer Richtung verlaufend.

Sklereiden und Fasern fehlen; positive Bornträger-Reaktion (rot mit 3 % KOH); starke Gelbfärbung der Droge in Chloralhydrat.

---

16   WHO-Monographie: Rhei rhizoma; Droge stammt von einer Rübe (Hypokotyl und Wurzel).

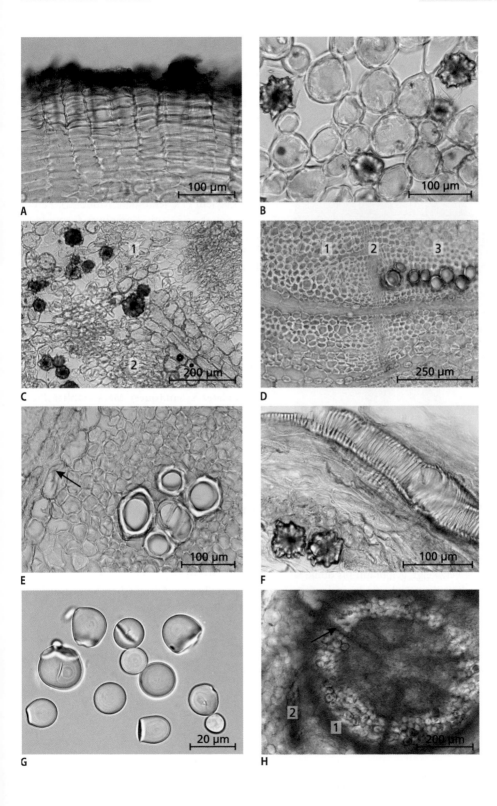

Senegawurzel – Polygalae radix

Polygala senega L.[17], Polygalaceae, Ph. Eur.

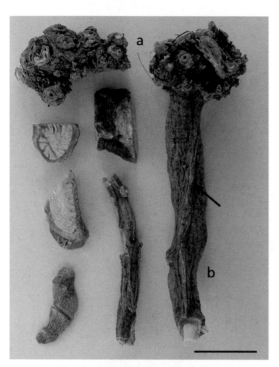

Makroskopische Merkmale

Wurzeln oder Rhizome („Wurzelkopf"); Wurzelkopf (a) graubraun, breit, unregelmäßig, mit Stängelabbrüchen; Wurzeln (b) 3 bis 15 cm lang, bis 1 cm dick, nicht oder wenig verzweigt, gelbbraun bis dunkelbraun, gerillt; kielförmiger, steil-spiralig verlaufender Wulst (Pfeil; „Kiel"); Rinde ungleichmäßig dick; Holzkörper im Querschnitt hell, abgeflacht oder sektorförmig an der dem Kiel gegenüberliegenden Seite ausgeschnitten; beim Schütteln des Pulvers in Wasser entsteht starker Schaum; Geruch: eigenartig; Geschmack: kratzend, Pulver zum Niesen reizend.

Inhaltsstoffe

6 bis 12 % Triterpensaponine; Lipide; Oligosaccharide.

17   Auch andere, eng verwandte Arten der Gattung *Polygala*; Drogenbezeichnung auch: Senegae radix.

Anwendung

Als Expektorans gegen Husten (nach WHO-Monographie).

Mikroskopische Merkmale

A   Dem Kiel gegenüberliegende Seite (quer); Holz keilförmig ausgespart; Kambium (gepunktete Linie) durch Parenchymgewebe (3) verlaufend; sekundäres Xylem (1); sekundäre Rinde (2).

B   Übergang zu normal gebauter Wurzel; sekundäres Xylem (1); sekundäre Rinde (2); Parenchymgewebe (3) mit Kambium (gepunktete Linie), sich kreisförmig zwischen Xylem und Phloem fortsetzend; Periderm (4).

C   Kambiumregion an der Kielseite (quer); sekundäres Xylem (1); sekundäre Rinde (2); dazwischen Kambium; sekundäre Markstrahlen (Pfeile) (Kiel entsteht durch vermehrte Bildung von sekundärem Phloemparenchym).

D   Periderm aus wenigen Lagen bräunlichem Kork; Korkhaut kollenchymatisch; äußere sekundäre Rinde mit rundlichen Zellen.

E   Sekundäres Xylem (quer); Markstrahlen (Pfeil) nur schwer zur erkennen.

F   Innere sekundäre Rinde (quer); sekundäre Phloemstrahlen (1), kleine Gruppen aktiver Siebröhren nur in Kambiumnähe; sekundäre Markstrahlen (2) breit, nach außen trichterförmig.

G   Sekundäres Xylem (längs); Tracheen mit Katzenaugentüpfeln; Tracheiden faserförmig.

H   Übergang von der inneren sekundären Rinde mit lang gestreckten Zellen zur äußeren sekundären Rinde mit kugeligen Zellen (längs).

Korkhaut mit kleinen Öltröpfchen; keine Calciumoxalatkristalle, keine Stärke.

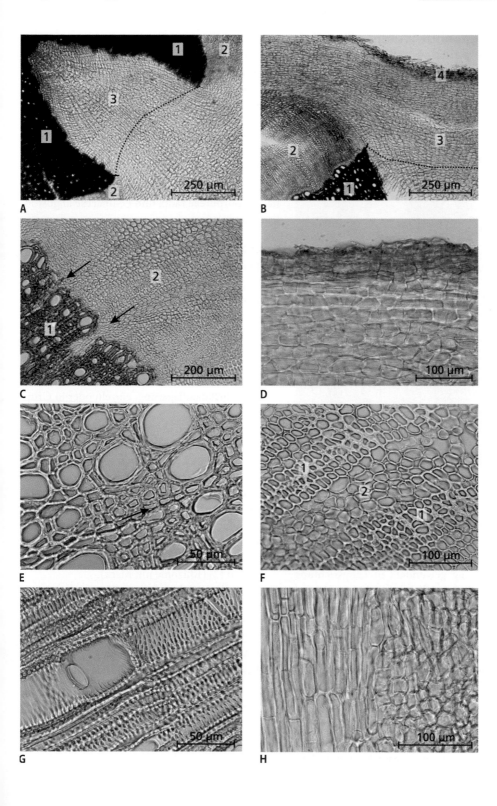

Blasser-Sonnenhut-Wurzel – Echinaceae pallidae radix[18]

Echinacea pallida Nutt., Asteraceae, Ph. Eur.

Makroskopische Merkmale

Unterirdische Organe; Rhizome und Wurzeln 0,4 bis 2 cm dick, 10 bis 20 cm lang, zylindrisch, manchmal spiralig gewunden, in Längsrichtung gefurcht; Oberfläche rötlich braun bis graubraun; Bruch kurzfaserig; Querschnitt mit höchstens 1 mm breiter Rinde; Holzkörper mit gelblichen und grauschwarzen radialen Streifen, zentral gelblich weiß; Geruch: schwach aromatisch; Geschmack: zunächst leicht süßlich, dann schwach bitter.

Inhaltsstoffe

Kaffeesäureglykoside: mindestens 0,2 % Echinacosid (nach Ph. Eur.); wasserdampfflüchtige Ketoalkene und Ketoalkenine; 1 bis 2 % ätherisches Öl; Polysaccharide; Glykoproteine.

Anwendung

Traditionell zur unterstützenden Therapie grippaler Infekte (*traditional use* nach HMPC-Monographie; entsprechende HMPC-Monographie auch für Echinaceae purpureae radix und Echinaceae angustifoliae radix).

Mikroskopische Merkmale

A Exodermis (Aufsicht); Zellen quadratisch bis trapezförmig; etwa 40 × 80 µm groß.

B Exodermis (1); primäre Rinde (2, häufig kollenchymatisch); Endodermis (Pfeil); sekundäre Rinde (3) mit Sklerenchymfasern und Exkretbehälter (Präparat in Phgl-HCl).

C Schizogener Exkretbehälter (quer) in der sekundären Rinde; Sklerenchymfasern (quer) mit Phytomelanauflagerung, einzeln oder in Gruppen zu 2 bis 4.

D Kambiumregion (quer); sekundärer Markstrahl (1); sekundärer Xylem- und Phloemstrahl (2); Exkretbehälter mit orangegelbem Inhalt im Markstrahlbereich; Sklerenchymfasern.

E Sekundäres Xylem (quer);Xylemparenchym (1) nicht lignifiziert; Gefäßgruppen (2); Holzfasern (3) ohne Phytomelanauflagerung; Sklerenchymfasern (Pfeil) (Präparat in Phgl-HCl).

F Wurzel (quer); primäres Xylem (1); sekundäres Xylem (2) (Rhizome mit Mark).

G Sekundäres Xylem (längs); Netztracheen; größere Tracheen von Holzfasern umgeben; Sklerenchymfasern mit Phytomelanauflagerung (bis 300 µm lang).

H Sekundäre Rinde (längs); Sklerenchymfasern; Exkretbehälter kugelig bis oval gestreckt.

---

18 Außerdem in Ph. Eur.: Purpur-Sonnenhut-Wurzel – Echinaceae purpureae radix, *E. purpurea*; Schmalblättriger-Sonnenhut-Wurzel – Echinaceae angustifoliae radix, *E. angustifolia*.

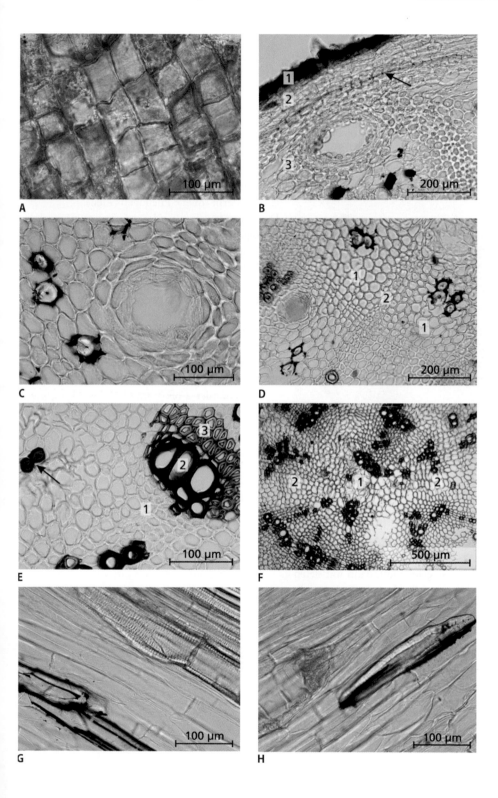

Stephania-tetrandra-Wurzel – Stephaniae tetrandrae radix

Stephania tetrandra S. Moore, Menispermaceae, Ph. Eur.

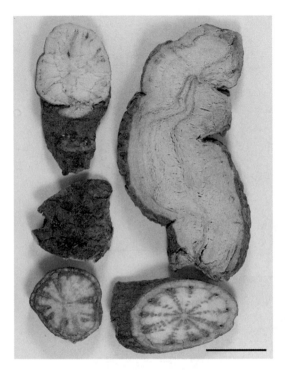

Makroskopische Merkmale

Geschnittene Wurzeln; Wurzelstücke unregelmäßig zylindrisch, halbzylindrisch oder würfelförmig, Ø 1 bis 5 cm, teilweise gekrümmt, dann mit tiefen Querrinnen und knotiger Struktur, außen graugelb bis braun; Querschnitt graubraun bis weißlich, mit radiären Strahlen; Bruch grauweiß und mehlig; Geschmack: bitter.

Inhaltsstoffe

Alkaloide: mindestens 1,6 % Tetrandrin und Fangchinolin in der Summe, berechnet als Tetrandrin; Prüfung auf das Fehlen von Aristolochiasäure (nach Ph. Eur.).

Anwendung

In der traditionellen chinesischen Medizin.

Mikroskopische Merkmale

A   Wurzel (quer); primäres Xylem (1) zentral; sekundäres Xylem (2) in schmalen Streifen mit Gefäßgruppen; sekundäre Markstrahlen (3) sehr breit.

B   Kambiumregion (quer); Periderm (1); aktives sekundäres Phloem (2) in der sekundären Rinde; Kambium (punktierte Linie); sekundäres Xylem (3); sekundäre Markstrahlen sehr breit; Sklereiden (Pfeile).

C   Periderm (quer); Phellogen (Pfeil).

D   Sklereiden einzeln oder in Gruppen, unregelmäßig geformt, dickwandig, verholzt, mit großem Lumen.

E   Parenchym mit vielen kleinen, teilweise stäbchenförmigen Calciumoxalatkristallen.

F   Sekundäres Xylem (quer); wenige Tracheen, großes Lumen; Tracheen von verholzten Holzfasern begleitet (Präparat in Phgl-HCl).

G   Sekundäres Xylem (längs); Tüpfel- und Netzgefäße; Holzfasern.

H   Stärkekörner rund oder einseitig abgeflacht, einzeln oder 2 bis 3, im Ø 10 bis 20 µm, meist punktförmiges Hilum (Präparat in 50 % Glycerin).

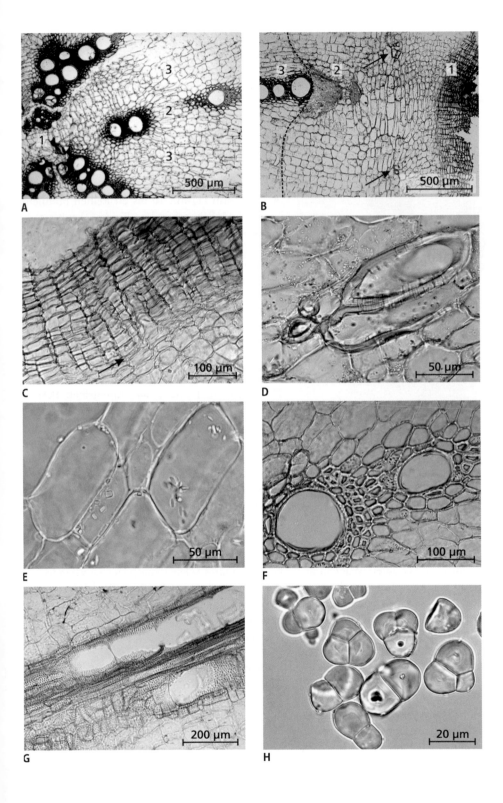

Süßholzwurzel – Liquiritiae radix

Glycyrrhiza glabra L. und/oder *Glycyrrhiza inflata* Bat. und/oder *Glycyrrhiza uralensis* Fisch., Fabaceae, Ph. Eur.

Makroskopische Merkmale

Ungeschälte (a) oder geschälte (b), ganze oder geschnittene Wurzeln und Ausläufer; Wurzeln außen bräunlich grau bis braun (ungeschält), längs gestreift, innen zitronengelb, faserig; Narben von Seitenwurzeln; Ausläufer ähnlich, aber mit Schuppenblättern und Narben von Seitensprossen und zentralem Mark; Geruch: charakteristisch, schwach; Geschmack: süß.

Inhaltsstoffe

Mindestens 4,0 % 18β-Glycyrrhizinsäure (Diglucuronid der 18β-Glycyrrhetinsäure; Triterpensaponine); höchstens 20 µg kg^{-1} Ochratoxin A (nach Ph. Eur.); Flavonoide.

Anwendung

Linderung von dyspeptischen Verdauungsbeschwerden wie Sodbrennen; als Expektorans bei Husten in Verbindung mit einer Erkältung (*tradtional use* nach HMPC-Monographie); zur unterstützenden Therapie bei Magen- und Darmgeschwüren und bei Gastritis (nach ESCOP-Monographie); Geschmackskorrigens[19].

Mikroskopische Merkmale

A   Periderm (1) mit 10 bis 20 Reihen braunem Kork; äußere sekundäre Rinde (2) mit Calciumoxalatkristallen und Bastfaserbündeln mit Kristallzellreihen.

B   Wurzel (quer); sekundäres Xylem (1) in radialen Reihen; Kambium (2); innere sekundäre Rinde (3); sekundäre Markstrahlen (4) 2 bis 8 Zellen breit (Präparat in Phgl-HCl).

C   Kambiumregion (quer); sekundäres Xylem (1); Kambium (2) 2 bis 8 Reihen breit; sekundäre Rinde (3) mit aktivem Phloem in Kambiumnähe; sekundäre Markstrahlen (4).

D   Sekundäre Rinde (quer) mit gelben Bastfaserbündeln, von Kristallzellreihen begleitet; Phloem (Pfeil; Keratenchym) hornartig, weißlich gelblich leuchtend, obliteriert.

E   Sekundäres Xylem (quer); Gefäße (1) abwechselnd mit Holzfaserbündeln (2) mit Kristallzellreihen (Pfeil) und unverholztem Xylemparenchym (3) (Präparat in Phgl-HCl).

F   Sekundäres Xylem (längs); Netztracheen gelblich, mit Katzenaugentüpfeln; Wände gelblich, dick; Ringwülste.

G   Sekundäres Xylem (längs); Holzfaserbündel mit Kristallzellreihen (Bastfaserbündel der sekundären Rinde ähnlich strukturiert).

H   Ausläufer (quer); Mark (1; Calciumoxalatkristalle); primäres Xylem (2); sekundäres Xylem (3).

Stärkekörner rundlich bis oval (Präparat in 50 % Glycerin).

---

19   Mineralocorticoide Effekte bei längerer Anwendung und hoher Dosierung.

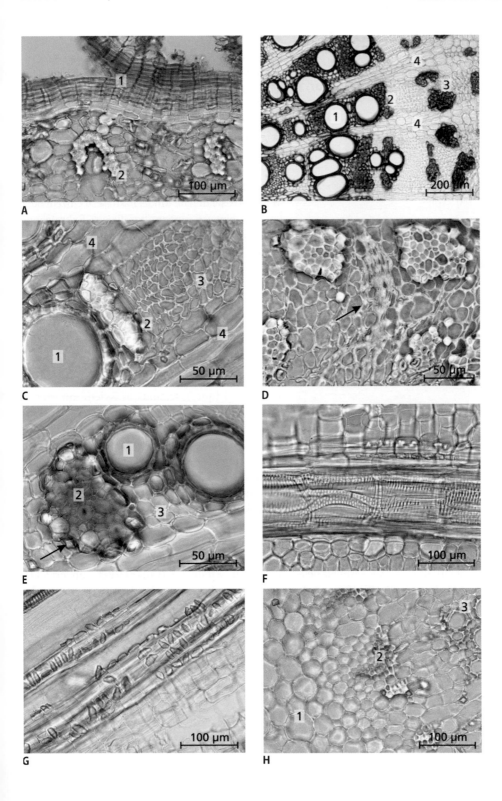

A

B

C

D

E

F

G

H

Taigawurzel – Eleutherococci radix

Eleutherococcus senticosus (Rupr. et Maxim.) Maxim., Araliaceae, Ph. Eur.

Makroskopische Merkmale

Ganze oder geschnittene, unterirdische Organe; Rhizom knotig, bis 4 cm dick; Rhizomoberfläche graubraun bis schwarzbraun, längsgefurcht; Rinde etwa 2 mm breit; Splintholz blassgelb; Kernholz hellbraun; Wurzeln 3,5 bis 15 cm lang, 3 bis 15 mm dick; Wurzeloberfläche graubraun bis schwarzbraun, außen glatter als Rhizom; Rinde 0,5 mm breit, Holz blassgelb; Geruch: charakteristisch, leicht beißend; Geschmack: bitter, zusammenziehend.

Inhaltsstoffe

Mindestens 0,08 %, berechnet als Summe der Gehalte von Eleutherosid B (Phenylpropanglykosid) und Eleutherosid E (Lignan) (nach Ph. Eur.); Cumarine; Saponine.

Anwendung

Traditionell verwendet bei Symptomen der Kraftlosigkeit wie Ermüdung und Schwäche (*traditional use* nach HMPC-Monographie).

Mikroskopische Merkmale

A   Periderm mit Kork aus 4 bis 10 Lagen tangential gestreckter Zellen, Korkhaut kollenchymatisch; äußere sekundäre Rinde mit großen Interzellularen; Calciumoxalatdrusen zahlreich.

B   Innere sekundäre Rinde; Bastfasern einzeln oder in kleinen Gruppen, lignifiziert; Exkretgänge schizogen mit orangegelbem Inhalt; Calciumoxalatdrusen (und -kristalle); Phloem obliteriert (Präparat in Phgl-HCl).

C   Kambiumregion (quer); sekundäres Xylem (1); Kambium (2); innere sekundäre Rinde (3) mit aktiven Siebröhren; Bastfasergruppen; sekundäre Markstrahlen (Pfeile) (Präparat in Phgl-HCl).

D   Sekundäre Rinde (längs); Exkretgänge lang gestreckt; Bastfasern; Calciumoxalatdrusen.

E   Wurzel (quer); sekundäres Xylem mit sekundären Markstrahlen; primäres Xylem (1) (Präparat in Phgl-HCl).

F   Sekundäres Xylem (quer); Tracheen zu 2 oder 3 zusammenliegend, dazwischen zahlreiche Holzfasern und Xylemparenchym; sekundäre Markstrahlen (Pfeile) im Holz 2 bis 3 Zellen breit.

G   Sekundäres Xylem (längs); Katzenaugentracheen und Holzfasern.

H   Sekundäre Markstrahlen (längs radiär) mit stark getüpfelten, verholzten Wänden (in der sekundären Rinde Markstrahlzellen unverdickt), mehrreihig, quer zu den Tracheen verlaufend.

Kleine Stärkekörner, einfach bis dreiteilig zusammengesetzt; Rhizom mit Mark.

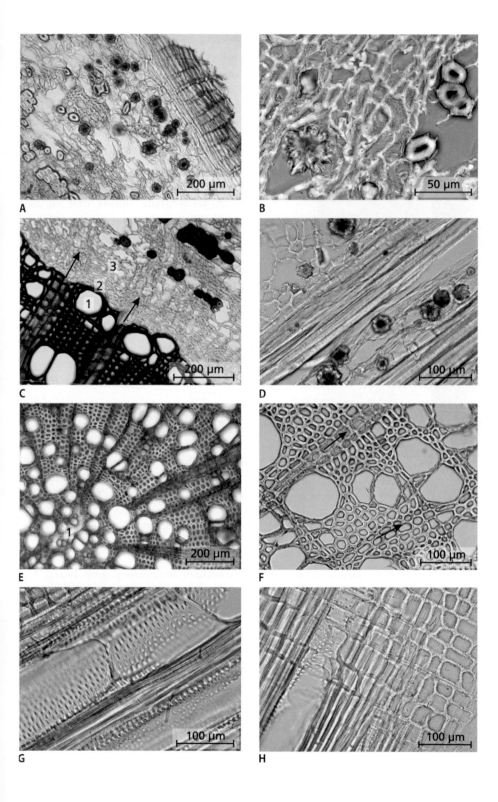

Teufelskrallenwurzel – Harpagophyti radix

Harpagophytum procumbens D.C. und/oder *Harpagophytum zeyheri* Decne., Pedaliaceae, Ph. Eur.

a

Makroskopische Merkmale

Geschnittene, knollige, sekundäre Speicherwurzeln; Scheiben grob zerkleinert, fächerförmig oder rund, meist 0,5 bis 1,5 cm dick, außen mit Runzeln, gelblich grau bis bräunlich; Bruchstellen hornartig, hellgrau bis weißlich; Grünfärbung (a) des Parenchyms nach Zugabe von Phgl-HCl; Geschmack: mäßig bis stark bitter.

Inhaltsstoffe

Iridoide: mindestens 1,2 % Harpagosid (nach Ph. Eur.); Phenolglykoside (Acteosid); hohe Anteile an Zuckern (bis 40 % Stachyose).

Anwendung

Traditionell zur Verminderung von Gliederschmerzen (schmerzhafte Osteoarthritis; Rückenschmerzen); außerdem traditionell bei Appetitlosigkeit und dyspeptischen Beschwerden (nach HMPC- und ESCOP-Monographie).

Mikroskopische Merkmale

A   Periderm (quer); Kork vielschichtig, außen dunkelbraune Zellen, innen helle Zellen.

B   Calciumoxalatkristalle (links) und -drusen (rechts) im Parenchym.

C   Rechteckige oder polygonale getüpfelte Steinzellen in der sekundären Rinde älterer Wurzeln; Parenchymzellen mit braunen Inhaltsstoffen (Präparat in Phgl-HCl).

D   Einzelne getüpfelte Steinzellen in der sekundären Rinde älterer Wurzeln (Präparat in Phgl-HCl).

E   Sekundäres Phloem (quer) in der sekundären Rinde stark kollabiert, Zellwände zusammengedrückt; Parenchymzellen mit braunen Inhaltsstoffen (Pfeil).

F   Gefäße des sekundären Xylems (quer) mit Xylemparenchym, radial in Gruppen angeordnet; breite Markstrahlen.

G   Katzenaugentüpfel- und Netztracheen im sekundären Xylem; Gefäße kurzgliedrig und gekrümmt; breite Ringwülste (Präparat in Phgl-HCl).

H   Gefäße des sekundären Xylems sehr vielgestaltig und geknäuelt.

Rindenparenchym dünnwandig, groß, unregelmäßig; Mark- und Holzparenchym ähnlich gestaltet; Stärkekörner sehr selten.

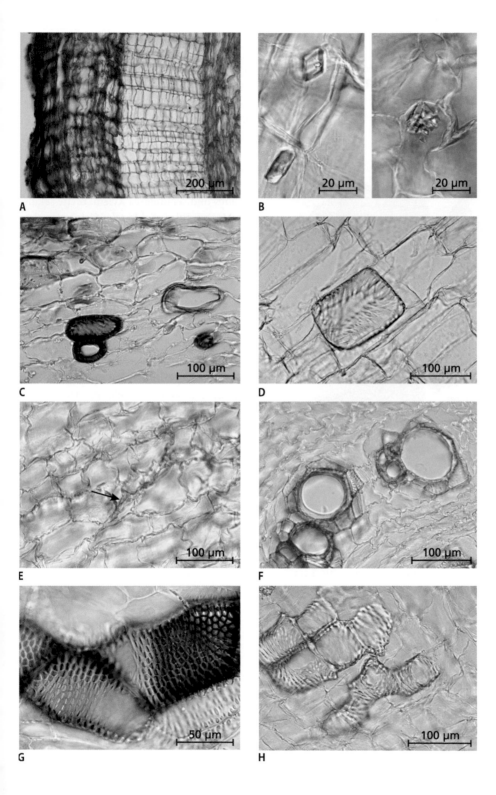

Großer-Wiesenknopf-Wurzel – Sanguisorbae radix

Sanguisorba officinalis L., Rosaceae, Ph. Eur.

Makroskopische Merkmale

Unterirdische Teile (Rhizome und Wurzeln) ohne feine Nebenwurzeln; Bruchstücke außen dunkelbraun bis schwarz, innen bräunlich gelb, bis 2 cm lang oder runde bis ovale, unregelmäßig geformte Scheiben (a); Wurzeln außen mit Längsfurchen (b), Narben von Nebenwurzeln (Pfeil); Holzteil gelbbraun mit radiären Streifen (a); Geschmack: zusammenziehend.

Inhaltsstoffe

Mindestens 5 % Gerbstoffe, berechnet als Pyrogallol (nach Ph. Eur.); Triterpene.

Anwendung

In der traditionellen chinesischen Medizin.

Mikroskopische Merkmale

A   Wurzel (quer); sekundäre Rinde (1) mit zahlreichen Rissen; Bastfasern (Pfeil) außen; Kambium mehrschichtig (2); sekundäres Xylem (3) mit Tracheen- und Holzfasergruppen (Holzfasergruppen auch als zusammenhängender Ring in Kambiumnähe); primäres Xylem (4); sekundäre Markstrahlen einreihig mit großen Zellen (Präparat in Phlg-HCl).

B   Rhizom (quer); Mark locker strukturiert (links), primäres und sekundäres Xylem; breite sekundäre Markstrahlen, zahlreiche Calciumoxalatdrusen.

C   Sekundäre Rinde (Wurzel quer) mit auffälligen, einreihigen Markstrahlen (Pfeile); Parenchymzellen rundlich.

D   Borke (quer); tiefbraun, unregelmäßig strukturiert, meist im Rhizom ausgebildet (vgl. E).

E   Wurzel (außen, quer) mit unregelmäßigen Bastfasern (diese nicht im Rhizom); Periderm schmal (Präparat in Phlg-HCl).

F   Bastfasern (längs) mit unregelmäßig welliger Struktur, dickwandig, einzeln; Fasern teilweise länger als 500 μm.

G   Sekundäres Xylem (längs) mit Netz- und Tüpfeltracheen (diese von Holzfasern begleitet); zahlreiche Calciumoxalatdrusen.

H   Stärkekörner einzeln oder 2 bis 4, rund bis oval (Präparat in 50 % Glycerin).

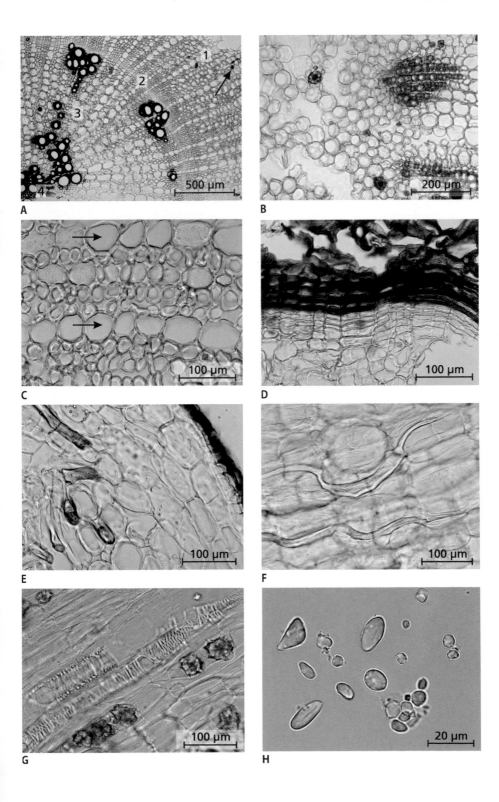

A

B

C

D

E

F

G

H

Rhizom-Drogen

© Springer-Verlag GmbH Deutschland 2017
B. Rahfeld, *Mikroskopischer Farbatlas pflanzlicher Drogen*, DOI 10.1007/978-3-662-52707-8_7

Cimicifugawurzelstock[1] – Cimicifugae rhizoma

Actaea racemosa[2] L., Ranunculaceae, Ph. Eur.

Makroskopische Merkmale

Unterirdische Organe; Rhizom (a) Ø bis 2,5 cm, rau, unregelmäßig gestaltet, Querringe, außen dunkelbraun, Holzteil weißlich bis braunrot, Gefäßbereiche keilförmig, Mark (b) dunkel und hornartig, Stängelnarben (Pfeil c) oberseits, Wurzelnarben (Pfeil d) unterseits; Wurzel (e) Ø bis 5 mm, dunkelrotbraun, längs gefurcht; Zentralzylinder (quer) mit 3 bis 6 vom Zentrum ausgehenden Gefäßbereichen, die sich mit Markstrahlen abwechseln (Lupe, siehe G); Geschmack: bitter, zusammenziehend.

Inhaltsstoffe

Mindestens 1 % Triterpenglykoside, berechnet als Monoammoniumglycyrrhizat (nach Ph. Eur.).

Anwendung

Bei klimakterischen Beschwerden wie Hitzewallungen und Schweißausbrüche (*well-established use* nach HMPC-Monographie).

Mikroskopische Merkmale

A Rhizom (quer); sekundäres Xylem (1); Kambium (2) mehrschichtig, hier durch sekundäres Dickenwachstum kreisförmig geschlossen; sekundäres Phloem (3) mit Bastfaserhaube (unterschiedlich stark ausgeprägt); sekundäre Markstrahlen (Pfeil) breit; primäre Rinde (4) (Endodermis nicht ausgeprägt) (Präparat in Phgl-HCl).

B Meist braune Exodermis (quer); Zellen der primären Rinde kantig oval; Zellwände verdickt.

C Rhizom (quer); großes Mark (1); primäres Xylem (2); sekundäres Xylem (3); sekundärer Markstrahl (4) sehr breit (Präparat in Phgl-HCl).

D Rhizom; sekundäres Xylem (1) mit Tracheen und Holzfasergruppen; Kambium (Linie); sekundäres Phloem (2) mit Bastfaserhaube; sekundärer Markstrahl (3) (Präparat in Phgl-HCl).

E Spitz zulaufende Holzfasern (längs) (Präparat in Phgl-HCl).

F Katzenaugentüpfel- (und auch Netz-)tracheen (längs), Holzfasern (Präparat in Phgl-HCl).

G Wurzel (quer); radiär pentarches Leitbündel (drei- bis sechsstrahlig möglich); primäres Xylem (1); sekundäres Xylem (2); Kambium kreisförmig; sekundäres Phloem (3); sekundärer Markstrahl (4); Endodermis (5); primäre Rinde (6).

H Rundliche bis ovale Stärkekörner, teilweise zusammengesetzt (Präparat in 50 % Glycerin).

Teilweise Rhizom mit primären Leitbündelstrukturen, teilweise sekundäres Dickenwachstum.

---

1   Auch Traubensilberkerzenwurzelstock.
2   Syn.: *Cimicifuga racemosa* (L.) Nutt.

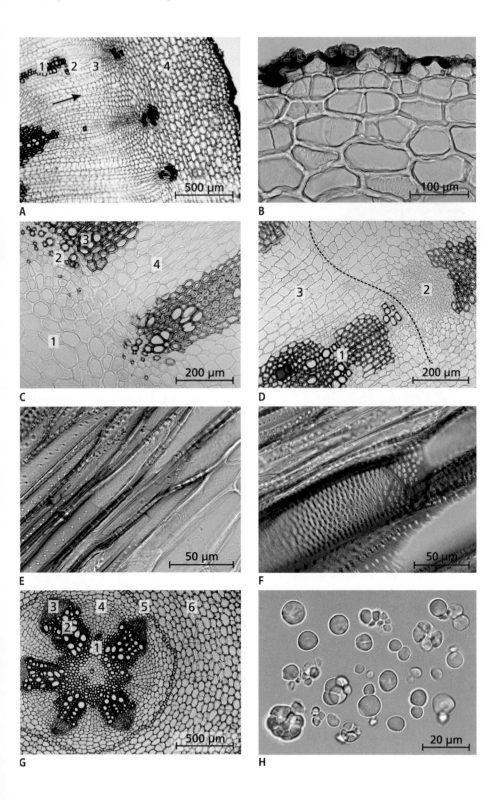

Galgantwurzelstock – Galangae rhizoma

Alpinia officinarum Hance, Zingiberaceae, DAC

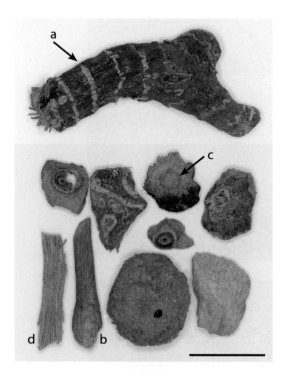

Ganzes oder zerkleinertes Rhizom; Rhizom verzweigt; Stücke bis 10 cm lang; rotbraun; Internodien im Abstand von 0,5 bis 1 cm, als weiße Ringel (Pfeil a) mit Resten der Niederblätter sichtbar; Wurzelnarben auf der Unterseite; Wurzeln vereinzelt (b); Querschnitt im Ø 1 bis 2 cm dick, Endodermis als dunkle Linie erkennbar (Pfeil c), Radius der Rinde im Verhältnis zum kleinen Zentralzylinder doppelt bis dreifach so groß; Bruch faserig (d); Geruch: aromatisch; Geschmack: leicht scharf, dann bitter.

Mindestens 0,5 % ätherisches Öl (nach DAC); Scharfstoffe.

Bei dyspeptischen Beschwerden und Appetitlosigkeit (nach Monographie der Kommission E).

A   Epidermis als Abschlussgewebe; selten Spaltöffnungen mit halbmondförmigen Nebenzellen (kein Periderm; keine Haare).

B   Rhizom (Querschnitt); Epidermis mit kleinen Zellen; Exkretzellen rundlich bis gestreckt, häufig kleiner als die Parenchymzellen; Parenchym mit kleinen Interzellularen, Zellwände gelblichbraun.

C   Querschnitt im Bereich der Endodermis (Pfeil); Leitbündel im Zentralzylinder im Bereich der Endodermis besonders dicht (kollaterale Leitbündel verstreut auch im Rindenparenchym).

D   Leitbündel kollateral geschlossen; von nicht lignifizierten Sklerenchymfasern kreisförmig umgeben (im Bereich der Endodermis nur halbkreisförmig).

E   Leitbündel (längs); seitlich durch dickwandige, getüpfelte, nicht lignifizierte Sklerenchymfasern begrenzt (Pfeil); Xylem mit Netz- und Treppengefäßen.

F   Rhizom (längs); Sklerenchymfasern langgestreckt, dickwandig und getüpfelt; Exkretzellen schwarzbraun angefärbt, in der Nähe der Leitbündel langgestreckt (Gerbstoff-Idioblasten; Präparat in FeCl$_3$-Lösung).

G   Stärkekörner walzenartig, birnen- bis keulenartig geformt, nicht abgeflacht, exzentrisch geschichtet, bis 40 μm groß (Präparat in 50 % Glycerin).

H   Seitenwurzel (Querschnitt); primäre Rinde (1); u-förmige Endodermis (2); Zentralzylinder mit radiär polyarchem Leitbündel (3); zentral Mark mit dickwandigen Zellen (nur schwach lignifiziert).

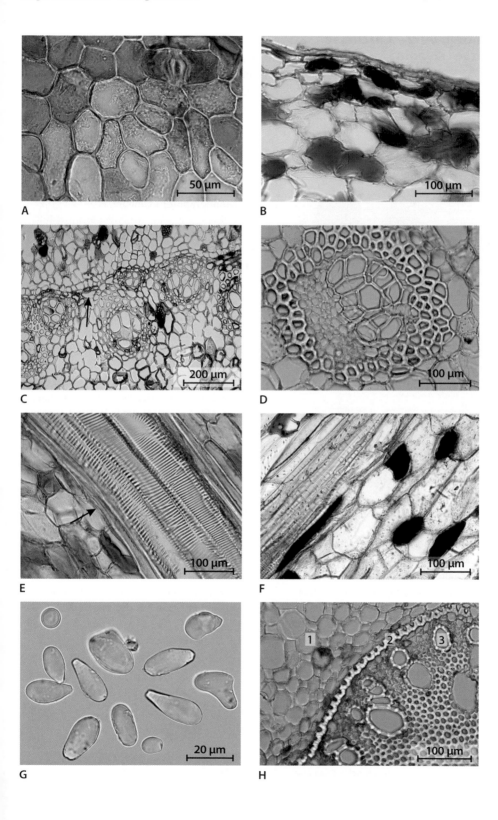

A

B

C

D

E

F

G

H

Javanische Gelbwurz – Curcumae zanthorrhizae[3] rhizoma[4]

Curcuma zanthorrhiza Roxb., Zingiberaceae, Ph. Eur.

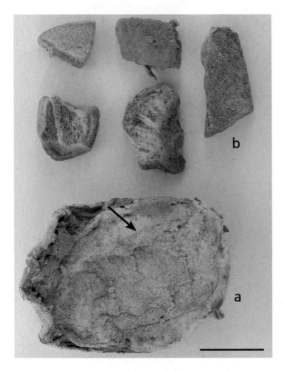

Makroskopische Merkmale

In Scheiben geschnittene Rhizome; Scheiben (a) oder Bruchstücke, orangegelb bis gelbbraun, verzogen, meist geschält, 1,5 bis 6 mm dick, Ø bis zu 70 mm; stellenweise bräunlich gelber Kork; Querschnitt durch Rhizom gelb mit dunklen Flecken im helleren Zentrum; Endodermis als helle Linie (Pfeil) erkennbar; Bruch (b) feinkörnig, gelb staubend; Geruch: aromatisch; Geschmack: bitter, scharf, färbt den Speichel beim Kauen gelb.

Inhaltsstoffe

Mindestens $50\,\mathrm{ml\,kg^{-1}}$ ätherisches Öl (vorwiegend Sesquiterpene) und mindestens 1,0 % Dicinnamomylmethanderivate (gelbe Farbstoffe), berechnet als Curcumin (nach Ph. Eur.); Stärke.

Anwendung

Zur symptomatischen Behandlung von Verdauungsbeschwerden wie Völlegefühl, verlangsamte Verdauung und Flatulenz (*traditional use* nach HMPC-Monographie)[5]; Gewürz.

Mikroskopische Merkmale

A   Periderm mit Korkzellen; außen Epidermis; abgebrochenes Haar (Pfeil).

B   Deckhaare einzellig, lang, spitz zulaufend.

C   Gelber Ölidioblast im farblosen Rindengewebe.

D   Gelbe Ölidioblasten im farblosen Rindengewebe (auch im Zentralzylinder); Gelbfärbung des Präparates in Choralhydrat durch auslaufende gelbe Farbstoffe.

E   Leitbündel (quer) im Rindengewebe und innerhalb des Zentralzylinders geschlossen kollateral; Phloem (1); Xylem (2); Leitbündelscheide parenchymatisch.

F   Leitbündel (längs) mit Schrauben- und Netztracheen.

G   Rhizom (quer); Endodermis (Pfeil); oben Rindengewebe; unten Zentralzylinder mit Leitbündel (gehäuft in der Nähe der Endodermis).

H   Stärke zitronenförmig, mit konzentrischer Schichtung (charakteristisch für Zingiberaceae; Zellen dicht mit Stärke gefüllt; Präparat in 50 % Glycerin).

Gelegentlich kleine Calciumoxalatkristalle.

---

3   Früher auch xanthorrhizae geschrieben.

4   Außerdem in Ph. Eur. Curcumawurzelstock – Curcumae longae rhizoma – *Curcuma longa* L.; mindestens $25\,\mathrm{ml\,kg^{-1}}$ ätherisches Öl.

5   Nach HMPC-Monographie auch Curcumae longae rhizoma zur Erhöhung des Gallenflusses und zur Verminderung von dyspeptischen Beschwerden.

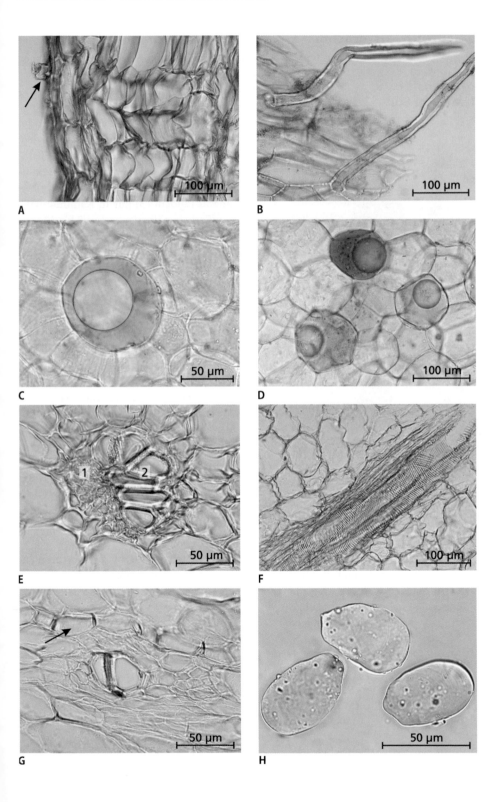

Kanadische Gelbwurz – Hydrastidis rhizoma

Hydrastis canadensis L., Ranunculaceae, Ph. Eur.

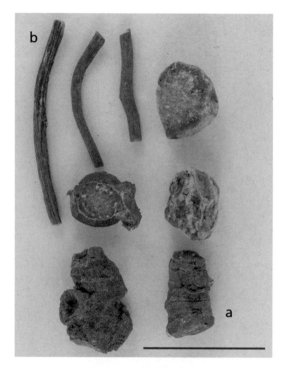

Ganze oder geschnittene Rhizome mit Wurzeln; Rhizom (a) 5 bis 10 cm lang und bis 1 cm dick, gewunden und knotig, gelblich bis bräunlich grau, unregelmäßig gefurcht; Stängelnarben; Bruch glatt, gelb; Reste von dünnen Wurzeln (b); Geruch: charakteristisch; Geschmack: bitter, Speichel gelb färbend.

Inhaltsstoffe

Isochinolinalkaloide mit mindestens 2,5 % Hydrastin und mindestens 3,0 % Berberin (nach Ph. Eur.).

Anwendung

Bei Verdauungsstörungen wie dyspeptischen Beschwerden und Magenschleimhautentzündungen (nach ESCOP-Monographie).

Mikroskopische Merkmale

A   Kork braun bis farblos; darunter etwa 5 Lagen kollenchymatisches Gewebe.

B   Rhizom (quer); Markstrahlen sehr breit; Markstrahlzellen kaum vom Parenchym der sekundären Rinde (1) zu unterscheiden; Zellen des sekundären Markstrahls im sekundären Xylem (2) deutlich radiär gestreckt; Kambium (Pfeil).

C   Kambiumregion des Rhizoms (quer); sekundäres Xylem (1); Kambium (2) mehrreihig; sekundäres Phloem (3) nur in Kambiumnähe aktiv (außerhalb obliteriert); etwa 8 bis 20 Leitgewebestränge im Kreis angeordnet.

D   Gelbliche Holzfasern mit verdickten, verholzten Wänden; Fasern englumig; begleitet von gelb gefüllten Gefäßen; Übergang zum Mark (Pfeil).

E   Sekundäres Xylem (längs); Tüpfeltracheen gelblich, verholzt, teilweise gefüllt (kein Wassertransport), mit Perforationsplatten; Xylemparenchym dünnwandig; Holzfasern gelblich.

F   Primäres Rindenparenchym der Wurzel mit gelb gefärbten Zellen.

G   Wurzel (quer); Rhizodermis und Exodermis; primäre Rinde (1); Endodermis (Pfeil); Zentralzylinder (2) mit tetrarchem (oder pentarchem) Leitbündel; Mark (3).

H   Zentralzylinder der Wurzel (quer) mit beginnendem sekundären Dickenwachstum; primäres Xylem (1), dazwischen sekundäres Xylem (2); Kambium sternförmig (Punktlinie); sekundäres Phloem (3); Endodermis (Pfeil).

Stärkekörner einfach und aus bis zu 4 Körnern zusammengesetzt, bis 10 μm im Ø, kugel- bis eiförmig; Rhizom- und Wurzelpräparate stark gelb gefärbt.

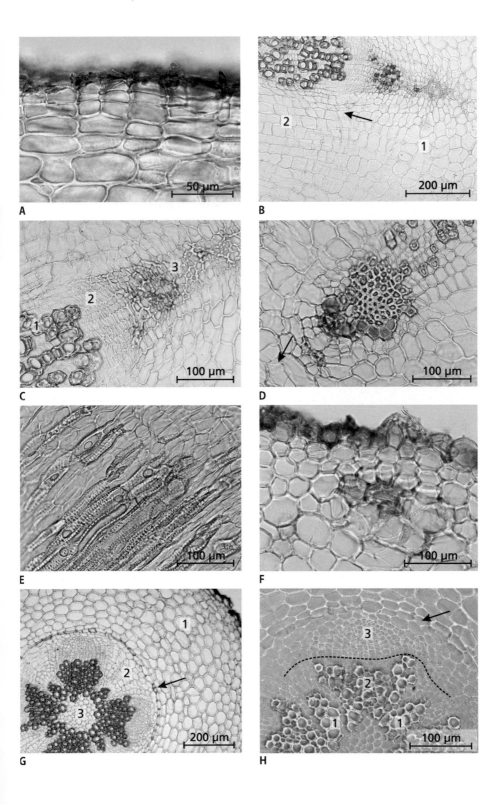

Ingwerwurzelstock – Zingiberis rhizoma

Zingiber officinale Roscoe, Zingiberaceae, Ph. Eur.

a

Ganze oder geschnittene Rhizome, die entweder vollständig (a) oder nur an beiden Flachseiten vom Kork befreit sind; Rhizom blassgelb bis graubraun, etwas flachgedrückt, 5 bis 8 cm lang und bis 4 cm breit, sympodial in einer Ebene verzweigt, durch Nodien quer geringelt (Pfeil), im Querbruch ragen die Leitbündel heraus; Stängelnarben, besonders an Endabschnitten; Geruch: charakteristisch aromatisch, etwas an Zitrone erinnernd; Geschmack: brennend scharf, würzig.

Mindestens 15 ml kg^{-1} ätherisches Öl (nach Ph. Eur.); nichtflüchtige Scharfstoffe (Gingerole); Stärke.

Zur Verhinderung von Übelkeit und Erbrechen bei Reisekrankheit (*well-established use*); bei Reisekrankheit; symptomatische Behandlung leichter, krampfartiger Magen-Darm-Beschwerden (*traditional use* nach HMPC-Monographie); Gewürz.

A Periderm mit dünnem, unregelmäßigem Kork.

B Ölidioblasten (Oleoresinzellen) gelblich, oval (wenn geschrumpft dann bräunlich).

C Rhizom (quer); Endodermis (Pfeil) einschichtig; außen primäre Rinde (1) vereinzelt mit Leitbündeln, innen Zentralzylinder (2) mit Leitbündeln.

D Rhizom (längs); Endodermis (Pfeil); primäre Rinde (1) mit rundlichen, dünnwandigen Parenchymzellen; Zentralzylinder (2) mit Schraubentrachee.

E Leitbündel (quer) im Zentralzylinder geschlossen kollateral; Phloem (1), Xylem (2), von Sklerenchymfasern (3) unregelmäßig umgeben; durch Verwachsung von Leitbündeln gelegentlich anomale Anordnung von Xylem und Phloem.

F Leitbündel (längs) von Sklerenchymfasern umgeben; Netz- oder Schraubentracheen nur schwach verholzt.

G Sklerenchymfasern (längs) weitlumig, bogig ausgeschweift (Pfeil), nur schwach verholzt.

H Stärkekörner länglich bis oval oder unregelmäßig; Schichtungsringe exzentrisch (Präparat in 50 % Glycerin).

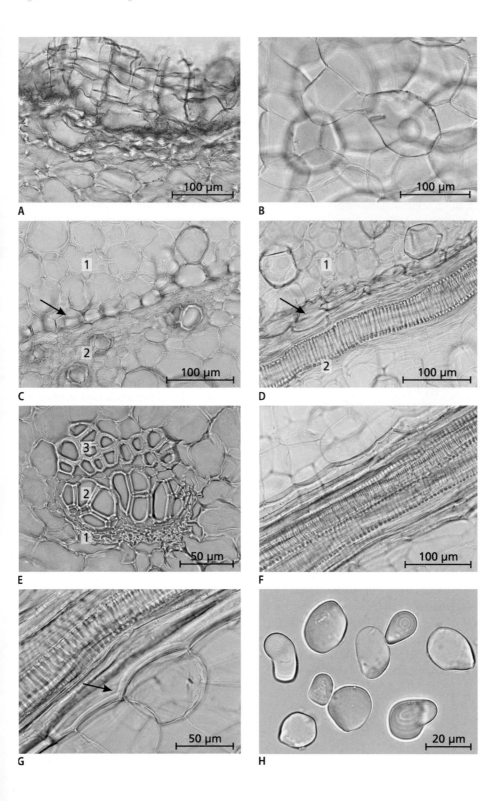

Kalmuswurzelstock – Calami rhizoma

Acorus calamus L., Acoraceae[6], DAC

Makroskopische Merkmale

Ganze oder geschnittene Rhizome, von Wurzeln und Blättern befreit; geschälte Droge (a): meist der Länge nach gespalten, rötlich weiß bis gelblich weiß, bis 20 cm lang und 1,5 cm dick, plattgedrückt; ungeschälte Droge (b): spitz dreieckige Blattnarben, in deren Achseln Sprossnarben (c) und kleine, runde, scharfrandige Wurzelnarben (d); Internodien kurz; im Querschnitt Punktierung durch Leitbündel; Endodermis (e) grenzt Zentralzylinder ab; höchstens 5 % ungeschälte Droge; Geruch: charakteristisch, aromatisch; Geschmack: aromatisch, bitter, scharf.

Inhaltsstoffe

Bis 9 % ätherisches Öl[7]; Bitterstoffe; Gerbstoffe.

Anwendung

Innerlich: volksmedizinisch als Amarum aromaticum bei dyspeptischen Beschwerden.

Mikroskopische Merkmale

A Epidermis, darunter Kollenchym; Periderm nur an Blatt- und Wurzelnarben; Entstehung des Phellogens (Pfeil) in der Subepidermis.

B Aerenchym (quer) mit großen Interzellularräumen; Ölidioblasten (Pfeil) groß, hell schimmernd; Gerbstoffidioblasten (nach Lagerung braun; rötliche Färbung unter Vanillin-HCl); Ausschnitt: Aerenchymzellen getüpfelt.

C Aerenchym (längs); Interzellularen (Pfeil) charakteristisch, klein, dreieckig.

D Leitbündel in der primären Rinde geschlossen kollateral, von Sklerenchymfasern umgeben (4); Protoxylem (1) mit zerrissenen Gefäßen; Xylem (2); Phloem (3); (Präparat in Phgl-HCl).

E Endodermis (Pfeil) mit seitlichen Verdickungen; primäre Rinde (1); Zentralzylinder (2) mit leptozentrischen, zusammengelagerten Leitbündeln (3), gehäuft in der Nähe der Endodermis (Präparat in Phgl-HCl).

F Leptozentrisches Leitbündel; Xylem (1); Phloem (2); Parenchymscheide (Pfeil) meist unverdickt, als Abgrenzung zum Aerenchym (Präparat in Phgl-HCl).

G Kollaterales Leitbündel (längs) mit Sklerenchymfasern (Pfeil), Schrauben- und Netztracheen.

H Sklerenchymfasern (längs) der kollateralen Leitbündel teilweise mit Kristallzellreihen.

Stärkekörner rundlich-oval, einzeln, selten zu 2 bis 4 zusammengesetzt.

---

6   Früher: Araceae.

7   ß-Asaron (Phenylpropanderivat) kanzerogen; höhstens 0,5 % nach DAC; asaronreichen Zytotypus *A. calamus* var. *angustatus* (tetraploid) nicht verwenden; allgemeines Anwendungsverbot für Bäder.

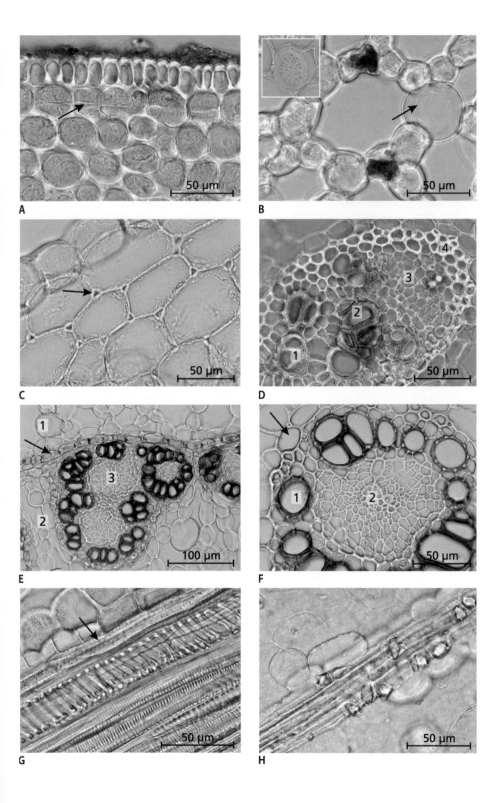

Mäusedornwurzelstock – Rusci rhizoma

Ruscus aculeatus L., Asparagaceae[8], Ph. Eur.

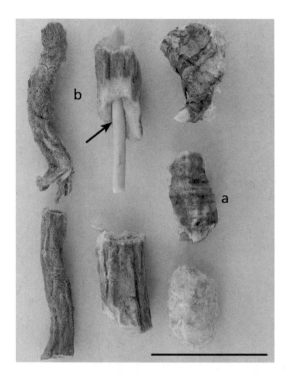

Ganze oder zerkleinerte, unterirdische Organe; Rhizom zylindrisch bis knollig mit zahlreichen kleineren Wurzeln, blassbräunlich, innen weißlich, Ø bis 2 cm; Nodien bilden dichte Ringe (a), 1 bis 3 mm breit; Wurzeln (b), Ø bis 4 mm; Rinde sich leicht ablösend; Zentralzylinder hart, weißlich (Pfeil); Geschmack: zuerst süß, dann scharf.

Steroidsaponine: mindestens 1,0 % Gesamtsapogenine, berechnet als Ruscogenine (nach Ph. Eur.).

Traditionell zur unterstützenden Therapie von Beschwerden bei chronisch venöser Insuffizienz wie Schmerzen und Schweregefühl in den Beinen und von Symptomen bei Hämorrhoiden wie Juckreiz und Brennen (*traditional use* nach HMPC-Monographie).

A　Parenchymzellen der primären Rinde verdickt, getüpfelt („perlschnurartig") und mit dreieckigen Interzellularen; Tüpfel oval bis rundlich.

B　Primäre Rinde mit Calciumoxalatraphiden in dünnwandigen Idioblasten.

C　Zentralzylinder (1) des Rhizoms (quer); Leitbündel in der Nähe der Endodermis (2) gehäuft, nicht geradlinig in der Achse verlaufend; Endodermis unregelmäßig verdickt; primäre Rinde (3) (Präparat in Phlg-HCl).

D　Leptozentrisches Leitbündel (quer) im Zentralzylinder des Rhizoms; Xylem (1); Phloem (2).

E　Leptozentrisches Leitbündel (längs) im Rhizom; Xylem (1); Phloem (2) (Präparat in Phlg-HCl).

F　Netz- und Tüpfeltracheen im Xylem (Präparat in Phlg-HCl).

G　Primäres Abschlussgewebe der Wurzel; Rhizodermis mit Wurzelhaaren, darunter Exodermis.

H　Zentralzylinder der Wurzel (quer); Leitbündel radiär polyarch (Monokotyledonae); zahlreiche Xylembereiche (1, Gefäße) alternierend mit Phloembereichen (2); Endodermis (Pfeil) u-förmig verdickt, mit Durchlasszellen; primäre Rinde (3) (Präparat in Phlg-HCl).

8　Früher: Ruscaceae.

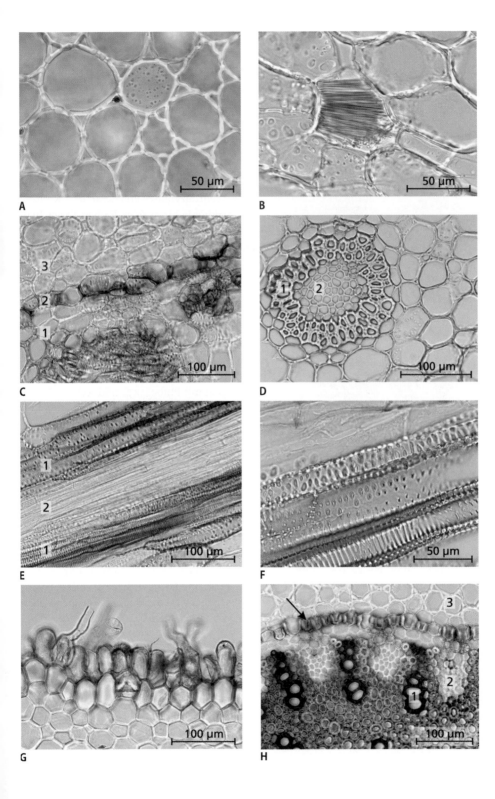

Queckenwurzelstock – Graminis rhizoma

Agropyron repens (L.) Beauv.[9], Poaceae, Ph. Eur.

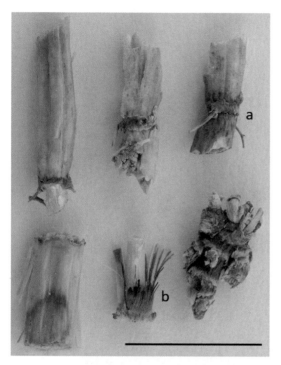

Ganze oder geschnittene, von Nebenwurzeln befreite, gewaschene und getrocknete Rhizome; Rhizome strohgelb glänzend, Ø etwa 2 bis 3 mm; Nodien mit Resten sehr dünner, verzweigter Wurzeln (a); Niederblätter (b) weißlich bis bräunlich, schuppig, ausgefranst; Internodien etwa 6 cm lang, gefurcht, hohl; höchstens 15 % grauschwarze Rhizomstücke; Geschmack: fade, schwach süßlich.

10 % Schleimstoffe; Triticin (Reservepolysaccharid aus Fructose); Zuckeralkohole (Inositol, Mannitol).

Als Adjuvans zur Erhöhung der Harnmenge und damit zur Durchspülung der Harnwege bei leichten Harnwegsbeschwerden (*traditional use* nach HMPC-Monographie).

A   Rhizom (quer); Epidermis und Hypodermis; primäre Rinde mit Leitbündeln; Zentralzylinder von Endodermis (Pfeil) umgeben; Leitbündel im Zentralzylinder kollateral, in 2 Kreisen; zur Markhöhle hin wenige Reihen Parenchym (Präparat in Phgl-HCl).

B   Epidermis mit dicker Cuticula; Hypodermis zwei- bis vierreihig, Zellwände leicht verdickt (längs: lang gestreckt); Leitbündel im Rindenparenchym klein, geschlossen kollateral, von einer u-förmig verdickten Scheide (ähnlich Endodermis) und Sklerenchymfasern umgeben (Präparat in Phgl-HCl).

C   Zentralzylinder (quer); Parenchym der primären Rinde (1); Endodermis u-förmig verdickt; Leitbündel mit Phloem (2) und Xylem (3) von Sklerenchymfasern umgeben, geschlossen kollateral; nach innen wenige Reihen Markparenchym.

D   U-förmig verdickte Endodermis (Pfeil) mit stark geschichteten Zellwänden (Präparat in Phgl-HCl).

E   Zentralzylinder (längs); Endodermis (Pfeil) auch längs u-förmig verdickt; Sklerenchymfasern; (Ring-, Schrauben- und) Tüpfeltracheen im Xylem (Siebröhren im Phloem).

F   Epidermiszellen abwechselnd lang gestreckt und kurz (Pfeil), mit leicht welligen Wänden; Hypodermis mit lang gestreckten, zugespitzten Zellen häufig durchscheinend.

Keine Stärke.

---

9   Syn.; *Elymus repens* (L.) Gould *accepted name* nach *The Plant List*.

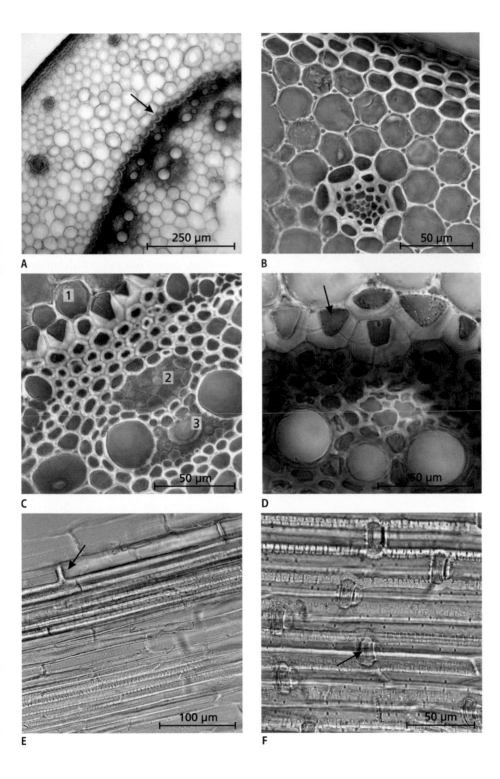

A

B

C

D

E

F

Schlangenwiesenknöterichwurzelstock – Bistortae rhizoma

Persicaria bistorta[10] (L.) Samp., Polygonaceae, Ph. Eur.

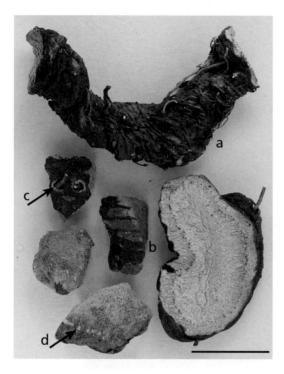

Makroskopische Merkmale

Ganze oder zerkleinerte Rhizome; Rhizom ohne (oder mit höchstens 1 cm langen) Wurzeln, ganz oder zerkleinert, charakteristisch gewunden (a), leicht zusammengedrückt, bis 2,5 cm dick, außen rötlich braun bis schwarzbraun, runzelig, mit Querringen (b), innen beige bis braunrot; Narben von Wurzelresten (Pfeil c); Gefäßgruppen kreisförmig, als weiße oder bräunliche Punkte (Pfeil d) sichtbar; Geschmack: zusammenziehend.

Inhaltsstoffe

Mindestens 3 % Tannine, berechnet als Pyrogallol (nach Ph. Eur.); Catechingerbstoffe.

Anwendung

In der traditionellen chinesischen Medizin; in Europa früher volksmedizinisch als Gerbstoffdroge (heute obsolet nach Kommentar Ph. Eur.).

Mikroskopische Merkmale

A   Rhizom (quer); schmales Periderm; primäre Rinde etwa ein Viertel des Querschnitts; Leitbündel im Kreis; Breite der primären Markstrahlen unregelmäßig; viele Calciumoxalatdrusen (Endodermis kaum ausgeprägt).

B   Offen kollaterales Leitbündel (teilweise auch lang gestreckt und im Phloem relativ spitz zulaufend).

C   Primäre Rinde (quer) mit vielen Calciumoxalatdrusen; einzelne Gerbstoffidioblasten (Pfeil); Zellwände im Parenchym teilweise verdickt und getüpfelt; Periderm schmal; dunkelbraunrotes Phellem.

D   Sklerenchymfaserbündel (selten) über dem Phloem (auch unter dem Xylem).

E   Periderm (Aufsicht).

F   Calciumoxalatdrusen, Ø bis 50 µm, zahlreich.

G   Xylem (längs); Netztracheen; hier einzeln, in anderen Bereichen auch dichter und kürzer segmentiert (auch Tüpfel- und Schraubentracheen; Präparat in Phgl-HCl).

H   Stärkekörner häufig oval, schief eiförmig oder rund, Ø 5 bis 12 µm.

Zentral großes Mark; Gerbstoffnachweis mit $FeCl_3$; keine Calciumoxalatnadeln.

---

10   Syn.: *Polygonum bistorta* L., *Bistorta officinalis* Delabre.

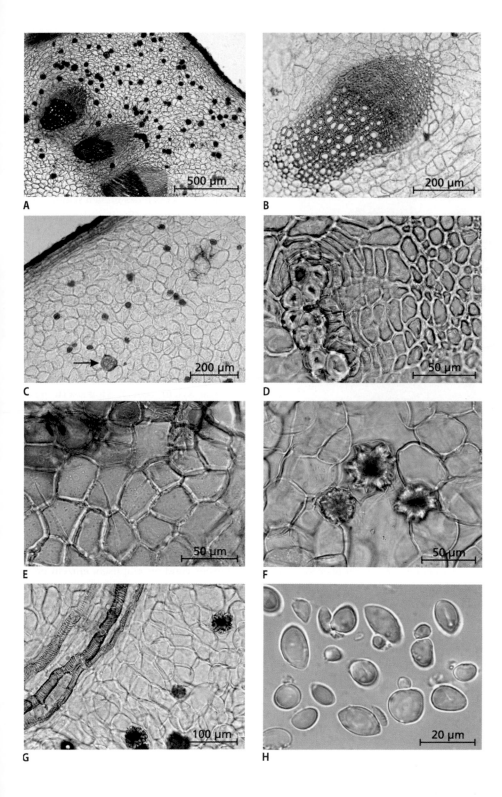

A

B

C

D

E

F

G

H

Tormentillwurzelstock – Tormentillae rhizoma

Potentilla erecta (L.) Raeusch.[11], Rosaceae, Ph. Eur.

Makroskopische Merkmale

Von den Wurzeln befreite, ganze oder geschnittene Rhizome; Rhizom bis 10 cm lang und 1 bis 2 cm breit, zylindrisch oder knollig, hart, nicht oder wenig verzweigt, dunkel braunrot; Oberfläche höckerig; Spross- und Wurzelnarben vertieft, weißlich; Geschmack: stark zusammenziehend.

Inhaltsstoffe

Mindestens 7 % Gerbstoffe (kondensierte Catechingerbstoffe), berechnet als Pyrogallol (nach Ph. Eur.); Triterpene.

Anwendung

Innerlich zur symptomatischen Behandlung leichter Durchfallerkrankungen; äußerlich bei leichten Entzündungen der Mundschleimhaut (*traditional use* nach HMPC-Monographie).

Mikroskopische Merkmale

A   Periderm (quer) mit rotbraunem, dünnwandigem Kork.

B   Sekundäre Rinde schmal, mit dünnwandigen Zellen, hier im Bereich des breiten sekundären Markstrahls; Kambium (Pfeil); Calciumoxalatdrusen; kleine Interzellularen.

C   Kambiumregion (quer); Kambium (Pfeil) schmal; sekundäre Rinde schmal, mit kaum erkennbaren Phloemgruppen; sekundäres Xylem mit Gefäß- und Holzfasergruppen.

D   Sekundäres Xylem (quer); sekundäre Markstrahlen sehr breit; konzentrische Ringe durch sich abwechselnde Reihen von hellen Holzfasern mit angelagerten Gefäßen (Pfeil) und häufig braunrot gefärbtem Xylemparenchym.

E   Sekundäres Xylem (quer); Holzfasern gelb, englumig, von weitlumigen Tracheen begleitet.

F   Xylemparenchym (links) mit rechteckigen, dünnwandigen Zellen; Mark (rechts) mit rundlichen Zellen; braunrote Gerbstoffeinlagerungen; Calciumoxalatdrusen.

G   Sekundäres Xylem (längs); Holzfasern gelb, dickwandig, stark getüpfelt; Tracheen mit Katzenaugentüpfeln und seitlichen Perforationsplatten (Pfeil), häufig gekrümmt und auch quer verlaufend.

H   Stärkekörner rund bis elliptisch, einzeln oder zusammengesetzt (Präparat in 50 % Glycerin).

Gerbstoffnachweis durch grünschwarze Färbung mit $FeCl_3$.

---

11   Syn.: *Potentilla tormentilla* Stokes; Blutwurz (Entstehung braunroter Phlobaphene aus den Gerbstoffen durch Oxidation an frischen Schnittstellen).

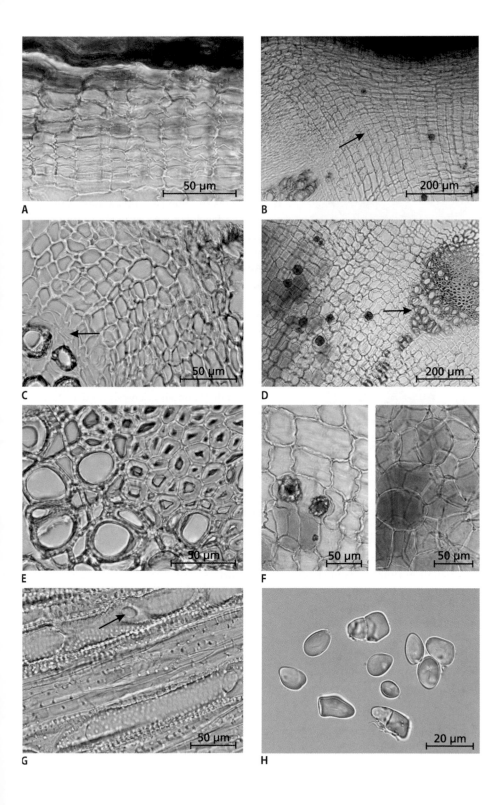

Zitwerwurzelstock – Zedoariae rhizoma

Curcuma zedoaria (Christm.) Roscoe, Zingiberaceae, DAC

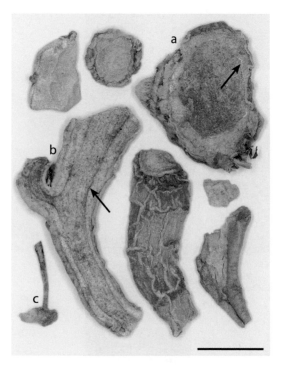

Rhizom in Scheiben (a), Längsvierteln oder kleineren Bruchstücken; teilweise verzweigt (b); Ø bis 4 cm; außen Kork bräunlich, runzelig; Nodien als runzelige Querstreifen erkennbar; Seitenwurzeln (c) und Wurzelnarben; bräunlich-grau bis gelb oder gelbgrau; Endodermis als dunkle oder helle Linie erkennbar (Pfeile); Zentralzylinder groß und abgesetzt; Rinde im Vergleich zum Zentralzylinder schmal; Geruch: charakteristisch aromatisch; Geschmack: aromatisch, würzig.

Mindestens 10 ml kg^{-1} ätherisches Öl in Scheiben und Längsvierteln; 8 ml kg^{-1} im Feinschnitt (nach DAC).

Da die Wirksamkeit bei Verdauungsproblemen, Koliken und Krämpfen nicht belegt ist, wird eine therapeutische Anwendung nicht befürwortet (nach Monographie Kommission E); Anwendung bei der Likör- und Parfümherstellung; Gewürz.

A   Epidermis großzellig, mit getüpfelten Zellwänden; Abbruchstellen der Haare dickwandig.

B   Haare bis zu 1 mm lang, dickwandig, spitz, einzellig oder durch eine zarte Querwand (Pfeil) geteilt, gerade oder an der Basis gebogen; selten anisocytische Spaltöffnungen (Ausschnitt).

C   Abschlussgewebe (quer); Epidermis (1) einschichtig; primäre Rinde (2); Periderm (3) als sekundäres Abschlussgewebe häufig in subepidermalen Schichten angelegt; Phellem bis 15 Zellschichten hoch, dünnwandig; Phellogen und Phelloderm kaum differenzierbar; darunter Fortsetzung der primären Rinde.

D   Querschnitt; Leitbündel verstreut in der primären Rinde (1) und im Zentralzylinder (2); zahlreiche orangebraune Exkretzellen; Endodermis (Pfeil) einschichtig; Leitbündel im Zentralzylinder in der Nähe der Endodermis dichter.

E   Leitbündel (quer), kollateral geschlossen, Phloem (1); Xylem (2); Leitbündelscheide parenchymatisch; kein Sklerenchym: Leitbündel häufig „zerdrückt" wirkend.

F   Leitbündel (längs), Treppen- und Netzgefäße, nicht lignifiziert; keine Sklerenchymfasern; Leitbündel von langgestreckten Exkretzellen (Pfeil) begleitet.

G   Rindenparenchym; links: Exkretzellen orange (oder graubraun), zahlreich; rechts: Parenchymzellen dicht gepackt mit Stärkekörnern (vgl. H; Präparat in kaltem Chloralhydrat).

H   Stärkekörner bis 60 μm groß, flach, oval bis keulenförmig mit abgeflachtem Ende und stark exzentrischer Schichtung (Präparat in 50 % Glycerin).

Deutliche dunkelviolette Stärkereaktion mit IKI-Lösung; Leitbündelverlauf im Rhizom unruhig.

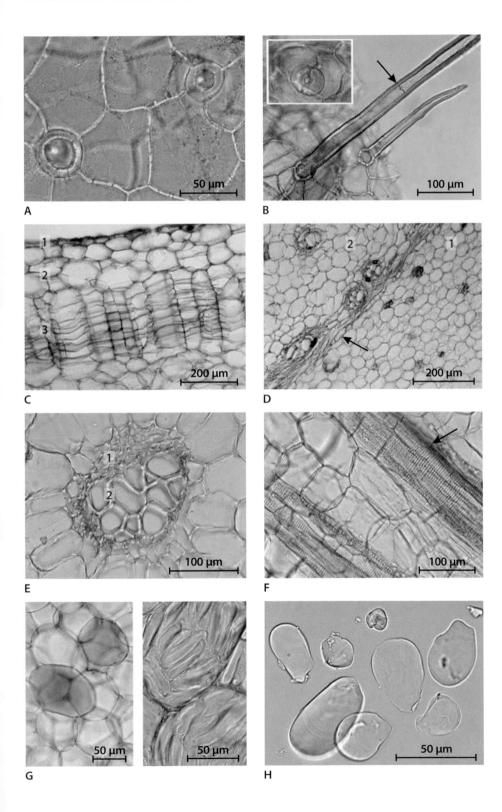

Rinden-Drogen

© Springer-Verlag GmbH Deutschland 2017

B. Rahfeld, *Mikroskopischer Farbatlas pflanzlicher Drogen*, DOI 10.1007/978-3-662-52707-8_8

Cascararinde – Rhamni purshianae cortex

Rhamnus purshiana DC.[1], Rhamnaceae, Ph. Eur.

a

b

Makroskopische Merkmale

Ganze oder zerkleinerte Rinde; Rindenstücke schwach rinnenförmig oder flach, 1 bis 5 mm dick; äußere Oberfläche (a) grau bis graubraun, selten mit quer stehenden Lenticellen, häufig fast vollständig mit einer Schicht von Flechten oder Moosen bedeckt; innere Oberfläche (b) gelb bis rötlich braun oder fast schwarz, längs gestreift, färbt sich mit alkalischen Lösungen rot (Bornträger-Reaktion); Geruch: schwach; Geschmack: bitter, brechreizerregend.

Inhaltsstoffe

1,8-Dihydroxyanthronglykoside: mindestens 8,0 %; davon mindestens 60 % Cascaroside berechnet als Cascarosid A (nach Ph. Eur.).

1   Syn.; *Frangula purshiana* Cooper *accepted name* nach *The Plant List*.

Anwendung

Wissenschaftlich belegte kurzzeitige Anwendung bei gelegentlicher Verstopfung (*well-established use* nach HMPC-Monographie); ▶ Glossar unter Laxans.

Mikroskopische Merkmale

A   Periderm rotbraun mit mehrreihigem Kork aus braunen, abgeplatteten, dünnwandigen Zellen; primäre Rinde schmal mit wenigen Lagen Kollenchym.

B   Sklerenchymfasern in der primären Rinde (selten), oval; Zellwände stark geschichtet, weißlich leuchtend; Zellen der primären Rinde rundlich bis oval.

C   Sekundäre Rinde mit zahlreichen sekundären Markstrahlen; Bastfaserbündel gelblich, lignifiziert, in tangentialen Reihen.

D   Innere sekundäre Rinde mit großen, aktiven Siebröhren; sekundäre Markstrahlen 2 bis 5 Zellen breit; Bastfasergruppen.

E   Bastfasergruppen von Zellen mit Calciumoxalatkristallen umgeben; braune Idioblasten.

F   Steinzellnester gelblich, verholzt, in der primären und sekundären Rinde; in der sekundären Rinde häufig von Zellen mit Calciumoxalatkristallen umgeben; Steinzellen stark verdickt und getüpfelt; zahlreiche Zellen mit Calciumoxalatdrusen (häufiger in der primären Rinde).

G   Bastfaserbündel (längs) von Calciumoxalatkristallen umgeben („Kristallkammerfasern").

H   Sekundäre Rinde (längs radiär) mit zahlreichen Siebröhren (Pfeil; Siebplatten gut erkennbar; von Geleitzellen begleitet); sekundäre Markstrahlen mehrreihig etagiert, quer verlaufend.

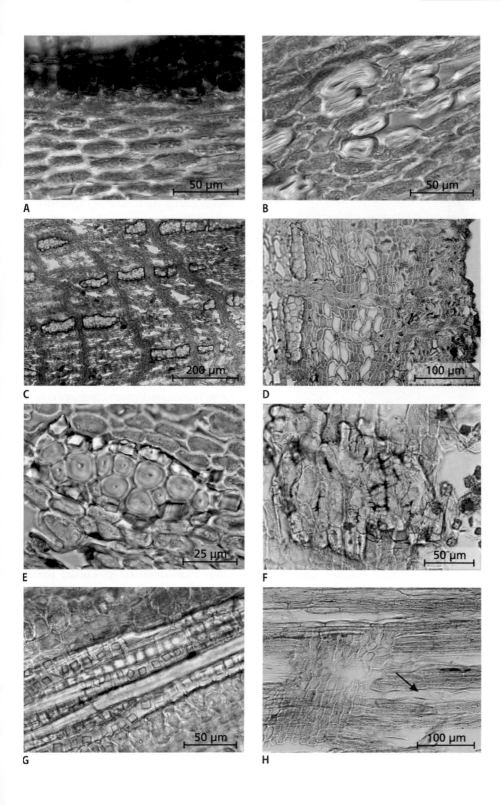

Chinarinde – Cinchonae cortex

Cinchona pubescens Vahl[2], *Cinchona calisaya* Weddell, *Cinchona ledgeriana* Moens ex Trimen und Varietäten oder Hybriden, Rubiaceae, Ph. Eur.

Makroskopische Merkmale

Ganze oder geschnittene Rinde; Stamm- und Zweigrinde (gelegentlich auch Wurzelrinde) röhrenförmig oder gebogen, 2 bis 6 mm dick; äußere Oberfläche (a) matt braungrau bis grau, häufig mit hellen Flechten besetzt, rau mit Querrissen, längs gefurcht oder runzelig; innere Oberfläche (b) längs gestreift, dunkel rotbraun; Bastfasern spanartig ablösbar; helle glitzernde Punkte durch Calciumoxalatsandzellen; Geruch: schwach; Geschmack: intensiv bitter, zusammenziehend.

Inhaltsstoffe

Mindestens 6,5 % Gesamtalkaloide, davon 30 bis 60 % Alkaloide vom Chinin-Typ (nach Ph. Eur.; Bitterwert Chinin 200.000); Catechingerbstoffe.

Anwendung

Bei Appetitlosigkeit und dyspeptischen Beschwerden (nach Monographie Kommission E).

Mikroskopische Merkmale

A Kork des Periderms aus mehreren Lagen flacher, rotbrauner Zellen.

B Übergang von der primären (1) zur sekundären (2) Rinde (quer); Zellen der primären Rinde tangential gestreckt, mit gelbbraunen Wänden; sekundäre Markstrahlen (3) trichterförmig erweitert (Pfeile); Exkretzellen (4).

C Sekundäre Rinde (quer) mit zahlreichen, gelblichen Bastfasern, einzeln oder zu 2 bis 3; viele sekundäre Markstrahlen, 1 bis 3 Zellen breit; Siebröhren meist obliteriert; braunrote Idioblasten und schwärzliche Calciumoxalatsandzellen.

D Bastfasern; Wände stark geschichtet und getüpfelt; Idioblast mit Calciumoxalatsand (Pfeil).

E Bastfasern lignifiziert; sekundärer Markstrahl (Pfeil) (Präparat in Phlg-HCl).

F Sekundäre Rinde (längs tangential); Bastfasern an den Enden abgerundet; sekundärer Markstrahl (Pfeil) mehrreihig etagiert, bis zu 3 Zellen breit.

G Bastfaser (längs); Fasern bis 90 µm breit und bis 1300 µm lang; Tüpfelkanäle zum Lumen hin trompetenartig erweitert.

H Sekundärer Markstrahl (längs radiär) mehrreihig, schwärzliche Calciumoxalatsandzellen. Wenige Stärkekörner im Rindenparenchym.

---

2   Syn.: *Cinchona succirubra* Pavon.

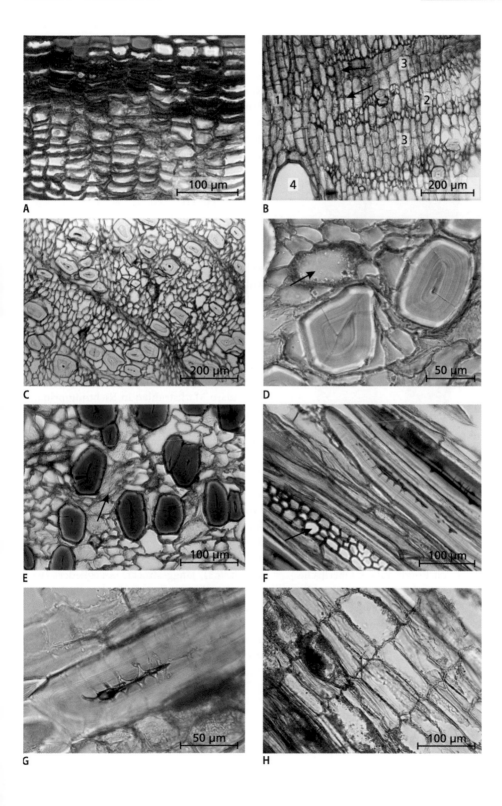

Condurangorinde – Condurango cortex

Marsdenia cundurango Rchb. f., Apocynaceae, DAC

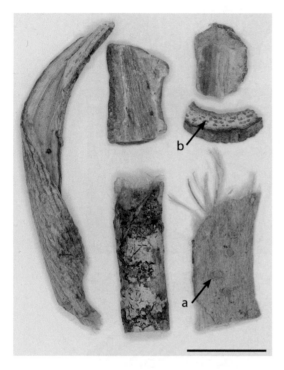

Makroskopische Merkmale

Ganze oder geschnittene Rinde; Stamm- und Zweigrinde rinnen- bis röhrenförmig, 2 bis 5 mm dick; ältere Rindenstücke mit Borke; äußere Oberfläche graubraun, längsrunzelig, höckerig durch große, quergestellte Lentizellen (Pfeil a); innere Oberfläche hellgraubraun bis gelblich-grau, grob längsgestreift; Bruch außen faserig; innen Steinzellnester (Pfeil b) als gelbliche Körner erkennbar; Geschmack: bitter, schwach kratzend.

Inhaltsstoffe

Bitterstoffe: mindestens 1,8 % Condurangin, berechnet als Condurangoglykosid A (nach DAC).

Anwendung

Bei Appetitlosigkeit (nach Kommission E).

Mikroskopische Merkmale

A   Längsschnitt radiär; Periderm mit Calciumoxalat-Einzelkristallen im Phelloderm (1), primäre Rinde (2) mit zahlreichen Calciumoxalatdrusen.

B   Primäre Rinde (quer); Calciumoxalatdrusen zahlreich; Stärkescheide (Pfeil; auch als endodermoide Schicht bezeichnet) meist einschichtig aus tangential gestreckten Zellen; Sklerenchymfaserbündel, meist in zwei tangentialen Reihen, nicht lignifiziert, hell, glänzend; Milchröhren (siehe C und D).

C   Querschnitt am Übergang von der primären zur äußeren sekundären Rinde mit gelben Steinzellnestern; Sklerenchymfaserbündel, Milchröhren gelblich (Pfeil), Calciumoxalatdrusen.

D   Milchröhren quer, dunkel orangebraun angefärbt; Steinzellnester gelblich, dickwandig, getüpfelt (Präparat in Sudanrot).

E   Querschnitt; primäre Rinde mit Sklerenchymfaserbündeln (1); sekundäre Rinde mit Steinzellnestern (2; Steinzellnester in der äußeren sekundären Rinde in tangentialen Reihen); sekundäre Markstrahlen in Richtung primäre Rinde teilweise trichterförmig erweitert (Pfeil; Präparat in Phgl-HCl).

F   Aktives sekundäres Phloem (innere sekundäre Rinde, quer); sekundäre Markstrahlen (beide Pfeile) mit Calciumoxalatdrusen, meist ein- selten zweireihig; Milchröhren orange-gelblich.

G   Primäre Rinde (längs); Sklerenchymfasern (nicht lignifiziert) in Bündeln; Calciumoxalatdrusen.

H   Milchröhren (längs; ▶ Basisfärbungen ◘ Abb. A.3), langgestreckt, ungegliedert (verzweigt), in der primären und sekundären Rinde lokalisiert; Calciumoxalatdrusen.

Sekundäre Markstrahlen radiär längs 10 bis 40, meist 15 Zellen hoch; kleine Stärkekörner.

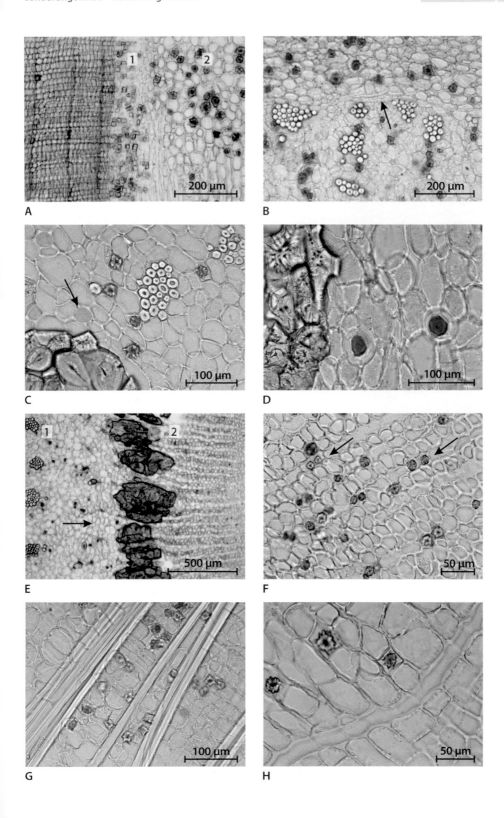

Eichenrinde – Quercus cortex

Quercus robur L., Quercus petraea (Matt.) Liebl. oder Quercus pubescens Willd., Fagaceae, Ph. Eur.

Makroskopische Merkmale

Geschnittene Rinde junger Zweige; Rinde höchstens 3 mm dick; äußere Oberfläche (a) graubraun bis silbergrau, gelegentlich glatt glänzend („Spiegelrinde" ohne Borke), wenige Lenticellen; innere Oberfläche (b) hell- bis rotbraun, matt; Bruch ist splitterig und grobfaserig; Steinzellgruppen (Pfeil) mit der Lupe erkennbar; Geruch: schwach; Geschmack: zusammenziehend, bitter.

Inhaltsstoffe

Mindestens 3,0 % Gerbstoffe (Catechine), berechnet als Pyrogallol (nach Ph. Eur.).

Anwendung

Äußerlich: bei entzündlichen Hauterkrankungen der Mundschleimhaut und zur Linderung von Juckreiz und Brennen bei Hämorrhoiden, nach ärztli-chem Ausschluss einer ernsthaften Erkrankung; innerlich: bei unspezifischen, akuten Durchfallerkrankungen (traditional use nach HMPC-Monographie).

Mikroskopische Merkmale

A Rinde (quer); Periderm (1); Sklerenchymring (3) an der Grenze zwischen primärer (2) und sekundärer (4) Rinde, vorwiegend aus Steinzellen bestehend (primäre Rinde ohne Sklerenchymfasern, aber mit Steinzellnestern); Gerbstoffidioblasten braun (Präparat in Phlg-HCl).

B Kork rotbraun; Zellen flach, vielschichtig.

C Borke (1 bis 4); erstes Periderm (1); primäre Rinde (2) mit braunen Gerbstoffeinlagerungen in der Borke; Sklerenchymring (3); innerstes Periderm der Borke (4); sekundäre Rinde (5).

D Sekundäre Rinde (quer); Bastfaserbündel in tangentialen Reihen angeordnet, sekundäre Markstrahlen ein- bis zweireihig; Steinzellnester (Pfeile) verstreut (Präparat in Phgl-HCl).

E Bastfaserbündel von Zellen mit Calciumoxalatkristallen (Pfeil; „Kristallkammerfasern") umgeben; sekundäre Markstrahlen, 1 bis 2 Zellen breit.

F Steinzellnest mit braunem (Gerbstoffe) und schwarzem Lumen (Luft); Zellwände getüpfelt.

G Sekundäre Rinde (längs tangential); Bastfasern von Zellen mit Calciumoxalatkristallen begleitet („Kristallkammerfasern"); Enden der Fasern mit leicht abgerundeten Spitzen; sekundäre Markstrahlen (Pfeil) bräunlich, einreihig, 5 bis 10 Zellen hoch.

H Sekundäre Rinde (längs radiär); Siebröhren (Pfeil) mit segmentierten Siebfeldern gut erkennbar; viele Calciumoxalatdrusen, meist in senkrechten Reihen angeordnet.

Gerbstoffnachweis ▶ Basisfärbungen ◻ Abb. A.5 mit FeCl$_3$-Lösung (dunkelgrün) oder Vanillin-HCl-Lösung (rot); wenige kleine Stärkekörner.

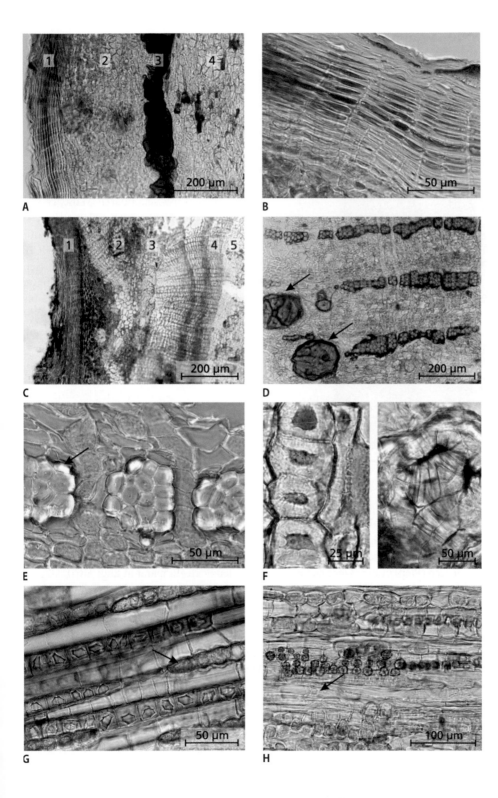

Faulbaumrinde – Frangulae cortex

Frangula alnus Mill.[3], Rhamnaceae, Ph. Eur.

b   a

Makroskopische Merkmale

Rinde der Stämme und Zweige; Rindenstücke flach oder eingerollt, 0,5 bis 2 mm dick; äußere Oberfläche (a) graubraun bis dunkelbraun, zahlreiche helle, quer stehende Lenticellen (Pfeil); innere Oberfläche (b) orangebraun bis rotbraun, fein längs gestreift; Bruch im Inneren faserig; Geruch: schwach; Geschmack: etwas bitter, schwach zusammenziehend.

Inhaltsstoffe

Dihydroxyanthrachinone: mindestens 7,0 % Glucofranguline, berechnet als Glucofrangulin A (nach Ph. Eur.); Gerbstoffe.

Anwendung

Wissenschaftlich belegte kurzzeitige Anwendung bei gelegentlicher Verstopfung (*well-established use* nach HMPC-Monographie); ► Glossar unter Laxans.

Mikroskopische Merkmale

A   Rinde (quer); Periderm (1); primäre Rinde (2) mit Sklerenchymfasern (Pfeil) und schleimgefüllten Interzellularen („Schleimgänge"); sekundäre Rinde (3) mit sekundären Markstrahlen (teilweise trichterförmig nach außen erweitert) und ignifizierten Bastfaserbündeln in tangentialen Reihen angeordnet (Präparat in Phlg-HCl).

B   Periderm mit vielreihigem, rotem Kork, sich häufig im Präparat ablösend; Korkkambium (Pfeil); Korkhaut einschichtig, darunter 3 bis 6 Reihen Kollenchym.

C   Zellen der primären Rinde rundlich bis oval; Sklerenchymfasern in verstreuten Gruppen, weißlich, mit stark geschichteten Zellwänden, nicht oder kaum lignifiziert (viele Oxalatdrusen).

D   Sekundäre Rinde mit gelblichen Bastfaserbündeln, umgeben von Zellen mit Calciumoxalatkristallen; sekundäre Markstrahlen zwischen den Bastfaserbündeln, ein- bis dreireihig.

E   Sekundäre Rinde am Kambium (unten); aktive Siebröhren mit Geleitzellen (Pfeil) nur in Kambiumnähe; Calciumoxalatdrusen.

F   Sekundäre Rinde (längs tangential); Bastfasern von Zellen mit Calciumoxalatkristallen begleitet („Kristallkammerfasern"); Markstrahlen 10 bis 20 Zellen hoch (Präparat in Phgl-HCl).

G   Sekundäre Rinde (längs radiär); Siebröhren mit gut erkennbaren Siebfeldern (Pfeil); Phloemparenchym; zahlreiche kleine Calciumoxalatdrusen in Reihen.

H   Sekundäre Rinde (längs radiär); sekundäre Markstrahlen etagiert; Bastfasern gelblich, von Zellen mit Calciumoxalatkristallen begleitet; keine Steinzellen in der Droge.

Anthrachinon-Nachweis mit KOH (rot; Bornträger-Reaktion), ► Basisfärbungen ◘ Abb. A.5,1; starke Gelbfärbung der Droge in Chloralhydrat.

---

3   *Accepted name* nach *The plant list*; in Ph. Eur. wird als Stammpflanze das Synonym *Rhamnus frangula* L. geführt.

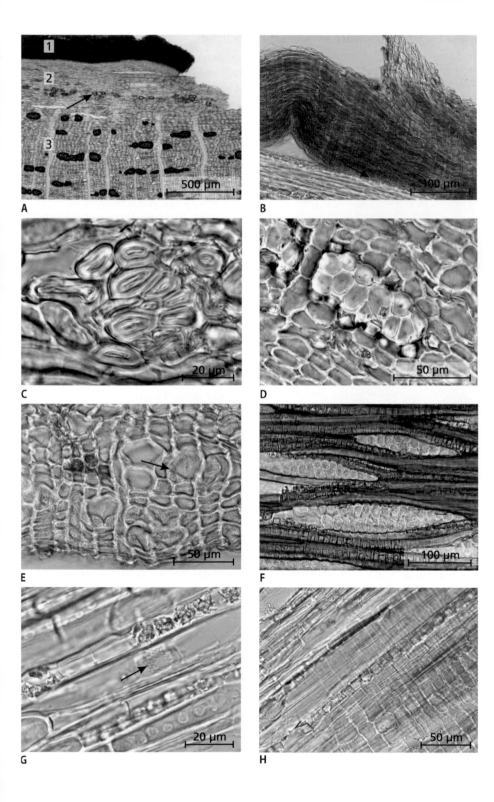

Hamamelisrinde – Hamamelidis cortex

Hamamelis virginiana L., Hamamelidaceae, Ph. Eur.

Makroskopische Merkmale

Zerkleinerte Rinde von Stämmen und Zweigen; Stücke unterschiedlich lang, 1 bis 3 cm breit und 1 bis 3 mm dick, rinnenförmig gebogen oder seltener röhrig eingerollt; äußere Oberfläche (a) weißlich oder graubraun, Lenticellen zahlreich, querstehend; innere Oberfläche (b) gelblich braun oder rötlich braun, längs gestreift, bei minderer Qualität Reste des Holzkörpers anhaftend; Querbruch bei Lupenbetrachtung mit heller Zone (Sklerenchymring); Geschmack: zusammenziehend, bitter.

Inhaltsstoffe

Mindestens 5,0 % Gerbstoffe (vorwiegend Gallotannine), berechnet als Pyrogallol (nach Ph. Eur.); Flavonoide; ätherisches Öl.

Anwendung

Bei Hautentzündungen und Hauttrockenheit; gegen Jucken und Brennen bei Hämorrhoiden; Gurgelmittel bei Entzündungen der Mundschleimhaut (*traditional use* nach HMPC-Monographie).

Mikroskopische Merkmale

A Periderm (quer); Kork (1) mehrschichtig, selten dickwandig und verholzt; Korkkambium (2) mehrreihig; Korkhaut (3) mit 10 und mehr Reihen, kollenchymatisch verdickt.

B Rinde (quer); Periderm (1); primäre Rinde (2) mit Steinzellnestern, Zellen rundlich, größere Interzellularräume (Calciumoxalatkristalle, Gerbstoffidioblasten); Sklerenchymring (3) aus Steinzellen, teilweise auch aus Sklerenchymfasern bestehend (Präparat in Phgl-HCl).

C Sekundäre Rinde (quer); sekundäre Markstrahlen bräunlich; Bastfaserbündel; Steinzellnester.

D Bastfaserbündel umgeben von Zellen mit Calciumoxalatkristallen (Pfeil); sekundäre Markstrahlen einreihig, selten zweireihig; Gerbstoffidioblasten dunkelbraun.

E Sekundäre Rinde (quer); Bastfasern (meist nur in den äußeren Wandschichten) lignifiziert (Präparat in Phlg-HCl).

F Steinzellen in Gruppen (oder einzeln), (von Zellen mit Calciumoxalatkristallen umgeben).

G Sekundäre Rinde (längs radiär); Bastfaserbündel mit Calciumoxalatkristallen (Pfeil; „Kristallkammerfasern"); sekundärer Markstrahl radiär verlaufend, mehrreihig etagiert.

H Sekundäre Rinde (längs tangential); aktive Siebröhren in der inneren Rinde; Siebplatten (Pfeil) gut erkennbar; sekundärer Markstrahl tangential angeschnitten, einreihig.

Gerbstoffnachweis mit FeCl$_3$-Lösung und auch mit Vanillin-HCl-Lösung.

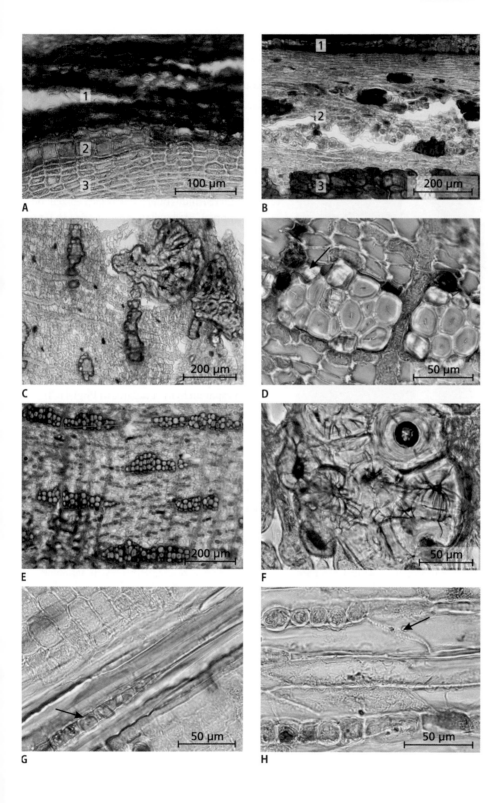

Afrikanische Pflaumenbaumrinde – Pruni africanae cortex

Prunus africana (Hook f.) Kalkm.[4], Rosaceae, Ph. Eur.

Makroskopische Merkmale

Rinde der Stämme oder Zweige; Stücke gekrümmt, unregelmäßig, hart, dunkelbraun bis rötlich; äußere Oberfläche (a) runzelig, stellenweise mit Flechten behaftet; innere Oberfläche (b) mit länglicher Streifung; Geruch: schwach; Geschmack: aromatisch.

Inhaltsstoffe

Phytosterole: ß-Sitosterol; Triterpene; Fettsäuren.

Anwendung

Bei Beschwerden der ableitenden Harnwege im Zusammenhang mit benigner Prostatahyperblasie (BPH[5]) nach ärztlichem Ausschluss einer ernsthaf-

ten Erkrankung (*traditional use* nach HMPC-Monographie in Vorbereitung).

Mikroskopische Merkmale

A   Kork braunrot, mit vielen Lagen schmaler Zellen; teilweise Borkenbildung.

B   Primäre Rinde (quer); Kollenchym unter dem Periderm; Steinzellen einzeln oder in Gruppen; Bastfaserbündel am Übergang zur sekundären Rinde (Präparat in Phgl-HCl).

C   Sekundäre Rinde (quer); Bastfasern einzeln oder in Gruppen; Steinzellen einzeln oder in Gruppen; sekundäre Markstrahlen 2 bis 5 Zellen breit; viele Calciumoxalatdrusen.

D   Bastfasern lignifiziert mit kleinem Lumen, einzeln oder in Gruppen (Präparat in Phgl-HCl).

E   Steinzellen unregelmäßig geformt (Sklereiden), teilweise mit faserartigen Fortsätzen; Zellwand stark geschichtet.

F   Sekundäre Rinde (längs radiär); sekundäre Markstrahlen mehrreihig etagiert; Bastfasern, Siebröhren (Siebplatten gut erkennbar) und Phloemparenchym (Präparat in Phgl-HCl).

G   Sekundäre Rinde (längs radiär); Bastfasern lang gestreckt (Fasern relativ unregelmäßig geformt, teilweise mit Ausbuchtungen); Steinzellnest; Calciumoxalatdrusen; sekundärer Markstrahl quer verlaufend.

H   Sekundäre Rinde (längs tangential); Markstrahlen mehrreihig etagiert; Calciumoxalatdrusen.

Stärkekörner klein, einzeln.

---

4   Syn.: *Pygeum africanum* Hook f.
5   Zuordnung: Benignes Prostatasyndrom (BPS).

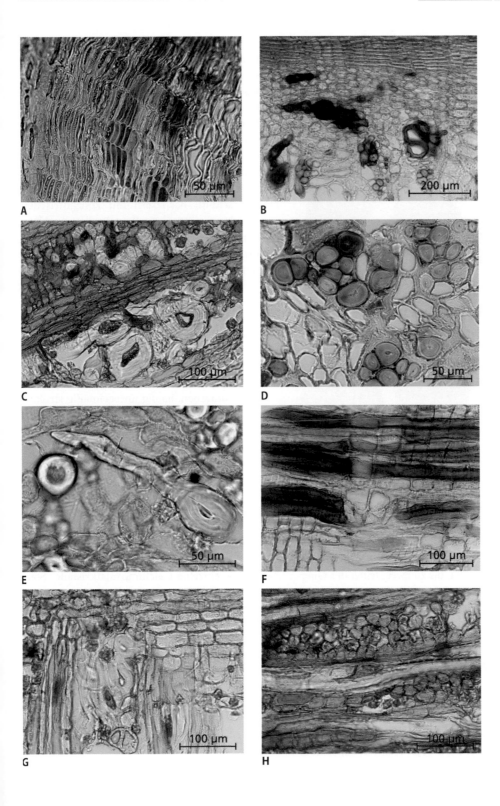

Quebrachorinde – Quebracho cortex

Aspidosperma quebracho-blanco Schltdl., Apocynaceae, DAC

Makroskopische Merkmale

Ganze oder geschnittene Stammrinde; bis 3 cm dick; Borke dunkelbraun bis ziegelrot, durch Furchen zerklüftet, von gelblichen Bändern durchzogen, mit Flechten besetzt, bis zu zwei Drittel des Querschnitts einnehmend; Innenrinde rötlich-grau bis gelbbraun, durch Fasern und Steinzellen hell gesprenkelt (Pfeil); Bruch grobkörnig; Geschmack: stark bitter.

Inhaltsstoffe

Mindestens 1,0 % Gesamtalkaloide, berechnet als Yohimbin (nach DAC).

Anwendung

Volkstümlich bei Atemwegsbeschwerden, Asthma und Bronchitis.

Mikroskopische Merkmale

A Borke (Querschnitt) gelblich-bräunlich bis karminrot; zahlreiche Korkschichten; dickwandige Fasern und Steinzellnester der sekundären Rinde dazwischen eingeschlossen.

B Kork (Aufsicht).

C Querschnitt Übersicht; Bastfasern gelblich, meist einzeln; Steinzellnester unregelmäßig; sekundäres Phloem bräunlich bis rötlich; sekundäre Markstrahlen meist 3 Zellen breit.

D Querschnitt; Bastfasern mit konzentrischen Schichtungsringen, von Kristallzellen umgeben, Lumen der Fasern unterschiedlich groß.

E Längsschnitt tangential; Bastfaser meist einzeln, spindelförmig, knorrig strukturiert, bis 1 mm lang; vollständig von Zellen mit Calciumoxalatkristallen umhüllt („Kristallkammerfasern"); kollabierte Siebröhren („Keratenchym"; Pfeil) gelblich bis karminrot; umschmiegen die sekundären Markstrahlen.

F Längsschnitt tangential; Steinzellen mit Tüpfeln und Schichtungsringen, von Calciumoxalatkristallen umgeben, häufig unregelmäßig strukturierte Nester; sekundärer Markstrahl (Pfeil) bis zu 15 Zellen hoch und meist 3 (bis zu 5) Zellen breit.

G Längsschnitt radiär; sekundäre Markstrahlen bis zu 15 Zellen hoch; Bastfasern einzeln; Steinzellen (Pfeil) in Nestern.

H Längsschnitt radiär (Ausschnitt); Markstrahlzellen auf Höhe der Sklerenchymelemente häufig sekundär verdickt (Pfeil).

Zahlreiche einzelne Calciumoxalatkristalle; Stärkekörner in den Parenchymzellen selten, einzeln oder 2- bis 4 fach zusammengesetzt; keine primäre Rinde; keine Milchröhren.

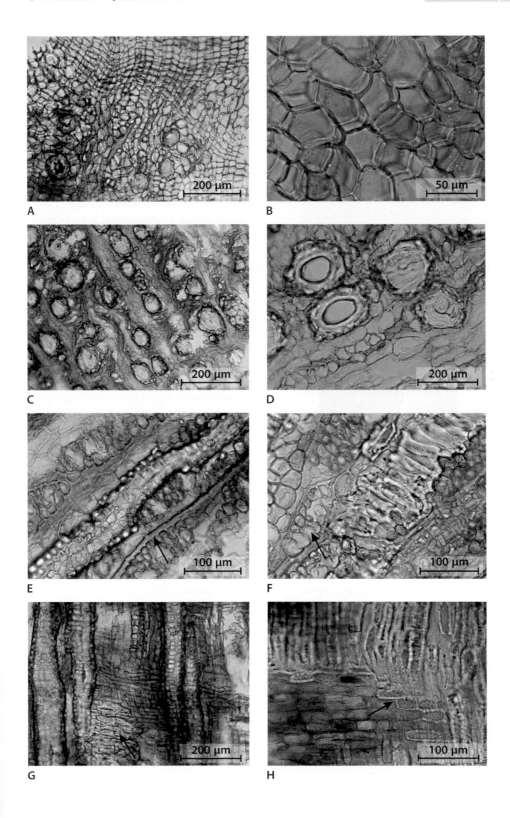

A

B

C

D

E

F

G

H

Seifenrinde – Quillajae cortex

Quillaja saponaria Molina, Quillajaceae[6], Ph. Eur.

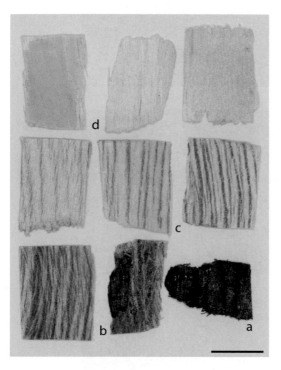

Makroskopische Merkmale

Von der Borke (a) befreite, ganze oder zerkleinerte Rinde; rechteckige, flache Platten, 8 bis 10 mm dick; Außenseite rötlich-braun bis gelblich-braun (b), nach innen grob rötlich längs gestreift (c); Innenseite gelblich-weiß, leicht glitzernd (Lupe), glatt (d); Bruch splitterig-faserig; Geruch: bei Bruch auftretender Staub verursacht Niesreiz; Geschmack: schleimig-süßlich, dann kratzend.

Inhaltsstoffe

Mindestens 6,5 % Triterpenglykoside, berechnet als Quillaja-Saponin III (nach Ph. Eur.).

Anwendung

Quillajasaponine als Immunadjuvans in Impfpräparaten; volksmedizinisch als Expektorans; Schaumbildner (Lebensmittelindustrie).

Mikroskopische Merkmale

A   Längsschnitt radiär; Borke (1); äußere sekundäre Rinde (2) mit Bastfaserbündeln; sekundärer Markstrahl etagiert (Pfeil).

B   Borke (Aufsicht), Phellemzellen braun.

C   Sekundäre Rinde (quer); gleichmäßige Streifen durch sekundäre Markstrahlen, 4 bis 5 Zellen breit; tangentiale Ringe von Bastfaserbündeln (in der Nähe des Kambiums aktives Phloem ohne Bastfaserbündel).

D   Äußere sekundäre Rinde (quer); Bastfaserbündel; dazwischen sekundäre Markstrahlen bis zu 5 Zellen breit; eckige Markstrahlzellen zwischen den Bastfaserbündeln häufig sekundär verdickt und getüpfelt (Pfeil; Präparat in Phlg-HCl).

E   Äußere sekundäre Rinde (tangential längs); Bastfaserbündel schmiegen sich um die Markstrahlen (Pfeile); Fasern bis zu 1 mm lang, knorrig geformt, dickwandig; einzelne Steinzellen (Präparat in Phgl-HCl).

F   Äußere sekundäre Rinde (tangential längs); Steinzellnest (teilweise Übergang zu Faserform); Zellen unregelmäßig geformt, sekundär verdickt und getüpfelt; benachbart tangential geschnittener sekundärer Markstrahl.

G   Innere sekundäre Rinde (längs tangential); Spindelform der sekundären Markstrahlen, bis 20 Zellen hoch; viele, charakteristische, sehr große Calciumoxalatkristalle; weite Siebröhren (aktives Phloem; Pfeil).

H   Typische prismatische Calciumoxalatkristalle („Bleistiftkristalle"), bis 200 μm lang (im Querschnitt quadratisch); links farbenreich unter polarisiertem Licht; sekundärer Markstrahl tangential bis 5 Zellen breit; Kristalle nicht im Markstrahl.

Bastfasern leuchten hell unter polarisiertem Licht; kleine Stärkekörner.

---

6   Früher: Rosaceae.

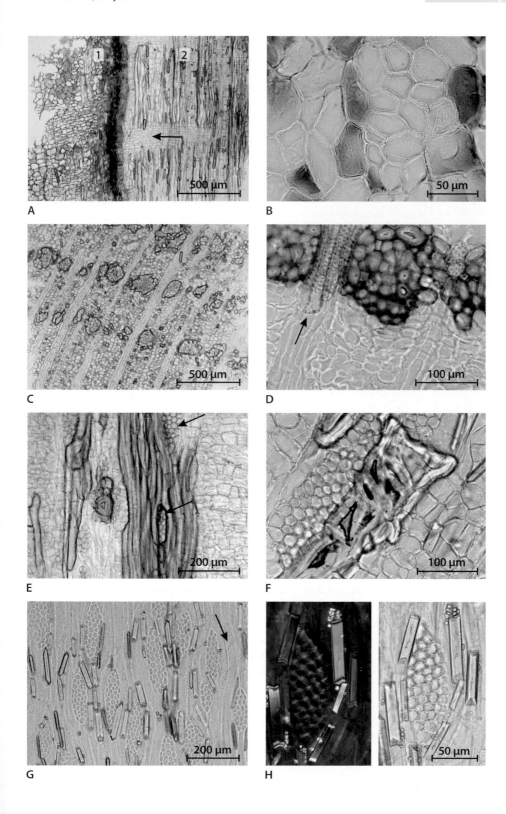

Weidenrinde – Salicis cortex

Salix purpurea L., *Salix daphnoides* Vill. und *Salix fragilis* L.[7], Salicaceae, Ph. Eur.

Makroskopische Merkmale

Getrocknete Rinde junger Zweige oder ganze getrocknete Stücke junger Zweige des laufenden Jahres mit einem Ø von maximal 10 mm, 1 bis 2 mm dick, biegsam, rinnenförmig oder gebogen; äußere Oberfläche (a) grünlich gelb bis bräunlich grau, glatt oder schwach längs gerunzelt; innere Oberfläche (b) glatt oder fein längs gestreift; Rindenstücke je nach Art weiß, blassgelb oder rötlich braun; Zweige zeigen ein weißes oder blassgelbes Holz; Geschmack: zusammenziehend, bitter.

Inhaltsstoffe

Mindestens 1,5 % Gesamtsalicylalkoholderivate, berechnet als Salicin (*traditional and well-established* nach Ph. Eur.); Flavonoide; Gerbstoffe.

Anwendung

Wissenschaftlich belegt bei Rückenschmerzen; traditionell bei Kopfschmerzen, bei Fieber in Verbindung mit grippalen Infekten und bei Gliederschmerzen (*traditional* and *well-established use* nach HMPC-Monographie).

Mikroskopische Merkmale

A   Abschlussgewebe junger Rindenstücke (links): dicke Cuticula (siehe auch B) und Bildung weniger, stark verdickter Zellen; ältere Rindenstücke (rechts): Periderm.

B   Primäre Rinde (quer) mit Kollenchym unter dem Abschlussgewebe; lignifizierte Sklerenchymfaserbündel; Zellen mit Calciumoxalatdrusen.

C   Primäre Rinde mit Steinzellnestern (bei einigen Salix-Arten ohne Steinzellnester); Zellen unregelmäßig; Zellwände stark verdickt und getüpfelt.

D   Sekundäre Rinde (quer); Bastfaserbündel lignifiziert, in tangentialen Reihen angeordnet; sekundäre Markstrahlen einreihig (Präparat in Phgl-HCl).

E   Sekundäre Rinde mit Siebplatten (Pfeil) in den Siebröhren; Bastfaserbündel.

F   Sekundäre Rinde; Zellwände der Phloemparenchymzellen (Pfeil) verdickt und geschlitzt getüpfelt; Lumen der Bastfasern teilweise braunrot.

G   Sekundäre Rinde (längs tangential); Bastfasern von Zellen mit Calciumoxalatkristallen („Kristallkammerfasern") begleitet; sekundäre Markstrahlen bis 10 Zellen hoch, einreihig.

H   Sekundäres Xylem (quer) in jungen Zweigen; Markstrahlen einreihig.

Das mikroskopische Bild kann durch unterschiedliche Salix-Arten sehr heterogen sein.

---

7   Außerdem zugelassen: verschiedene weitere Arten der Gattung *Salix*.

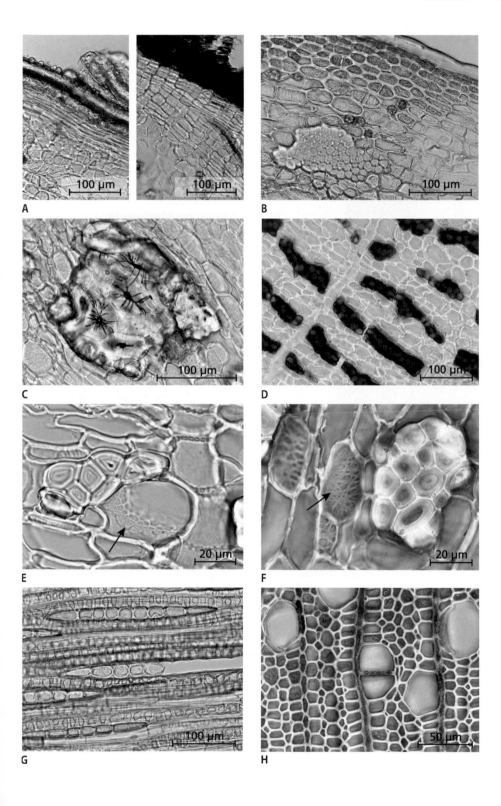

Zimtrinde – Cinnamomi cortex

Cinnamomum verum J.Presl[8], Lauraceae, Ph. Eur.

b · a

Makroskopische Merkmale

Rinde junger Schösslinge, vom Periderm und dem darunter liegenden Parenchym (der primären Rinde) befreit; Rinde etwa 0,2 bis 0,8 mm dick; Halbröhren, ineinander geschoben Röhren bildend; äußere Oberfläche (a) glatt, gelblich braun mit Blattnarben und weißlicher, welliger Längsstreifung; innere Oberfläche (b) dunkler und längs gestreift; Bruch kurzfaserig; Geruch: charakteristisch aromatisch; Geschmack: aromatisch, würzig.

Inhaltsstoffe

Mindestens 12 ml kg^{-1} ätherisches Öl (nach Ph. Eur.); Hauptkomponente des ätherischen Öls: *trans*-Zimtaldehyd; Catechingerbstoffe[9].

Anwendung

Zimtrinde und Zimtöl: bei leichten krampfartigen Beschwerden im Magen-Darm-Trakt wie Blähungen und Flatulenz (*traditional use* nach HMPC-Monographie); Gewürz.

Mikroskopische Merkmale

A   Rinde (quer); Sklerenchymring (1) fast geschlossen; sekundäre Rinde (2); sekundäre Markstrahlen (3) meist zweireihig, zum Sklerenchymring hin trichterförmig erweitert.

B   Sklerenchymring aus Steinzellen (und wenigen Sklerenchymfasern) bestehend; Lumen der Steinzellen orangebraun oder schwärzlich; Zellwände stark verdickt und getüpfelt; an der Außenseite zerrissene Schichten brauner Parenchymzellen.

C   Sekundäre Rinde am orangebraunen Kambium; Bastfasern einzeln oder in Gruppen zu 2 bis 4; große Idioblasten (Pfeil) mit ätherischem Öl.

D   Sekundäre Rinde mit einzelnen Bastfasern; Siebröhren meist obliteriert, braune Streifen bildend.

E   Sekundäre Rinde (längs tangential); Bastfasern zahlreich, kaum lignifiziert; Idioblast (Pfeil); sekundärer Markstrahl (unten) tangential angeschnitten (Präparat in Phgl-HCl).

F   Sekundäre Rinde (längs radiär); Siebröhren obliteriert; große Idioblasten (Pfeil) sekundärer Markstrahl quer verlaufend, aus rundlichen Zellen bestehend, mehrreihig etagiert.

G   Bastfaser, bis 600 µm lang, Lumen schmal spitz zulaufend, kaum getüpfelt.

H   Sekundärer Markstrahl (quer) mit Calciumoxalatnadeln.

Korkteile fehlen oder sind nur selten (geschälte Droge); Stärkekörner klein, zahlreich.

---

8   Syn.: *Cinnamomum zeylanicum* Blume.

9   Spuren von Cumarin; vgl. im Lebensmittelbereich *C. cassia* (Chinesische Zimtrinde) mehr als 0,03 % Cumarin (hepatotoxisch und kanzerogen).

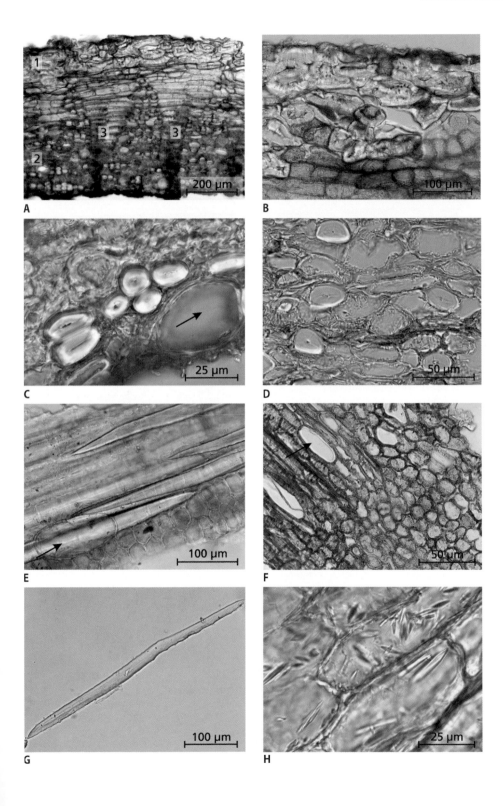

Sonstige Drogen

© Springer-Verlag GmbH Deutschland 2017
B. Rahfeld, *Mikroskopischer Farbatlas pflanzlicher Drogen*, DOI 10.1007/978-3-662-52707-8_9

Isländische Flechte[1] – Lichen islandicus

Cetraria islandica (L.) Acharius s. l., Parmeliaceae, Ph. Eur.

Makroskopische Merkmale

Ganze oder geschnittene Thalli; bodenbewohnende Strauchflechte; Thallus bis 15 cm lang, rinnenförmig oder flach, kahl, zerbrochen, spröde, nach Anfeuchten weich ledrig, unregelmäßig gabelförmig verzweigt, 0,3 bis 1,5 cm breite, fast 0,5 mm dicke Bänder, teilweise gekräuselt, am Rand mit dunklen Fransen (Pfeil, Pycnien); Oberseite (a) grünlichgrau bis braun; Unterseite grauweiß bis hellbraun mit weißlichen, vertieften Flecken (sog. Atemöffnungen); selten an den Thallusenden braune, scheibenförmige Apothecien (Fruchtkörper); Geschmack: schleimig, bitter.

Inhaltsstoffe

Über 50 % Polysaccharide, Hauptkomponenten sind Lichenan (α-D-Glucan; löst sich in heißem Wasser und erstarrt beim Abkühlen zu Gallerte) und Isolichenan (β-D-Glucan, löst sich in kaltem Wasser; Blaufärbung mit Iod); Quellungszahl (mindestens 4,5); 2 bis 10 % bittere Flechtensäuren.

Anwendung

Bei Schleimhautreizungen im Mund- und Rachenraum und damit verbundenem trockenem Reizhusten; Appetitlosigkeit (*traditional use* nach HMPC-Monographie).

Mikroskopische Merkmale

A Thalluslappen (quer); Rindenschicht (1) auf der Ober- und Unterseite; Mark (2).

B Oberfläche mit Trocknungsrissen.

C Thalluslappen (quer); Hyphen (1, Pseudoparenchym) der Rindenschicht eng verschlungen, dickwandig; Übergang zur Markschicht mit Algenzellen (2).

D Markschicht mit locker verschlungenen Hyphen; dazwischen Algenzellen, diese kugelig, grünlich bis bräunlich.

E Pycnien am Rand des Thallus röhrenförmig oder zylindrisch (makroskopisch Fransen).

F Pycnium.

Hyphenwände verfärben sich mit Iod-Kaliumiodid-Lösung blau.

---

1 Gleichwertige Drogenbezeichnung: Isländisches Moos nach Ph. Eur., botanisch nicht korrekt, da es sich um eine Flechte, d. h. eine Symbiose aus Pilz (Mycobiont) und Alge (Phycobiont) handelt.

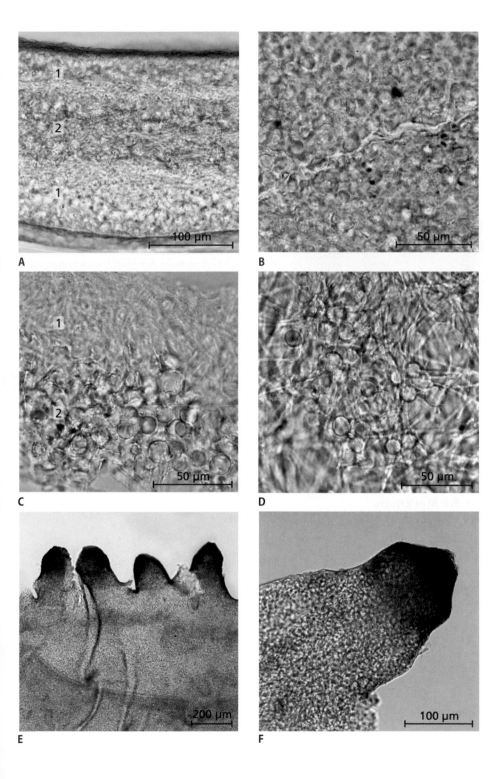

Meerzwiebel – Scillae bulbus

Drimia maritima[2] (L.) Stearn, Asparagaceae[3], DAB 2012

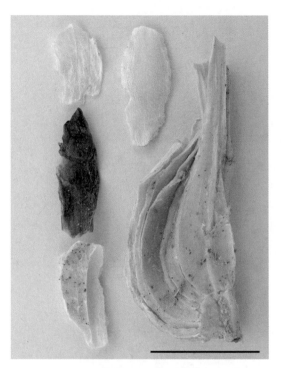

Makroskopische Merkmale

In Quer- und Längsstreifen geschnittene, mittlere, fleischige Zwiebelschuppen der nach der Blütezeit gesammelten Zwiebeln; Zwiebelschuppen bis 5 cm lang und 0,5 cm dick, gelblich weiß, oft durchscheinend, hornartig hart, gerade oder gebogen; Geschmack: bitter.

Inhaltsstoffe

0,15 bis 4 % herzwirksame Glykoside vom Bufadienolid-Typ (pharmazeutisch wichtig: Proscillaridin A).

Anwendung

Bei Herzinsuffizienz (Droge kaum noch verwendet; Einsatz des Reinglykosids Proscillaridin; nach Kommentar DAB).

Mikroskopische Merkmale

A   Epidermiszellen lang gestreckt, geradwandig (Cuticularstreifung).
B   Vereinzelt kreisrunde anomocytische Spaltöffnungen.
C   Idioblasten mit bis zu 1000 µm langen Calciumoxalatraphiden in Bündeln.
D   Calciumoxalatnadeln (größere Raphidennadeln).
E   Schraubentracheen der geschlossen kollateralen Leitbündel; Mesophyllzellen großlumig.
F   Blatt (quer); unifacialer Blattquerschnitt; Mesophyllzellen großlumig.

---

2   Syn.: *Urginea maritima* (L.) Bak., *Charybdis maritima* (L.) Speta.
3   Früher: Hyacinthaceae.

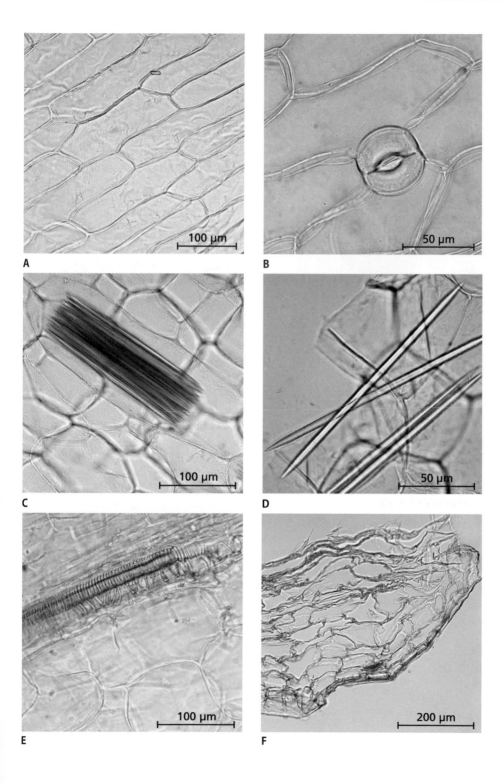

Sandelholz – Santali rubri lignum

Pterocarpus santalinus[4] L., Fabaceae, DAC

Makroskopische Merkmale

Kernholz des unteren Stammbereichs, von Rinde und weißem Splintholz befreit; Kernholz intensiv braunrot, hart, in Längsrichtung leicht spaltbar; Gefäße (Pfeile) quer als Punkte und längs als Rinnen sichtbar; feine Streifung quer und längs; Geruch: zerrieben schwach würzig; Geschmack: schwach zusammenziehend.

Inhaltsstoffe

Rote Farbstoffe (Santalin A und B; Benzoxanthenonderivate).

Anwendung

Da die Wirksamkeit bei Magen-Darm-Beschwerden und als Diuretikum nicht belegt ist, wird therapeutische Anwendung nicht befürwortet (nach Monographie Kommission E); Schmuckdroge; Färbemittel.

Mikroskopische Merkmale

A   Große Tracheen (1, einzeln oder in Gruppen; quer); Xylemparenchymbänder (2), die die Gefäßbereiche umgeben; große Flächen mit Holzfasern (3); echte Jahresringe fehlen (tropisches Holz).

B   Trachee (längs) mit Katzenaugentüpfeln (Ausschnitt), Ringwülste zwischen den Gefäßgliedern stark ausgeprägt; Gefäßwand dick, getüpfelt.

C   Holz (quer); Xylemparenchymband (1) stark getüpfelt; Holzfasern (2); Markstrahlen (3) meist 1 bis 3 Zellen breit, Zellen lang gestreckt, getüpfelt.

D   Holz (längs radiär); Xylemparenchymband (1); Holzfasern (2); Markstrahlen (3) 5 bis 10 Zellen hoch.

E   Holz im Bereich der Holzfasern (längs tangential); Holzfasern lang, dickwandig; Markstrahlen angeschnitten, 1 bis 3 Zellen breit, 5 bis 10 Zellen hoch.

F   Holz im Bereich des Xylemparenchyms (längs tangential); Zellen des Xylemparenchyms an einer Seite spitz endend (im Radiärschnitt rechteckig); Markstrahlen angeschnitten.

In Markstrahlzellen können Calciumoxalatkristalle vorkommen. Alle Präparate in Chloralhydrat (natürliche Färbung).

---

4   *Pterocarpus santalinus* gehört zu den besonders geschützten Arten. Deshalb kann nach DAC auch Afrikanisches Rotholz – Pterocarpus soyauxii lignum (*Pterocarpus soyauxii*) verwendet werden.

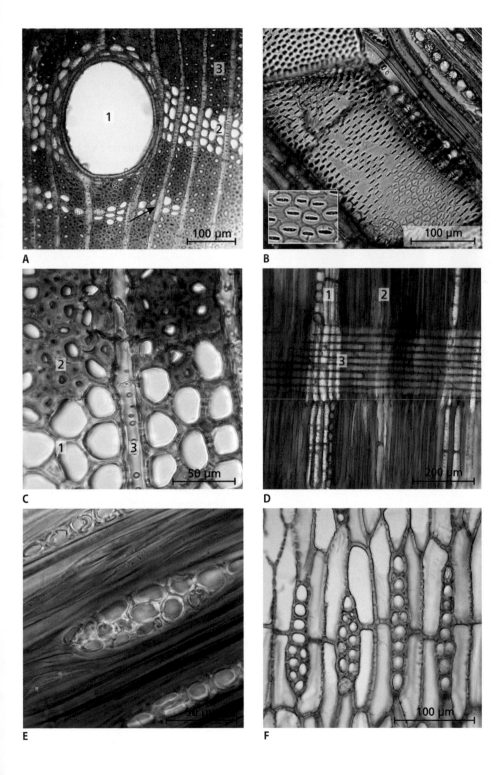

Tang – Fucus vel Ascophyllum

Fucus vesiculosus L., *Fucus serratus* L. oder *Ascophyllum nodosum* Le Jolis, Fucaceae[5], Ph. Eur.

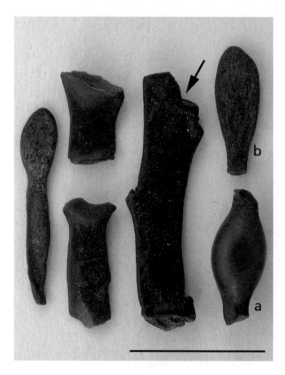

Makroskopische Merkmale

Zerkleinerte Thalli; Thallus schwarzbraun bis grünlich braun, bandartig; *F. vesiculosus* (Blasentang): Lamina ganzrandig, gabelig verzweigt (Pfeil), Schwimmblasen (a) oval, paarig oder einzeln; Endabschnitte keulig (b), die Konzeptakel (Reproduktionsorgane) tragend; *F. serratus* (Sägetang): Laminarand gesägt; *A. nodosum* (Knotentang): unregelmäßig verzweigt, keine „Mittelrippen", Schwimmblasen einzeln, oval, Konzeptakel am Ende der Äste sichelförmig, meist fehlend; Geruch: eigentümlich, meerartig (nach Erwärmen in Wasser); Geschmack: salzig, schleimig.

Inhaltsstoffe

Mindestens 0,03 und höchstens 0,2 % Gesamtiod (anorganische Salze oder an Proteine gebunden); Hydrokolloide (Alginsäure; Quellungszahl mindestens 6); nach Ph. Eur.

Anwendung

Als Ajuvans zu kalorienreduzierter Diät bei Übergewicht nach ärztlichem Ausschluss einer ernsthaften Erkrankung (*traditional use* nach HMPC-Monographie); bei Dosierung über 150 µg Iod pro Tag nicht vertretbare Risiken; therapeutische Anwendung wird nicht empfohlen (nach Monographie Kommission E).

Mikroskopische Merkmale

A   Thallus (quer); Rinde (1); Mark (2).
B   Oberflächengewebe mit polygonalen, braunen Zellen; Zellwände hell, schleimhaltig.
C   Rinde (quer) mehrreihig; Zellen regelmäßig angeordnet, radial gestreckt, braun; Zellwände hell, schleimhaltig.
D   Mark (quer) aus farblosen, in Fäden angeordneten Zellen mit verschleimenden Wänden; Zellen (quer) sind kreisrund (Zellen längs sind länglich).
E   Thallus (quer); Rinde (1); Mark (2); Luftsack zwischen dem Mark (3); Konzeptakel (Pfeil).
F   Konzeptakel (quer).

---

5   Auch Phaophyceae.

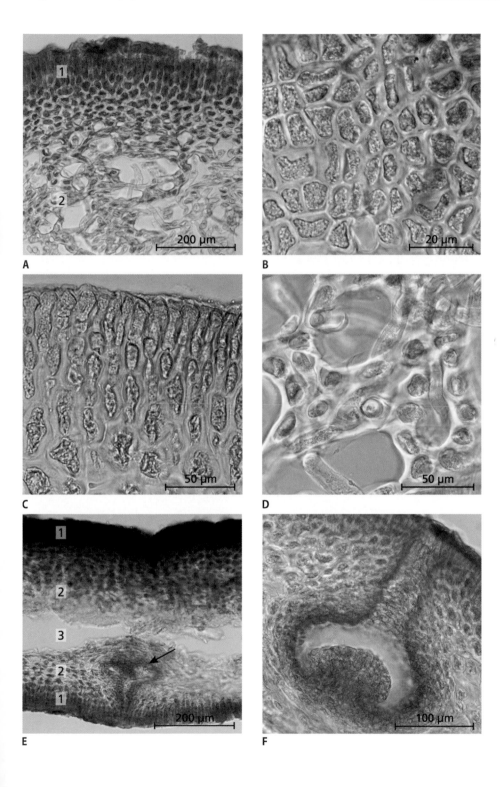

Serviceteil

© Springer-Verlag GmbH Deutschland 2017
B. Rahfeld, *Mikroskopischer Farbatlas pflanzlicher Drogen*, DOI 10.1007/978-3-662-52707-8

Basisfärbungen für die mikroskopischen Untersuchungen

Aufhellen der Präparate mit Chloralhydratlösung (Chl-Lösung)

60,0 g Chloralhydrat unter Erwärmen in 20,0 ml Aqua dest. lösen. Schnitte einlegen und vorsichtig erwärmen. Hinweise zur Verwendung ▶ „Erfolgreiches Mikroskopieren – Präparation".

Die Chl-Lösung neigt zum Auskristallisieren, deshalb vor dem Auflegen des Deckglases 1 Tropfen 10 % Chloralhydrat in Glycerin zusetzen oder fertiges Präparat vorsichtig erwärmen.

Lignin-Nachweis mit Phloroglucin-HCl (Phlg-HCl)

Lösung 1: 0,1 g Phloroglucin werden in 10,0 ml Ethanol (96 %) gelöst. Lösung 2: 3 N HCl.

Einlegen der Droge in Lösung 1, dann Zugabe von 1 Tropfen Lösung 2.

Lignifizierte Strukturen färben sich kirschrot (◘ Abb. A.1). Tipp: Zur Beschleunigung der Färbung vorsichtig erwärmen. Vorsicht bei offener Flamme: Das Einbettungsmedium entzündet sich leicht!

Bessere Präparate: Schnitt in Chl-Lösung aufhellen; Lösung absaugen; Phgl-HCl-Färbung; absaugen; Präparat in Chl-Lösung einbetten (kaum erwärmen).

Vorsicht: HCl wirkt ätzend (auch auf das Objektiv des Mikroskops)!

Stärke-Nachweis mit Iod-Kaliumiodid-Lösung

Stammlösung: 2,0 g Kaliumiodid und danach 1,0 g Iod in wenig Aqua dest. lösen; anschließend auf 300,0 ml mit Aqua dest. auffüllen.

Präparat in 50 % Glycerin einbetten, 1 Tropfen Iod-Kaliumiodid-Lösung mit Filterpapier unter dem Deckglas durchsaugen; Stärkekörner färben sich tiefblau (◘ Abb. A.2); ▶ auch Eibischwurzel makroskopisch.

Gerbstoff-Nachweis mit Eisen(III) chlorid-Lösung

Stammlösung: 10,0 g Eisen(III)chlorid in 100,0 ml Aqua dest. lösen. Gebrauchslösung: Stammlösung vor Gebrauch 1:10 mit Aqua dest. verdünnen. Lösung frisch herstellen.

1 Tropfen der Lösung auf die Droge, das Pulver oder den Schnitt geben.

Hydrolysierbare Gerbstoffe reagieren mit einer blauschwarzen Färbung. Kondensierte Gerbstoffe färben sich grünschwarz (◘ Abb. A.5, 3).

Gerbstoff-Nachweis mit Vanillin-HCl-Lösung

Lösung 1: 0,1 g Vanillin in 10,0 ml Ethanol 90 % lösen. Lösung 2: 36 % HCl.

Einlegen der Droge in Lösung 1, dann Zugabe von 1 Tropfen Lösung 2. Vorsicht: HCl wirkt ätzend (auch auf das Objektiv des Mikroskops)! Ersatz des Einbettungsmediums durch 50 % Glycerin.

Kondensierte Gerbstoffe färben sich rot (◘ Abb. A.5, 4).

Lipid-Nachweis mit Sudanrot

0,5 g Sudanrot III in 50,0 ml Ethanol (96 %) unter Kochen am Rückfluss lösen, filtrieren und 50,0 ml 50 % Glycerin zufügen.

Präparat direkt 5 bis 30 min in Sudanrotlösung einlegen; Lösung absaugen; Präparat mit 50 % Glycerin spülen und in 50 % Glycerin einbetten.

Lipide (zu finden in der Cuticula, in Öltröpfchen, in Milchröhren) färben sich rotorange (◘ Abb. A.3 und A.4).

Anthrachinon-Nachweis mit KOH

1 Tropfen 3 % KOH auf die Droge, das Pulver oder den Schnitt geben.

Rotfärbung durch Bornträger-Reaktion; Nachweis von 1,8-Dihydroxyanthrachinonen (◘ Abb. A.5, 1 positiv und ◘ Abb. A.5, 2 negativ).

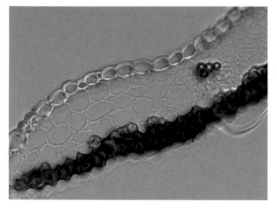

◘ **Abb. A.1** Lignin-Nachweis; lignifizierte Zellen färben sich rosa bis kirschrot (Ruhrkrautblüten Hüllkelch quer)

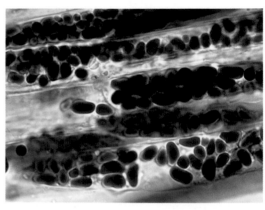

◘ **Abb. A.2** Stärke-Nachweis (Eibischwurzel)

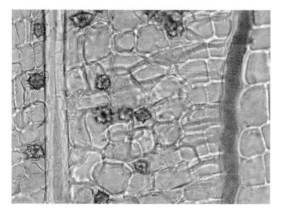

◘ **Abb. A.3** Lipid-Nachweis; Milchröhre färbt sich unter Sudanrot orange (Condurangorinde Längsschnitt)

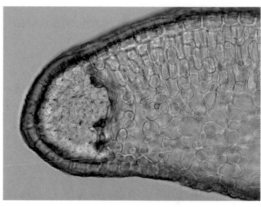

◘ **Abb. A.4** Lipid-Nachweis; Cuticula färbt sich unter Sudanrot orange (Preiselbeerblätter Blattquerschnitt)

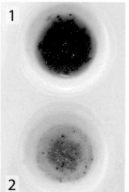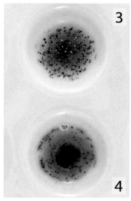

◘ **Abb. A.5** Färbereaktionen am Drogenpulver: *1* Anthrachinon-Nachweis mit KOH bei Faulbaumrinde positiv (rot), *2* Anthrachinon-Nachweis bei Kalmuswurzelstock negativ, *3* Gerbstoff-Nachweis mit Eisen(III)chlorid bei Eichenrinde positiv (grün), *4* Gerbstoff-Nachweis mit Vanillin-HCl bei Eichenrinde positiv (rot)

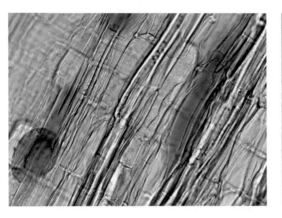

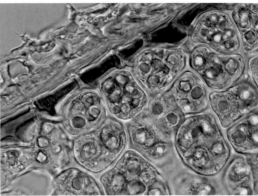

◘ Abb. A.6 Schleimnachweis; Schleimzellen färben sich unter Rutheniumrot rotviolett (Eibischwurzel Längsschnitt)

◘ Abb. A.7 Aleuron-Nachweis; Aleuronkörner färben sich unter Iod-Glycerin-Lösung dunkelgelb (Leinsamen Endosperm)

Schleim-Nachweis mit Rutheniumrot-Lösung

$0.8\,\text{g}\,\text{l}^{-1}$ Rutheniumrot in Bleiacetatlösung ($95\,\text{g}\,\text{l}^{-1}$ in Aqua dest.) Lösung frisch herstellen.

Präparat in Rutheniumrot-Lösung einlegen. Nach 1 min Zugabe von 1 Tropfen Aqua dest. oder Einbettung in 50 % Glycerin.

Schleimzellen (► Eibischblätter, ► Eibischwurzel) färben sich rotviolett. Die Färbung ist auch bei mit Chloralhydrat aufgehellten Präparaten möglich (◘ Abb. A.6).

Aleuron-Nachweis mit Iod-Glycerin-Lösung

$3.0\,\text{g}$ Iod und $10.0\,\text{g}$ Kaliumiodid in wenig Aqua dest. lösen; mit 50 % Glycerin auf 100 ml auffüllen.

1 Tropfen auf das Präparat geben. Tiefrote Färbelösung gründlich entfernen und zur Aufhellung durch 50 % Glycerin ersetzen.

Aleuronkörner färben sich dunkelgelb bis orange (◘ Abb. A.7).

Erfolgreiches Mikroskopieren – Präparation

Aufhellen der Präparate mit Chloralhydratlösung (Chl-Lösung)

Um erste Hemmschwellen beim Mikroskopieren zu überwinden, folgen hier ein paar praktische Ratschläge für Leser des Buches, die noch nicht sehr erfahren im mikroskopischen Arbeiten sind. Eine einfache Grundregel vorweg: Je klarer die Präparate sind, desto einfacher wird die Auswertung.

Zunächst sollte man, um eine Auswahl für die mikroskopische Analyse zur Verfügung zu haben, geduldig mehrere Präparate vollständig vorbereiten.

1. Ausrüstung

Objektträger
Deckgläser
Mikroskopische Pinzette (spitz)
Präpariernadel
Rasierklingen (scharf)
Papierküchentücher
Feuerzeug
Fusselfreies Baumwolltuch
Holundermark oder feinkörniges Polystyrol

2. Pulverpräparat

Das Pulverpräparat ist einfach vorzubereiten. Die trockene Droge wird pulverisiert oder im Mörser bzw. zwischen den Fingern zerkleinert. Grobe Stücke werden abgesiebt.

3. Handschnitte mit der Rasierklinge

Am besten eignet sich frisches Pflanzenmaterial. Trockene, feste Drogen (z. B. Wurzeln) werden aufgekocht und für mindestens 24 h in eine Lösung aus gleichen Teilen 96 % Ethanol und reinem Glycerin eingelegt.

Man benötigt neue und scharfe Rasierklingen. Sollten die Schnitte nicht zufriedenstellend sein, hilft manchmal auch eine neue Rasierklinge. Deshalb: regelmäßig beim Präparieren die Rasierklinge austauschen.

3.1 Blattquerschnitt

Zartes Drogenmaterial (z. B. Blätter) in eine Schneidehilfe einspannen: Dafür eignen sich 3 bis 4 cm lange Stücke von getrocknetem Holundermark oder Quader (Maße ca. H 25 mm x B 15 mm x T 15 mm) aus feinkörnigem Polystyrol. Getrocknetes Holundermark ist aufgrund seiner Feinporigkeit zu bevorzugen. Die Schneidehilfe wird mittig zu 2/3 senkrecht eingeschnitten (◨ Abb. A.8 Ausschnitt oben). In diesem Spalt positioniert man das Blatt, welches vorher mit einer maximalen Breite von 1 cm zurechtgeschnitten wurde.

Bitte überprüfen Sie, dass der Mittelnerv des Blattes im rechten Winkel zur geplanten Schnittebene steht (◨ Abb. A.8 Ausschnitt unten). Zuerst setzt man einen Begradigungsschnitt, um eine waagerechte Schnittebene zu erzeugen (◨ Abb. A.8). Für den eigentlichen Präparationsschnitt wird die Rasierklinge mit maximal 1 mm Abstand parallel zum Spalt mit dem Blattstück positioniert (◨ Abb. A.9). Die Rasierklinge wird von Daumen und Zeigefinger seitlich leicht fixiert und geführt. Dabei befinden sich die Finger neben der Schneidehilfe, sodass die Rasierklinge frei beweglich ist. Damit man die Schnittentstehung kontrollieren kann, schneidet man immer zum Körper hin. Die Rasierklinge darf beim Schneiden nicht verbogen werden.

Die Rasierklinge muss waagerecht und leicht durch das Präparat gleiten (nicht sägen). Legen Sie den Schnitt sofort mit der Präpariernadel oder der Pinzette in das Einbettungsmedium. Die Präparate dürfen niemals austrocknen. Holundermarkreste werden entfernt. Nach dem ersten Schnitt dreht man die Schneidehilfe um 180°, setzt die Rasierklinge erneut an, trägt den nächsten Schnitt ab usw. Nach drei bis vier Schnitten sollte man überprüfen, ob die Schnittebene noch waagerecht ist und diese eventuell begradigen. Schrägschnitte lassen sich schwer auswerten.

Eine mögliche Präparationsalternative, die sich besonders für ledrige, stabile Blätter eignet, wäre das Schneiden von „Brotscheiben". Dazu legt man das

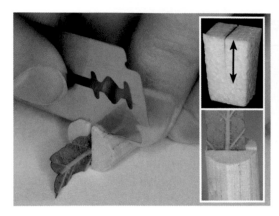

☐ **Abb. A.8** Vorbereitung der Schneidehilfe

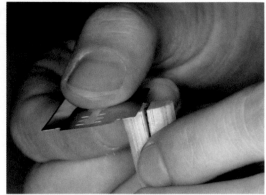

☐ **Abb. A.9** Waagerechtes Ansetzen der Rasierklinge beim Schneiden

Blatt flach auf einen Objektträger und fixiert es mit dem Zeigefinger. Anschließend positioniert man die Rasierklinge an der Spitze des Zeigefingers und schneidet das Blatt dünn und senkrecht.

Sehr kleine Objekte wie z. B. Samen können für diese Schnitttechnik mit einer Blutlanzettnadel oder einer Stecknadel fixiert werden. So sind Quer- und auch Flächenschnitte einfacher möglich.

3.2 Epidermis-Flächenschnitt

Das Blattmaterial wird um den Zeigefinger gerollt und mit Daumen und Mittelfinger fixiert (☐ Abb. A.10). Danach setzt man die Rasierklinge tangential an der Blattepidermis (am einfachsten an der Blattnervatur) an. Die Epidermis wird minimal eingeritzt. Nun kann man die Epidermis mit der Pinzette im 45°-Winkel zur Nervatur vorsichtig abziehen und sofort in das Einbettungsmedium legen.

3.3 Sprossachsen-Querschnitte (auch Rinden, Wurzeln etc.)

Um dünne Querschnitte zu erhalten, empfiehlt es sich, die Rasierklinge radial (und nicht von außen tangential) anzusetzen. Kleine Segmente sind einfacher zu präparieren als vollständige Achsenschnitte. Am besten lässt man die Rasierklinge in das Gewebe gleiten, um dünne Randbereiche zu erzeugen. Außerdem muss immer wieder die Oberfläche rechtwinklig zur Hauptachse begradigt werden.

3.4 Sprossachsen-Längsschnitte (auch Rinden, Wurzeln etc.)

Bei radialen und tangentialen Schnitten führt man die Rasierklinge entsprechend in Richtung der Längsachse (☐ Abb. A.11). Eine ausreichende Schnittlänge ist ca. 5 bis maximal 8 mm. Man sollte dabei auch hier die Rasierklinge vorsichtig in das Gewebe gleiten lassen.

Radiale Schnitte lassen den vollständigen Schichtenaufbau des Objektes erkennen; tangentiale Schnitte konzentrieren sich auf einzelne Gewebe. Erst die Gesamtheit der Querschnitte, radialen und tangentialen Längsschnitte ermöglicht eine räumliche Vorstellung vom Aufbau des Objektes.

4. Einbettung

Achten Sie auf dünne Präparate. Grobe Drogenstücke z. B. bei Pulverpräparaten sollten vor dem Auflegen des Deckglases aussortiert werden. Die meisten Chloralhydrat-Präparate kann man ohne Deckglas sehr gut erwärmen.

Präparate, die durch das Erwärmen in einzelne Schichten zerfallen bzw. leicht „umkippen" (z. B. Blattquerschnitte in die Aufsicht, sodass man die Epidermis sieht) sollte man vor dem Erwärmen durch Auflegen des Deckglases fixieren. Alternativ zu einer Heizplatte eignen sich zum Erwärmen Feuerzeuge oder Kerzen. Den Objektträger ca. 3 cm über die Flamme halten, um eine Rußbildung unter dem Objektträger zu vermeiden und das Präparat intensiv zu erwärmen.

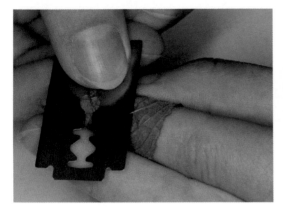

🔲 **Abb. A.10** Epidermis-Flächenschnitt

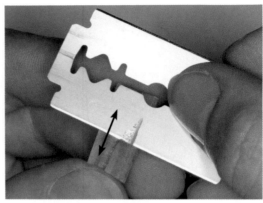

🔲 **Abb. A.11** Radialer Längsschnitt in Richtung der Achse

Achtung: Die Dämpfe des Chloralhydrates sind für die Augen sehr reizend. Vermeiden Sie auch Spritzer auf der Haut. Diese sofort mit viel Wasser abwaschen, damit keine Hautirritationen entstehen.

Um eine besonders starke Aufhellung zu erreichen, kann das Präparat auch aufgekocht werden. Häufig ist es notwendig, Chloralhydrat nachzutropfen, damit die Objekte immer feucht bleiben. Nun wird das Deckglas am linken Flüssigkeitsrand des Einbettungsmediums (angemessenes Volumen) auf den Objektträger aufgesetzt und langsam unter Vermeidung von Luftblasen nach rechts abgesenkt. Entstandene Luftblasen lassen sich durch vorsichtiges (Achtung: Siedeverzug!) Erwärmen entfernen.

Das Deckglas sollte parallel zum Objektträger liegen und niemals einen Winkel mit diesem bilden (Präparat zu dick). Fehlendes Einbettungsmedium unter dem Deckglas wird ergänzt und überschüssiges außerhalb des Deckglases mit Filterpapier abgesaugt.

5. Mikroskopieren

Wichtig: Reinigen Sie die Okulare (Wimpernschlag fettet die Linsen) und die Objektive regelmäßig mit Aqua dest. und einem fusselfreien feinen Baumwolltuch. Bitte nicht nur trocken abwischen!

Vor dem Auflegen des Objektträgers stellt man das Objektiv mit der kleinsten Vergrößerung ein und bringt den Objektträgertisch mit dem Grobtrieb in die höchste Position.

Nur saubere Präparate auf den Objektträgertisch legen. Es darf sich kein Einbettungsmedium außerhalb des Deckglases befinden. Die Unterseite des Objektträgers muss trocken und rußfrei sein. Durch Abwärtsbewegung des Objektträgertisches (Grobtrieb) wird fokussiert.

Zunächst sollte man sich einen Überblick über das gesamte (!) Präparat verschaffen. Dazu empfiehlt es sich (insbesondere bei Pulverpräparaten), das Präparat systematisch „Zeile für Zeile" zu sichten. Interessante Stellen überprüft man, indem man durch Drehen des Objektivrevolvers und das Nachfokussieren mittels Feintrieb in eine höhere Vergrößerung wechselt. Gleichzeitig sollte dabei immer durch Veränderung der Blendenöffnung (Lamellenblende unter dem Objektträgertisch) die optimale Helligkeit bzw. der optimale Kontrast eingestellt werden.

Wenn man nicht über ein Objektmikrometer verfügt, dann empfiehlt sich der Einsatz von Bärlappsporen (*Lycopodium*) für den Größenvergleich, da diese eine konstante Größe von $30 \pm 2\,\mu m$ besitzen (🔲 Abb. A.12).

Dieser Farbatlas geht nur in einzelnen Fällen auf mögliche Verfälschungen ein. Eine sehr häufig in Blatt- und Krautdrogen auftretende Verfälschung soll aber nicht unerwähnt bleiben: Blattmaterial von Vertretern der Poaceae. Dieses ist einfach anhand der hantelförmigen Gramineen-Spaltöffnungen (🔲 Abb. A.13) und der langgestreckten Epidermiszellen zu identifizieren.

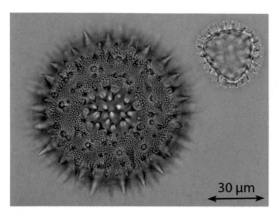

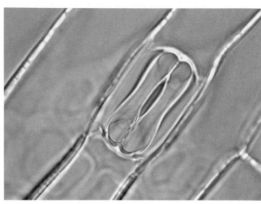

◘ **Abb. A.12** Rotes pantoporates Pollenkorn von *Althaea officinalis*; gelbliche *Lycopodium*-Spore 30 µm groß

◘ **Abb. A.13** Hantelförmige Gramineen-Spaltöffnung

Wir brauchen nicht die „erstbeste Stelle", sondern die „beste Stelle" der Präparate. Oft sind Studenten verblüfft, welche hervorragenden Bildbereiche ihnen entgangen sind.

Alle Abbildungen in diesem Buch sind durch simple Handschnitte mittels Rasierklinge entstanden.

Also bitte Geduld und ein kleines Lächeln!

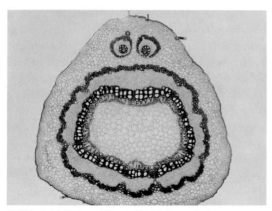

◘ **Abb. A.14** Walnussblätter – Rachis Querschnitt

Glossar

Achäne Einsamige Schließfrucht; Sonderform der ► Nuss; entsteht aus einem unterständigen Fruchtknoten; ► Samenschale und ► Fruchtwand liegen eng aneinander oder sind miteinander verwachsen. Typisch für Asteraceae (Mariendistelfrüchte) und Apiaceae (Bitterer Fenchel).

Adjuvans Arzneimittel zur Unterstützung anderer Heilmittel.

Adstringens Zusammenziehendes Mittel; Wechselwirkung von Gerbstoffen mit den Proteinen der oberen Haut- und Schleimhautschichten, wodurch eine Koagulationsmembran entsteht.

Aerenchym Durchlüftungsgewebe mit großen Interzellularen (Kalmuswurzelstock).

Aleuronkörner Vakuolen, die Proteine speichern.

Amarum Bittermittel.

Anatrop Beschreibt eine ► Samenanlage, die um 180° gebogen ist; die ► Mikropyle liegt benachbart zum verlängerten ► Funiculus (umgewendet-gegenläufig); Nucellus gerade.

Anisocytisch Beschreibt eine ► Spaltöffnung mit mehreren (meist 3, aber auch 4) Nebenzellen, davon eine deutlich kleiner (Belladonnablätter, Tausendgüldenkraut; vordere Umschlaginnenseite).

Anomocytisch Beschreibt eine ► Spaltöffnung mit unregelmäßiger Anordnung der Nebenzellen nach Größe und Zahl (Digitalis-lanata-Blätter, Brombeerblätter; vordere Umschlaginnenseite).

Anthere Staubbeutel; besteht aus 2 durch das Konnektiv miteinander verbundenen Hälften (Theken), die jeweils 2 Pollensäcke (Loculi) enthalten, in denen die Pollen entstehen; ► Endothecium; ► Pollenkorn.

Antidiarrhoikum Arzneimittel gegen Durchfall.

Antiemetikum Arzneimittel zur Verhinderung des Erbrechens.

Antitussivum Hustenreizstillendes Arzneimittel.

Äquifacial Beschreibt einen Blattquerschnitt, bei dem beide Blattseiten gleich strukturiert sind; häufig bei Blättern sonniger Standorte; Palisadengewebe auf beiden Blattseiten (Eucalyptusblätter; hintere Umschlaginnenseite); Sonderform: äquifaciales Nadelblatt.

Atrop Beschreibt eine ► Samenanlage, die nicht gekrümmt ist; ► Funiculus und ► Mikropyle in gerader Linie, Gymnospermen ausschließlich atrop.

Balgfrucht Öffnungsfrucht; besteht aus einem einzelnen Fruchtblatt eines chorikarpen (freien) Gynoeceums; öffnet sich an der Bauchnaht (Sternanis).

Bast Sekundäres ► Phloem; sekundäre Rinde.

Bastfaser Sklerenchymfaser in der sekundären Rinde (Bast) der Dikotyledonen.

Beere Frucht mit vollständig fleischigem ► Perikarp (Heidelbeeren).

Beerenzapfen, Galbulus Beerenähnliche Ausbildungsform des Samenzapfens (Scheinfrucht der Wacholderbeeren).

Befruchtung, doppelte Bei den Angiospermen entwickelt sich nach der ► Bestäubung der ► Pollenschlauch und leitet die Befruchtung ein; die beiden generativen Kerne des ► Pollenkorns entleeren sich in den Embryosack; einer dieser Kerne verschmilzt mit der Eizelle (Entstehung der Zygote) und der andere verschmilzt mit dem diploiden sekundären Embryosackkern zum triploiden Endospermkern, aus dem das ► Endosperm entsteht.

Bestäubung Pollenübertragung auf das Gynoeceum; bei Angiospermen gelangt der ► Pollen auf die Narbe; die vegetative Zelle des ► Pollenkorns bildet den ► Pollenschlauch aus, der durch den Griffel und die ► Mikropyle wächst.

Bifacial Beschreibt einen Blattquerschnitt mit unterschiedlich ausgebildeter Blattober- und -unterseite; meist Palisadengewebe oben und Schwammgewebe unten; typisch für Dikotyledonen (Pfefferminzblätter; hintere Umschlaginnenseite).

Bikollaterales Leitbündel Offen kollaterales ► Leitbündel mit 2 Siebteilen (z. B. bei Solanaceae, Cucurbitaceae, Apocynaceae, Myrtaceae, Gentianaceae).

Bitterwert Quantitatives Maß für die Bitterwirkung von bitter schmeckenden Drogen; angegeben als reziproker Wert der Konzentration einer Droge, die gerade noch bitter schmeckt; Bestimmung erfolgt organoleptisch nach Ph. Eur.

Borke Tertiäres Abschlussgewebe; entsteht durch wiederholtes Anlegen eines ► Periderms in tieferen Schichten der Rinde (Eichenrinde).

Campylotrop Beschreibt eine ► Samenanlage, die sich nierenförmig um den ► Funiculus krümmt (Steinkleekraut).

Cholekinetikum Mittel zur Förderung der Entleerung der Gallenblase durch Kontraktion der Gallenblase.

Choleretikum Mittel zur Förderung der Sekretion von Gallensäuren.

Colpat ▶ Pollenkorn.

Colporat ▶ Pollenkorn.

Cystolith Trauben- oder zapfenförmige Verdickung der Zellwand mit Einlagerung von Calciumcarbonat oder anderen Mineralien (Brennnesselblätter, Lungenkraut).

DAB Deutsches Arzneibuch.

DAC Deutscher Arzneimittel-Codex.

Deckblatt Blätter, in deren Achseln sich Seitentriebe entwickeln; auch Tragblatt; ▶ Spreublatt.

Diacytisch Beschreibt eine ▶ Spaltöffnung mit 2 Nebenzellen, die quer zu den Schließzellen angeordnet sind (Pfefferminzblätter, Spitzwegerichblätter; vordere Umschlaginnenseite).

Diaphoretikum Schweißtreibendes Mittel; z. B. bei Erkältungskrankheiten angewendet.

Diuretikum Harntreibendes Mittel; bei pflanzlichen Drogen spricht man von Aquaretika (vermehrte Ausscheidung von Wasser).

Druse Sternförmige Kristallaggregate aus Calciumoxalat.

Drüsenhaar Trichom, bei dem ätherisches Öl in den subcuticulären Raum sezerniert wird; einfach („Köpfchenhaar") oder komplex (▶ „Drüsenschuppe").

Drüsenschuppe Nach Ph. Eur. Drüsenhaar vom Asteraceen-Typ (Wermutkraut, Schafgarbenkraut, Arnikablüten); Drüsenhaar vom Lamiaceen-Typ (Pfefferminzblätter, Thymian, Orthosiphonblätter); außerdem komplexere ▶ Drüsenhaare (Johannisbeerblätter, Birkenblätter, Hopfenzapfen).

Dyspepsie Funktionelle Störungen im Bereich der Verdauungsorgane; dyspeptische Beschwerden: Verdauungsstörungen wie Magenkrämpfe, Brechreiz, Appetitlosigkeit, Völlegefühl, Sodbrennen, Übelkeit, Blähungen, Durchfall, Schmerzen.

Dysurie Erschwerte Blasenentleerung.

Elaiosom Anhangsgebilde des Samens; fett-, zucker- oder proteinreich; dient der Verbreitung des Samens durch Ameisen (Wildes Stiefmütterchen mit Blüten, Schöllkraut).

Emergenz Vielzellige Auswüchse unter Beteiligung der Epidermis und Subepidermis; z. B. Sockel eines Brennhaares (Brennnesselblätter); Stacheln der Rosaceae (Brombeerblätter).

Emetikum Mittel, das Erbrechen hervorruft.

Emplastrum Arzneimittelzubereitung zum äußeren Gebrauch (Pflaster); nur selten verwendet.

Endodermis Innerste Rindenschicht; meist einschichtig, interzellularenfrei; Trennung des Leitgewebes im Zentralzylinder vom Rindengewebe in Wurzeln (Baldrianwurzel, Primelwurzel), Rhizomen (Ingwerwurzelstock, Javanische Gelbwurz, Kanadische Gelbwurz), auch in Sprossachsen (Weißes Taubnesselkraut) und Nadelblättern; Zellen mit Caspary-Streifen zur Unterbindung des apoplastischen Transportes; tertiäre Endodermisformen bei Monokotyledonen mit u-förmigen Verdickungen und Durchlasszellen (Mäusedornwurzelstock, Queckenwurzelstock).

Endokarp Innere Schicht der ▶ Fruchtwand (Perikarp).

Endosperm Nährgewebe (triploid) im Samen; entsteht aus dem diploiden sekundären Embryosackkern, der mit einem generativen Kern des ▶ Pollenkorns verschmilzt (▶ Befruchtung, doppelte).

Endothecium Innere Wand des Staubbeutels (▶ Anthere); „Faserschicht"; Zellen mit Verdickungsleisten (bei Königskerzenblüten sternförmig), die das Öffnen der Antherenwand unterstützen, sodass der Pollen freigesetzt wird.

Epikarp ▶ Exokarp.

ESCOP European Scientific Cooperative on Phytotherapy; Zusammenschluss nationaler, europäischer Fachgesellschaften für Phytotherapie; der Status von Phytopharmaka wird verbindlich festgestellt und die unterschiedlichen Beurteilungskriterien für die Zulassung von Phytopharmaka werden auf europäischer Ebene harmonisiert.

Exine Äußere Wand des Pollenkorns; meist charakteristisch strukturiert (stachelig bei Malvenblüten, netzig bei Basilikumkraut).

Exkretbehälter Ölbehälter mit ätherischem Öl. Schizogene Exkretbehälter entstehen durch Auseinanderweichen der Zellwände (Bitterer Fenchel, Johanniskraut), schizolysigene Exkretbehälter entstehen durch Auseinanderweichen und nachfolgendes (teilweise auch nur präparativ bedingtes) Auflösen der Zellwände (Eucalyptusblätter). Die Form kann kugelig (Johanniskraut) oder lang gestreckt (Angelikawurzel) sein.

Exokarp Äußere Epidermis der ▶ Fruchtwand (Perikarp).

Expektorans Auswurfförderndes Husten-Bronchialmittel.

Filament Staubfaden des ▶ Staubblattes.

Frucht ▶ Samen im reifem Zustand im Fruchtknoten eingeschlossen; an ihrer Entstehung sind häufig weitere Blütenbestandteile, die Blütenachse oder der gesamte Blütenstand beteiligt; ▶ Fruchtwand (vordere Umschlaginnenseite).

Fruchtwand Perikarp; entsteht aus den Fruchtblättern (Karpelle); besteht aus ▶ Exo-, Meso- und Endokarp.

Fungizid Beschreibt eine pilzhemmende Wirkung (antimykotisch).

Funiculus Stiel, der die ▶ Samenanlage mit dem Fruchtblatt verbindet.

Galbulus ▶ Beerenzapfen.

Geleitzelle Lebende, unverholzte Zelle in Nachbarschaft zu den Siebröhrengliedern; entsteht durch inäquale Teilung der Siebröhrenmutterzelle; dient der Versorgung der ▶ Siebröhren.

Grus Feinanteil von Drogen; durch Sieb (Maschenweite 710 μm) abtrennbar.

Hadrozentrisches Leitbündel ▶ Konzentrisches Leitbündel.

Hämorrhagie Blutung.

Hemiparasit Halbschmarotzer; teilweise parasitisch lebender Organismus; ernährt sich autotroph (Photosynthese), hat aber durch Haustorien Anschluss an das Xylem des Wirtsorganismus (Mistelkraut).

HMPC Committee on Herbal Medicinal Products; erstellt gemeinschaftliche Pflanzenmonographien im Hinblick auf die Zulassung und die Registrierung von pflanzlichen Arzneimitteln in Europa; Arzneimittel werden nach „well-established use" und „traditional use" eingeteilt.

Hochblatt Blatt, das in der Blütenregion auf die normalen Laubblätter folgt; weicht in Form und Farbe von den Laubblättern ab (Lindenblüten); zu den Hochblättern zählen auch ▶ Hüllkelchblätter.

Holzfaser Sklerenchymfaser im sekundären Xylem der Dikotyledonen.

Hüllkelchblätter Gesamtheit der Hochblätter, die den Blütenboden der Korbblütler (Purpur-Sonnenhut-Kraut; Römische Kamille) und der Kardengewächse kelchähnlich umgeben.

Hülse Öffnungsfrucht, die aus nur einem Fruchtblatt entsteht; öffnet sich an Bauch- und Rückennaht (Steinkleekraut).

Hydathoden Wasserspalten; Strukturen zur Abscheidung von flüssigem Wasser; homolog zu den Spaltöffnungen (Luftspalten); häufig am Blattrand (▶ Frauenmantelkraut, ▶ Erdbeerblätter), aber auch als Trichom-Hydathoden (▶ Augentrostkraut) ausgeprägt.

Hypanthium Vertiefung und Verbreiterung des Achsenbechers (Blütenbecher); an der Bildung sind häufig weitere Blütenbestandteile beteiligt (Hagebuttenschalen, Gewürznelken).

Hypodermis Schicht unter der Epidermis; auch als Subepidermis bezeichnet.

Idioblast einzelne Pflanzenzelle, die in Funktion und Struktur vom umgebenden Gewebe abweicht; z. B. Gerbstoffidioblast (Eichenrinde), ▶ Ölidioblast.

Integumente Hülle(n) der ▶ Samenanlage, aus denen sich die ▶ Samenschale des reifen ▶ Samens entwickelt.

Kambium Meristem zwischen ▶ Xylem und ▶ Phloem, verantwortlich für das sekundäre Dickenwachstum.

Kapsel(frucht) Öffnungsfrucht; entwickelt sich aus einem synkarpen Gynoeceum; verschiedene Öffnungsmechanismen; ein- und mehrfächrig.

Karminativum Blähungstreibendes Mittel.

Karpophor Zentraler Fruchthalter; z. B. zwischen den 2 Teilfrüchten der Apiaceae (Anis, Fenchel); geht in den Fruchtstiel über.

Katarrh Mit Schleimabsonderung verbundene Entzündung von Schleimhäuten, z. B. bei Schnupfen oder Bronchitis.

Keloid Wulstnarbe; Bindegewebswucherung.

Keratenchym Kollabierte Siebröhrchen, auch als Hornbast bezeichnet (Süßholzwurzel).

Kernholz Schichten toter Zellen im inneren Holz (sekundäres Xylem); Gefäße sind durch Thyllen verstopft; Einlagerungen z. B. von Gerbstoffen.

Klausen(frucht) Schließfrucht; aus zwei verwachsenen Fruchtblättern entsteht durch eine falsche Scheidewand eine viersamige Bruchfrucht z. B. bei Lamiaceae (Basilikumkraut).

Kollaterales Leitbündel Besteht aus Siebteil (▶ Phloem) und Gefäßteil (▶ Xylem); Geschlossen kollaterales Leitbündel ohne Kambium, in Rhizomen, Sprossachsen und Blättern der Monokotyledonen; offen kollaterales Leitbündel mit Kambium, in Rhizomen, Sprossachsen und Blättern der Dikotyledonen und Gymnospermen; Sonderform: ▶ bikollaterales Leitbündel.

Kollenchym Festigungsgewebe; lebende Zellen; primäre Zellwände ungleichmäßig verdickt; z. B. Lücken-, Ecken- (Kanten-) und Plattenkollenchym.

Kommission E Selbstständige wissenschaftliche Kommission des ehemaligen Bundesgesundheitsamtes (BGA), heutiges Bundesinstitut für Arzneimittel und Medizinprodukte (BfArM); hat Monographien erarbeitet (1980–1994), die bis heute als Grundlage für die Neuzulassung und Nachzulassung pflanzlicher Arzneimittel gelten.

Konnektiv Verbindungsstück zwischen den beiden Staubbeutelhälften; ► Anthere.

Konzentrisches Leitbündel Leptozentrisches ► Leitbündel (mit innen liegendem Phloem) in Rhizomen der Monokotyledonen (Kalmuswurzelstock); hadrozentrisches Leitbündel (mit innen liegendem Xylem) in den Rhizomen der Farne.

Kork Phellem; ► Periderm.

Korkhaut Phelloderm; ► Periderm.

Korkkambium Phellogen; ► Periderm.

Laxans Abführmittel. Wichtige pflanzliche Abführmittel: a) Schleimdrogen als Quellungslaxanzien; b) Anthranoiddrogen (dickdarmwirksam; keine Mittel der ersten Wahl; nicht länger als 1 bis 2 Wochen anwenden; maximale Tagesdosis 30 mg Hydroxyanthracenglykoside abends; Gefahr der Hypokaliämie; Vorsicht bei gleichzeitiger Einnahme von Herzglykosiden; nicht bei Kindern unter 10 Jahren, in der Stillzeit und in der Schwangerschaft anwenden).

Leitbündel Besteht aus Leitgewebe (► Phloem; ► Xylem); Typen: ► kollaterale, ► konzentrische und ► radiäre Leitbündel.

Leitbündelscheide Interzellularenfreies Gewebe, das die Leitbündel umgibt; parenchymatisch (Stärkescheide) oder sklerenchymatisch.

Leptozentrisches Leitbündel ► Konzentrisches Leitbündel.

Lenticellen Korkporen zur Durchlüftung des Gewebes (Faulbaumrinde).

Lysigen ► Exkretbehälter.

Markstrahl Parenchymatisches Gewebe; in der primären Sprossachse trennen primäre Markstrahlen die Leitbündel voneinander ab; durch die Tätigkeit des Kambiums entstehen beim sekundären Dickenwachstum parallel zum sekundären Xylem und Phloem „sekundäre Markstrahlen", die nicht bis zum Mark reichen; Funktion: radialer Stofftransport innerhalb der Achse.

Mesokarp Mittlere Schicht der ► Fruchtwand (Perikarp).

Mikropyle Öffnung zwischen den Integumenten am Scheitel der Samenanlage; nach der Bestäubung dringt der Pollenschlauch hier ein und leitet die ► Befruchtung ein.

Miktion Blasenentleerung.

Milchröhre Exkretionsgewebe; ungegliederte und gegliederte Milchröhren; z.B vernetzt gegliederte Milchröhren (Löwenzahn mit Wurzel); unvernetzt ungegliederte (Cannabisblüten).

Milchsaft Dem Zellsaft (Vakuoleninhalt) entsprechende, milchig weiße (bei Löwenzahnwurzel), selten anders gefärbte (gelb bei Schöllkraut) wässrige Emulsion.

Myalgie Muskelschmerz.

Nierengrieß Ansammlung vieler kleiner Nierensteine.

Nuss(frucht) Schließfrucht mit trockenem, oft verholztem Perikarp (Früchte der Hagebuttenschalen).

NYHA New York Heart Association; teilt die Herzinsuffizienz in 4 Stadien ein.

Obliterieren „auslöschen"; Siebröhren des Phloems verlieren ihre Funktion, kollabieren und werden zusammengedrückt; dabei entsteht z. B. Keratenchym („Hornbast"; Süßholzwurzel).

Obstipation Verstopfung.

Ochrea Nebenblattscheide, die Sprossachse umschließend (Vogelknöterichkraut).

Ölbehälter ► Exkretbehälter.

Ölidioblast Ölzelle; einzelne Zelle, in der ätherisches Öl gespeichert wird (Boldoblätter, Javanische Gelbwurz, Kalmuswurzelstock).

Palliativum Mittel, mit dem die Symptome einer Erkrankung behandelt werden, das aber nicht gegen die Ursachen wirksam ist.

Papillös Epidermiszellen mit kegelförmiger Wölbung; häufig in Kronblättern (Tausendgüldenkraut).

Pappus Reduzierter Kelch der Asteraceae; haar- oder borstenförmig, selten häutig; dient der Samenverbreitung (Arnikablüten, Goldrutenkraut, Mariendistelfrüchte).

Paracytisch Beschreibt ► Spaltöffnungen, bei denen 2 Nebenzellen parallel zu den Schließzellen angeordnet sind (Sennesblätter; vordere Umschlaginnenseite).

Periderm Sekundäres Abschlussgewebe; gebildet vom Korkkambium (Phellogen; Folgemeristem); nach außen bildet sich mehrschichtiger Kork (Phellem; Einlagerung von Suberin in die Zellwand); nach innen Korkhaut (Phelloderm; hintere Umschlaginnenseite).

Perikambium ► Perizykel.

Perikarp ► Fruchtwand.

Perisperm Nährgewebe im Samen; entwickelt sich aus dem Nucellus der ► Samenanlage nach der ► Befruchtung (Nymphaceae, Piperaceae, Zingiberales, Caryophyllales).

Perizykel Perikambium; äußerste, meristematische Zellschicht des ► Zentralzylinders in Wurzeln; verantwortlich für die Entstehung der Seitenwurzeln und die Ausbildung eines sternförmigen Kambiums und die Bildung eines sekundären Abschlussgewebes (► Periderm) beim sekundären Dickenwachstum der Wurzel (hintere Umschlaginnenseite).

Pertussis Keuchhusten.

Phellem Kork; ► Periderm.

Phelloderm Korkhaut; ► Periderm.

Phellogen Korkkambium; ► Periderm.

Ph. Eur. Europäisches Arzneibuch.

Phloem Siebteil (Leptom); Funktion: Transport von Assimilaten (z. B. Kohlenhydrate) in ► Siebröhren und ► Siebzellen von den Blättern zum Ort des Verbrauchs oder der Speicherung; besteht bei Gymnospermen nur aus Siebzellen; bei Monokotyledonen aus Siebröhren mit ► Geleitzellen; bei Dikotyledonen aus Siebröhren mit Geleitzellen, Phloemparenchym und ► Bastfasern (nur sekundäres Phloem).

Pollenkorn Haploide Mikrospore der Samenpflanzen; entsteht in den ► Antheren durch Meiose; enthält 2 generative (doppelte ► Befruchtung) und 1 vegetative (► Pollenschlauch) Zelle; äußere, meist charakteristische Schicht: ► Exine; Pollenkörner besitzen Aperturen (Keimöffnungen; Austrittstellen des Pollenschlauchs): colpat (längliche Keimfalte äquatorial, Colpus), sulcat (Keimfalte distal), porat (rundliche Keimpore, Porus) oder colporat (Falten mit Poren); Beispiele: hexaporat (Erdrauchkraut), hexacolpat (Basilikumkraut), tricolporat (Hyoscyamusblätter); bei den Asteraceae sind die Falten der tricolporaten Pollenkörner häufig nur schwach ausgeprägt (Arnikablüten).

Pollenschlauch Entsteht nach der ► Bestäubung aus der vegetativen Zelle des ► Pollenkorns und wächst bei Angiospermen durch den Griffel und die ► Mikropyle.

Porat ► Pollenkorn.

Prostatasyndrom, benignes Gutartige Vergrößerung der Prostata (BPS); meist verbunden mit Störungen der ► Miktion, früher als benigne Prostatahyperplasie (BPH) bezeichnet.

Protoxylem Erste aus dem Meristem entstehende Zellen des Xylems; in entwickelten Leitbündeln meist kollabiert (Kalmuswurzelstock).

Quellungszahl Gibt das Volumen in Millilitern an, das 1 g Droge einschließlich des anhaftenden Schleimes nach dem Quellen in einer wasserhaltigen Flüssigkeit nach 4 Stunden einnimmt; bei einigen Drogen abweichende Mengenangaben nach Ph. Eur.

Radiäres Leitbündel Im Zentralzylinder der Wurzel (nur 1 Leitbündel vorhanden); ► Phloem- und ► Xylemstränge wechseln sich ab; radiär oligarch (2 bis 8 Stränge; meist ohne Mark) bei Dikotyledonen (Baldrianwurzel) und Gymnospermen; radiär polyarch (mehr als 8 Stränge; mit Mark) bei Monokotyledonen (Mäusedornwurzelstock; hintere Umschlaginnenseite).

Raphe Samennaht; Verwachsungsnaht des ► Funiculus mit den ► Integumenten bei anatropen ► Samenanlagen; z. B. bei Leinsamen und Apiaceae (Bitterer Fenchel, Kümmel).

Raphiden Nadelförmige Calciumoxalatkristalle; meist in Bündeln (Maiglöckchenkraut, Meerzwiebel).

Rhizodermis Primäres Abschlussgewebe der Wurzel in der Wurzelhaarzone; ohne Cuticula (Primelwurzel).

Rhizom Unterirdisch (häufig waagerecht) wachsende Sprossachse; Funktion: Nährstoffspeicherung und Überdauerungsorgan (hintere Umschlaginnenseite).

Rinde Primäre Rinde: parenchymatisches Gewebe, häufig mit Stoffspeicherfunktion; sekundäre Rinde: Bast, sekundäres ► Phloem; durch das sekundäre Dickenwachstum entstanden.

Röhrenblüte Blüten der Asteraceae; radiär fünfzählig; Kronblätter röhrig verwachsen (Kamillenblüten, Kornblumenblüten).

Samen Verbreitungsorgan der Samenpflanzen; besteht aus Embryo (junger Sporophyt), Nährgewebe (meist ► Endosperm, selten ► Perisperm) und ► Samenschale (Testa); ► Frucht (vordere Umschlaginnenseite).

Samenanlage Weiblicher Gametophyt (Embryosack) und Megasporangium (Nucellus), umgeben von 1 oder 2 ► Integumenten; durch ► Funiculus mit dem Fruchtblatt (bei Angiospermen) verbunden; ► campylotrop, ► atrop oder ► anatrop angeordnet.

Samenschale Testa; umgibt den Samen; entsteht nach der ► Befruchtung aus den ► Integumenten.

Schizogen ► Exkretbehälter.

Schote Öffnungsfrucht; Kapselfrucht aus 2 oder auch 4 miteinander verwachsenen Fruchtblättern, die sich wie Klappen öffnen; mit „falscher" Scheidewand (Hirtentäschelkraut).

Seborrhoe Überproduktion von Hautfett durch die Talgdrüsen.

Siebfeld Siebporen in den ► Siebröhren gruppenweise angeordnet (Faulbaumrinde, Eichenrinde).

Siebröhre Röhrenförmiges System zum Transport der Assimilate im ► Phloem der Angiospermen; Querwände der Siebröhrenglieder mit zahlreichen Poren (Siebplatten, Siebfelder); Zellkern, Ribosomen und Tonoplast werden in den Siebröhrengliedern aufgelöst; Vermischung von Cytoplasma und Zellsaft (Vakuoleninhalt); deshalb Versorgung durch ► Geleitzellen notwendig.

Siebzelle Zelle zum Transport von Assimilaten; in der Evolution ursprünglicher als Siebröhren; Transport der Assimilate im Phloem der Gymnospermen; Siebporen an den spitzwinklig-schrägstehenden Endwänden; begrenzte Transportleistung.

Sklereide Isodiametrische Zelle (d. h. Zelle mit gleicher Symmetrie) des ► Sklerenchyms (Hamamelisblätter).

Sklerenchym Festigungsgewebe mit toten, meist verholzten Zellen; sekundäre Zellwände gleichmäßig verdickt; isodiametrisch (Steinzellen, Sklereiden) oder lang gestreckt (Sklerenchym-, Bast- oder Holzfasern).

Spaltöffnungstyp Botanische Einteilung der Spaltöffnungen nach Form der Schließzellen: z. B. bohnenförmig (Helleborus-Typ bei Mono- und Dikotyledonen); hantelförmig (Gramineen-Typ); pharmazeutische Einordnung nach Anordnung und Zahl der Nebenzellen: ► paracytisch, ► diacytisch, ► anomocytisch, ► anisocytisch, ► tetracytisch.

Spasmolytikum Krampflösendes Mittel.

Spreublatt Stark zurückgebildetes ► Deckblatt der Blüten am Blütenboden der ► Asteraceae (Purpur-Sonnenhut-Kraut); kann auch fehlen.

Staminodium Nicht fertiles Staubblatt (Passionsblumenkraut).

Staubblatt Mikrosporophyll; besteht aus Staubfaden (Filament) und Staubbeutel (► Anthere).

Steinfrucht Schließfrucht; ► Exo- und ► Mesokarp der ► Fruchtwand fleischig, ► Endokarp holzig (Mönchspfefferfrüchte, Sägepalmenfrüchte).

Strahlenblüten Gelegentlich in der Literatur verwendete Bezeichnung für ► Zungenblüten bei den Asteraceae mit Zungen- und Röhrenblüten; im DAC Bezeichnung für äußere Randblüten der röhrenblütigen Asteraceae (Kornblumenblüten).

TCM ► Traditionelle chinesische Medizin.

Testa ► Samenschale.

Tetracytisch Beschreibt eine Spaltöffnung mit vier Nebenzellen (Maiglöckchenkraut).

Tracheen Gefäße zum Wassertransport im Xylem; Querwände der Zellen aufgelöst und Zellglieder zu einer Röhre verbunden; je nach Ausprägungsform Ring-, Schrauben-, Tüpfel-, Netztracheen (Übergänge zwischen Tracheen mit getüpfelter und netzförmiger Wandverdickung möglich; ► Tüpfel).

Tracheiden In der Evolution ursprünglicher als Tracheen; lang gestreckte Einzelzellen; dienen dem Wassertransport in Gymnospermen und Angiospermen; Schraubentracheiden (Schachtelhalmkraut), Tüpfeltracheiden; ► Tüpfel.

Traditionelle chinesische Medizin TCM; seit 2008 werden chinesische Arzneibuchmonographien entsprechend dem Europäischen Arzneibuch überarbeitet; Apotheker sind für die Identität und die Qualität der abgegebenen Drogen verantwortlich; die Anwendung der Drogen folgt als Erfahrungsmedizin der eigenständigen chinesischen Medizintheorie; zu den therapeutischen Verfahren der TCM zählen u. a. Arzneianwendung und Akupunktur.

Trichom Auswüchse der Epidermis; entsprechend interzellularenfrei; vielgestaltig; ein- oder mehrzellig; von Cuticula überzogen; wichtiges drogendiagnostisches Merkmal; zahlreiche Funktionen: z. B. Verminderung der Transpiration (tote Haare; Schaffung windstiller Räume), Fraßschutz (Borstenhaare bei Boraginaceae; Sekretion von Stoffen (► Drüsenhaare); Verbreitung von Samen (Baumwolle).

Tüpfel Aussparung in den Wänden sekundär verdickter Zellen; dienen dem Stoffaustausch zwischen benachbarten Zellen; sind auf Plasmodesmata zurückzuführen; bei Tracheiden der Gymnospermen Hoftüpfel mit kreisförmiger Öffnung; bei Tracheen der Angiospermen Hoftüpfel mit schlitzförmiger Öffnung („Katzenaugentüpfel"); einfacher Tüpfelkanal ohne Hof in den Wänden von Parenchymzellen.

Unifacial Blattquerschnitt, bei dem Blattober- und -unterseite einander gleichen; das Mesophyll geht aus der Blattunterseite hervor und ist einheitlich strukturiert; häufig bei Monokotyledonen (Maiglöckchenkraut; hintere Umschlaginnenseite).

Vorblatt Erste Blätter eines Seitensprosses; meist in Form und Stellung von den anderen Laubblättern verschieden.

WHO World Health Organization; Weltgesundheitsorganisation; Herausgeber von Arzneipflanzenmonographien.

Xylem Gefäßteil (Hadrom); Funktion: Transport von Wasser und darin gelösten Nährsalzen von der Wurzel zu den Blättern in ► Tracheen und ► Tracheiden; besteht bei Gymnospermen nur aus Tracheiden; bei Monokotyledonen aus Tracheen,

(Tracheiden) und ▶ Xylemparenchym; bei Dikotyledonen aus Tracheen, (Tracheiden), ▶ Xylemparenchym und ▶ Holzfasern (nur im sekundären Xylem).

Xylemparenchym Lebende, teilweise verholzte Zellen im Xylem.

Zentralzylinder Enthält Leitgewebe in Wurzeln, Rhizomen (und auch Nadelblättern); durch ▶ Endodermis (als innerste Rindenschicht) umgrenzt.

Zungenblüten Blüten bei Asteraceae; zygomorph; Kronblätter sind flächig verwachsen; bei den Zungenblüten der liguliforen Asteraceae (nur Zungenblüten) hat die Krone 5 Kronzähne; bei Asteraceae mit Zungen- und Röhrenblüten nur 3 Zähne (auch als Strahlenblüten bezeichnet).

Quellenverzeichnis

AGES (Österreichische Agentur für Gesundheit und Ernährungssicherheit) http://ponetweb.ages.at/pls/pollen/pollen_suche. Zugegriffen: 17.10.16

Blaschek W, Ebel S, Hackenthal E, Holzgrabe U, Keller K, Reichling J, Schulz V (Hrsg) (2008) Hagers Handbuch der Drogen und Arzneistoffe [CD-ROM]. Springer, Heidelberg

Bracher F, Heising P, Langguth P, Mutschler E, Rücker G, Schirmeister T, Scriba G, Stahl-Biskup E, Troschütz R (Hrsg) (2014) Arzneibuch-Kommentar 47. Aktualisierungslieferung. Wissenschaftliche Verlagsgesellschaft, Stuttgart

Braun R (Hrsg) (2006) Standardzulassungen für Fertigarzneimittel. Govi-Verlag, Eschborn

Braune W, Leman A, Taubert H (2009) Pflanzenanatomisches Praktikum I. Spektrum, Heidelberg

Breitkreuz J (Bearb.) Hubert H (Bearb.), Rohdewald P (Bearb.), Rücker G (Bearb.), Glombitza KW (Bearb.) (2015) Apothekengerechte Prüfvorschriften Loseblattsammlung, 19. aktuelle Lieferung. Deutscher Apotheker Verlag

Committee on Herbal Medicinal Products (HMPC) – Monographs: http://www.ema.europa.eu/ema/index.jsp?curl=pages/about_us/general/general_content_000264.jsp&mid=WC0b01ac0580028e7c. Zugegriffen: 23.12.16

Deutscher Arzneimittel-Codex (aktueller Stand 2016/1) Govi-Verlag, Eschborn http://dacnrf.pharmazeutische-zeitung.de. Zugegriffen: 18.10.16

Deutsches Arzneibuch (2015) Deutscher Apotheker Verlag, Stuttgart

Dörfelt H, Jetzschke G (2001) Wörterbuch der Mycologie, 2. Aufl. Spektrum Akademischer Verlag, Heidelberg

Eschrich W (2009) Pulver-Atlas der Drogen der deutschsprachigen Arzneibücher, 8. Aufl. Deutscher Apotheker Verlag, Stuttgart

ESCOP (2003) ESCOP Monographs, 2. Aufl. Thieme, Stuttgart

ESCOP (2009) ESCOP Monographs, 2. Aufl. Bd. 2009. Thieme, Stuttgart (Supplement)

ESCOP (2016) ESCOP Electronic Monographs: http://escop.com/electronic-monographs/. Zugegriffen: 10.02.17

Europäisches Arzneibuch bis 8.8 (2016) Deutscher Apotheker Verlag, Stuttgart

European Pharmacopoeia Online 9.0 (2016) http://online.edqm.eu/entry.htm. Zugegriffen: 20.10.16

Evert RF (2009) Esaus Pflanzenanatomie. De Gruyter, Berlin

Hohmann B (2007) Mikroskopische Untersuchung pflanzlicher Lebensmittel und Futtermittel – Der Gassner. B. Behr's Verlag, Hamburg

Hohmann B, Reher G, Stahl-Biskup E (2001) Mikroskopische Drogenmonographien der deutschsprachigen Arzneibücher. Wissenschaftliche Verlagsgesellschaft, Stuttgart

Jäger EJ, Ebel F, Hanelt P (Hrsg) (2008) Rothmaler – Exkursionsflora von Deutschland Bd. 5. Spektrum Akademischer Verlag, Heidelberg

Jäger EJ (Hrsg) (2011) Rothmaler – Exkursionsflora von Deutschland Gefäßpflanzen: Grundband, 20. Aufl. Spektrum Akademischer Verlag, Heidelberg

Kadereit JW, Körner C, Kost B, Sonnewald U (2014) Strasburger – Lehrbuch der Pflanzenwissenschaften, 37. Aufl. Spektrum Akademischer Verlag, Heidelberg

Karsten G, Weber U, Stahl E (1962) Lehrbuch der Pharmakognosie, 9. Aufl. Gustav Fischer, Jena

Körfers A, Sun Y (2009) Traditionelle chinesische Medizin. Wissenschaftliche Verlagsgesellschaft, Stuttgart

Langhammer L (1986) Bildatlas zur mikroskopischen Analytik pflanzlicher Arzneidrogen. de Gruyter, Berlin

Lexikon der Biologie (2006) Spektrum Akademischer Verlag, Heidelberg, http://www.spektrum.de/lexikon/biologie/. Zugegriffen: 10.08.16

Mabberley DJ (2008) Mabberley's Plant-book: A Portable Dictionary of Plants, their Classifications, and Uses. Cambridge University Press, Cambridge

PalDat – a palynological database (2000 onwards, www.paldat.org) Zugegriffen: 06.10.16

Pfänder HJ (1991) Farbatlas der Drogenanalyse. Gustav Fischer, Stuttgart

Pschyrembel W (2000) Klinisches Wörterbuch [CD-ROM]. De Gruyter, Berlin

Sticher O, Heilmann J, Zündorf I, Hänsel, Sticher (2015) Pharmakognosie, Phytopharmazie, 10. Aufl. Wissenschaftliche Verlagsgesellschaft, Stuttgart

Stöger EA (2009) Arzneibuch der Chinesischen Medizin 2. Aufl. inkl. 12. Akt. Lfg. Deutscher Apotheker Verlag, Stuttgart

The Angiosperm Phylogeny Group (2016) An update of the Angiosperm Phylogeny Group classification for the orders and families of flowering plants: APG IV. Bot J Linn Soc 181:1–20

The Plant List (2013). Version 1.1. Published on the Internet; http://www.theplantlist.org/. Zugegriffen: 23.12.16

Upton R, Graff A, Jolliffe G, Länger R, Williamson E (2011) American herbal pharmacopoeia: botanical pharmacognosy – microscopic characterisation of botanical medicines. CRC Press, Boca Raton

Wanner G (2004) Mikroskopisch-Botanisches Praktikum. Thieme, Stuttgart

WHO monographs on Selected medicinal Plants Volume 1 (1999), Volume 2 (2004), Volume 3 (2007) und Volume 4 (2009), WHO (www.who.int; http://apps.who.int/medicinedocs/en/)

Wichtl M, Blaschek W (Hrsg) (2016) Wichtl – Teedrogen und Phytopharmaka, 6. Aufl. Wissenschaftliche Verlagsgesellschaft, Stuttgart

Stichwortverzeichnis

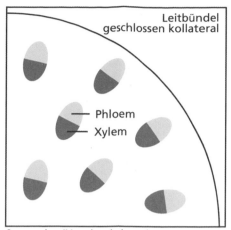

Leitbündel
geschlossen kollateral

Phloem
Xylem

Sprossachse (Monokotyledonen)

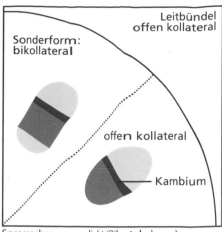

Leitbündel
offen kollateral

Sonderform:
bikollateral

offen kollateral

Kambium

Sprossachse, unverdickt (Dikotyledonen)

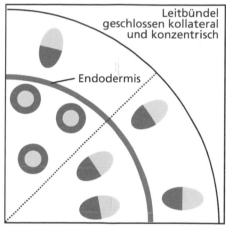

Leitbündel
geschlossen kollateral
und konzentrisch

Endodermis

Rhizom (Monokotyledonen)

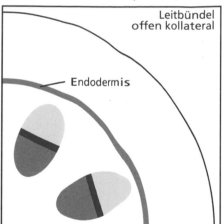

Leitbündel
offen kollateral

Endodermis

Rhizom, unverdickt (Dikotyledonen)

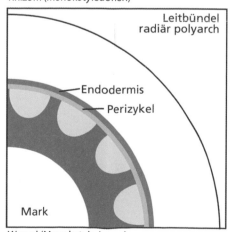

Leitbündel
radiär polyarch

Endodermis
Perizykel

Mark

Wurzel (Monokotyledonen)

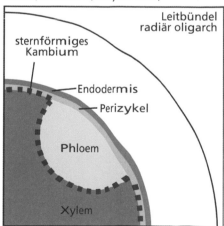

Leitbündel
radiär oligarch

sternförmiges
Kambium

Endodermis
Perizykel

Phloem

Xylem

Wurzel, unverdickt (Dikotyledonen)

Printing: Ten Brink, Meppel, The Netherlands
Binding: Ten Brink, Meppel, The Netherlands